高分子阻燃剂

Polymer Flame Retardant

邹勇进 主编
向翠丽 孙立贤 副主编

化学工业出版社
·北京·

内容简介

《高分子阻燃剂》系统介绍了阻燃剂的分类、发展历程、表征方法及阻燃机理，重点阐述了卤系、磷系、氮系、复合阻燃剂及生物基阻燃剂的合成、性能、应用及发展趋势。全书共7章，第1章概述阻燃剂的基本概念与重要性；第2章解析气相、凝聚相及中断热交换等阻燃机理；第3至第5章分别详述卤系、磷系、氮系阻燃剂的特性与应用；第6章探讨多组分直接混合的协同作用型及一体型复合阻燃剂的设计与实践；第7章聚焦植酸、壳聚糖、木质素等生物基阻燃剂的环保应用。

本书面向高分子材料、化工、阻燃技术等领域的研究人员、工程师及高校师生，兼具理论基础与实践指导，为阻燃剂研发与应用提供全面参考。

图书在版编目（CIP）数据

高分子阻燃剂 / 邹勇进主编 ；向翠丽，孙立贤副主编. -- 北京 ：化学工业出版社，2025. 11. -- ISBN 978-7-122-49215-9

Ⅰ. TQ569

中国国家版本馆 CIP 数据核字第 2025BQ1625 号

责任编辑：陶艳玲　　文字编辑：范伟鑫
责任校对：张茜越　　装帧设计：史利平

出版发行：化学工业出版社
（北京市东城区青年湖南街13号　邮政编码100011）
印　　装：北京天宇星印刷厂
710mm×1000mm　1/16　印张 17½　字数 349 千字
2026年2月北京第1版第1次印刷

购书咨询：010-64518888　　售后服务：010-64518899
网　　址：http://www.cip.com.cn
凡购买本书，如有缺损质量问题，本社销售中心负责调换。

定　　价：128.00 元

前言

高分子材料作为现代工业与生活中不可或缺的基础材料之一，以其质轻、加工性能好、高流动性、易于成型、绝缘性以及耐磨性等优异性能，广泛应用于农业、建筑、汽车、电子电器、包装、航空航天以及国防军工等多个领域，成为现代工业的重要组成部分。然而，大多数高分子材料由于其碳氢有机结构，具有可燃、易燃的特性，在燃烧时热释放速率大、热值高、火焰传播速度快，且部分材料燃烧时还会产生浓烟及有毒气体，对人类生命安全与环境保护构成潜在威胁。因此，高分子阻燃剂的研究与开发，对于提升材料的安全性能、保障人民生命财产安全具有重要意义。

《高分子阻燃剂》正是在这一背景下应运而生，旨在系统而深入地探讨高分子阻燃剂的理论基础、合成方法、性能表征、应用现状、研究进展及发展趋势。结合编者多年的研究实践，通过广泛搜集国内外最新研究成果，探讨阻燃剂与高分子材料的相互作用机制，为阻燃改性提供理论依据和实践指导。本书力求为读者呈现一个全面、系统、前沿的高分子阻燃剂知识体系。

随着全球对消防安全标准的不断提高，开发高效、环保、低成本的高分子阻燃剂已成为材料科学领域的研究热点。书中详细介绍了近年来高分子阻燃剂领域的最新研究进展，包括新型阻燃剂的分子设计、合成路线优化、结构与性能关系研究，以及阻燃剂与高分子基材的相容性改善等方面。特别关注了环保型阻燃剂、纳米阻燃剂、智能阻燃系统等前沿技术，展现了高分子阻燃剂技术的蓬勃发展态势。

本书不仅注重理论阐述的深入性，更强调实践应用的广泛性。通过大量实例分析，展示了高分子阻燃剂在各个领域的应用成效，为相关行业的技术人员提供了宝贵的参考。同时，本书还注重跨学科交叉融合，将化学、材料科学、环境科学等多学科知识融入其中，拓宽了读者的视野。此外，本书还尝试构建了一个相对完整的高分子阻燃剂研究框架，为后续研究提供了方向指引。

在总结当前研究成果的基础上，本书对高分子阻燃剂的未来发展趋势进行了展望，指出随着可持续发展的理念深入人心，环保、高效、可持续将成为高分子阻燃剂发展的主流方向。同时，随着科技的进步和跨学科研究的深入，高分子阻燃技术将不断取得新的突破，为人类社会带来更加安全、环保的高分子材料解决方案。

综上所述，本书的编写旨在为高分子阻燃剂领域的研究人员、工程技术人员以及广大读者提供一本全面、系统、权威的参考书，为推动高分子阻燃剂的研究与应用贡献一份力量。

本书由邹勇进、向翠丽、孙立贤、韦安、王顺香、卢须兰等人共同撰写，并由邹勇进负责统稿。本书得到了广西科技合作领域重大专项项目“高效抑烟低毒生物基阻燃剂制备及关键应用技术研发”的支持，在此表示感谢。

由于编者水平有限，本书未能涵盖高分子阻燃研究的全部内容，因此，难免存在疏漏和不当之处，恳请广大读者和同行批评指正。

编者

2025 年 6 月

目录

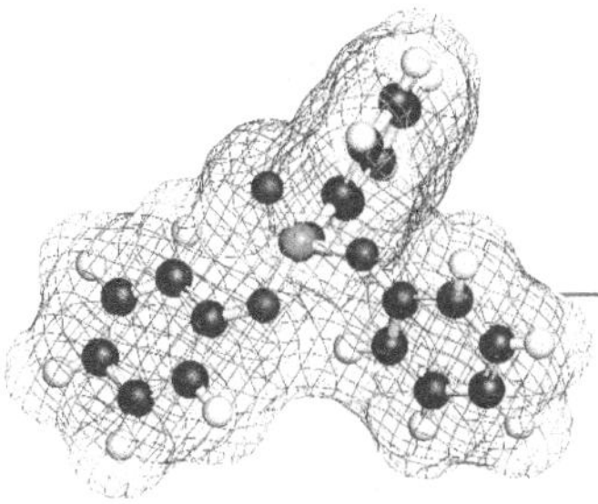

第1章 绪论

1.1 阻燃剂简介

阻燃剂（flame retardant），又称为阻燃材料，是一类用于提高材料抗燃性能的化学物质，通过提高材料的燃点（ignition point）或降低燃烧速率来保护基体材料，延缓或阻止火焰蔓延，减少火灾危害。阻燃剂已被广泛应用于塑料、橡胶、纺织品、涂料、木材及电子元器件等多种材料中，具有广阔的市场前景。从作用机制来看，其核心包括吸热降温、隔绝氧气、稀释可燃气体浓度以及形成保护层等，通过这些方式降低材料的燃烧速率和火焰传播速度，部分阻燃剂还能实现自熄。

阻燃剂以特定方式加入高分子可燃材料中，可显著降低材料的可燃性。能添加阻燃剂的易燃物主要包括塑料、木材、纤维素、燃料产品及纺织品等。例如，六氟锆酸钾（K_2ZrF_6）常用于羊毛纺织品，磷酸铵用于木材处理，硼砂和硼酸则用于纤维素隔热材料和棉絮。随着防火安全意识逐步提高，高分子材料阻燃领域备受关注。

1.2 阻燃剂的重要性

燃烧是人类利用能量的主要方式之一，但同时也带来了严重的危害。火灾不仅对人民生活造成不可逆的损害，还对自然环境构成重大威胁。高分子材料燃烧时会产生大量烟雾和有毒物质，极大降低了火灾现场的逃生成功率，导致人员伤亡并造成巨额经济损失。据统计，自从 21 世纪以来，我国每年约发生火灾 12 万起，造成直接财产损失 42 亿余元[1]。由此可见，火灾给人们的生命财产造成了严重的损失，因此开发阻燃剂，降低火灾风险成为科研工作者的重要任务。

阻燃剂在材料科学、工业应用以及公共安全领域扮演着至关重要的角色，其重要性体现在以下几个方面。

① 提升材料安全性　阻燃剂的主要功能是通过减缓或阻止材料的燃烧过程，显著降低火灾风险。它们能够在材料遇到火源时，通过物理或化学作用，改变材料的燃烧特性，降低热释放速率、火焰蔓延速度和减少烟雾生成量，从而保护人员和财产免受火灾的威胁。阻燃剂在火灾中的作用非常显著，据相关数据统计，添加阻燃剂的产品相比未添加阻燃剂的，在火灾中可以多延长 15 倍的人员撤离和抢救财产时间[2]。这意味着在火灾发生时，阻燃剂能够为人员疏散和财产抢救争取更多宝贵时间，从而减少火灾造成的损失。

② 满足法规要求　随着全球对公共安全意识的增强，各国政府和相关机构纷纷出台了一系列关于材料阻燃性能的法规和标准。阻燃剂的应用能够帮助材料制造商满足这些法规要求，确保产品能够在市场上合法销售和使用[1,3]。

③ 促进可持续发展　环保型阻燃剂的开发与应用是阻燃剂领域的重要趋势。这些阻燃剂不仅具备优异的阻燃性能，还能够减少对环境的污染和破坏，符合可持续发展的理念。阻燃剂的添加可以提高材料的耐热、抗老化等性能，从而延长其使用寿命，减少废物的产生。通过推广环保型阻燃剂，可以推动整个行业的绿色转型和升级。

④ 拓宽材料应用领域　阻燃剂的应用范围非常广泛，几乎涵盖了所有需要提高阻燃性能的高分子材料。通过加入适量的阻燃剂，可以显著提升材料的阻燃性能，从而使其能够应用于更多对防火要求较高的领域，如建筑、交通、电子电器等。阻燃剂还能改善材料的加工性能，使其更易于加工和成型。通过降低材料的热塑性和黏度，阻燃剂能够提升材料在加工过程中的稳定性，减少废品率，降低生产成本。同时，阻燃剂还能控制材料中的气孔大小和分布，提高材料的界面附着性、润湿性和表面平整度，这对于机械加工和表面处理过程都具有重要意义。

⑤ 提升产品竞争力　在市场竞争日益激烈的今天，产品的安全性和可靠性成为消费者关注的重点。具备优异阻燃性能的产品能够赢得消费者的信任和青睐，从而提升产品的市场竞争力。因此，阻燃剂的应用也成为企业提升产品附加值和品牌形象的重要手段之一。例如，在建筑材料中添加某些阻燃剂在提高阻燃性能的同时，还可以提高墙板和柱子的抗拉强度和抗弯强度，使其更加结实耐用。阻燃性能与力学性能的提升不仅增强了产品的质量和安全性，也提升了产品的市场竞争力。

1.3 阻燃剂的发展历程

阻燃剂的发展经历了从简单到复杂，从低效到高效，从单一功能到多功能协同的演进过程。这一历程既反映了防火安全技术的进步，也体现了环境健康理念的深化。

在阻燃剂发展史上，1735 年英国专利申请人 Obadiah Wyld 首次将明矾、硫酸亚铁和硼砂复配用于纸张和织物的阻燃处理[4]。1820 年，法国人 Gay-Lussac 用磷酸铵、氯化铵和硼砂的混合物来增加剧院纺织品的阻燃性，他还被认为是在织物上发明生物基阻燃剂的先驱。

20 世纪高分子材料的兴起推动了阻燃剂技术革新。1940 年代，溴系阻燃剂（如多溴联苯醚）因高效阻燃特性广泛应用于电子封装、建材等领域。但后续研究证实，这类卤代有机物存在生物累积性和潜在内分泌干扰效应。

1960 年代后，六溴环十二烷（HBCD）等替代品出现，但其持久性有机污染物（POPs）特性在 1980 年代引发关注。随着《斯德哥尔摩公约》等环保法规实施，1990 年代无卤阻燃体系（如磷氮膨胀型阻燃剂）成为研究重点。

21 世纪以来，科学技术的进步，使得阻燃剂的研究和开发进入了一个新阶段。纳米材料、生物技术和材料工程等领域的发展也为阻燃剂的研发提供了新的思路。纳米阻燃剂、复合阻燃剂等新型阻燃剂不断涌现，不仅提高了阻燃效能，还减少了环境影响。如聚磷酸铵（APP）等无机阻燃剂因其环保、高效的特点而受到广泛关注。当前，阻燃剂研发已进入分子设计阶段，通过计算机模拟预测阻燃效率（如 CONE 量热法辅助筛选）。未来随着绿色化学原则的贯彻，阻燃技术将向“高效-低毒-可降解”三位一体的方向发展。

总的来说，阻燃剂的发展历程是一个不断演进的过程，从最初的天然物质到有机阻燃剂，再到无卤素阻燃剂，不断追求更安全、更环保、更高效的阻燃技术。未来，随着科技的不断发展和社会对环保的日益重视，阻燃剂将会在更广泛的领域得到应用和推广，为人类的生命财产安全提供更加坚实的保障。

1.4 阻燃剂的分类

阻燃剂的分类可以从多个角度进行，以下是一些主要的分类方法。

(1) 按所含阻燃元素分类

① 卤系阻燃剂　以卤素为主要阻燃成分的有机阻燃剂，如氯化石蜡、四溴双酚 A、十溴二苯乙烷等。这类阻燃剂阻燃效率高，但燃烧时可能产生有毒烟雾和腐蚀性气体，因此在环保方面存在一定的局限性。

② 磷系阻燃剂　以含磷基团为主要阻燃成分的阻燃剂，包括有机磷系和无机磷系阻燃剂，如磷酸三甲酚酯、磷酸三乙氧基硅烷、红磷、磷酸铵盐等。磷系阻燃剂具有低毒、低烟、低卤甚至无卤的特点，且效率高、用量少。

③ 氮系阻燃剂　以氮为主要阻燃元素的阻燃剂，如尿素、三聚氰胺等。这类阻燃剂在受热时能释放氮气、氨气等不可燃气体，稀释可燃气体浓度，达到阻燃效果。

④ 磷-卤系阻燃剂　结合磷和卤素元素的阻燃剂，兼具两者的优点，但也可能

存在卤系阻燃剂的环保问题。

⑤ 磷-氮系阻燃剂　以磷和氮为主要成分的阻燃剂，如三聚氰胺聚磷酸盐等。这类阻燃剂阻燃效果好，低烟，有毒气体生成量小。

(2) 按组分分类

① 无机阻燃剂　主要组分是无机物，如氢氧化铝、氢氧化镁、磷酸铵、磷酸二铵、氯化铵、硼酸、锑化物、赤磷和磷酸类、硼化物类、铋化合物等。无机阻燃剂具有无毒、无害、无烟、无卤的优点，广泛应用于各类领域。

② 有机阻燃剂　主要组分为有机物，如磷系阻燃剂、卤系阻燃剂（氯系、溴系）和氮系阻燃剂（包含双氰胺、氨基磺酸铵等）等。部分有机阻燃剂还用于纺织物的耐久性阻燃。

③ 有机-无机复合阻燃剂　结合了无机和有机阻燃剂的特点，以提高阻燃效果和材料的相容性。

(3) 按使用方法分类

① 添加型阻燃剂　通过在可燃物中添加阻燃剂来发挥作用，添加型阻燃剂的使用方法简便，是目前使用最广泛的一类阻燃剂。

② 反应型阻燃剂　通过化学反应在高分子材料中引入阻燃基团，从而提高材料的阻（抗）燃性。这类阻燃剂与材料的结合更紧密，对材料性能的影响较小。

(4) 其他分类方法

① 按应用领域分类　如民用建筑防火涂料、工业设备防火涂料、钢结构防锈防火涂层等。

② 按使用温度分类　如室温固化型防火涂料、中温或高温固化的防火涂料、超高温固化的防火涂料等。

综上所述，阻燃剂的分类方法多样，根据不同的分类标准可以划分为不同的类别。在实际应用中，需要根据具体的需求和场景选择合适的阻燃剂。

1.5 阻燃剂的表征方法

阻燃剂的表征方法多样，主要目的是评估其阻燃性能及在材料中的行为。以下是一些常用的阻燃剂表征方法：

1.5.1 化学表征测试

① 红外光谱（infrared spectroscopy，IR）　红外光谱是一种分析物质分子结构和化学键的重要工具，它通过测量物质对红外光的吸收或发射来获取信息。在阻燃剂研究领域，红外光谱常用于分析阻燃剂的化学结构，以验证其成分和特性，通过特征峰的变化判断阻燃成分是否成功引入或发生化学反应。还可以通过分析阻燃剂

在高温条件下热分解产物的红外光谱变化，深入研究其阻燃机理，如阻燃剂在高温下是否形成稳定的覆盖层、是否产生不可燃气体等。这些信息对于优化阻燃剂的性能和设计新的阻燃体系具有重要意义。

② 核磁共振（nuclear magnetic resonance，NMR） 核磁共振技术是一种基于原子核磁矩与外加磁场相互作用的物理现象而发展起来的谱学方法，可以进一步确认阻燃剂及材料的分子结构，提供更为详细的化学环境信息。在阻燃剂的研究中，常用的核磁共振技术包括氢谱（^{1}H NMR）、碳谱（^{13}C NMR）和磷谱（^{31}P NMR）等。这些技术能够提供阻燃剂分子中氢、碳、磷等元素的化学环境和结构信息。核磁共振表征能够直接揭示阻燃剂的分子结构，为理解其阻燃机理提供基础数据。通过对比不同合成条件下阻燃剂的核磁共振谱图，可以优化合成工艺，提高阻燃剂的纯度和性能。

③ 拉曼光谱（Raman spectrum） 拉曼光谱是一种基于散射效应的光谱分析方法，通过引导单一波长的光并收集由此产生的“散射光”来获取信息。散射光的频率取决于分子中化学键的强度、被结合原子的质量以及其他因素，如分子间的相互作用等。其与红外光谱互补，用于分析阻燃剂材料的振动和转动能级，特别适用于研究碳材料如炭层的形成，有助于了解阻燃剂在燃烧过程中的作用机理和效果。

④ 元素分析 测定阻燃剂及其复合材料中特定元素的含量，以评估阻燃效果。阻燃剂中通常包含多种关键元素，这些元素对阻燃性能有直接影响。主要的阻燃元素包括 Mg、Al、Si、N、P、As、Sb、Bi、Cl、Br、I 等，这些元素可以通过化学反应或物理作用在高分子材料表面形成保护层，隔绝氧气、稀释可燃气体或抑制燃烧链反应，从而达到阻燃的目的。元素分析可以精确测定阻燃剂中各种元素的含量，这对于评估阻燃剂的配方、控制生产过程中的原料比例以及保证产品质量至关重要。通过调整阻燃剂中关键元素的含量，可以优化阻燃效果，同时避免对高分子材料的力学性能、加工性能等产生不良影响。

⑤ 热重分析（thermogravimetric analysis，TGA） 热重分析是通过对样品加热，并在特定气氛（如氮气、空气等）下，测量其质量随温度的变化关系。测试过程中，样品被放置在热重分析仪的样品盘中，按照设定的加热程序进行加热，同时记录样品的质量变化。这种变化通常表现为热重曲线，即样品质量随温度变化的曲线。热重分析在阻燃剂的表征中扮演着重要角色，它主要通过测量样品在程序控制温度下的质量变化，来研究阻燃剂的热稳定性和分解特性。

⑥ 差示扫描量热法（differential scanning calorimetry，DSC） 它通过测量样品在加热或冷却过程中与参比物之间的热流差（即样品吸热或放热的速率），来研究阻燃剂的热性能，包括热稳定性、熔融行为、热分解特性以及阻燃机理等。阻燃剂在加热过程中可能发生的热分解反应会在 DSC 曲线上产生特定的热峰（吸热与放热）。这些热峰的位置、强度和形状可以提供关于阻燃剂热分解温度、分解速率以及分解产物的信息。通过分析这些信息，可以评估阻燃剂在高温下的稳定性以及

其在火灾中的阻燃效果。此外，DSC 可以与其他分析技术（例如热重分析、红外光谱分析等）联合使用，以对阻燃剂的阻燃机理进行更深入的研究。这种综合分析方法能够提供更全面的阻燃剂性能信息，从而指导阻燃剂的优化和新型阻燃体系的设计。

1.5.2 阻燃性能测试

（1）垂直燃烧测试法

垂直燃烧测试是评估材料阻燃性能的一种重要方法，它通过模拟实际火灾场景，对材料进行垂直燃烧，观察并记录材料的燃烧行为，进而评估其阻燃性能的优劣。垂直燃烧测试的原理是将试样垂直固定在支架上，用规定的点火源点燃试样的下端，观察试样的燃烧行为，记录试样的有焰燃烧时间、无焰燃烧时间以及试样燃烧后是否形成滴落物等信息。这一测试方法能够直观地反映材料在火灾中的燃烧情况，为材料阻燃性能的评估提供重要依据。

垂直燃烧测试的实验步骤通常包括以下几个方面。

① 准备试样　按照相关标准或规范，准备规定尺寸和形状的试样。试样的表面应平整、无油污、无杂质等。

② 安装试样　将试样垂直固定在支架上，确保试样与支架之间无缝隙，避免在测试过程中产生额外的热量损失。

③ 点火　使用规定的点火源点燃试样的下端，点火时间通常为一定时间（如 10 秒）。在点火过程中，应确保点火源与试样接触良好，避免产生火花飞溅等安全隐患。

④ 观察记录　在测试过程中，应观察并记录试样的燃烧行为，包括有焰燃烧时间、无焰燃烧时间、是否形成滴落物等。同时，还应注意观察测试环境中的温度、湿度等参数变化，确保测试结果的准确性。

⑤ 结果分析　根据测试数据，分析试样的阻燃性能。通常，有焰燃烧时间越短、无焰燃烧时间越长、无滴落物形成等的材料具有更好的阻燃性能。

垂直燃烧测试中，通常采用 UL-94 标准作为测试结果的分析手段。UL-94 标准是应用最为广泛的防火等级标准，由美国保险商实验室（Underwriters Laboratories，UL）制定，主要用于评估材料在火焰暴露下的燃烧特性和阻燃性能。该标准广泛应用于电子电器产品、塑料制品以及其他需要具备阻燃特性的材料，具体包括材料的燃烧速度、火焰蔓延情况以及熄灭时间等。该标准根据材料的阻燃性能将其分为多个等级，常见的等级包括 V-0、V-1、V-2、HB 等。

V-0：最高等级，要求材料在两次燃烧测试后，火焰应在 10 秒内自行熄灭，且不能有滴落物引燃棉垫。

V-1：次高等级，要求材料在两次燃烧测试后，火焰应在 30 秒内自行熄灭，且不能有滴落物引燃棉垫。

V-2：较低等级，要求材料在两次燃烧测试后，火焰应在30秒内自行熄灭，但允许滴落物引燃棉垫。

HB：最低等级，仅测试材料的燃烧速度，没有自动熄灭要求。

（2）极限氧指数测试法（limit oxygen index，LOI）

测定材料燃烧所需的最小氧气体积分数（极限氧指数），极限氧指数越高，说明其阻燃性能越好。极限氧指数是指在规定的条件下，材料在氧气和氮气混合气流中进行有焰燃烧所需的最低氧浓度，以氧气所占体积分数来表示。极限氧指数高表示材料不易燃烧，极限氧指数低表示材料容易燃烧。这一测试方法通过模拟材料在特定氧浓度下的燃烧行为，从而评估材料的阻燃性能。其基本原理基于一个假设：材料的燃烧行为与其所处的氧浓度密切相关。在测试过程中，将一定尺寸的材料试样装入试验装置中，通入氧与氮的混合气体。通过调整混合气体中氧气的浓度，直到试样刚好维持有焰燃烧，此时所测得的氧浓度即为该材料的极限氧指数。其测试主要包括以下步骤：

① 准备试样　按照相关标准或规范，准备规定尺寸和形状的材料试样。

② 安装试样　将试样装入试验装置中，通常是一个透明玻璃的燃烧筒，试样应垂直固定在燃烧筒的中央。

③ 调整气体浓度　通过流量控制系统调整氧氮混合气体中氧气的浓度，初始浓度通常较高，然后逐渐降低。

④ 点燃试样　使用点火器点燃试样的顶端，观察并记录试样的燃烧行为。

⑤ 记录数据　通过调整混合气体中氧气的浓度，直到试样刚好维持有焰燃烧，此时所测得的氧浓度即为该材料的极限氧指数。

一般认为，极限氧指数小于22%的材料属于易燃材料，极限氧指数在22%～27%之间的材料属于可燃材料，极限氧指数大于27%的材料属于难燃材料。然而，具体的评估标准可能因不同的应用领域和材料类型而有所差异。极限氧指数测试法是一种有效的评估材料阻燃性能的方法，通过模拟材料在特定氧浓度下的燃烧行为，为材料的阻燃性能评估提供了重要依据。

（3）锥形量热法（cone calorimetry，CC）

能够模拟真实火灾条件，通过测量燃烧过程中的热释放速率、总放热量、烟及其毒性参数和质量损失速率等参数，全面评估材料的阻燃性能。锥形量热法测试可以得到多种与材料阻燃性能相关的参数，主要包括：点燃时间（TTI），也称点火时间，材料点燃并发生燃烧的时间，这个参数可以用来描述材料的自熄性，点燃时间越短，代表材料的自熄性越差；热释放速率（HRR），单位时间内材料燃烧释放的热量，这一参数可以反映材料燃烧的速度和强度；总热释放量（THR），材料燃烧过程中释放的总热量，THR是评价材料燃烧性能的一个重要指标，THR值越小，说明材料的阻燃性能越好；峰值热释放速率（PHRR），材料在燃烧过程中热释放速率的最大值，这一参数能够反映材料在燃烧过程中的最大热释放程度；有效燃烧热（EHC），单位质量的材料完全燃烧所释放的热量，EHC与材料的燃烧效率和热值有关；烟及其毒性参数，包括烟密度、CO和CO_2的生成量等，这些参数可以评估材料燃烧时产生的烟气和毒气的量及其对人体健康的影响；质量变化参数（MLR），材料在燃烧过程中质量的变化情况，这一参数可以反映材料的燃烧稳定性和残留物的性质。锥形量热测试步骤主要包括以下方面。

① 准备试样　按照相关标准或规范，准备规定尺寸和形状的材料试样。

② 安装试样　将试样放置在锥形量热仪的试验台上，并确保试样与加热器的位置关系正确。

③ 设置测试条件　根据测试要求，设置锥形量热仪的加热功率、辐射强度等测试条件。

④ 开始测试　启动锥形量热仪，在持续的热流辐射下对试样进行加热，直至试样释放出足够点燃的可燃气体并被点火针点燃，发生燃烧。

⑤ 记录数据　在测试过程中，锥形量热仪会自动记录多个参数的数据，包括点燃时间、热释放速率、总放热量等。

⑥ 分析数据　测试结束后，使用专用软件对记录的数据进行分析和处理，得出材料的阻燃性能评估结果。

锥形量热法测试结果的评估标准通常根据具体的测试目的和应用领域而定。一般来说，点燃时间越长、热释放速率越低、总放热量越小、峰值热释放速率越低、烟及其毒性参数越低，都表明材料的阻燃性能越好。

(4) 塑料烟密度测试

塑料烟密度测试的主要目的是测定塑料材料在燃烧过程中所产生的烟雾的比光密度，即单位面积的试样产生的烟扩散在单位容积烟箱单位光路长度的烟密度。这一指标能够反映塑料材料在火灾中的发烟性能，对于评估材料的火灾安全性具有重要意义。塑料烟密度测试遵循一系列国际和国内标准，其中主要包括：中国国家标准GB/T 8323.2—2008，规定了片状材料、复合材料或厚度不超过25mm组合件的试样，在垂直放置于配有规定等级热辐射源的密闭橱柜中，测量从暴露面生成烟的方法；国际标准ISO 5659-2，同样适用于测定塑料燃烧时所产生烟雾的比光密度，并规定了在四种燃烧模式下进行测试，包括不同辐射热量下有无火焰的燃烧情况。

塑料烟密度测试通常采用单室法，具体测试方法如下。

① 试样准备　按照标准要求，从待测塑料材料中截取一定尺寸的试样，通常尺寸为75mm×75mm×厚度（≤25mm）。

② 测试装置　测试装置主要包括密闭试验箱、光度计测量系统、辐射锥、燃烧系统、点火器等。其中，密闭试验箱用于容纳试样并收集燃烧产生的烟雾；光度计测量系统用于测量光束通过烟雾后的衰减，从而计算出比光密度。

③ 测试过程 将试样水平放置于测试箱内，并将试样的上表面暴露于恒定辐射照度的热辐射源下。通过点火器点燃试样（或在不使用引燃火焰的情况下仅提供辐射热），使试样燃烧并产生烟雾。同时，光度计测量系统测量光束通过烟雾后的透光率变化，并计算出比光密度。

④ 数据处理 记录测试过程中的关键数据，如辐射照度、燃烧时间、透光率变化等，并根据这些数据计算出试样的比光密度。最后，根据比光密度的数值评估试样的发烟性能。

(5) 表面燃烧试验法

表面燃烧试验法（如热辐射源法、片剂法等），用于测定材料表面在受到火焰或辐射热作用时，火焰沿其表面蔓延的速度、距离或趋势。该方法可以直接评价材料的阻燃性能，特别是抵抗火焰在材料表面上蔓延的能力，适用于厚实的纺织品（如地毯等）。将试样以特定方式（通常为水平或垂直）暴露于规定点火源（火焰或辐射板）下，测量火焰前锋在试样表面传播的距离随时间的变化，计算火焰传播速率、熄灭距离或火焰蔓延指数等参数。该方法主要遵循以下标准：《铺地材料燃烧性能中用辐射热源法测量燃烧性能》（ISO 9239-1：2010），使用辐射板作为主要热源，测量火焰在水平放置的地板覆盖物试样上的横向蔓延；《建筑材料表面燃烧特性的标准试验方法（Steiner 隧道法）》（ASTM E84：2023b），将试样水平安装在隧道炉顶部，其燃烧端暴露于点火源，测量火焰沿试样底面的蔓延距离，计算火焰蔓延指数（FSI）和烟雾发展指数（SDI）。这些标准详细规定了测试设备、样品制备、测试程序以及数据处理等方面的要求，以确保测试结果的准确性和可比性。其具体测试步骤包括以下几个方面。

① 样品制备 根据测试标准的要求，将待测样品精确切割成规定尺寸和形状的试样。试样通常需要进行一定的预处理，如在温度23℃±2℃、湿度50%±5%的条件下预处理24h及以上，消除残留挥发性物质的影响。

② 安装试样 将试样水平置于辐射板/隧道炉顶板上，边缘密封，避免漏气，确保试样表面与辐射源/火焰的距离符合标准。

③ 启动测试 按照测试标准的要求，启动测试设备，对试样进行加热并点燃。在燃烧过程中，记录并测量烟雾的产生情况。

④ 数据处理 根据测试设备输出的数据，计算单位时间内火焰蔓延的距离，并进行数据分析和处理。通过比较不同试样的火焰自熄灭时的蔓延距离，评估阻燃效率。

表面燃烧试验法通过量化火焰在材料表面的动态蔓延行为，直接反映材料阻燃性能的核心指标——抗火焰蔓延能力。其测试结果可能受到多种因素的影响，包括试样的制备和安装质量、测试设备的性能和稳定性、测试环境的温度和湿度等。因此，在进行测试时，需要严格控制这些因素，以确保测试结果的准确性和可靠性。该方法广泛应用于各种材料的阻燃性能评估中，包括建筑材料、电气材料、交通工具内饰材料、包装材料等。通过该方法，可以筛选出具有优良阻燃性能和低烟雾产生特性的材料，提高产品的安全性和环保性。

（6）夹层燃烧测试法

将材料插在套管中间，一侧点燃，另一侧观测燃烧情况，评估材料的阻燃持久性。夹层燃烧法测试材料阻燃性能是一种重要的评估方法，其主要过程是将被测试材料插入一个特定的夹层结构中，并通过点燃一侧来观察材料的燃烧情况，从而评估其阻燃性能。其测试原理是通过将材料置于一个模拟实际使用环境的夹层结构中，并在一侧施加火焰，观察材料的燃烧速度、火焰传播情况、是否产生滴落物以及燃烧后的残留物等，来评估材料的阻燃性能。这种方法能够较为真实地反映材料在实际应用中的阻燃效果。其具体测试步骤如下。

① 样品制备　根据测试标准的要求，将被测试材料加工成规定的尺寸和形状的试样，并将其插入夹层结构中。夹层结构通常包括面板、芯材和支撑器等部分，以模拟实际使用中的多层结构。

② 安装试样　将插有试样的夹层结构安装到测试设备上，确保试样与设备之间的密封性和位置的准确性。

③ 启动测试　按照测试标准的要求，启动测试设备，对试样的一侧施加火焰。火焰的大小、施加时间以及测试环境的温度等参数应根据测试标准进行设定。

④ 观察记录　在测试过程中，观察并记录试样的燃烧情况，包括点燃时间、火焰传播速度、燃烧时间、是否有滴落物引燃下面的材料、燃烧后的残留物情况等。

⑤ 数据处理　根据测试记录的数据，对试样的阻燃性能进行评估，通常包括计算燃烧速率、评估火焰传播情况等指标。

夹层燃烧法测试材料的阻燃性能通常遵循一系列国际标准或国家标准，这些标准详细规定了测试设备、样品制备、测试程序以及数据处理等方面的要求，确保测试结果的准确性和可比性。夹层燃烧测试法是一种重要的评估方法，能够较为真实地反映材料在实际应用中的阻燃效果。

（7）香烟及小火焰燃烧测试

模拟日常生活中香烟或小火焰对材料的引燃情况，评估材料的耐点燃性和阻燃性。香烟及小火焰燃烧测试通过将被测样品放置在试验衬底上，并在其上部或下部施加小火焰或放置发烟燃烧的香烟。通过记录被测样品在火焰作用下的燃烧情况，如是否点燃、火焰蔓延速度、燃烧持续时间、阴燃情况等，来评估其阻燃性能。其具体步骤如下。

① 样品准备　根据测试标准的要求，将被测材料加工成规定尺寸和形状的试样。

② 安装样品　将试样放置在试验衬底上，并确保其稳定且符合测试要求。

③ 施加火焰　使用标准化的香烟或小型火焰发生器，在试样的上部或下部施

加火焰。火焰的大小、施加时间等参数需根据测试标准进行设定。

④ 观察记录 在测试过程中，仔细观察并记录试样的燃烧情况，包括点燃时间、火焰蔓延速度、燃烧持续时间、阴燃情况等。

⑤ 数据处理 根据测试记录的数据，对试样的阻燃性能进行评估。通常包括计算燃烧速率、评估火焰传播情况等指标。

香烟及小火焰燃烧测试广泛应用于纺织品、家具、建筑材料等领域的阻燃性能评估。通过这种方法，可以评估材料在实际使用中遇到香烟或小火焰时的阻燃效果，为产品的设计和开发提供科学依据。

1.5.3 其他表征方法

(1) 扫描电子显微镜 (SEM)

扫描电子显微镜是一种利用聚焦电子束在样品表面进行扫描，通过收集和处理电子与样品相互作用产生的各种物理信号（如二次电子、背散射电子等），来展示样品表面形貌和成分信息的电子显微镜。SEM的高分辨率和高放大倍数使其成为观察和分析微观结构的有力工具。在阻燃测试中，扫描电子显微镜常用于观察燃烧后样品的残炭形貌。通过对比燃烧前后样品的形貌变化，可以了解阻燃剂对燃烧过程的影响，如炭层的形成、膨胀和致密化等，这些都有助于揭示阻燃剂的阻燃机理。

(2) 能量色散X射线谱 (EDS)

利用不同元素发射出来的特征X射线能量差异特性，通过检测样品在X射线照射下发射出的特征X射线能量来进行元素分析，这种分析方法称为能量色散X射线谱法，而所用的谱仪则称为能量色散X射线谱仪（简称能谱仪）。能谱仪可以快速、准确地分析阻燃剂样品中的化学成分，包括元素种类、含量以及可能存在的化合物。这对于了解阻燃剂的组成、纯度以及性能具有重要意义。

(3) X射线衍射 (XRD)

X射线衍射仪利用X射线与物质相互作用时产生的衍射现象，通过测量衍射线的方向和强度，来分析物质的晶体结构和相组成。当X射线照射到晶体上时，会被晶体中的原子或离子所散射，形成散射波。这些散射波在空间中相互干涉，产生衍射现象。通过测量衍射线的角度和强度，可以推断出晶体的晶格常数、晶体结构以及相组成等信息。X射线衍射仪可以精确地测定阻燃剂的晶体结构，包括晶胞参数、空间群、原子位置等。这对于了解阻燃剂的化学稳定性和热稳定性具有重要意义。在某些情况下，阻燃剂的晶体可能会表现出择优取向，即晶体中的某些晶面在特定方向上具有更高的衍射强度。X射线衍射仪可以检测并量化这种择优取向现象，从而揭示阻燃剂的微观结构和性能特点。

(4) X射线光电子能谱 (XPS)

它主要用于分析阻燃剂的表面化学组成、元素分布以及化学键状态等信息。X

射线光电子能谱利用 X 射线作为激发源，照射到样品表面后，激发样品中的原子内层电子或价电子，这些被激发的电子（即光电子）携带了样品表面原子的信息，通过测量这些光电子的能量和数量，可以分析出样品表面的化学组成、元素分布以及化学键状态等。X 射线光电子能谱还可以结合其他技术（如俄歇电子能谱）来分析阻燃剂样品表面的化学键状态，了解阻燃剂分子间的相互作用以及阻燃剂与基体材料之间的相互作用。

综上所述，阻燃剂的表征方法涵盖了化学表征、阻燃性能测试以及其他辅助表征手段。通过这些方法的综合运用，可以全面评估阻燃剂的性能及其在材料中的行为。

1.6 高分子阻燃剂

高分子阻燃剂作为现代材料科学中的一个重要分支，其应用与发展对于提升材料的安全性、耐久性具有重要意义。高分子阻燃剂（polymeric flame retardant），是一类通过添加含有阻燃基团的高分子化合物来赋予易燃高分子材料阻燃性的功能性助剂。

高分子材料由于其众多优异的性能，已经广泛应用于生产和生活中，与此同时，高分子材料的易燃性使得火灾的潜在危险日益增加。目前常用解决方法是加入阻燃剂以提高高分子材料的阻燃性能，因此，高分子阻燃剂的设计、开发和应用成为研究热点。近几十年来，无卤阻燃剂（HFFRs），特别是以磷为主的阻燃剂由于其较高的阻燃效率而引起了研究者的广泛关注。但伴随着磷资源的不断消耗以及环境污染的日益严重，人们对环保的重视以及各项环保政策的不断升级，普通的阻燃剂已无法满足环境保护的需求。越来越多的科研人员朝着生产原料更清洁、生产工艺更精简、功能特性更优异的方向展开研究。

高分子阻燃剂按使用方法可分为添加型阻燃剂和反应型阻燃剂两大类。添加型阻燃剂主要通过物理共混方式加入基体树脂中，常见的包括卤系阻燃剂（如含溴或含氯的有机化合物）。这类阻燃剂能在材料燃烧时通过吸热、稀释可燃气体、形成保护层等多种机制减缓或阻止燃烧。反应型阻燃剂则通过参与聚合反应，将阻燃官能团引入聚合物链中，来提高材料的本质阻燃性。高分子阻燃剂相对于其他类型的阻燃剂具有以下优点。

① 相容性好　高分子阻燃剂与基体树脂的相容性较好，有助于提高阻燃剂的添加量及阻燃效果，同时保持制品的优异性能。

② 阻燃时效长　相比传统阻燃剂，高分子阻燃剂具有更长的阻燃时效，能够更有效地保护材料在长期使用中的安全性。

③ 环保性　随着环保意识的提升，越来越多的高分子阻燃剂被开发为环保型

产品，如泽西新材等厂家开发的绿色环保阻燃剂，减少了对环境的污染。

高分子阻燃剂广泛应用于电线电缆、建筑材料、汽车内饰以及电子产品外壳等多个领域。在电线电缆领域，阻燃剂能有效防止火灾蔓延，保护人身安全；在建筑材料中，如墙体保温层、室内装饰材料，阻燃剂的使用能提升建筑的防火等级，减少火灾损失。

随着科学技术的进步和环保要求的提高，高分子阻燃剂的发展趋势主要体现在以下几个方面。

① 环保化　开发更多无毒、无害、可回收的环保型阻燃剂，减少对环境的污染。

② 多功能化　阻燃剂不仅需要具备优异的阻燃性能，还需兼顾其他功能，如增强、增韧和耐候等，以满足不同领域的需求。

③ 高效化　提高阻燃剂的阻燃效率，降低添加量，以降低成本并减少对材料性能的影响。

综上所述，高分子阻燃剂作为提升材料安全性的重要手段，其研究与应用具有广阔的前景和深远的意义。随着技术的不断进步和市场的不断扩大，高分子阻燃剂将在更多领域发挥重要作用。

参考文献

[1] Hoffendahl C，Fontaine G，Duquesne S，et al. The fire retardant mechanism of ethylene vinyl acetate elastomer (EVM) containing aluminium trihydroxide and melamine phosphate [J]. RSC Adv，2014，4 (39)：20185-20199.

[2] Lu S Y，Hamerton I. Recent developments in the chemistry of halogen-free flame retardant polymers [J]. Progress in Polymer Science，2002，27 (8)：1661-1712.

[3] Malucelli G，Carosio F，Alongi J，et al. Materials engineering for surface-confined flame retardancy [J]. Mater Sci Eng R Rep，2014，84：1-20.

[4] Taib M N A M，Antov P，Savov V，et al. Current progress of biopolymer-based flame retardant [J]. Polym Degrad Stab，2022，205：110153.

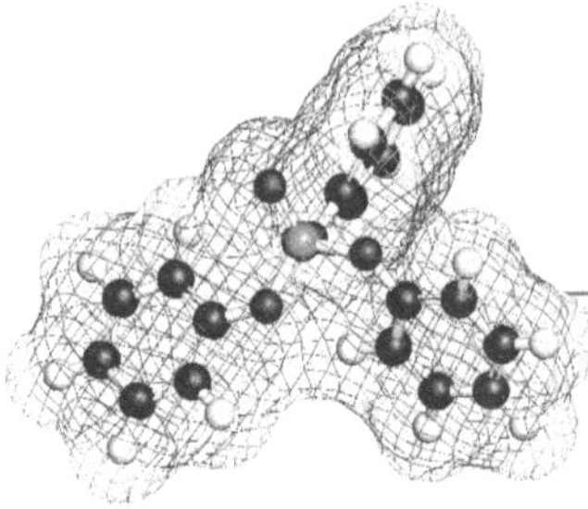

第2章 高分子阻燃剂的阻燃机理

2.1 引言

燃烧一般包括三个要素（可燃物、辅助燃烧的气体和达到物质的燃点），阻燃剂应抑制或消除一个或多个要素进行阻燃（图 2-1）。在理解高分子的阻燃特性之前，我们首先需要了解高分子的燃烧过程。当某种高分子可燃物受热时，它不仅会气化，而且其分子也会发生热解反应，从而产生自由基。自由基是一种高度活泼的化学形态，它们具有不成对的电子，因此具有很高的反应活性。这些自由基能够与其他的自由基或分子反应，生成新的自由基和其他产物。新生成的自由基又会迅速参与反应。因此，一旦反应开始且自由基持续存在，就会不断进行下去，直至反应终止或其他反应步骤被中断，其链式反应过程如式(2-1) 所示。

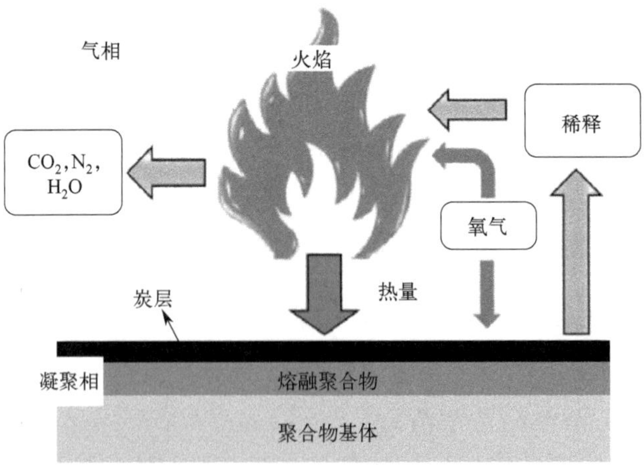

图 2-1　聚合物燃烧的阻燃过程

$$
\text{燃烧链反应式}\begin{cases}
CH_4+O_2 \longrightarrow CH_3\cdot+H\cdot+O_2 \\
H\cdot+O_2 \longrightarrow HO\cdot+O\cdot \\
CH_4+HO\cdot \longrightarrow CH_3\cdot+H_2O \\
CH_3\cdot+O\cdot \longrightarrow CH_2O\cdot+H\cdot \\
CH_2O\cdot+HO\cdot \longrightarrow CHO\cdot+H_2O \\
CHO\cdot+O_2 \longrightarrow H\cdot+CO\cdot+O_2 \\
CO\cdot+HO\cdot \longrightarrow CO_2+H\cdot
\end{cases} \tag{2-1}
$$

高分子阻燃剂的阻燃机理是一个复杂且多样化的过程，主要通过多种途径来减缓或阻止高分子材料的燃烧。具体的高分子阻燃剂阻燃机理需要进一步详细分析。

2.2 气相阻燃机理

气相阻燃机理（gas-phase flame retardant mechanism）是指阻燃剂在材料燃烧过程中，通过影响气相部分的燃烧反应来减缓或抑制燃烧的一种机制。这种机理主要依赖于阻燃剂在高温下分解所产生的挥发性物质对火焰和燃烧链式反应的直接影响。以下是气相阻燃机理的几个关键方面。

① 自由基捕捉（radical scavenging）：许多燃烧反应都涉及自由基的链式传播。阻燃剂在高温下分解时，会释放出能够捕捉这些自由基的活性物质（如卤素化合物、磷化合物等）。这些活性物质与火焰中的自由基结合，从而中断自由基的链式反应，降低燃烧速度，甚至使燃烧完全停止。

② 稀释效应（dilution effect）：阻燃剂分解产生的大量不可燃气体（如氮气、二氧化碳和水蒸气等）会稀释燃烧区域的可燃性气体（如挥发性有机物）和氧气的浓度。当可燃性气体和氧气的浓度降低到一定程度时，火焰将无法维持其燃烧所需的条件，最终导致火焰熄灭。

③ 冷却效应（cooling effect）：阻燃剂在分解过程中通常会吸收大量热量，这种吸热过程会导致燃烧区域的温度下降。温度的降低可以减缓可燃性气体的挥发速度，降低燃烧反应的速率，同时也可能使火焰的温度降低到可燃物的燃点（又称着火点）以下，从而中断燃烧。

④ 惰性气体效应（inert gas effect）：某些阻燃剂在分解时产生的不燃性气体（如氮气）本身具有惰性，它们能够减缓火焰的传播速度，降低火焰的温度，从而抑制燃烧。

气相阻燃机理是阻燃剂在燃烧过程中发挥作用的主要方式之一。然而，需要注意的是，不同的阻燃剂可能具有不同的阻燃机理，同一种阻燃剂也可能同时通过多种机理来抑制燃烧。因此，在实际应用中，应综合考虑具体的高分子材料、阻燃剂类型及使用环境等因素，以优化阻燃效果。

2.3 凝聚相阻燃机理

凝聚相阻燃机理（condensed phase flame retardant mechanism）是指阻燃材料在燃烧过程中，通过阻燃剂的作用，改变凝聚相（即固体材料内部）的热裂解历程，从而达到阻燃的效果。这一机理主要依赖于阻燃剂与材料基体之间的化学反应，以及由此产生的物理和化学变化。

在燃烧温度下，阻燃剂能够影响材料基体（如纤维大分子链、聚合物等）的热裂解反应历程。这通常包括促进脱水、缩合、环化和交联等反应，从而增加炭化残渣的形成，并减少可燃性气体的产生。某些阻燃剂在受热时会形成一层稳定的覆盖层（如炭层、硅酸盐层等），覆盖在高分子材料的表面。这层覆盖层能够隔绝氧气，并防止高热量向材料内部传递，同时抑制可燃性气体的逸出，从而有效抑制燃烧。阻燃剂与材料发生化学反应，形成更加稳定的化合物或交联结构，从而提高材料的热稳定性和阻燃性能。阻燃剂的分解过程往往伴随着吸热反应，这可以降低材料表面的温度并减缓燃烧速率。尽管凝聚相阻燃机理主要发生在凝聚相，但某些阻燃剂在分解过程中也可能产生能够捕捉火焰中自由基的活性物质，从而在气相中也发挥一定的阻燃作用。

凝聚相阻燃机理已被广泛应用于多种阻燃材料的研发和应用中。例如，在乙烯-醋酸乙烯酯弹性体阻燃材料的制备过程中，可以加入氢氧化铝阻燃剂，通过凝聚相阻燃机理在材料表面形成一层凝胶层，防止其燃烧[1]。此外，聚氨酯材料中加入氢氧化铝等阻燃剂也能通过凝聚相阻燃机理实现阻燃效果[2]。

2.4 中断热交换阻燃机理

中断热交换阻燃机理（thermal exchange interruption mechanism）的基本原理是指在燃烧过程中，通过阻燃剂或阻燃材料的作用，使燃烧产生的部分热量被带走或吸收，从而降低可燃物的温度，使其无法维持燃烧所需的能量，进而中断燃烧反应。这一机理的实现通常依赖于阻燃材料的高热稳定性和低导热性，以及阻燃剂在燃烧过程中形成的隔热层。阻燃剂在燃烧过程中会分解产生一些固体物质，这些物质能够在材料表面形成一层隔热层。这层隔热层能够阻止热量的传递，降低可燃物表面的温度，从而减缓或阻止燃烧反应的进行。

阻燃材料或阻燃剂本身可能具有较高的热容量或热导率，能够吸收并耗散部分燃烧产生的热量。这种热量的吸收和耗散作用能够降低可燃物表面的温度梯度，减缓热量的传递速度，从而延缓燃烧速率和火焰蔓延速度。在某些情况下，阻燃材料可能通过熔融、滴落等方式直接带走燃烧产生的热量，从而降低燃烧区域的温度。例如，某些含有低分子量石蜡的阻燃体系在燃烧时会发生熔融滴落，带走大量热量，从而延缓或终止燃烧。此外，阻燃材料中的某些成分在受热时会发生相变（如熔化、升华等），这个相变过程需要吸收大量的热量，从而进一步降低燃烧区域的温度[3]。某些膨胀型阻燃剂在燃烧过程中会产生大量的气体，使材料体积膨胀并形成多孔结构。这种膨胀效应不仅能够稀释可燃性气体和氧气（助燃气体）的浓度，还能增加材料的热容量和隔热性能，进一步降低燃烧速度和火焰蔓延速度[4]。

中断热交换阻燃机理已被广泛应用于多种阻燃材料的研发和应用中。例如，在膨胀型阻燃剂中，通过阻燃剂的燃烧反应形成膨胀的隔热炭层，从而中断热量的传递，使燃烧反应无法继续进行。此外，一些无机材料如陶瓷和玻璃纤维等也因其高热稳定性和低导热性而被用作阻燃剂或阻燃材料的组成部分，以实现中断热交换的阻燃效果。

2.5 不同类型阻燃剂的阻燃机理

2.5.1 卤系阻燃剂

卤系阻燃剂通常由卤素元素（如氯、溴、氟等）以及其他辅助添加剂组成，其阻燃过程主要分为气相和固相（凝聚相）两个过程。主要通过气相阻燃机理发挥作用。

(1) 气相阻燃过程

卤系阻燃剂在受热时会分解产生卤自由基（如Cl·、Br·等），这些卤自由基从聚合物基材中抽取氢原子，生成卤化氢分子（如HCl、HBr等）并进入气相中。在气相中，卤化氢能够干扰羟自由基（HO·）链反应，从而减缓或终止燃烧的链式反应。这是因为卤化氢能够与火焰中的链反应活性物质HO·反应，生成低能量的卤自由基（如Cl·）和水，降低了自由基浓度，减缓了燃烧反应的速度。其自由基捕获反应历程如式(2-2) 所示。

$$\text{自由基捕获反应历程}\begin{cases}MX \longrightarrow M\cdot + X\cdot \\ MHX \longrightarrow M + HX \\ H\cdot + HX \longrightarrow H_2\cdot + X\cdot \\ HO\cdot + HX \longrightarrow H_2O + X\cdot\end{cases} \tag{2-2}$$

此外，卤化氢为难燃性气体，其密度比空气大，能够稀释空气中的氧气，并在火焰周围形成保护层，进一步阻碍燃烧的进行。

(2) 固相阻燃过程

在固相中，卤系阻燃剂中的卤素元素能够与可燃物表面发生反应，促进聚合物材料的脱水炭化。这种炭化过程会形成一层难燃的炭化层，该炭化层能够降低可燃物的热导率和挥发性，减缓燃烧反应的进行。同时，炭化层还能够隔离氧气和可燃物的接触，防止燃烧的继续发生。

卤系阻燃剂还可以与协效金属氧化物（如三氧化二锑 Sb_2O_3）、金属盐、含磷化合物或成炭剂等共同使用，以提高阻燃效果。例如，溴化阻燃剂与 Sb_2O_3 的协同作用可以显著增强阻燃效果，因为溴化物受热释放的 HBr 与 Sb_2O_3 反应生成 SbOBr，SbOBr 进一步受热放出 $SbBr_3$，$SbBr_3$ 在气相中作为自由基的捕获剂，同时相对密度大，起到排除氧气的作用，并在火焰上空凝聚成液滴或固体微粒，产生壁效应散射大量热量[5]。

2.5.2 磷系阻燃剂

大部分磷系阻燃剂不仅通过磷酸催化基体形成保护性炭层起到阻燃作用，还通过含磷的自由基碎片捕获气相中的可燃自由基进一步增强阻燃性能[6]。在气相中，氢自由基和羟自由基能够被效率更低的自由基所取代或者通过自由基重组转化为无害物质。在数百个可能的反应中，有几个关键的反应是至关重要的［式(2-3)］：气相中碳氢化合物的氧化过程中的分支和链式反应被减缓或中断，这被称为“火焰抑制”，这在一定程度上可减少热量的产生。在凝聚相中，有机磷官能团通过热分解转化为磷酸、多聚磷酸，从而使聚合物酯化和脱水，形成一个保护性的炭层。这种炭层具有耐高温特性，能够保护下面的聚合物免受氧气和辐射热的攻击[7]。

(1) 化学过程

形成隔离膜：磷系阻燃剂在高温下会分解并产生一系列含磷化合物，如焦磷酸、偏磷酸和聚偏磷酸等。这些化合物具有强脱水性，能够促进材料表面的脱水炭化，形成一层不易燃烧的炭层。该炭层如同保护膜，将可燃材料与氧气和热源隔离，从而减缓或阻止燃烧的继续进行。某些磷系阻燃剂，如聚磷酸铵（APP），在受热时会分解产生氨气和水蒸气，同时形成炭层。这些气体在逸出过程中会进一步促进炭层的形成，并带走部分热量，从而降低材料表面的温度。

自由基捕获：磷系阻燃剂分解产生的含磷化合物能够与火焰中的自由基（如H·、HO·等）发生反应，从而中断燃烧的链式反应。这种自由基捕获作用能够减少可燃性气体的生成，降低火焰的蔓延速度。

一方面，磷系阻燃剂可以释放 PO· 和 PO_2· 自由基，以及在燃烧链式反应中产生的 H·、HO· 和 O· 等其他反应性自由基。另一方面，磷系阻燃剂可以释放出一些含磷酸的物质，促进聚合物基材脱水，形成炭层[8]。

$$
\text{含磷自由基反应历程}\begin{cases}
PO\cdot + H\cdot \longrightarrow HPO \\
PO\cdot + HO\cdot \longrightarrow HPO_2 \\
HPO + H\cdot \longrightarrow H_2 + PO\cdot \\
HO\cdot + H_2 + PO\cdot \longrightarrow H_2O + HPO \\
HPO_2\cdot + H\cdot \longrightarrow H_2O + PO \\
HPO_2\cdot + H\cdot \longrightarrow H_2 + PO_2 \\
HPO_2\cdot + HO\cdot \longrightarrow H_2O + PO_2
\end{cases} \tag{2-3}
$$

(2) 物理过程

某些磷系阻燃剂在高温下会熔融形成高黏稠性液体，这些液体能够覆盖在材料表面，形成一层致密的熔融覆盖层。这层覆盖层可以有效阻隔氧气和热量的传递，从而增强阻燃效果。例如，聚磷酸铵在分解过程中产生的磷酸盐可以形成玻璃状覆盖层，这种覆盖层不仅具有良好的阻隔作用，还能够延长材料的耐火时间。

2.5.3 氮系阻燃剂

氮系阻燃剂主要通过稀释效应和冷却效应来发挥作用。它们在受热时会分解产生氮气等不可燃性气体，从而稀释可燃性气体和氧气的浓度，并吸收大量热量以降低燃烧区域的温度。氮系阻燃剂主要通过以下几种方式来提高材料的阻燃性能。

(1) 气相阻燃作用

氮系阻燃剂在高温下能够释放出氮气（N_2）、二氧化碳（CO_2）和水蒸气（H_2O）等不可燃气体。这些不可燃气体能够稀释可燃性气体的浓度，降低燃烧区域中的氧气含量，从而抑制燃烧反应的进行。氮系阻燃剂还可以与燃烧过程中产生的自由基（如 H・、HO・等）发生反应，形成稳定的氮自由基或其他稳定的化合物。这种反应能够打断自由基链式反应的进行，减缓或阻止燃烧的蔓延。

(2) 固相阻燃作用

在燃烧过程中，氮系阻燃剂受热分解产生的化合物能够促进材料表面的炭化反应，形成一层致密的炭层。这层炭层有效地隔绝热量和氧气的传递，保护材料内部免受燃烧的影响。炭层不仅能够隔绝氧气的作用，还能够降低材料表面的温度，减缓燃烧速率。通过减少热量向材料内部的传递，炭层能够保持材料内部的温度相对较低，从而延缓材料的热解和燃烧。

参考文献

[1] Hoffendahl C, Fontaine G, Duquesne S, et al. The fire retardant mechanism of ethylene vinyl acetate elastomer (EVM) containing aluminium trihydroxide and melamine phosphate [J]. RSC Adv, 2014, 4

(39): 20185-20199.

[2] Lindholm J, Brink A, Wilén C E, et al. Cone calorimeter study of inorganic salts as flame retardants in polyurethane adhesive with limestone filler [J]. J Appl Polym Sci, 2011, 123 (3): 1793-1800.

[3] Cai Y, Wei Q, Huang F, et al. Thermal stability, latent heat and flame retardant properties of the thermal energy storage phase change materials based on paraffin/high density polyethylene composites [J]. Renew Energy, 2009, 34 (10): 2117-2123.

[4] Li D, Li C, Jiang X, et al. Synergistic effects of intumescent flame retardant and nano-$CaCO_3$ on foamability and flame-retardant property of polypropylene composites foams [J]. Journal of Cellular Plastics, 2018, 54 (3): 615-631.

[5] Karak N, Maiti S. Antimony polymers. Ⅲ. Flame retardant behavior of chloroprene and natural rubber vulcanizates with antimony polymer [J]. Journal of Applied Polymer Science, 1998, 68 (6): 927-935.

[6] Kim W, Hoang D, Vothi H, et al. Synthesis, flame retardancy, and thermal degradation behaviors of novel organo-phosphorus compounds derived from 9, 10-dihydro-9-oxa-10-phosphaphenanthrene-10-oxide (DOPO) [J]. Macromol Res, 2016, 24 (1): 66-73.

[7] Lu S Y, Hamerton I. Recent developments in the chemistry of halogen-free flame retardant polymers [J]. Prog Polym Sci, 2002, 27 (8): 1661-1712.

[8] Lyu P, Hou Y, Hu J, et al. Composites filled with metal organic frameworks and their derivatives: Recent developments in flame retardants [J]. Polymers, 2022, 14 (23): 5279.

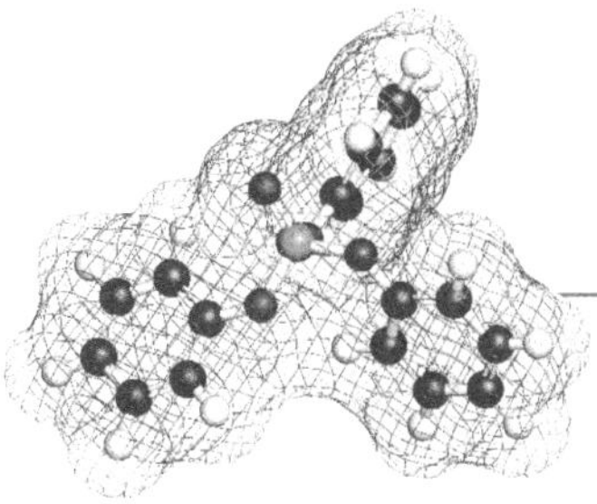

第3章 卤系阻燃剂

3.1 引言

1930 年，人们首次发现了卤系阻燃剂（如氯化石蜡）与氧化锑之间的协同阻燃效应，这一发现为后续的卤系阻燃剂研发奠定了基础。1960 年代后，美国、日本、西欧等国家和地区相继研制出了多种适用于热塑性塑料的填料型添加阻燃剂——溴系阻燃剂。这些阻燃剂在随后的几十年里得到了广泛的应用和发展。20 世纪 70 年代初至 80 年代中期，溴系阻燃剂的生产和应用在全球范围内得到了大力发展，成为阻燃剂市场的重要组成部分。卤系阻燃剂根据所含卤原子的不同，主要分为两大类：①氯系阻燃剂（chlorine flame retardants，CFRs），价格便宜，但热稳定性差，仅适用于加工温度低于 200℃ 的产品；②溴系阻燃剂（brominated flame retardants，BFRs），阻燃效率高，是氯系阻燃剂的两倍，且对材料的力学性能影响小，在阻燃领域占据重要地位（氟和碘化合物不常使用，因为它们不会影响聚合物的燃烧过程）。

氯系阻燃剂的主要特点是含有氯元素，并通过氯元素的化学性质在燃烧过程中起到阻燃作用，常见的氯系阻燃剂主要包括氯化石蜡和五氯硬脂酸甲酯等（图 3-1）。这些阻燃剂由于价格便宜，目前在工业上仍有使用。其中，氯化石蜡-70 是其代表产品，具有高纯度、高热稳定性以及生产工艺简单的特点。此外，其他含氯化合物如氯化脂环烃和四氯邻苯二甲酸酐，因具有较高的热稳定性，常用作不饱和树脂的阻燃剂。环氧氯丙烷也可以作为反应单体，用于制作含氯透明阻燃树脂。有些聚合物本质上是阻燃剂，如聚氯乙烯（PVC）本身具有阻燃性，因此可以使用 PVC 作为阻燃剂。除了 PVC 外，聚四氟乙烯（PTFE）也是常见的商用阻燃聚合物。氯系阻燃剂广泛应用于各种高分子材料中，如聚乙烯（PE）、聚丙烯（PP）等。它们通过抑制燃烧链式反应、降低材料表面温度以及隔绝氧气和可燃物等方式起到阻燃作用。

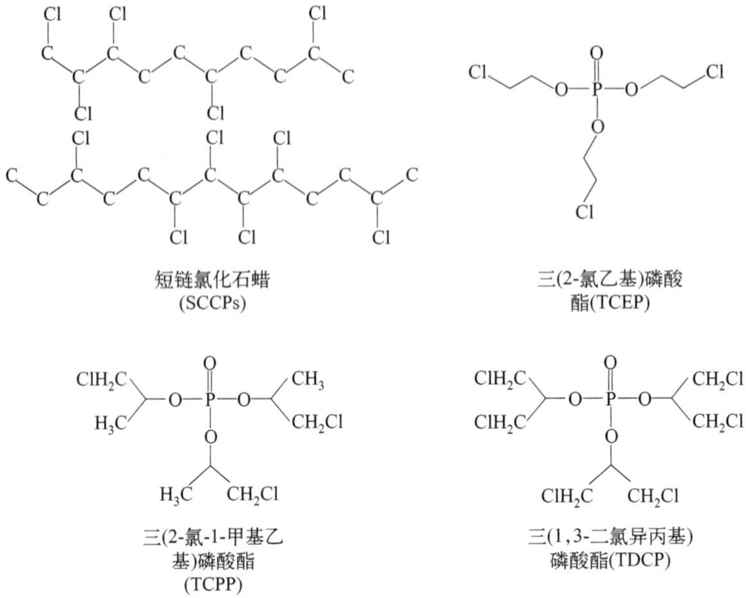

图 3-1　典型的氯系阻燃剂

溴系阻燃剂是一类重要的有机阻燃剂，主要通过受热分解产生溴化氢（HBr）等气体覆盖在材料表面，起到阻隔作用，并生成燃烧惰性物质，从而达到阻燃效果。溴系阻燃剂具有原料来源充足、应用范围广、耐热性好和阻燃效率高等优点，被广泛用于交通、纺织、建筑、塑料、通信、电子电器等领域，特别是在高聚物外壳和电路板中，需求量较大。溴系阻燃剂的主要种类包括多溴二苯醚（PBDEs）、六溴环十二烷（HBCD）、四溴双酚 A（TBBPA）等。此外，通过溴化反应，还可以形成不同树脂基体的溴系阻燃剂系列，如溴化聚苯乙烯（BPS）、聚溴化苯乙烯、溴化环氧树脂低聚物（BEO）和溴化聚碳酸酯低聚物（BCO）等。溴系阻燃剂的分解温度通常在 200～300℃，与各种高聚物的分解温度相匹配，能在最佳时刻起到阻燃作用。溴系阻燃剂的添加量相对较小，但阻燃效果显著。在电子电器领域，溴系阻燃剂被广泛应用于电视、电脑等显示屏的外壳材料中，如阻燃丙烯腈-丁二烯-苯乙烯共聚物（ABS）及高抗冲聚苯乙烯（HIPS）等。在汽车、飞机等交通工具中，溴系阻燃剂被用于内饰、零部件以及车身结构件等阻燃高分子材料中。在纺织和建筑领域，溴系阻燃剂可用于提高纺织品和建筑材料的阻燃性能。随着 5G、新能源汽车等行业的快速发展，溴系阻燃剂的市场需求也在不断增加。然而，溴系阻燃剂行业也面临着激烈的市场竞争和日益严格的环保要求。为了应对这些挑战，溴系阻燃剂行业需要加强技术创新，推出更加环保、安全、高效的产品。常用溴系阻燃化学品如表 3-1 所示。

表 3-1 常用溴系阻燃化学品

结构式	名称及用途
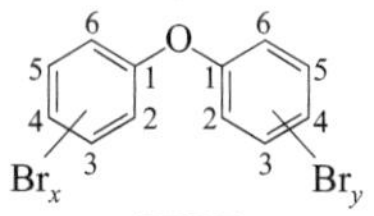 PBDEs	PentaBDE(五溴二苯醚,PBDEs) 用于软垫家具和婴儿产品且符合加州技术第 117 号公告要求的聚氨酯泡沫
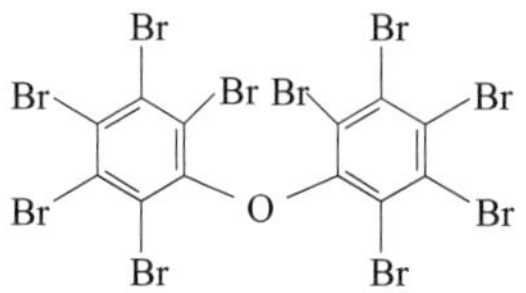 DBDE	DecaBDE(十溴二苯醚,DBDE) 聚氯乙烯、聚碳酸酯、高冲击聚苯乙烯、纺织品涂层
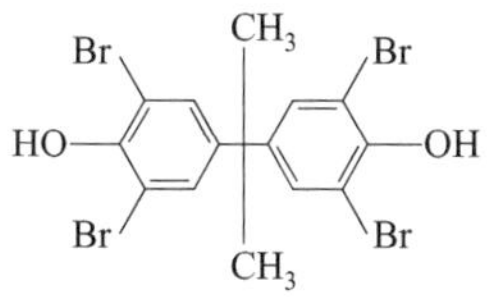 TBBPA	TBBPA(四溴双酚 A) 包括印刷电路板在内的电子产品
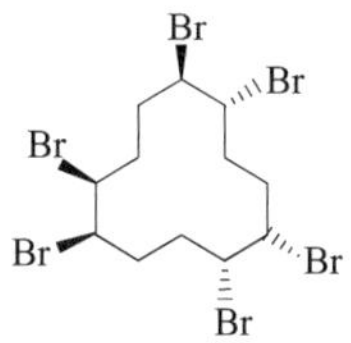 α-HBCD	HBCD(六溴环十二烷) 应用于建筑物、室内装潢、纺织涂料、电缆、乳胶黏合剂和电气设备中的聚苯乙烯隔热泡沫

3.2 卤系阻燃剂的合成及阻燃性能

卤系阻燃剂的设计合成原则主要考虑以下 4 个关键因素：①阻燃效率，确保合成的卤系阻燃剂在较低添加量下就能达到良好的阻燃效果；②热稳定性，阻燃剂应在材料的加工和使用温度范围内保持稳定，不应分解或产生有害物质；③相容性，与基体材料（如塑料、橡胶、纺织品等）具有良好的相容性，以不影响材料的力学性能和其他物理性能；④环保性，在燃烧过程中产生的气体和烟雾应尽量无毒、无害，符合环保法规要求。

常见的合成方法：

① 卤化反应：利用卤素（如氯气、溴）与有机化合物反应，生成含卤阻燃剂。例如，聚氯乙烯可以通过乙烯与氯气反应制得；四溴双酚 A 则可以通过双酚 A 与溴反应制得。

② 加成反应：某些卤系阻燃剂可以通过加成反应合成。例如，溴化环氧树脂低聚物可以通过环氧树脂与溴化剂进行加成反应制得。

③ 缩聚反应：对于高分子量的卤系阻燃剂，可以通过缩聚反应合成。这种反应通常涉及多个单体分子之间的逐步聚合。

氯化石蜡（chlorinated paraffins）是一种重要的化学阻燃材料，主要由石蜡烃经过氯化反应制得[1]。氯化石蜡是石蜡烃的氯化衍生物，具有低挥发性、良好的阻燃性和电绝缘性以及较低的成本等优点。根据氯化程度的不同，氯化石蜡可分为多种型号，如氯化石蜡-42、氯化石蜡-52（图 3-2）和氯化石蜡-70 等。这些不同型号的氯化石蜡在物理性质和用途上有所差异，但均可用作有效的阻燃剂。氯化石蜡的合成主要通过将液体石蜡与氯气在特定条件下进行反应来实现。在反应过程中，氯原子会取代石蜡烃分子中的氢原子，形成氯化衍生物。此外，也有文献报道了使用氯化亚砜等氯化剂进行氯化石蜡的合成。

氯化石蜡具有较好的阻燃持久性，能在燃烧过程中释放氯化氢等阻燃气体，从而抑制火焰的蔓延。除了具有优异的阻燃性外，氯化石蜡还具有防潮、抗静电、抗压缩和低挥发性等优良性能。其相对较低的成本使其在市场上更具竞争力。氯化石蜡广泛用于塑料制品的阻燃处理，如电缆料、地板料、软管和人造革等。在橡胶制品中，氯化石蜡可用作阻燃剂和增塑剂，以提高橡胶制品的阻燃性能和物理性能。在涂料和清漆中，氯化石蜡可用于纤维、帐篷等材料的阻燃配方和防潮层。氯化石蜡还可用作润滑油添加剂、防霉剂、防水剂以及油墨添加剂等。

四溴双酚 A（tetrabromobisphenol A，TBBPA），是双酚 A 的溴化衍生物，是目前应用最广泛的卤代阻燃剂（图 3-3）。它主要作为一种活性阻燃剂，多用于印刷电路板的环氧树脂中。四溴双酚 A 在受热达到一定温度（如 115～120℃）时会开始分解并挥发，与高分子材料的热分解产物一同进入气相燃烧区域。它能快速捕获气相燃烧区域中的自由基，进而抑制自由基链式反应，阻止火焰传播，并显著降低燃烧反应速度，直至终止物体的燃烧过程。作为反应型阻燃剂，可用于环氧树脂、聚氨酯树脂等；作为添加型阻燃剂，可用于聚苯乙烯、苯乙烯-丙烯腈共聚物（SAN）树脂及 ABS 树脂等。此外，TBBPA 还可用于纺织品、电子和电气设备、交通、建筑与建造等领域的阻燃处理。

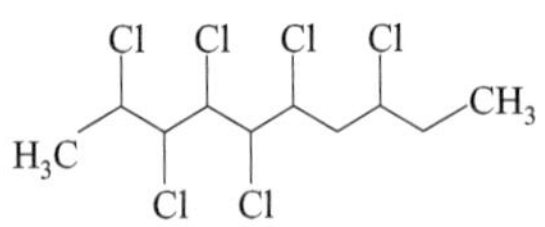

图 3-2 氯化石蜡-52 的化学结构

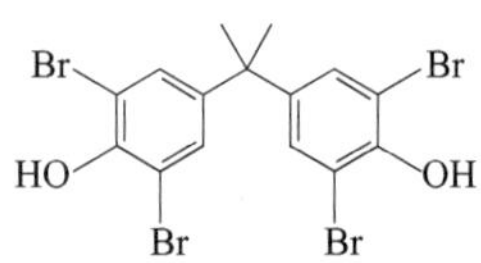

图 3-3 四溴双酚 A 的化学结构

四溴双酚 A 的合成方法多样，其中一种典型的方法是以双酚 A 为主要原料，以氯苯为溶剂，采用溴素/过氧化氢原位溴化-氧化法合成。通过优化反应条件，如催化剂的选择、投料摩尔比、溴化温度和熟化时间等，可以获得高收率和高纯度的产品。

典型卤系阻燃剂的化学结构如图 3-4 所示。

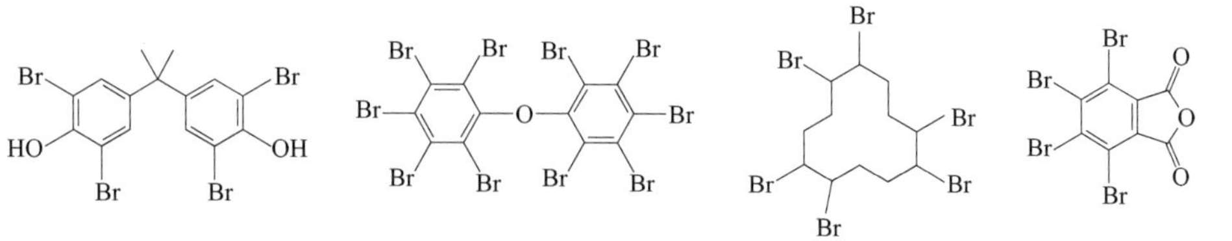

(a) TBBPA　(b) PBDE　(c) HBCD　(d) TBPA(四溴苯酐)

图 3-4　典型卤系阻燃剂的化学结构

Strakowska 等人合成了接枝含氯有机化合物的聚甲基倍半硅氧烷化合物[2]，并将其作为阻燃剂和增强添加剂应用于硬质聚氨酯泡沫，显著提高了硬质聚氨酯泡沫热稳定性和阻燃性能（图 3-5）。接枝的聚甲基倍半硅氧烷笼中的有机官能团对防火性能至关重要，在空气中约 300～350℃的温度下才会破坏 Si—C 键。在此过程中，熔融的聚甲基倍半硅氧烷笼会形成碳化硅的隔热和抗氧化层，从而减少燃烧过程中释放的热量、烟雾和 CO，提高热稳定性并降低火灾隐患。

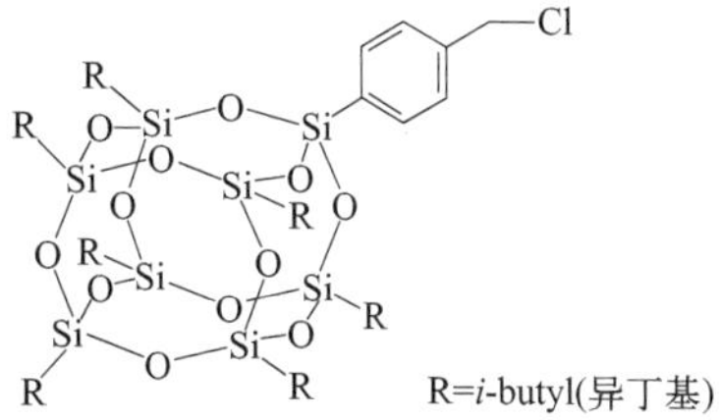

图 3-5　含氯有机化合物接枝的聚甲基倍半硅氧烷

为了提高卤系阻燃剂的性能，可以采取以下措施进行优化：

① 结构调整：通过改变阻燃剂的分子结构，如增加卤素含量或引入其他阻燃元素等，以提高其阻燃效率。

② 协同作用：将卤系阻燃剂与其他类型的阻燃剂（如磷系、氮系等）复合使用，通过协同效应提高阻燃效果。

③ 表面处理：对阻燃剂进行表面处理，以改善其与基体材料的相容性和分散性。

3.3 卤系阻燃剂的应用

卤系阻燃剂作为一类广泛应用于塑料、橡胶、纺织品、涂料及电子电器产品等领域的化学物质，其核心作用在于通过化学或物理机制有效抑制或延缓材料的燃烧过程，从而提高材料的阻燃性能，保障产品使用安全并减少火灾风险。其应用主要表现在以下 5 个方面。

① 塑料工业：卤系阻燃剂在聚氯乙烯、聚苯乙烯（PS）、聚碳酸酯（PC）等多种塑料中广泛应用，通过添加少量阻燃剂即可显著提升材料的阻燃等级，以满足建筑、汽车、电子电器等领域对材料防火性能的高要求。

② 橡胶制品：在电线电缆、密封件、轮胎等橡胶制品中，卤系阻燃剂能有效防止因电线短路或外部火源引起的火灾蔓延，从而保障使用安全。

③ 纺织品：随着消防法规的日益严格，卤系阻燃剂也被用于处理纺织品，如窗帘、地毯和家具面料等，以减缓火灾发生时火焰的迅速传播。

④ 涂料与油墨：在防火涂料和特殊油墨中，卤系阻燃剂能够赋予涂层优异的阻燃性能，保护基材免受火灾侵害。

⑤ 电子电器：在电路板、连接器和外壳等电子电器部件中，卤系阻燃剂的应用有助于防止因电路故障引发的火灾，保障设备安全运行。

3.4 卤系阻燃剂的生物安全性

卤系阻燃剂虽然在提高材料的阻燃性能方面发挥了重要作用，但其生物安全性问题不容忽视。部分卤系阻燃剂在高浓度下可能对生物体产生急性毒性作用，如皮肤刺激和眼睛损伤等。此外，长期低剂量暴露在卤系阻燃剂中可能引发神经系统、内分泌系统和免疫系统等多种生物系统的慢性损害，影响生殖健康、胎儿发育及甲状腺功能等。卤系阻燃剂在环境中难以降解，易通过食物链富集，最终在生物体内达到较高浓度，尤其是海洋生物和顶级捕食者体内。这种生物累积性加剧了其对生态系统及人类健康的潜在威胁[3]。卤系阻燃剂的释放会对水体、土壤和空气造成污染，影响生物多样性并破坏生态平衡。例如，它们可能干扰水生生物的内分泌系统，从而影响其繁殖和生存能力。

2010 年 9 月，科学家们在美国得克萨斯州圣安东尼奥举行的第 30 届卤化持久性有机污染物国际研讨会上提交了《关于溴化和氯化阻燃剂的圣安东尼奥声明》（以下简称《圣安东尼奥声明》），该声明随后得到了国际化学污染专门委员会（IPCP）的批准[4]。《圣安东尼奥声明》探讨了 20 世纪 70 年代首次出现在科学文献中的化学物质的行为。1973 年，在美国密歇根州发生了一起严重的事故，农场主采用商用 BFR Firemaster BP-6 代替了牛饲料中的氧化镁。Firemaster BP-6 中的活性化学物质是多溴联苯（PBBs），这种化学物质与多氯联苯（PCB）相似，导致了环境污染，对野生动物和人类造成了影响。尽管这种物质几十年来一直被禁止，但全世界的环境样本中仍然可以检测到多溴联苯的存在。另一种阻燃剂磷酸三（2，3-二溴丙基）酯，曾在 20 世纪 70 年代广泛用于儿童睡衣，当它被确定为诱变剂和致癌物并随后被禁止用于睡衣后，引发了人们对于阻燃剂的生物安全性的广泛关注。

随着对多溴联苯的限制，在接下来的几十年里，多溴二苯醚作为阻燃剂在消费品中的使用量急剧增加。多溴二苯醚在结构上与多氯联苯和多溴联苯相似，具有相似行为的潜力。然而，2004 年，欧盟禁止了两种商用混合物——五溴二苯醚和八溴二苯醚。溴化程度最高的混合物是十溴二苯醚，主要由全溴化二苯醚组成，目前正在生产并广泛用于产品中。十溴二苯醚在欧盟受到限制，但其他地区的生产和使用仍在继续。

新型溴化阻燃剂和氟化碳阻燃剂已成为多溴二苯醚的替代品，或被应用到其他类型的产品中。其中许多物质具有持久性和生物累积性，不仅存在于环境样本和房屋灰尘中，还存在于人类和野生动物体内。虽然缺乏足够的毒性信息，但数据表明，这些化合物含有致癌物、诱变剂、生殖和发育毒物、神经毒素和内分泌干扰物。越来越多的证据表明，《圣安东尼奥声明》中提到的特定化合物，如氯化三羟甲基丙烷、六溴环十二烷、十溴二苯乙烷、双(2,4,6-三溴苯氧基)乙烷、四溴邻苯二甲酸双(2-乙基己基)酯、多氯烷烃等，可能对环境和健康造成影响。

四溴双酚A（TBBPA）作为细胞毒剂、免疫毒剂和甲状腺激素激活剂，可以干扰雌激素信号传导[5]。TBBPA与其他溴系阻燃剂一样，其毒性的核心机制主要通过破坏甲状腺内稳态来发挥作用。这在发育过程中尤为重要，因为母亲甲状腺的微小变化可能导致婴儿出现认知缺陷。此外，TBBPA在大鼠脑细胞中表现出神经毒性，能够产生自由基，引起氧化应激，并抑制多巴胺的摄取。六溴环十二烷（HBCD）常作为聚苯乙烯的阻燃剂。实验表明，大剂量的六溴环十二烷会对动物产生一系列内分泌干扰和生殖发育影响[6]。重复剂量口服毒性研究显示，肝脏和甲状腺是HBCD毒性的主要靶器官。接触HBCD的新生儿的神经发育会受到影响。此外，研究证实HBCD在体外能阻断大鼠脑突触体对多巴胺的摄取，并抑制神经递质的释放。与其他溴系阻燃剂一样，HBCD可能破坏甲状腺激素的稳态，导致甲状腺素（T4）水平降低和促甲状腺激素（TSH）水平升高，并影响甲状腺激素受体介导的基因表达。

大多数卤系阻燃剂是半挥发性有机化合物，它们与聚合物树脂混合制成塑料，但并未与树脂发生化学结合。因此，这些物质经过挥发和塑料的风化作用，不断地从产品中逸出。随着时间的推移，这些化学物质会在室内空气和灰尘中逐渐积累。当产品最终进入垃圾填埋场，或当化学品在生产阻燃剂和含阻燃剂的产品的过程中逸出时，这些化学物质也会释放到室外环境中。此外，阻燃剂的无序生产、拆卸和处理导致其逸出，污染周边环境，甚至经过远距离运输后影响更广泛的地区。由于这些化学物质的持久性和生物累积性，某些在户外环境中的有机卤系阻燃剂会通过食物链产生生物放大效应，最终进入我们的食物供应体系中。并且，阻燃剂还可以通过粉尘污染、皮肤接触以及室内空气污染等途径与人体接触，进而影响到我们的身体健康。

鉴于卤系阻燃剂的生物安全性方面的问题，全球多个国家和地区已出台相关法规限制或禁止在某些产品中使用卤系阻燃剂。未来，随着环保法规的日益严格和替代技术的不断进步，卤系阻燃剂的应用将面临更为严格的限制，而更加环保、高效的阻燃解决方案将成为行业发展的主流趋势。因此，加强卤系阻燃剂生物安全性的研究，推动替代技术的研发与应用，对于保障人类健康和维护生态平衡具有重要意义。

3.5 卤系阻燃剂的发展趋势

卤系阻燃剂的应用将面临更加严格的环保和安全标准的挑战。因此，研发更加高效、低毒、环保的新型阻燃剂，以及通过改性和复合等手段提升卤系阻燃剂的环保性，将成为行业发展的重要方向。随着全球对环保要求的不断提高，各国相继出台了法规政策，限制或禁止了部分卤系阻燃剂的使用。这些法规政策的出台，推动了阻燃剂行业向更加环保、低毒、高效的方向发展。同时，随着环保法规的加强以及公众健康和环保意识的提升，市场对无卤、低烟、低毒的阻燃剂需求持续增长，导致卤系阻燃剂的市场占比逐渐下降。预计在未来几年内，卤系阻燃剂的市场将进一步被环保型阻燃剂所替代。

参考文献

[1] Bornosuz N V, Gorbunova I Y, Kireev V V, et al. Synthesis and application of arylaminophosphazene as a flame retardant and catalyst for the polymerization of benzoxazines [J]. Polymers, 2021, 13 (2): 263.

[2] Strakowska A, Czlonka S, Miedzinska K, et al. Chlorine-functional silsesquioxanes (POSS-Cl) as effective flame retardants and reinforcing additives for rigid polyurethane foams [J]. Molecules, 2021, 26 (13): 3979.

[3] Agunbiade I V, Adeniji A O, Okoh A I, et al. A review on occurrence and analytical procedures for the evaluation of polychlorinated naphthalenes in human and environmental matrices [J]. Environ Pollut Bioavailab, 2020, 32 (1): 154-174.

[4] Birnbaum L S, Bergman A. Brominated and chlorinated flame retardants: The San Antonio statement [J]. Environ Health Perspect, 2010, 118 (12): A514-A515.

[5] Dabrowska-Bouta B, Sulkowski G, Frontczak-Baniewicz M, et al. Proinflammatory microglial response is a common mechanism of Aroclor 1254-and Tetrabromobisphenol-A-induced neurotoxicity in immature chronically exposed rats [J]. Folia Neuropathol, 2024, 62 (1): 1-12.

[6] Fernandes A R, Lake I R, Dowding A, et al. The transfer of environmental contaminants (Brominated and Chlorinated dioxins and biphenyls, PBDEs, HBCDDs, PCNs and PFAS) from recycled materials used for bedding to the eggs and tissues of chickens [J]. Sci Total Environ, 2023, 892: 164441.

第4章 磷系阻燃剂

4.1 引言

高分子阻燃剂中，磷系阻燃剂因其燃烧产物无烟、低毒、无腐蚀性，已成为国内外学者研究的重点领域，大量相关研究论文发表，且部分产品已成功应用于工业生产[1-3]。根据使用方式的不同，磷系阻燃剂可分为两类：添加型阻燃剂和反应型阻燃剂。前者通过物理添加共混的方式提高阻燃性能，后者通过化学合成将阻燃剂接入材料基体内部，以实现更高效的阻燃效果[4-6]。

磷系阻燃剂种类丰富、阻燃性能优异、应用范围广泛，同时具有增塑和润滑功能，不仅能够提高高分子材料加工成型时的流动性，还展现出广阔的发展前景[7-9]。根据组成和结构的不同，磷系阻燃剂可进一步分为有机磷阻燃剂和无机磷阻燃剂[10-11]。

有机磷阻燃剂：主要包括磷酸酯类、膦酸酯类、磷杂环类、磷酸酯聚合物类、有机膦酸盐类以及含磷超支化聚合物等。

无机磷阻燃剂：主要包括红磷、磷酸铵盐类、氧化磷类、磷酸盐及聚磷酸盐等。

总体来看，磷系阻燃剂在提升高分子材料的阻燃性能方面表现出强大的技术优势，并满足现代工业对高效、环保阻燃材料的需求[12]。未来，随着阻燃技术的不断创新，磷系阻燃剂的研究和应用将进一步拓展，为高性能阻燃材料的发展提供更多可能性。

4.2 有机磷阻燃剂

有机磷阻燃剂是阻燃剂家族中一个极为重要的分支，与传统卤系阻燃剂相比，有机磷阻燃剂在性能和环保方面表现出显著优势。其在受热分解时生成磷酸或聚磷酸，这些物质可以在材料表面形成一层保护性炭化层，有效隔绝氧气和热量，阻止燃烧的进一步蔓延，不仅提高了材料的耐火性能，还减少了燃烧过程中有害气体的释放。其增塑作用能够改善材料的流动性，在塑料成型过程中，提升材料的柔韧性，从而提高加工效率，降低能耗。这些特性不仅提升了阻燃材料的安全性，还减少了对人体健康和环境的危害。

4.2.1 常规有机磷阻燃剂

4.2.1.1 磷酸酯类阻燃剂

磷酸酯是由含磷化合物（如三氯氧磷）通过与醇或酚发生酯化反应制备的，一般呈小分子液体形态，具有低黏度、良好的阻燃性和相容性。常见的磷酸酯有磷酸三甲苯酯、磷酸三苯酯、间苯二酚双(二苯基磷酸酯)，如图 4-1 所示。磷酸三甲苯酯［图 4-1(a)］呈无色至浅黄色透明油状液体，在酸性溶液中较难水解，无嗅，略有荧光，性质稳定，不挥发。磷酸三甲苯酯作为橡胶、聚酯和聚氯乙烯的标准阻燃增塑剂，可以提高高聚物的耐磨性、耐候性、防霉性、耐辐射性及电性能，也可用作汽油添加剂、润滑油添加剂及液压油，应用十分广泛[13]。

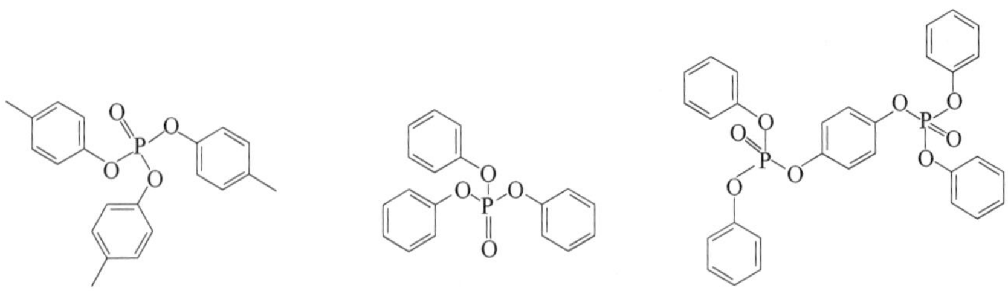

(a) 磷酸三甲苯酯　(b) 磷酸三苯酯　(c) 间苯二酚双(二苯基磷酸酯)

图 4-1 三种磷酸酯类结构式

Suparanon 等人[14] 采用无溶剂低温加热法成功合成了马来酸酐改性的有机聚合物，以甲基丙烯酸甲酯和磷酸三甲苯酯为添加剂，采用熔融挤出和模压成型工艺制备了聚乳酸复合材料。磷酸三甲苯酯在该复合材料中充当阻燃剂、增塑剂和抗冲击改性剂。经过表征得出极限氧指数（LOI）值可达 44.1%，并且通过了 UL-94 V-0 等级测试。这归因于在高温环境下受热分解出 HPO、HPO_2、H_2 和 H_2O 等气态产物，稀释可燃气体的浓度，并抑制链式反应，从而使聚乳酸复合材料达到自熄效果。磷酸三甲苯酯的添加提高了聚乳酸的抗冲击韧性，改善了链的流动性，使聚乳酸复合材料保持良好的阻燃性能。

磷酸三苯酯［图 4-1(b)］为白色、无臭结晶粉末，具有轻微的潮解性，不溶于水，微溶于醇，溶于苯、氯仿、丙酮，易溶于乙醚。Yang 等人[15] 通过熔融混合和磁力搅拌分散的方法，制备了含有石蜡、苯乙烯-丁二烯-苯乙烯嵌段共聚物(SBS)、膨胀石墨、甲基苯基硅树脂（MPS）和磷酸三苯酯（TPP）的复合相变材料，将其应用于 26650 三元动力电池模块中，并探究该材料在实际应用中的耐火性能。分析发现，由甲基苯基硅树脂、磷酸三苯酯和可膨胀石墨的协同阻燃作用形成的材料表面炭层均匀且致密，有效防止了氧气和热量向基体内部的渗透。该材料在高温下的残余炭量为 14.1%，LOI 值为 28.3%，热释放速率（HRR）和总热释放量（THR）分别降低了 67.9%和 57.6%。另外，如图 4-2 所示，磷酸三苯酯受热分解产生的磷酸衍生物促进了基质的酯化脱水反应，形成的偏磷酸覆盖在基质表面，有效屏蔽了热辐射和氧气。因此，通过使用多功能的阻燃相变材料来改善电池模组的热安全性能，对于电动汽车和能源存储设备的应用具有重要意义。

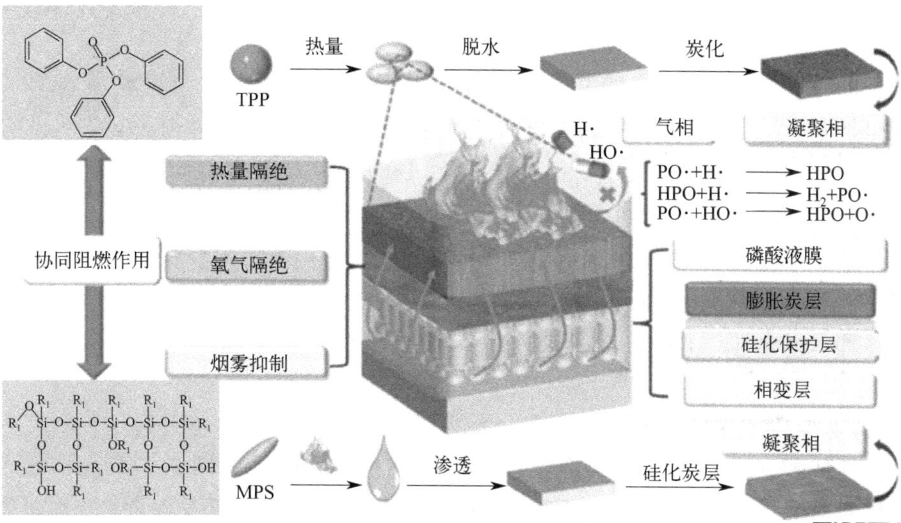

图 4-2 复合相变材料协同阻燃机理

间苯二酚双(二苯基磷酸酯)［图 4-1(c)］为无色结晶固体，不溶于水，溶于有机溶剂，具有良好的稳定性和耐候性，通常作为聚合物的添加剂和涂料的抗氧化剂，也是一种新兴的有机磷阻燃剂。Jang 等人[16] 以间苯二酚双(二苯基磷酸酯)为添加型阻燃剂制备环氧树脂，LOI 为 30.4%，能达到 UL-94 V-0 级。由于间苯二酚双(二苯基磷酸酯)受热产生具有强脱水性能的磷酸盐，促使含羟基有机物脱水炭化生成炭层，炭层极限氧指数较高，隔氧隔热，磷元素大部分富集成为凝聚相，保护炭层避免其高温氧化降解，显著提高材料的阻燃性能。

4.2.1.2 膦酸酯类阻燃剂

膦酸酯，是指一类含有 P(═O)(OR)$_2$ 结构的有机磷化合物，R 基可以是烷基、芳香基或者是其他基团。这类化合物因其独特的化学结构而具有良好的稳定性、溶解性和阻燃性。作为阻燃剂，膦酸酯在受热时可以分解产生磷酸盐，促进保护性炭层的形成，从而在材料表面形成一层隔热和隔氧的屏障，有效降低材料的燃烧速率和火焰传播。

Liu等人[17] 通过螺环季戊四醇双磷酸酯二酰氯（SPDPC）和2,4-二羟基二苯甲酮（UV-0）的组合，合成了具有阻燃和紫外线吸收双功能的多功能螺二磷酸盐（MFR），并将其应用于基于双酚A二缩水甘油醚的环氧树脂（DGEBA）和4,4′-二氨基二苯甲烷（DDM）固化剂的环氧树脂体系（DGEBA/DDM）中，制备了环氧（EP）复合材料。EP/20%MFR热固性树脂（添加了质量分数为20%的MFR的EP热固性树脂）通过了UL-94中的V-0水平认证，并达到了32.2%的LOI值。与纯EP相比，EP/20%MFR热固性树脂的峰值热释放速率（PHRR）、总热释放量（THR）、平均有效燃烧热（av-EHC）、平均质量损失率（av-MLR）和总烟雾释放量（TSR）均有所降低。

苯基膦酸分子式为$C_6H_7O_3P$，呈无色结晶固体颗粒状，具有强吸湿性，水溶液呈弱酸性。近几年在阻燃领域中作为阻燃材料应用较多。Jiang等人[18] 成功制备了一种基于茶多酚-三聚氰胺-苯基膦酸的新型高效磷氮阻燃剂，阻燃剂涂层使棉织物具有阻燃性和抗紫外线性能。在垂直火焰测试中，茶多酚-三聚氰胺-苯基膦酸涂层使棉织物具有自熄性，损伤长度仅为7.4cm，LOI提高到28.7%，涂覆阻燃剂的炭化部分保持原纤维形状。在锥形量热法测试中，与未改性棉织物相比，PHRR降低了88.5%，火势增长速率降低了92.9%，显著降低了火灾风险。

Qi等人[19] 在无溶剂的情况下，采用二甲基甲基膦酸酯（DMMP）和三羟乙基异氰脲酸酯（THEIC）酯交换反应合成阻燃剂（DT），如图4-3（a）所示，刮涂在聚对苯二甲酸乙二醇酯（PET）织物上并干燥处理。分析发现含2.7%阻燃剂的聚对苯二甲酸乙二醇酯织物具有自熄性，且不会产生熔体滴落，LOI值提高到27.1%，PHRR和THR分别降低42.0%和57.1%，如图4-3（b）、(c）所示。此外，该织物还表现出优异的物理性能，包括断裂强度、透气性、抗静电性和柔软性等。采用无溶剂法为制造大规模阻燃聚对苯二甲酸乙二醇酯织物提供了一种有前途、简单且环保的策略。

4.2.1.3 磷杂环类阻燃剂

(1) DOPO

9,10-二氢-9-氧杂-10-磷杂菲-10-氧化物（DOPO）是近几年出现的新型阻燃剂中间体，外观呈白色片状或颗粒状，不溶于水，可溶于甲醇、乙醇等，因其含有P—H键可通过反应生成许多衍生物。DOPO的制备方法如图4-4所示，首先将邻苯基苯酚（OPP）和PCl_3进行酯化反应，生成中间体邻苯基苯氧基二氯化磷，其次邻苯基苯氧基二氯化磷进行分子内酰基化，生成6-氯-(6*H*)二苯并-(*c*,*e*)-氧磷杂己环，然后6-氯-(6*H*)二苯并-(*c*,*e*)-氧磷杂己环水解，得到2′-羟基联苯基-2-次磷酸，最后2′-羟基联苯基-2-次磷酸脱水环化得到 DOPO。根据该合成路线，许多研究者成功制备了各类含磷衍生物的阻燃剂，对于工业生产和实验室研究都具有重要意义。

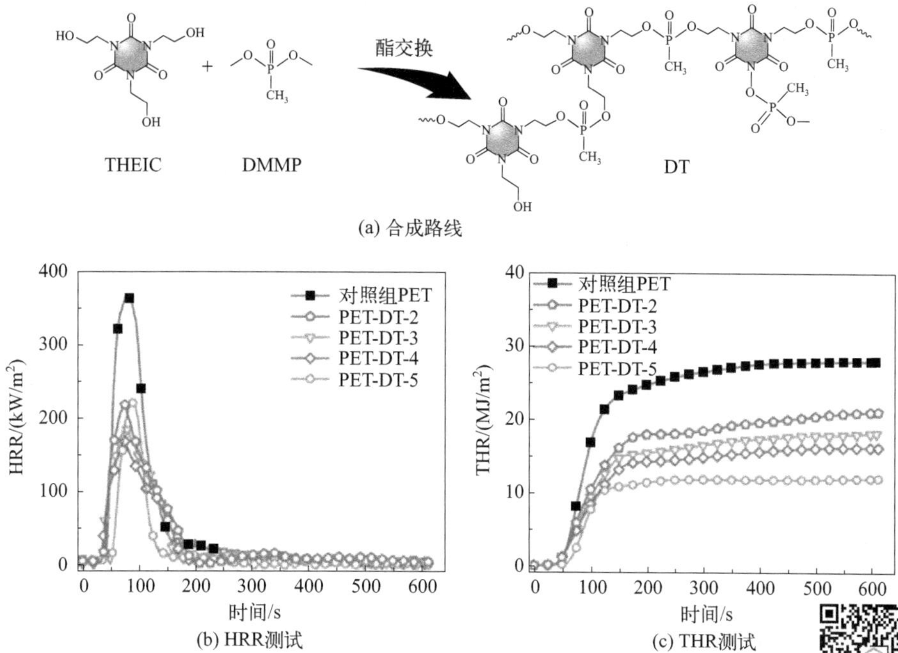

图 4-3 阻燃剂 DT 的合成路线及阻燃 PET 织物的 HRR 和 THR 测试

（阻燃 PET 织物增重率分别为 5.2%、10.3%、14.7%和 19.4%时，依次命名为 PET-DT-2、PET-DT-3、PET-DT-4 和 PET-DT-5）

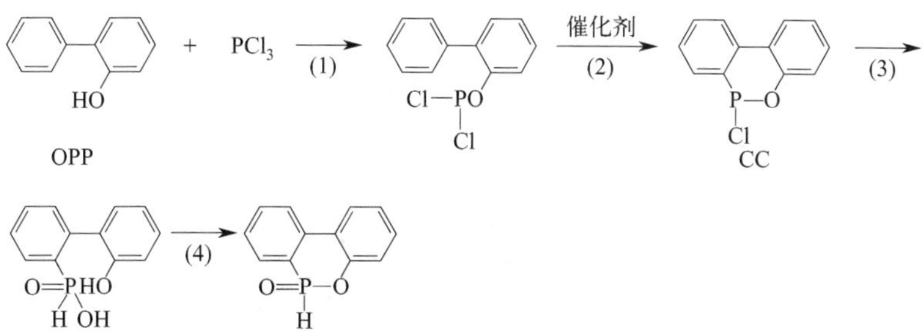

图 4-4 DOPO 的制备方法

Jiao 等人[20] 应用多巴胺改性合成了一种 DOPO 衍生物型阻燃剂，用于增强热固性环氧树脂的阻燃性能。与对照环氧树脂相比，添加 5%（以质量分数计）阻燃剂的环氧树脂复合材料的 HRR 和 THR 分别降低了 26.1%和 32.1%，并且达到了 UL-94 V-0 级别。这归因于该阻燃剂中 P 元素和儿茶酚基团的猝灭作用减少了活性自由基，N 元素释放出不燃气体来稀释氧气的浓度，P 元素促进致密的炭保护层的形成，减缓表面热量和氧气的传递。

（2）DOPO 衍生物

为深入研究 DOPO 衍生物在环氧树脂中的阻燃性能，Wang 等人[21] 以 DDP｛9,10-二氢-10［2,3-二(羟基羰基)丙基］10-磷杂菲-10-氧化物，是一种用于聚酯树脂的商业反应性含磷单体，由 DOPO 和衣康酸合成｝、己二酸、乙二醇和 1,4-丁二醇为基础原料，合成了一种阻燃聚酯二醇（FRPE），图 4-5 为合成路线和阻燃机理。结果表明，在聚酯二醇中引入含磷化合物，可以有效提高材料的阻燃性能，包括降低热释放速率、减少烟雾产生量（SPR）等。DDP 中的磷在气相和凝聚相中都起到了阻燃作用。温度的升高很容易将 DDP 分解产生的磷化氢及其衍生物转化为 P· 和 PO· 自由基。这些 P· 和 PO· 自由基阻碍了燃烧，导致一氧化碳产生量（COP）和 TSP 升高。同时，DDP 在加热过程中产生的磷酸和多磷酸促进了基质的脱水和炭化，从而减少了分解碎片的释放，增加了残炭率并延长了点燃时间。因此，添加 DDP 后的复合材料能够达到 UL-94 V-0 等级，并具有 24%的 LOI 值。

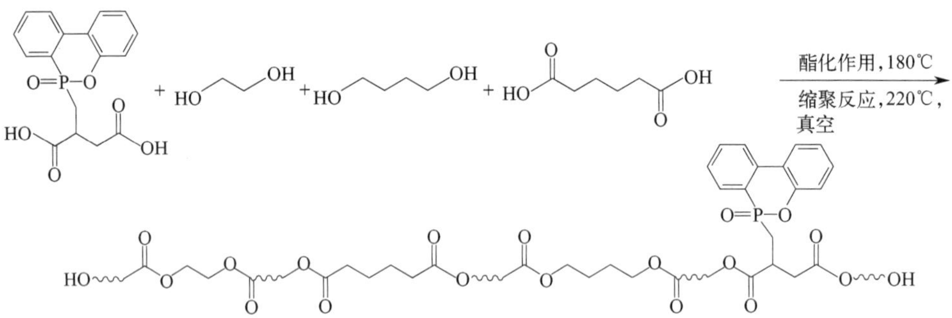

(a) 合成路线

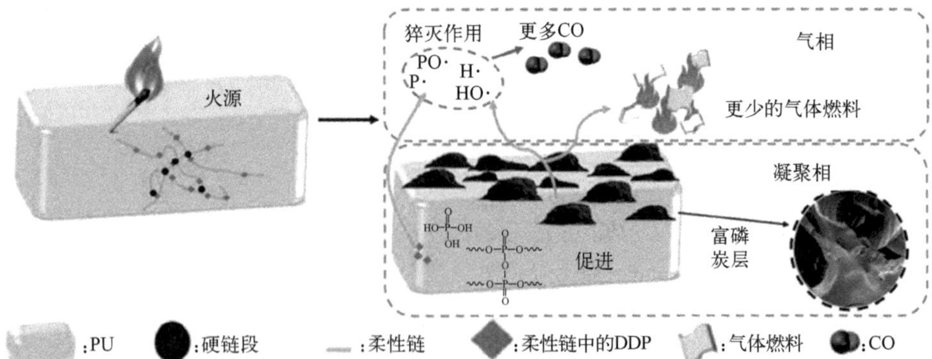

(b) 阻燃机制

图 4-5 聚酯二醇合成路线及阻燃机理

Liu等人[22] 利用DOPO的水解产物2-(2-羟基苯基)苯基膦酸（HPPA）和苯基膦酸（PPOA）中官能团的亲核性差异，通过真空加热辅助制备了一种高磷含量的液体阻燃剂DP，并将DP应用于环氧（EP）复合材料。EP只需少量添加DP即可达到优异的阻燃或抑制燃烧效果。例如，$EP/DP_{6.0}$（DP质量分数为6.0%的EP复合材料）的LOI增加到41.2%并达到UL-94的V-0等级，PHRR和THR相比于纯EP分别降低了52.4%和45.2%。复合材料燃烧时，$EP/DP_{6.0}$释放出大量含磷（如P—C和P═O）物质，这些物质在高温下最终转化为含磷自由基，起到气相自由基捕获剂和中断燃烧链式反应的作用，从而降低燃烧强度。此外，DP的引入可以帮助EP在燃烧过程中构建致密的含磷石墨炭层，从而抑制燃烧时的热量传递。

Ren等人[23] 以色胺（PTM）、9,10-二氢-9-氧杂-10-磷杂菲-10-氧化物（DOPO）和香草醛（VN）为原料，制备了用于环氧树脂的反应型阻燃剂（HLD）（图4-6）。当将7%（以质量分数计，下同）的HLD（仅含0.43%的磷）添加到纯EP中时，所得EP/HLD7复合材料的热分解率降低了28%，700℃下的焦炭产量提高了45%。与纯EP相比，EP/HLD7在锥形量热测试中的峰值热释放速率、总热释放量、总烟雾产生量和平均有效燃烧热分别降低了52.1%、24.8%、25.1%和34.0%。此外，EP/HLD7在UL-94测试中达到了V-0等级并具有高LOI值（31.86%）。优异的阻燃性能得益于：当复合材料燃烧时，HLD处于气相，它会分解产生几种含氮和碳的不可燃气体产物，如CO_2、NH_3和N_2等，在基材和环境氧气燃烧后，这些不可燃气体会使空气饱和。此外，当DOPO分解时，它会产生几种含磷的自由基（PO_2·和PO·），这些自由基可以通过捕获反应性自由基（H·和HO·）来阻止燃烧过程中的链式反应。由此产生的磷酸加速了稳定炭层的生成，炭层作为物理屏障，防止氧气和热量进入凝聚相。由于HLD在气相和凝聚相中有效的协同作用，EP/HLD复合材料表现出优异的阻燃性能。

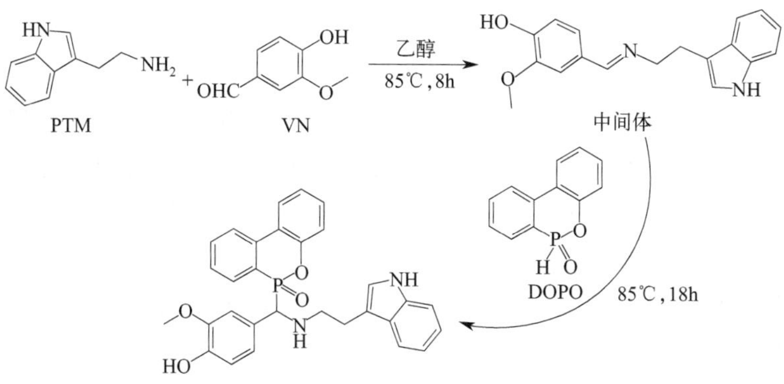

图4-6 HLD的合成反应式

Jin 等人[24] 发现 DOPO 的水合反应为构建 DOPO 涂层提供了可能性，因此，利用 DOPO 的水合物通过浸涂技术将 DOPO 沉积在 PA6 织物上，制备了阻燃织物——涂层 PA6 织物。涂层 PA6 织物的极限氧指数随着磷含量的增加而持续增加。当涂层 PA6 织物的磷含量为 0.88～1.75mg/g 时，即可实现抗滴落性能。此外，在磷含量高达 1.75mg/g 时，涂层 PA6 织物的放热能力急剧下降，PHRR 和 THR 分别下降了 20.9%和 21.8%。此外，由于 DOPO 和 PA6 之间形成的氢键以及 DOPO 涂层的黏附性，DOPO 涂层在 PA6 织物上表现出良好的耐洗性。涂层 PA6 织物在 15 次洗涤循环后仍能自熄。

Tan 等人[25] 为了更好地探索 DOPO 及其衍生物在阻燃纤维素领域的应用，构建了一种以 DOPO 为原料的新型多臂反应型阻燃剂（DMCFR），以有效降低莱赛尔织物的可燃性。纤维素基质的燃烧伴随着各种反应，如脱水、解聚和热氧化，以产生极易燃的左旋葡聚糖及其小分子衍生物。随着 DMCFR 的引入，它不仅发挥了纤维素基质极好的催化脱水成炭的作用，而且显著抑制了左旋葡聚糖的产生，减少了燃烧过程中形成的可燃化合物。含磷组分和纤维素基质在高温下通过各种化学反应（如酯化和交联）形成富磷、高度石墨化的炭层，作为物理屏障，隔离热量和氧气的交换。此外，燃烧产生的氨和含磷自由基有利于提高阻燃性。热解产生的不可燃氨气和水蒸气作为气体屏障悬浮在燃烧区，稀释了左旋葡聚糖等挥发性可燃物的浓度。同时，含磷自由基（PO·、PO_2·和 DOPO-H·）可以通过捕获燃烧过程中形成的高活性自由基（HO·和 H·）来中断燃烧的链式反应。不可燃气体的稀释和自由基捕获机制在气相中协同工作，大幅提高了织物的阻燃性能（图 4-7）。因此，DMCFR 可以为纤维素基质在凝聚相和气相中提供优异的阻燃性能，与对照样品相比，阻燃莱赛尔（FR-Lyocell）的峰值热释放速率和总放热量显著降低了 90.6%和 65.5%。此外，FR-Lyocell 织物的 LOI 值高达 33%，即使经过 20 次洗涤循环后仍保持在 26%。

Zhang 等人[26] 为了获得具有优异阻燃性和耐热性的阳离子水性聚氨酯（CWPU），通过扩链反应将阻燃剂 2-[6-氧化-6H-二苯并(c,e)(1,2)氧杂磷-6-基]-1,4-羟基乙氧基苯基苯（DOPO-HQ-HE）掺入阳离子水性聚氨酯的骨架中，制备了阻燃聚氨酯（CWPU-DHHxs）。DOPO-HQ-HE 在气相和冷凝相（凝聚相）中均表现出阻燃作用。一方面，DOPO-HQ-HE 可以转化为 PO·，与 H·或 HO·反应，破坏燃烧的链式反应。同时，释放的不可燃气体稀释了可燃气体，并最大限度地减少了它们与氧气的接触。另一方面，DOPO-HQ-HE 中的含磷基团分解产生磷酸，磷酸可以在高温下进一步转化为多磷酸盐。这种转变促进了炭层的形成，并阻碍了含碳气体的释放。因此，改性的阳离子水性聚氨酯表现出优异的阻燃性，极限氧指数高达 26.9%，并通过 UL-94 V-0 等级。

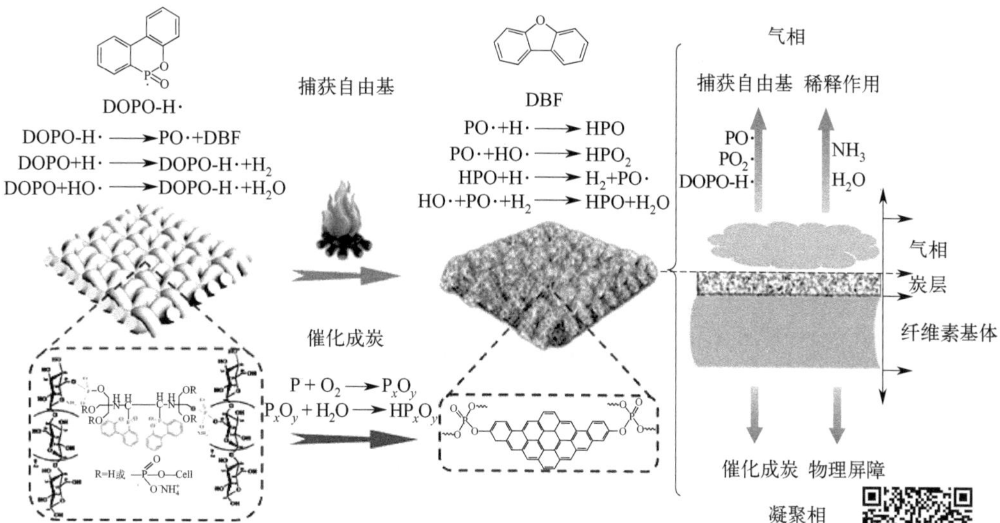

图 4-7　阻燃莱赛尔织物的阻燃机理

Čolović 等人[27] 以 DOPO、二氯甲烷（DCM）、三乙胺（Et_3N）、硫酰氯（SO_2Cl_2）、*N*-氯代琥珀酰亚胺（NCS）和 *α*-氨基-ε-己内酰胺（A-CLM）为原料，合成了一种新型的膦酸酯共聚单体（DOPO-A-CLM）。随后，将这种共聚单体与ε-己内酰胺（CLM）以不同的质量比进行水解聚合，以制备 DOPO-NH 官能化的 PA6［PA6-*x*DC，*x*(质量分数)=7%、10%和 15%的 DOPO-A-CLM］，具体合成路线如图 4-8 所示。DOPO-NH 侧基加速了燃烧时 PA6 的初始热分解，并将 500℃下 PA6 的残炭量从纯 PA6 的 1%（以质量分数计，下同）增加到 PA6-7DC、PA6-10DC 和 PA6-15DC 样品的 4.6%、4.9%和 5.0%，表明在凝聚相中发生了交联反应。此外，气相中释放的磷活性物种抑制了 PA6 的解聚，导致 PA6-15DC 的热氧化稳定性增加，在 500℃下的残留量比 PA6 高出约 4 倍。此外，以 PA6-10DC 为原料可以熔融纺丝出本征阻燃 PA6 长丝纱，在将其拉伸缠绕在筒管上后发现，DOPO-NH 侧基降低了长丝的可燃性，抑制了火焰传播，在火焰离开长丝后，长丝立即自熄。此外，由于 DOPO-A-CLM 的掺入降低了 PA6 的聚合度，长丝的拉伸性能也有所下降。

4.2.1.4　磷酸酯聚合物类阻燃剂

磷酸酯聚合物是一类主链通过磷酸酯键连接结构单元的高分子材料，具有良好的生物相容性、生物可降解性和功能化修饰等优点，通常用于提高超细纤维合成革的阻燃性能。Wang 等人[28] 合成了三种具有末端羟基含磷化合物，包括磷酸二甲酯衍生物（DTP-OH）、环磷酸酯衍生物（DPPC-OH）和 DOPO 衍生物（DOPO-OH），化学结构如图 4-9 所示。这些化合物通过表层涂层技术被用于制备阻燃超细

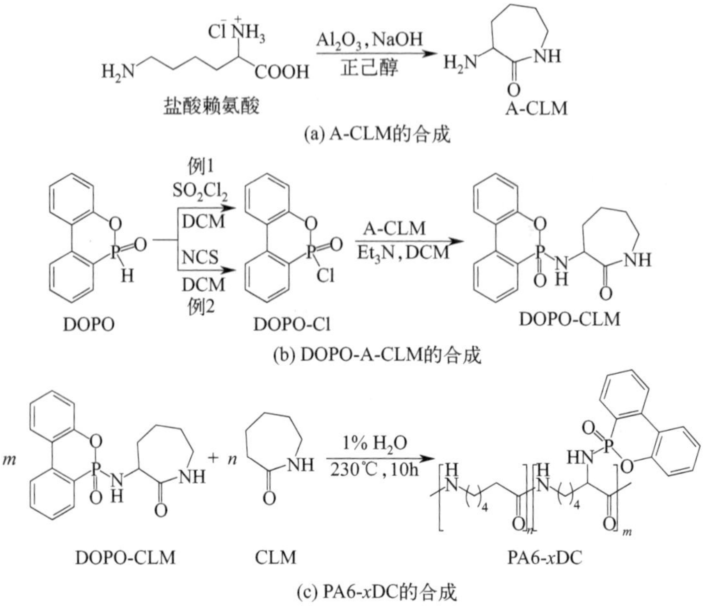

图 4-8 α-氨基-ε-己内酰胺（A-CLM）的合成和使用两种不同的氯化剂，即 SO_2Cl_2（例 1）和 NCS（例 2）合成的 DOPO-NH 官能化己内酰胺磷酸酯（DOPO-A-CLM）以及 DOPO-NH 官能化 PA6 的合成

纤维合成革。DPPC-OH 和 DOPO-OH 在相当的负载量下具有更好的阻燃效率。涂上 DPPC-OH 和 DOPO-OH 后，合成革的 LOI 值分别从 18.1%增加到 25.7%和 26.1%，并成功通过了垂直燃烧试验。研究发现，这些羟基封端的磷衍生物可以有效提高微纤维合成革的成炭能力，DPPC-OH 改性的微纤维合成革的峰值热释放速率降低了 37%。研究表明，环磷酸酯衍生物和 DOPO 衍生物在制备防火超细纤维合成革方面具有良好的应用前景。

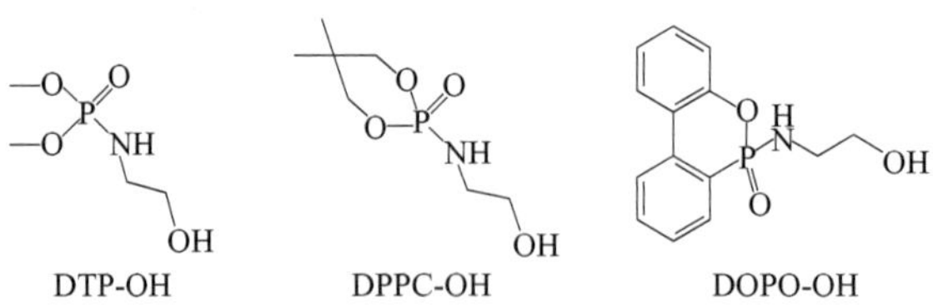

图 4-9 羟基端磷酸酯的化学结构

Liang 等人[29] 以乙醇胺和氧化磷为原料，成功合成了一种新型棉织物阻燃剂 PAPAP，其含有 P(═O)—O、P(═O)—O^- NH_4^+ 和 N—P(═O) 基团。由于 P(═O)—O 基团的存在，PAPAP 的合成过程在不需要溶剂的情况下高效进行。由于 P(═O)—O^- NH_4^+ 基团的存在，PAPAP 可以接枝到棉织物纤维素上。此外，

由于 N—P(═O) 基团的存在，p-π 共轭效应可以增加桥接 PAPAP 和纤维素的 N—(P═O)—O—C 键的稳定性，使棉织物具有高耐久性和优异的阻燃性。因此，Liang 等人将 PAPAP、尿素和双氰胺复配，制备了阻燃液，并将阻燃液处理棉织物，得到了耐洗、高阻燃的棉织物（FRC），如图 4-10 所示。FRC 的 LOI 值最高为 54.7%，燃烧产生的炭长为 5.1cm。经过 50 次洗涤后，仍然能够保持 44.1%的 LOI 值和 5.7cm 的炭长。

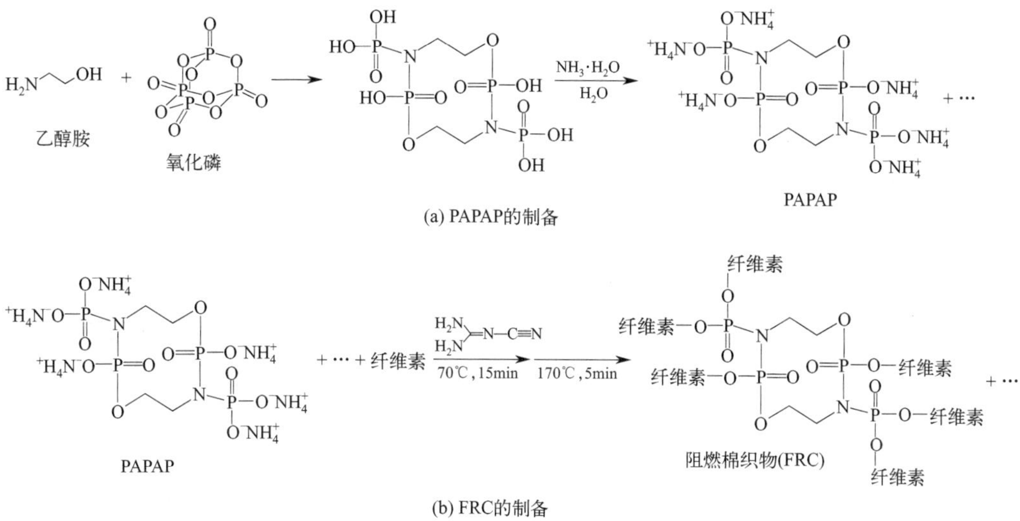

图 4-10　PAPAP 以及 FRC 的制备过程

固态锂电池因其高体积能量密度和安全性而被认为是最有前途的电池系统之一，Olmedo-Martínez 等人[30] 合成了新的聚磷酸酯共聚物，包括磷酸酯、聚乙二醇和紫外可交联乙烯基单元。通过在紫外光下固化制备了基于聚磷酸酯共聚物和双(三氟甲烷磺酰) 酰亚胺锂的固体聚合物电解质膜。与传统聚合物电解质相比，聚磷酸酯的阻燃性有所改善，PHRR 从 592.91W/g 下降到 449.09W/g。图 4-11 为三种不同聚磷酸酯共聚物的化学结构，这些聚磷酸酯均可应用于锂电池固体聚合物电解质阻燃。

4.2.1.5　有机膦酸盐类阻燃剂

有机膦酸盐类化合物因其特殊的化学结构和极强的螯合能力，可以有效地抑制碳氢火焰的燃烧，具有良好的阻燃效果，且具有良好的热稳定性和化学稳定性，这使得它们在高温下仍能保持较强的阻燃作用。主要应用于聚氯乙烯、聚苯乙烯(PS)、酚醛树脂等材料的阻燃处理，也广泛应用于丙烯树脂、橡胶和涂料以及聚氨酯软泡、硬泡及塑料制品中。

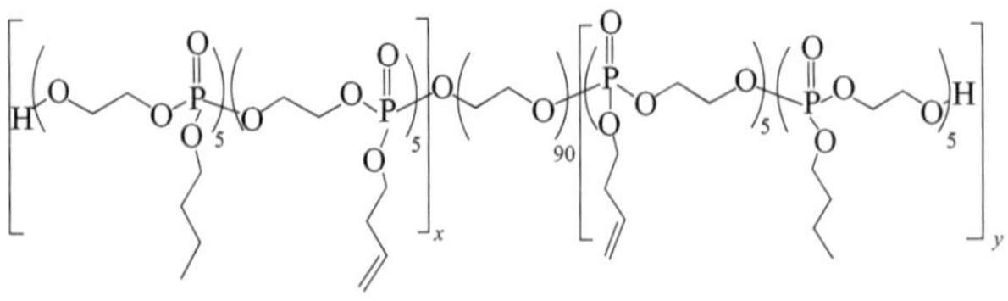

P1 M_n=7600g/mol

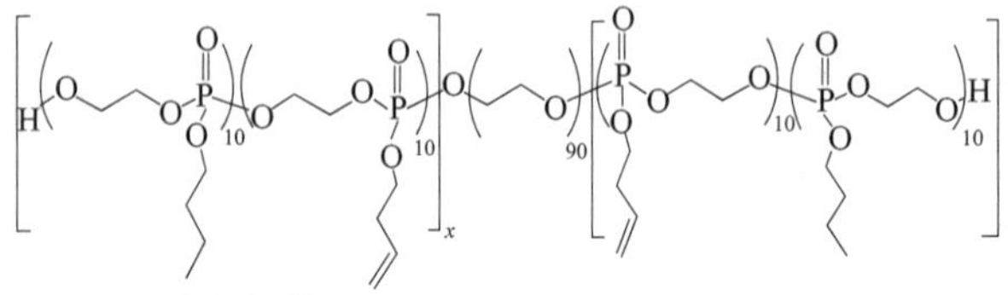

P2 M_n=11000g/mol

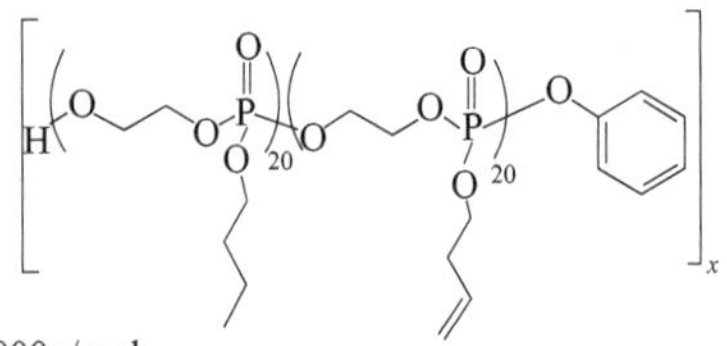

P3 M_n=7000g/mol

图 4-11 三种不同聚磷酸酯共聚物的化学结构

(1) 由无氮磷酸单体衍生的阻燃剂

Zhang 等人[31] 从再生纤维素纤维废液中提取半纤维素并用马来酸酐改性而获得了马来酸半纤维素（HCMA）。随后，通过原位聚合 HCMA、尿素、甲醛和焦磷酸盐制备了一种新型的无污染的焦磷酸盐阻燃微胶囊（图 4-12）。焦磷酸盐阻燃微胶囊可降解、环保，能有效提高与基体的相容性和阻燃性。通过添加 15%的阻燃微胶囊，由再生纤维素溶液制备的薄膜样品的 LOI 可达 29.1%，达到 UL-94 的 V-0 等级。

Liu 等人[32] 为提高环保型溶解性纤维素——莱赛尔纤维（Lyocell）的阻燃性和耐久性而制备了一种阻燃剂——磷酸铵，通过引入季铵结构到溶解性纤维的分子链中，制备了阳离子改性的溶解性纤维（Lyocell@CAT），并以天冬氨酸、磷酸和尿素为原料，合成了含有$^-$COO—NH_4^+ 和$^-$P═O(O—NH_4^+)$_2$ 基团的阻燃剂(APA)，并与溶解性纤维素共价结合，图 4-13 为合成路线。经过 30 次洗涤循环，仍保持 37.2%的极限氧指数值。通过阳离子改性和新合成的生物基阻燃剂，显著提高了溶解性纤维的阻燃性能。由于不对称离子键屏蔽和羧酸盐结构捕获的双重效应，阻燃剂在热分解过程中能够促进炭层的形成和自由基的捕获，该纤维展现出优异的阻燃耐久性。

Kang 等人[33] 通过二苯并噁膦酸与三聚氰胺中和反应合成了三聚氰胺-有机次膦酸盐，用作环氧树脂的添加剂型阻燃剂。固化后的环氧树脂中 P 含量为 0.33%，通过 UL-94 V-0 等级认证。当添加质量分数为 10%的三聚氰胺-有机次膦酸盐时，

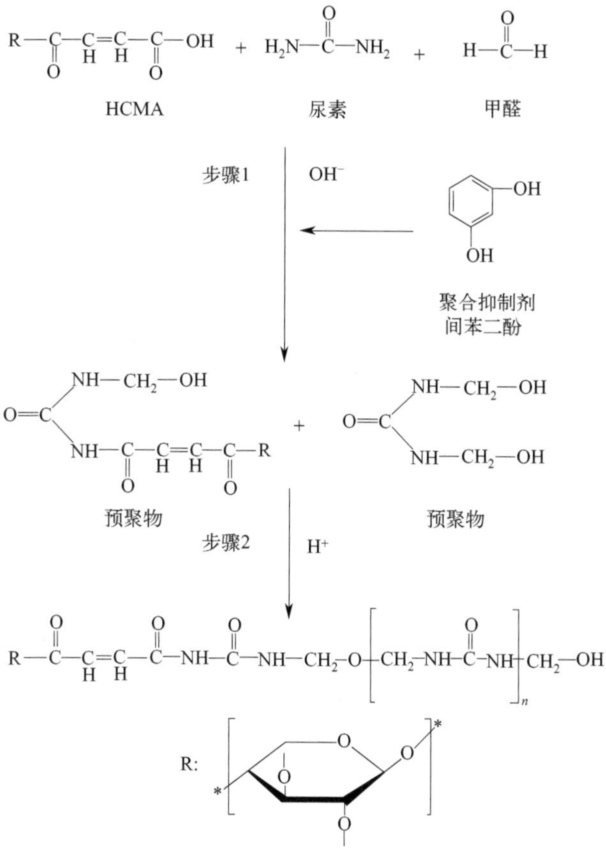

图 4-12　阻燃微胶囊的制备过程

极限氧指数高达 38.0%，且随着三聚氰胺-有机次膦酸盐的加入，峰值热释放速率、总热释放量、总烟雾产生量和火势增长速度都出现不同程度的降低。

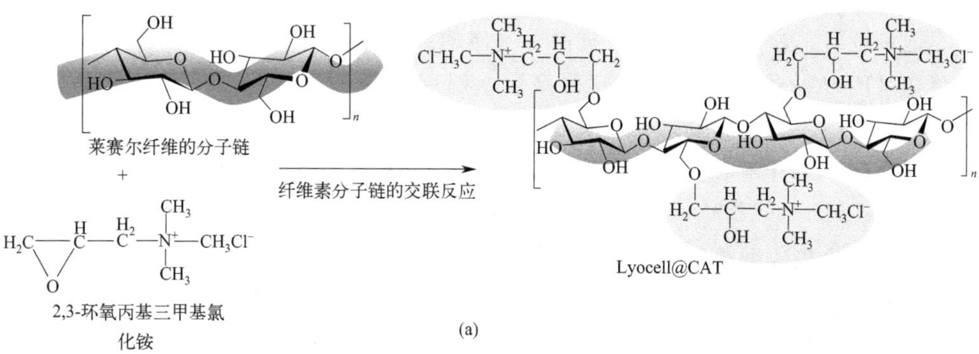

图 4-13

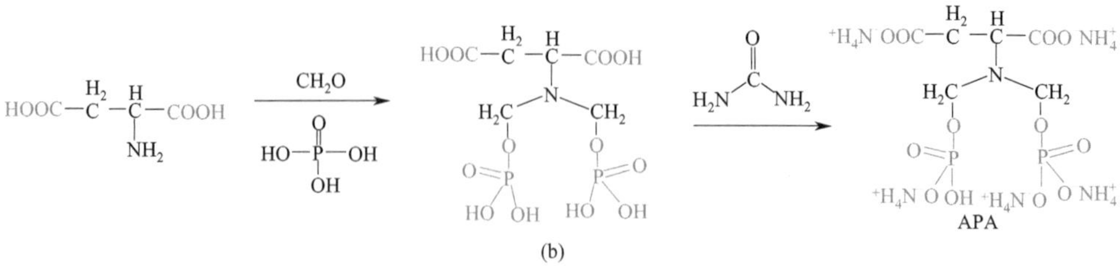

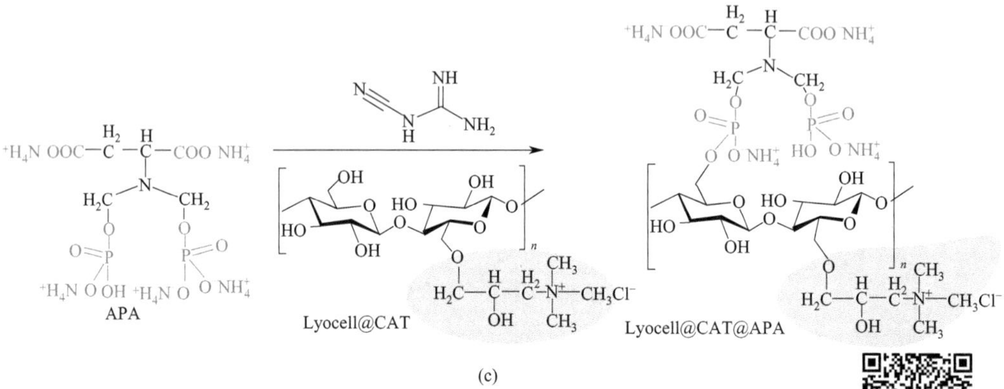

图 4-13 磷酸铵及其复合材料合成路线

Xu 等人[34] 以苯基膦二氯（PPD）、二氯磷酸苯酯（PCDP）、4,4′-异亚基二酚（BPA）和二烯丙基双酚 A（DBA）为原料，合成了四种聚磷酸盐/聚膦酸盐阻燃剂（PAP、POP、PAP-UB 和 POP-UB），如图 4-14 所示。随后，将四种阻燃剂与聚对苯二甲酸乙二醇酯（PET）熔融共混，以研究在 PET 复合材料中，磷价态和不饱和碳碳双键的存在对自交联冲击火焰的影响——延缓作用方式。结果表明，不同的磷价态主要影响气相和凝聚相中阻燃效果的比例。含有+3 价磷的多磷酸盐在气相中释放出更多的含磷片段，起到猝灭作用并中断链式反应；而含有+5 价磷的聚磷酸盐表现出更强的炭化能力，更有利于凝聚相中焦炭的形成和稳定性。当引入不饱和键时，高温自交联效应提高了基体的成炭能力，从而形成了更多含有交联磷结构（P—O—C 和 P—O—P）的高质量炭层。另一方面也影响了 P 的保留/释放，从而平衡了气相和凝聚相的阻燃效果。这种现象在含有+3 价磷的阻燃体系中尤为明显。该工作为研究人员设计新型不饱和键和含磷高效阻燃剂提供了新的思路。

(2) 由含氮磷酸单体衍生的阻燃剂

氨基（三亚甲基膦酸）为无色或淡黄色液体或白色颗粒状固体，化学稳定性和热稳定性好，与水混溶，能与多种金属离子形成配合物。有机膦酸锆是由不同的有机膦酸盐合成的具有不同分子结构的二维材料，Wang 等人[35] 合成了一种新型纳米复合物——锆基氨基三亚甲基膦酸盐纳米棒，并将其添加到环氧树脂中。与纯环氧树脂相比，添加质量分数为 3% 的锆基氨基三亚甲基膦酸盐纳米棒复合材料在 PHRR、THR、TSR 和峰值 CO 产生率上分别降低了 30.4%、39.2%、23.1% 和 47.3%，并且拉伸和冲击强度分别比纯环氧树脂提高了 110.7% 和 75.5%。阻燃性能的提高得益于锆基氨基三亚甲基膦酸盐纳米棒上的路易斯酸催化环氧树脂基体的炭化，形成致密的保护性炭层。

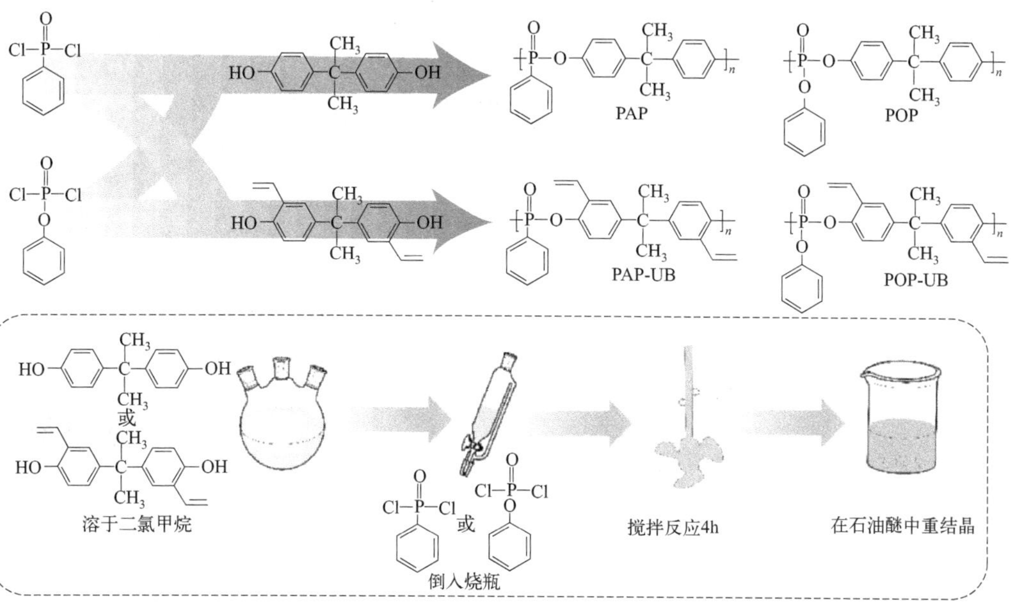

图 4-14 PAP、POP、PAP-UB 和 POP-UB 的合成过程

Kong 等人[36] 采用浸渍方法将氨基三亚甲基膦酸（ATMP）和尿囊素合成阻燃剂浸入棉织物（CF）中，通过聚二甲基硅氧烷（PDMS）和多壁碳纳米管（MWCNTs）的表面改性，设计并制造了一种多功能智能纺织品（CF@PM-AA），其同时具有阻燃性、导电性和疏水性性能（图 4-15）。CF@PM-AA 在高温下的残炭质量增加了 36.1%，与纯纺织品相比，PHRR 降低了 86.7%，显示出优异的阻燃性。此外，CF@PM-AA 在酸性和碱性环境中还表现出出色的疏水性和耐久性，水接触角（WCA）为 138°，即使在 40 分钟后，静态接触角（SCA）仍保持在 120° 以上。此外，利用 CF@PM-AA 组装的摩擦纳米发电机（TENG）在 4Hz 的触点分离频率下产生高达 125.6V 的电压，即使在三个月后也能保持该输出。该研究为智能纺织品（特别是在可穿戴阻燃防护和火警预警系统方向上）在物联网领域的应用开辟了新途径。

Han 等人[37] 将可再生三磷酸腺苷（ATP）、三聚氰胺（melamine）和石墨烯纳米片（GNP）静电组装，制备了可再生磷酸盐装饰的石墨烯纳米片（ATP-melamine-GNP）。随后将 ATP-melamine-GNP 添加到环氧树脂（EP，DGEBA 型）中，制备了具有阻燃性和机械弹性的环氧纳米复合材料（EP/ATP-melamine-GNP），如

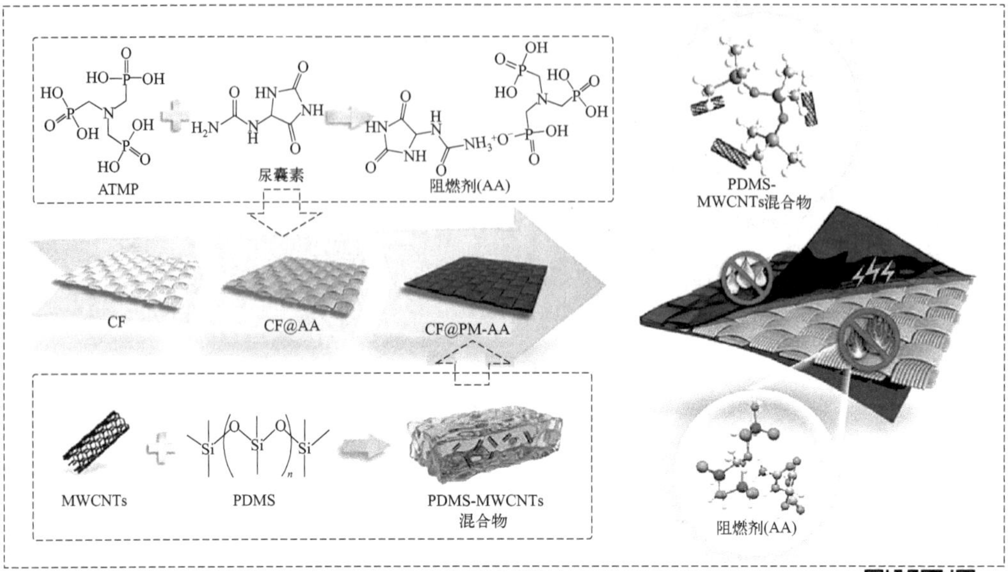

图 4-15　CF@PM-AA 的制备

图 4-16 所示。质量分数为 3%的 ATP-melamine-GNP 在环氧树脂基质中表现出相对均匀的分散，具有很强的界面黏附性，分别将杨氏模量、断裂能释放率和玻璃化转变温度提高了 91.5%、92.7%和 15.6%。当复合材料燃烧时，在凝聚相中，ATP-melamine-GNP 表现出两种效应。首先，炭渣中残留的 GNP 和未分解的 ATP-melamine-GNP 充当纳米屏障，形成看似不透气的覆盖物来保护下面的材料。其次，ATP 在燃烧过程中被热分解以捕获氧气，形成交联的氮氧化磷，这可以提高炭渣的密度和稳定性。在气相中，通过三聚氰胺热解产生不可燃气体，以稀释可燃气体并在燃烧过程中散热。此外，ATP 分解产生的磷自由基可以捕获自由基，从而延迟甚至终止燃烧过程中的链式反应。因此，相比纯 EP，ATP-melamine-GNP 将复合材料的峰值热释放速率、总热释放量和总 CO 产量分别降低了 30.7%、22.2%和 27.9%。

Zhang 等人[38] 通过 DOPO 衍生化合物（ODOPM）、二酚酸（DPA）和二氯苯基膦（PPDC）的反应合成了一种新型的聚乳酸（PLA）用生物基磷系阻燃剂（PPD），如图 4-17 所示。PPD 不仅在凝聚相中起阻燃作用（含磷组分促进基体的脱水炭化，形成致密的保护炭层），还在气相中起阻燃作用（含有 P—O 的片段分解，释放出 PO·，可以猝灭高活性的 H·和 HO·，从而抑制降解过程），以抑制 PLA 的燃烧。仅添加 6%（以质量分数计）的 PPD 即可使 PLA 达到理想的 UL-94V-0 等级和 27.1%的高 LOI 值。此外，所得的阻燃 PLA 显示出 403 的高紫外线防护因子（UPF）值，这表明其具有优异的紫外线防护能力。由于 PPD 在树脂基体内的细小且均匀的分散及其强大的界面相互作用，与纯 PLA 相比，PLA/6%

PPD 的冲击韧性提高了 31%。

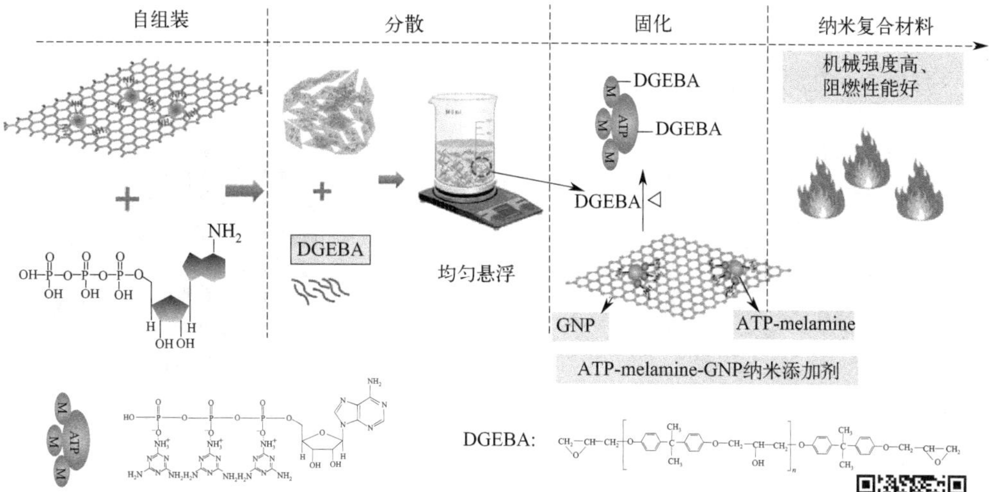

图 4-16　EP/ATP-melamine-GNP 纳米复合材料的制备示意图

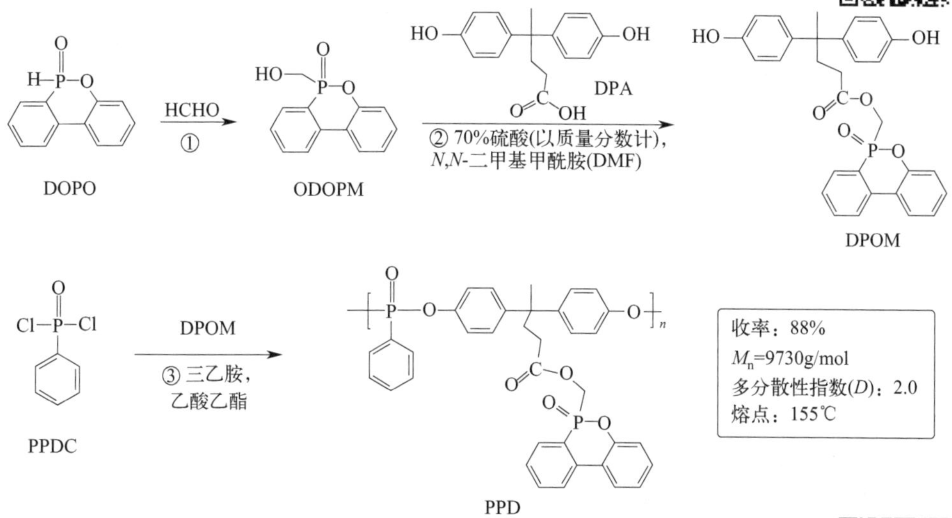

图 4-17　PPD 的合成过程

二乙烯三胺五亚甲基膦酸的分子式为 $C_9H_{28}O_{15}N_3P_5$，为橘红色带有氨臭的黏稠液体，溶于水，由于存在 P—O—H 键可以与多种金属形成多元环螯合物。二乙烯三胺五亚甲基膦酸无毒，是良好的除垢剂，因其本身的结构所决定的阻燃性，也可以作为阻燃剂。Xiao 等人[39] 以二乙烯三胺五亚甲基膦酸和尿素为原料，通过油浴加热的方法合成阻燃剂，对莱赛尔纤维织物进行接枝处理，使织物具有阻燃和抗菌的双重性能。如图 4-18 所示，织物表面形成了一层能够阻止火焰蔓延的保护炭层，接枝的抗菌组分也能有效抑制微生物的生存。二乙烯三胺五亚甲基膦酸与金属离子 Ag^+ 螯合沉积在棉织物上，产生了膨胀效应，有效隔绝氧气和热量，使得织物在遇到火焰时能够自我熄灭。这种处理方式不仅提高了棉织物的阻燃性能，还提高了织物的安全性。其环保和可再生的特性，为阻燃材料的开发提供了新的思路。

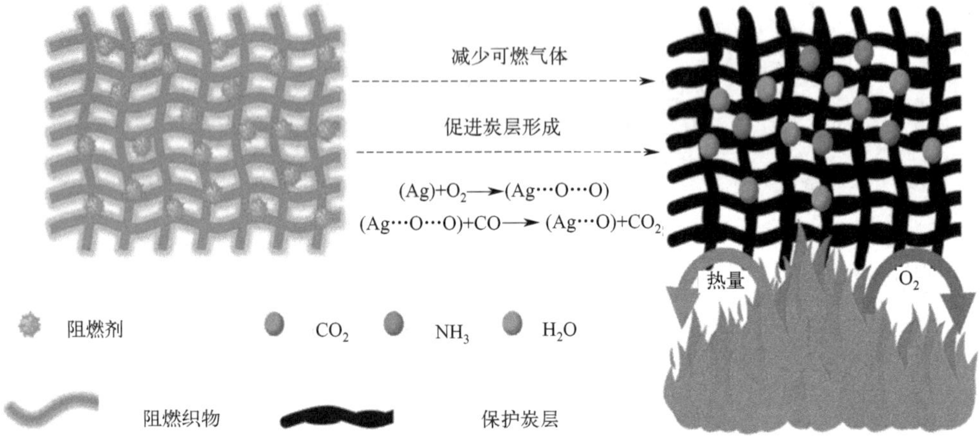

图 4-18 莱赛尔织物阻燃剂的阻燃机制

乙二胺四亚甲基膦酸分子式为 $C_6H_{20}N_2O_{12}P_4$，呈白色结晶粉末状，工业品为淡黄色。化学稳定性与热稳定性较好，也可以与金属离子形成螯合物，在实验室中常被用作金属离子的螯合剂和螯合滴定剂。因其本身的结构含有氮和磷原子，也可用作阻燃材料。Pu 等人[40] 通过非共价表面修饰二维 WS_2 纳米片与原位生成的 Fe-乙二胺四亚甲基膦酸盐，设计并制备了新型有机膦酸盐装饰的纳米片（WC@FeP）（图 4-19）。这种修饰结合了纳米片的物理屏障效应和 Fe-乙二胺四亚甲基膦酸盐的催化成炭活性，提高了环氧树脂的阻燃性能，增强了其力学性能。与纯 EP 相比，含有 8%（以质量分数计）WC@FeP 的 EP 复合材料（EP/8WC@FeP）通过了 UL-94V-0 等级，相比纯 EP，LOI 值从 22.5%增加到 29.5%，峰值热释放速率、总热释放量和总烟雾产生量分别显著降低了 58.2%、25.1%和 44.5%，拉伸强度和模量分别提高了 23%和 24%。该研究为制备高效纳米级阻燃剂及其纳米复合材料提供了有意义的尝试。

二乙烯三胺五亚甲基膦酸能与二价或三价金属离子形成稳定的多环螯合物，这种特性被用于制备二乙烯三胺五亚甲基膦酸-Fe 改性 WS_2 纳米片，从而增强纳米片的性能。

4.2.2 含磷超支化聚合物阻燃剂

超支化聚合物是一种具有特别的高支化拓扑结构的聚合物[41]，其中，含磷（磷系）超支化聚合物阻燃剂是指含有磷元素的超支化聚合物阻燃剂，其同样具有高度

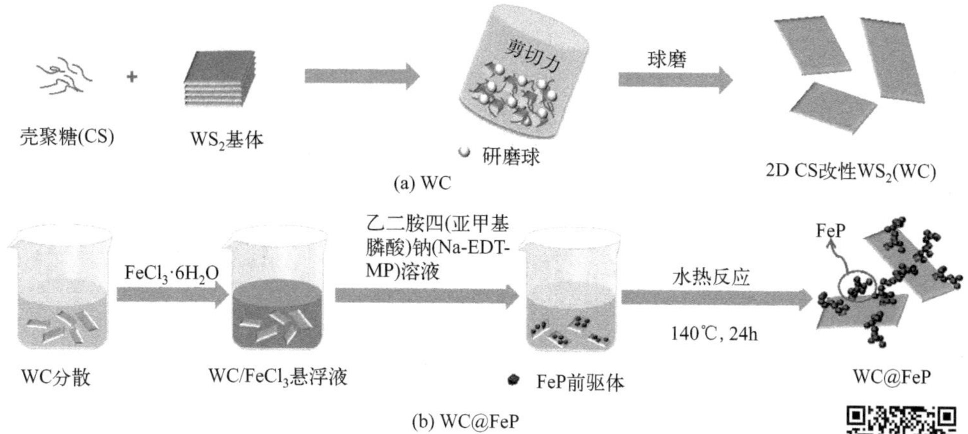

图 4-19　WC 和 WC@FeP 纳米片的制备示意图

支化的结构，通常还具有低熔融黏度、良好的溶解性和高官能度的特点，易于改性。这类化合物在阻燃应用中，可以通过其超支化结构提高阻燃效率，如促进环氧树脂形成大量、高石墨化程度、含磷的碳质残渣，具有更高的热氧稳定性和强度[42]。

近年来，关于含磷超支化聚合物阻燃剂（超支化磷系阻燃剂）的研究逐渐增多。相较于传统的线性磷阻燃剂，超支化磷系阻燃剂不仅表现出更优异的阻燃性能，还能在一定程度上提升基体材料的力学性能。此外，磷衍生化合物作为阻燃剂的研究也备受关注，其中超支化磷系阻燃剂和磷衍生化合物阻燃剂因其良好的性能成为热门研究方向。

Xue 等人[43] 以苯基膦酸二氯化物（PPDC）、1,10-二氨基癸烷（DD）、香兰素（Van1）、双香兰素（Van2）和三香兰素（Van3）为原料，设计了三种亚磷酰胺结构，磷酰胺（V1）、线性聚磷酰胺（V2）和超支化聚磷酰胺（V3），如图 4-20 所示。V3 由于其磷和氮含量最高，在气相和冷凝相中均表现出最佳的阻燃性和抗滴落性能。然而，添加质量分数为 3.0%的 V3 的 PLA 表现出最差的拉伸性能，这是由于 V3 具有空间位阻的支化结构。V2 具有强的界面相互作用，这使得 V2 在 PLA 基质中产生最小的相（约 300nm），有助于增强 PLA 链，从而提高 PLA 的结晶度和力学性能。V2 改性 PLA 的结晶程度、拉伸强度和弹性模量相比于纯 PLA 分别提高了 85.6%、10.4%和 14.8%。V1 分子量较低，磷和氮含量最低，在力学性能和阻燃性方面表现最差。在 V1、V2、V3 三者中，V2 在阻燃性与力学性能方面达到了理想的性能组合，表现出最深厚的潜力。

Chen 等人[44] 用 1,3,5-三（2-羟乙基）异氰脲酸酯、苯基膦二氯化物和 3-(三甲氧基硅基）甲基丙烯酸丙酯形成超支化结构阻燃剂（HPTDM）。用于双马来酰亚胺树脂（BMI）后发现，HPTDM 分解形成的 P—O—C、Si—O—C 和支化结构

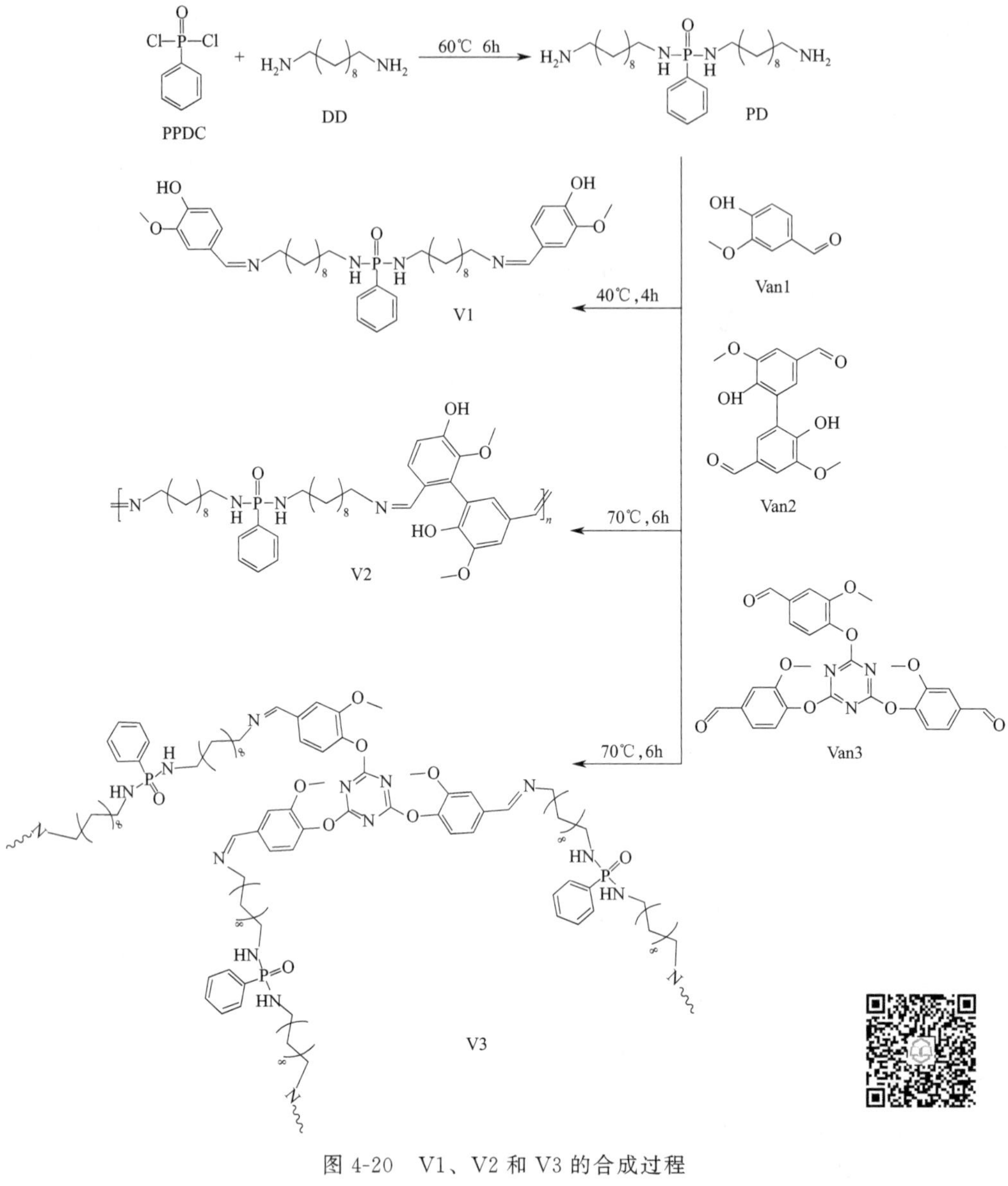

图 4-20 V1、V2 和 V3 的合成过程

提高了双马来酰亚胺树脂的机械强度。BMI/HPTDM-1.0 复合材料的冲击强度比纯 BMI 高 90.2%。此外，还使其具有良好的阻燃性能，磷含量低至 0.05%（以质量分数计）的 BMI/HPTDM-0.5 复合材料即可实现总放热量最大降低 34.4%。

Peng 等人[45] 以 DOPO 和双邻苯二甲腈基团为原料，制备了一种含有可交联基团的 N/P 添加剂型阻燃剂 PBD，并将其添加到 EP 中，通过表面热处理程序，PBD 在 EP 网络内部交联，形成超支化结构。这种结构使 PBD-0.5（以质量分数计，下同。PBD 含量为 0.5%，仅含 0.03%的 P）通过 UL-94V-0 等级认证，当

PBD 含量为 20% 时，PBD-20 达到 49.5% 的 LOI 值，PHRR 值比纯 EP 降低了 71.6%。PBD 对 EP 带来的优异阻燃性主要包括三种效应，含磷（P）自由基的猝灭效应、惰性气体的稀释效应、残炭层的遮蔽和延迟效应，如图 4-21 所示。这些效果通过 PBD 的原位交联反应得到了极大的改善，因为这种超支链结构在 EP 网络内部会形成一个半互穿网络，这种结构会缩短加成阻燃剂的距离，使 PBD 的有效部分与 EP 基体紧密结合，在这种情况下，惰性气体和含 P 自由基增加，残留的炭层变得更坚韧，因此呈现出惊人的阻燃性能。

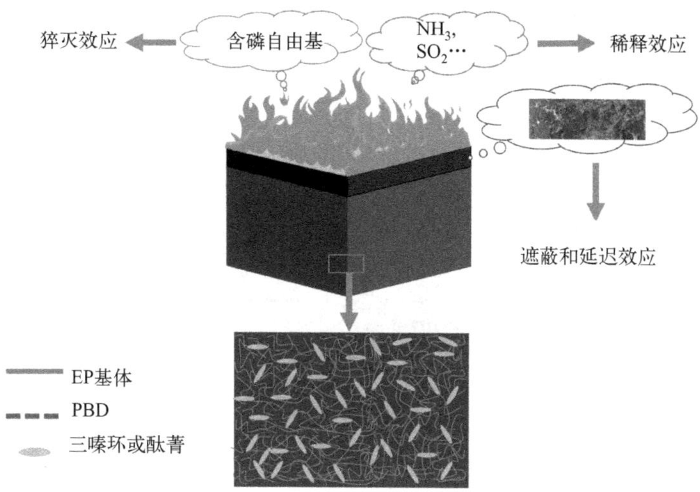

图 4-21　PBD 的阻燃机理

Ling 等人[46] 为了研究世代数对处理过的织物的阻燃性能的影响，通过修饰不同世代数的羟基封端的超支化聚合物（HBPs），成功制备了一系列具有不同世代数的超支化多磷酸铵盐（HBPOPN*M*），如图 4-22 所示。随着世代数（*M*=2、3 和 4）的增加，经过处理的织物在高温下的残留量分别为 31.4%、33.1% 和 34.8%，即 HBPOPN*M* 处理织物的热稳定性随着世代数的增加而提高。在垂直可燃性测试中，所有用不同世代的 HBPOPN 处理的样品在移除火源后立即熄灭。在 160g/L 的浓度下，随着世代数（*M*=2、3 和 4）的增加，处理后织物的极限氧指数值分别为 42.0%、42.7% 和 43.0%，并且，在经过 50 次洗涤循环（LC）后，LOI 值仍保持在 29.3%、29.7% 和 29.6%。结果表明，从第二代到第四代的超支化聚合物可以应用于棉织物，所得产品具有优异的阻燃性能和耐久性。

植酸是具有非常强螯合能力的生物基阻燃剂，可以从植物中提取，来源广泛，对自然环境相当友好。He 等人[47] 以支化聚酰胺、植酸、(3-氨丙基) 三乙氧基硅烷和三乙氧基乙烯基硅烷为原料，通过离子聚合方法制备含磷超支化聚合物阻燃剂，受热分解后形成 P—N—C、P—O—P 和 P—O—Si，形成致密炭层。温度提高

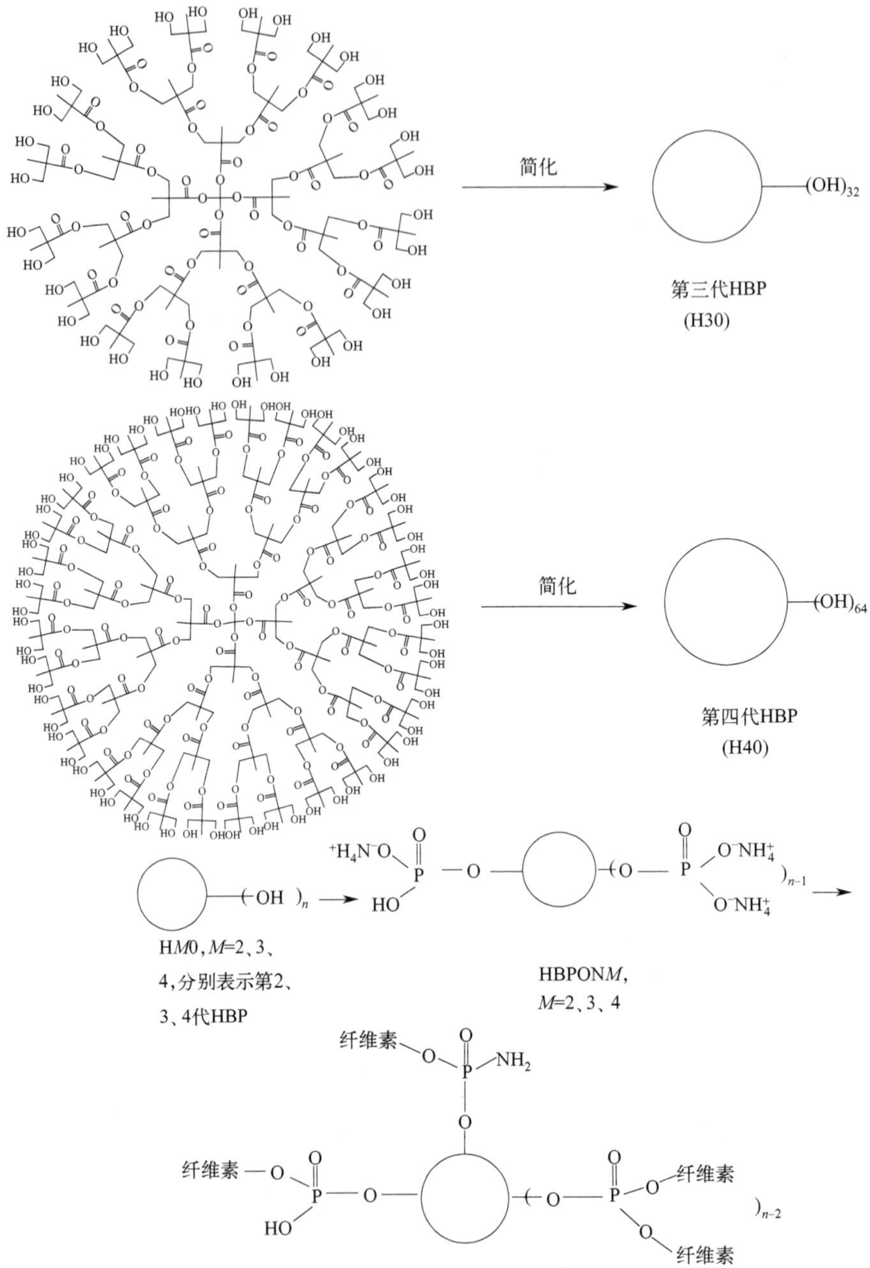

图 4-22　棉织物的阻燃整理（第二代超支化多磷酸铵盐 HBPOPNM：$M=2$，$n=16$；第三代 HBPOPNM：$M=3$，$n=32$；第四代 HBPOPNM：$M=4$，$n=64$）

后，聚酰胺分解、交联，进而释放不可燃气体，形成炭层保护层。磷酸分解并捕获活性基团，从而降低了燃烧强度。含磷超支化聚合物阻燃剂对基体的力学性能没有影响，具有高效阻燃性和较高的韧性，表现出广泛的应用前景。

4.2.2.1 含磷非超支化聚合物阻燃剂

含磷非超支化聚合物阻燃剂是指一类含有磷元素的聚合物，它们不具有超支化结构，通过化学结构中磷原子的阻燃作用来提高材料的阻燃性能。这类聚合物通常在燃烧过程中能够形成磷酸或偏磷酸，促进炭层的生成，起到隔热隔氧的作用，从而抑制燃烧的蔓延。如DOPO等与其他物质通过化学合成方法合成含磷衍生物，接枝到基体中形成阻燃体系。Chu等人[48]以甘油和DOPO为原料，通过Atherton-Todd反应合成了新型甘油基聚合物阻燃剂（PBPG、POPG和PCH_3PG），如图4-23所示，探讨了不同侧链、磷含量和组合结构对不饱和聚酯（UPR）复合材料阻燃效率的影响。研究发现，POPG比PCH_3PG和PBPG更有利于改善高温下的炭层形成。然而，PCH_3PG和PBPG在阻燃UPR复合材料中表现出更好的阻燃效率。特别是对于UPR/PCH_3PG，阻燃性能随着PCH_3PG含量的增加而迅速提高。在UPR中，PCH_3PG的含量仅为15%（以质量分数计，下同），UPR/PCH_3PG15%复合材料达到UL-94V-0级，LOI为29%。当PCH_3PG含量增加到20%时，UPR/PCH_3PG 20%复合材料的LOI增加到30%，与纯UPR相比，PHRR和THR分别降低了67.93%和57.22%。

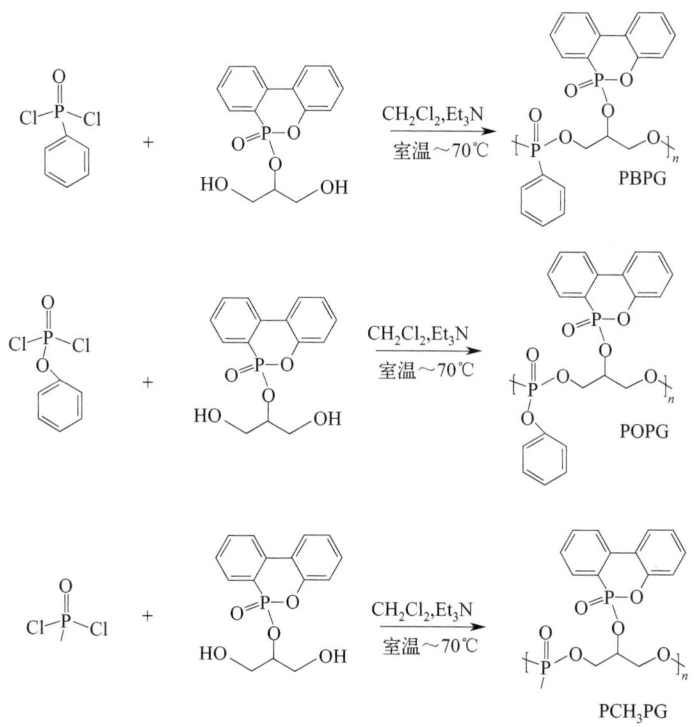

图4-23 PBPG、POPG和PCH_3PG的合成反应式

Zhang等人[49]以DOPO和1-乙烯基咪唑中和反应合成不饱和聚酯树脂的交联剂，结果表明交联剂的加入使不饱和聚酯树脂的阻燃性提高。添加25%（以质

量分数计）交联剂后，改性树脂及其玻璃纤维增强复合材料达到了 UL-94 V-0 等级，极限氧指数值分别为 32.1%和 38.3%。交联剂的加入提高了不饱和聚酯树脂和复合材料的储能模量，降低了玻璃化转变温度，并改善了力学性能。

Li 等人[50] 使用商业化的 DOPO 作为高效的阻燃剂。与纯环氧树脂相比，仅添加 3%（以质量分数计，下同）的 DOPO 的可回收环氧树脂（REP）即可获得 27.8%的极限氧指数值和 V-0 等级。此外，含有 3%的 DOPO 的可回收环氧树脂复合材料显示出快速自熄行为，峰值热释放速率下降了 43.5%，如图 4-24 所示。分析发现，DOPO 通过自由基清除效应在气相中发挥作用。此外，含阻燃剂的可回收环氧树脂由于二硫键的可交换性显示出良好的可回收性，这项研究提出了一种获得可回收阻燃环氧材料的方法，有利于拓宽环氧树脂的应用。

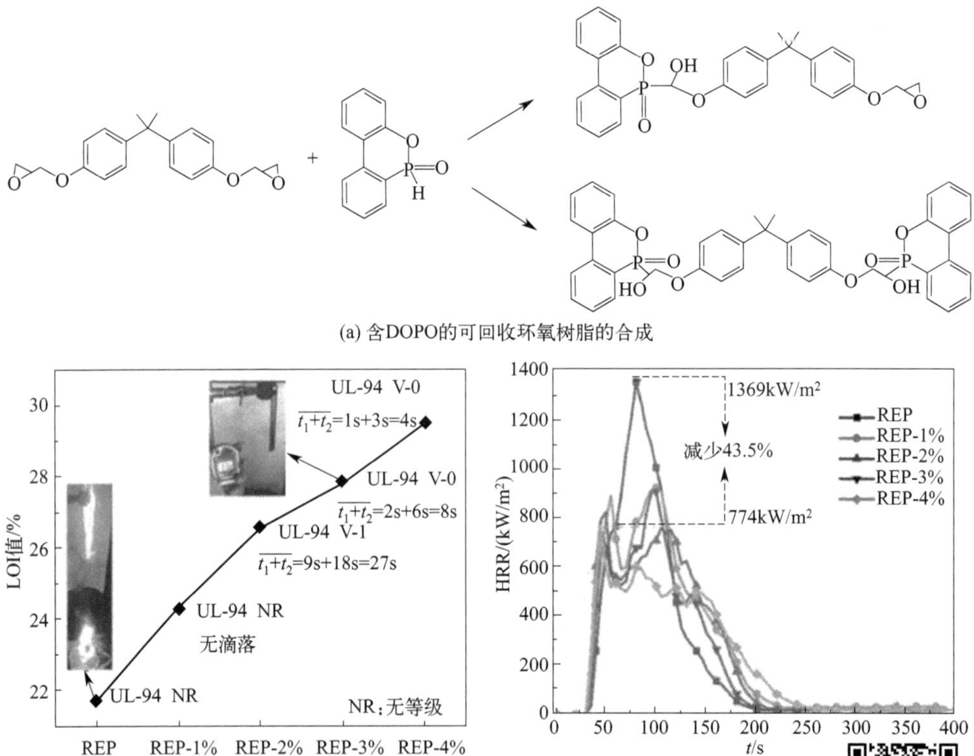

(a) 含DOPO的可回收环氧树脂的合成

(b) LOI与UL-94测试

(c) HRR测试

图 4-24 含 DOPO 的可回收环氧树脂的合成及其 LOI、UL-94 和 HRR 测试结果

Feng 等人[51] 用迈克尔加成反应将二(丙烯酰氧基乙基)苯膦酸酯、丙二腈、1,1,3,3-四甲基胍和四氢呋喃形成 P-N 阻燃剂 APN。当 APN 应用的 PLA 复合材料燃烧时，在气相中，APN 产生了 PO· 以猝灭高活性自由基（H· 和 HO·），从而中断燃烧的连锁反应。同时，形成的 CO_2 可以稀释氧气/燃料混合物以抑制燃烧速率。在凝聚相中，APN 产生多磷酸衍生物和 CN 结构，可以促进和加速 PLA 的炭层形成。这导致完整的炭层作为传热的屏障，并抑制气态产物

扩散到火焰中。P、N 和 CO_2 协同作用，使 PLA 在气相和凝聚相中都表现出优异的阻燃性，仅需添加 3%（以质量分数计）的 APN 便可使改性聚乳酸通过 UL-94 V-0 等级认证，极限氧指数达 37.6%。相对于纯 PLA，PHRR 降低 16%，韧性提高了 85%，同时保持了其拉伸强度和热稳定性。

Liu 等人[52] 以二季戊四醇、磷酸和尿素为原料，通过无溶剂法合成了一种新型的无卤素、无甲醛的含磷阻燃剂（ADPHPA），如图 4-25 所示。其能够与棉织物纤维素（Cell）形成共价键，提高棉织物的阻燃性和耐久性，是一种有前景的棉织物阻燃剂。ADPHPA 在织物燃烧时，通过分解生成磷酸或多磷酸来促进纤维的脱水和炭化，形成保护层以阻止热量的传播。此外，燃烧时会产生不可燃气体，以稀释可燃气体浓度。协同作用使得改性织物的 LOI 最高能达到 49.6%，并且由于 ADPHPA 渗透到纤维中，能够与—OH 基团反应形成 P—O—C 共价键，在洗涤 50 次后，织物仍然能够保持大于 26%的 LOI 值，表现出优异的耐洗性和阻燃性。

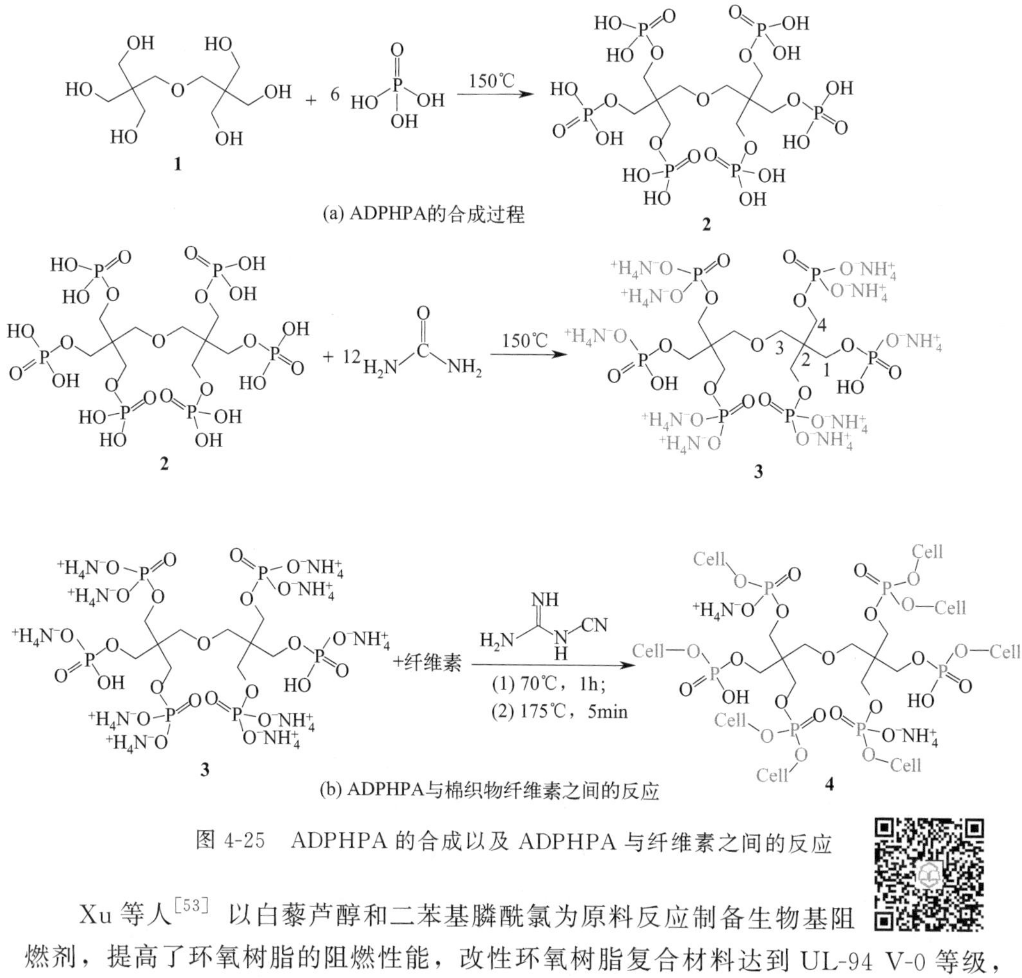

(a) ADPHPA的合成过程

(b) ADPHPA与棉织物纤维素之间的反应

图 4-25 ADPHPA 的合成以及 ADPHPA 与纤维素之间的反应

Xu 等人[53] 以白藜芦醇和二苯基膦酰氯为原料反应制备生物基阻燃剂，提高了环氧树脂的阻燃性能，改性环氧树脂复合材料达到 UL-94 V-0 等级，在质量分数为 5% 的低负载下 LOI 值增加到 34.5%，其初始热分解温度高达 438.4℃，在减少燃烧热的过程中，减少相对热量的释放，并有效地抑制可燃气体，作为一种具有优异热稳定性和高效阻燃性能的新型生物基阻燃剂，在开发下一代阻燃剂方面具有巨大潜力。

Sai 等人[54] 通过一步溶剂热法报告了棒状含磷金属配合物聚集体 CeP_n，如图 4-26 所示。结果表明，添加 4%（以质量分数计）的 CeP_n 时，聚碳酸酯的峰值热释放速率和总烟雾释放量分别降低了 46% 和 26%。此外，由于 CeP_n 的双相阻燃机理，其在达到 UL-94 V-0 等级和 27.3% 的极限氧指数之外，还保持 90.1% 的高透明度，聚碳酸酯复合材料显著提高了热稳定性，优于其他已报道的系统，可用于设计具有可调整的聚集形态的阻燃剂，以及创建将优异的阻燃性、透明性、热稳定性和机械强度相结合的高性能聚碳酸酯复合材料。

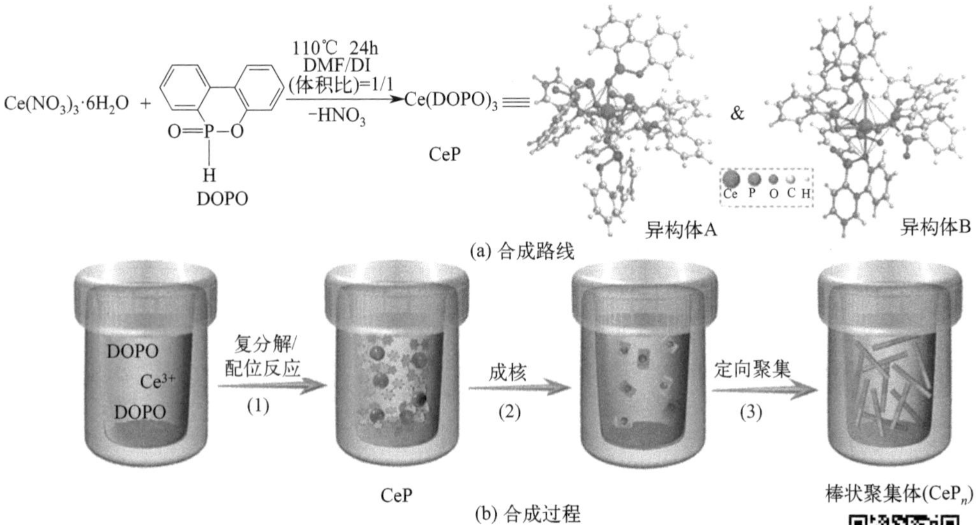

图 4-26 CeP_n 及其异构体的合成路线及合成过程示意图

4.2.2.2 含磷哌嗪类阻燃剂

焦磷酸哌嗪（PAPP）是一种含磷和氮的单组分膨胀型阻燃剂，近年来引起高度关注，可抑制物料在气相和凝聚相中的持续燃烧。Li 等人[55] 通过在 EP 中引入 PAPP 和环氧辛基倍半硅氧烷（EOVS）制备出了阻燃环氧复合材料。结果显示，PAPP 和 EOVS 二者可以协同促进炭层的形成，抑制热和氧的传递，如图 4-27 所示。在凝聚相中，PAPP 分解成磷酸和其他含磷衍生物，加速环氧树脂的脱水，导致基体表面环化或交联。同时，EOVS 分解成含硅化合物，如 SiO_2 和 SiC。由于 SiO_2 的表面能较低，它会迁移到基体表面，形成致密稳定的炭层。此外，随着大量热解气体的产生，炭层膨胀并形成物理屏障，这在提高 EP 复合材料的阻燃性方面起着主导作用。在气相中，释放的 H_2O 和 NH_3 等不可燃气体不仅可以促进炭层的膨胀，还可以稀释可燃气体浓度。同时，气态磷化合物可以作为火焰抑制剂来抑制燃烧过程。因此，EP/9%（以质量分数计，下同）PAPP/1% EOVS 复合材料通过垂直燃烧（UL-94）测试 V-0 等级认证，并获得 32.4%的极限氧指数测试值。此外，总热释放量、峰值热释放速率、总烟雾产生量和峰值烟雾产生速率值与纯 EP 相比，分别降低了 25%、81%、57%和 63%。

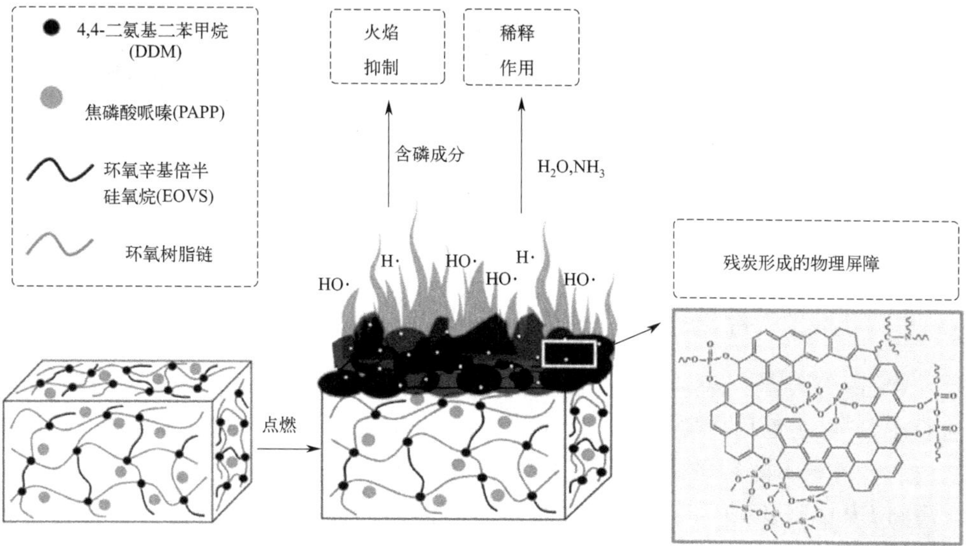

图 4-27 PAPP 和 EOVS 阻燃机理

Ma 等人[56] 为了改善 PLA 材料的易燃性，采用包括 PAPP 和纳米 CeO_2 的协同阻燃体系来增强 PLA 的阻燃性能（图 4-28）。仅添加 1%（以质量分数计，下同）的纳米 CeO_2，PLA 复合材料的阻燃性能就可显著提高。相对于纯 PLA，PLA/14% PAPP/1%纳米 CeO_2 的极限氧指数从 20.2%增加到 28.8%，在 UL-94 测试中达到 V-0 等级。此外，峰值热释放速率从 461kW/m^2 降低到 230kW/m^2。在复合材料初始燃烧阶段，PAPP 经历热解形成磷或磷酸，而其哌嗪盐分解为多磷酸和铵盐。在燃烧过程中，PAPP 的降解产物发生脱水，产生不易燃的无定形和石墨炭层。同时，PAPP 气相分解过程中 NH_3 的释放导致碳层膨胀，同时也降低了氧气浓度，从而阻碍了燃烧。此外，PAPP 热解产生的 PO·、PO_2·和 HPO·可以捕获 H·和 HO·来阻断燃烧反应。此外，纳米 CeO_2 可以催化酯化反应，从而促进 PAPP 反应中炭层的形成。因此，热量和氧气的渗透受到抑制，从而保护底层材料免受进一步分解和燃烧的影响。总体而言，PPAP-纳米 CeO_2 阻燃体系在凝聚相中起到屏蔽作用，在气相中起到屏障和稀释剂的作用，使得 PLA 复合材料表现出很高的阻燃性能。此外，对 PLA 复合材料进行单轴预拉伸可以有效改善其力学性能。预拉伸后，PLA/14% PAPP/1%纳米 CeO_2 复合材料的拉伸强度、断裂伸长率、模量和冲击强度分别达到 79.8MPa、103.8%、

1944MPa 和 9.7kJ/m^2。

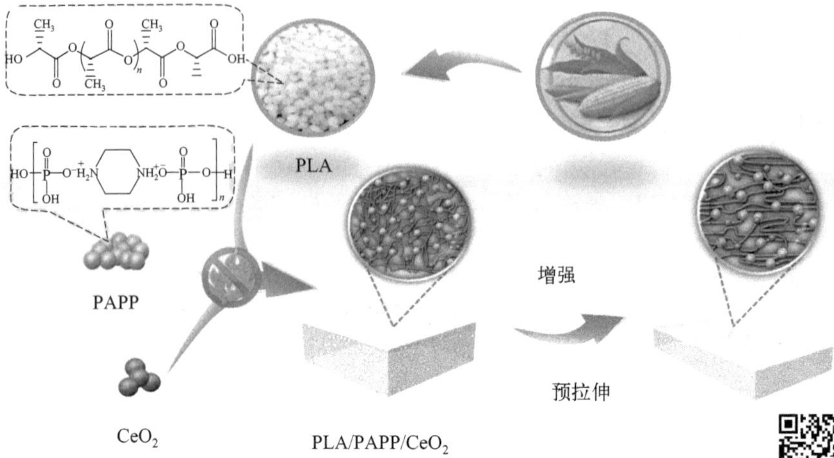

图 4-28 PAPP 和 CeO_2 改性 PLA 复合材料的示意图

Wang 等人[57] 首先将层状双金属氢氧化物（LDH）原位沉积在 PPAP 表面，然后在 LDH 表面构建带负电荷的还原石墨烯（rGO）片材，制备了具有分层核壳结构的多功能填料 PPAP@LDH@rGO（图 4-29）。随后，将 PPAP@LDH@rGO 应用到 EP 中制备 EP/PPAP@LDH@rGO 复合材料，对其阻燃机制进行研究后发现，在气相中，PPAP 热降解产生的不可燃气体稀释了可燃气体和氧气的浓度。在凝聚相中，PPAP 分解形成磷酸和多磷酸，对热固性材料起到催化炭化作用。LDH 中的金属离子与形成的含磷酸配位，使得更多的磷元素保持在凝聚相中，促进了足够高强度的炭层产生。此外，rGO 片材表现出隔离和增强炭层效应。优质炭层具有优异的阻隔效果，热量和烟雾的释放明显减少。因此，热固性 EP 的防火安全性得到了有效提高。当添加 4%（以质量分数计，下同）的 PPAP@LDH@rGO 时，EP 热固性材料在垂直燃烧测试中达到 UL-94 V-0 等级，极限氧指数为 29.8%。此外，虽然 rGO 具有一定的导电性，复合材料的电阻率随着 rGO 含量的提升而提升，但仍然保持在 $10^{14}\Omega \cdot cm$，大于电绝缘要求的 $10^{9}\Omega \cdot cm$。此外，PPAP@LDH@rGO 的掺入还增加了复合材料分子链的刚度，使得 EP 热固性塑料具有更强的抗变形能力。此外，得益于 PPAP@LDH@rGO 的独特结构，EP/PPAP@LDH@rGO 复合材料的热导率在 7%添加量（含有 3%的 rGO）时达到 0.951W/(m·K)，与原始 EP 相比增加了 320.8%。

Bai 等人[58] 以聚磷酸铵、哌嗪和三羟乙基异氰脲酸酯为原料，通过一锅法制备阻燃剂，然后与聚乳酸热压制成不同尺寸片材。阻燃剂主要是气相阻燃，分解产生 N_2 和 NH_3 等不可燃气体，受热形成炭层，添加 5%（以质量分数计）的阻燃剂后，聚乳酸的 LOI 值达 26.1%，通过了 UL-94 V-0 级认证。通过成核作用可以提高聚乳酸的结晶能力，催化聚乳酸内部的脱水分解形成炭层，并且拉伸强度等其他力学性能均有所提高。此种改性聚乳酸具有良好的发展前景。

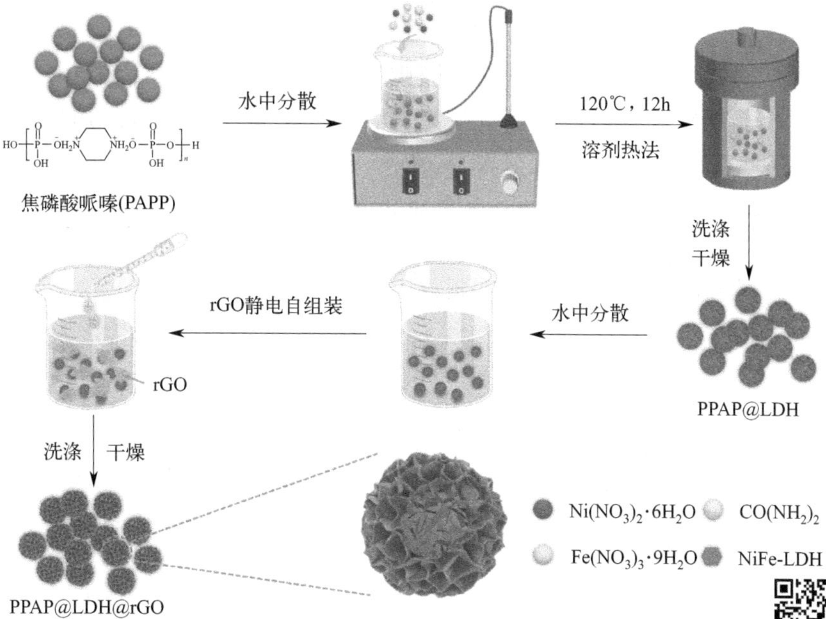

图 4-29　PPAP@LDH@rGO 多功能填料的制备过程及结构图

尽管含磷超支化聚合物阻燃剂具备优异的阻燃性能，但其对基体材料增韧的改性效果仍存在一定局限性，需进一步改进。

4.3 无机磷阻燃剂

无机磷阻燃剂以单质或化合物的形式被引入需要阻燃的材料基材中，以物理分散的方式与高分子材料充分混合，并在气相或凝聚相中发挥阻燃效能。无机磷阻燃剂主要包括红磷、磷酸铵盐、氧化磷等。

4.3.1 红磷

红磷又称赤磷，呈紫红色无定形粉末状，无毒有光泽，以 P_4 四面体的单键形成链或环的高聚合结构，具有较高的稳定性，不溶于水、二硫化碳，微溶于无水乙醇，溶于碱液。与其他磷系阻燃剂相比，相同质量的红磷能产生更多的磷酸，磷酸既可覆盖于被阻燃材料表面，又可在材料表面加速脱水炭化，形成液膜和炭层，将外部的氧、挥发性可燃物和热与内部的高聚物基质隔开而使燃烧中断。红磷常用于阻燃聚烃类、聚苯乙烯、聚酯、尼龙、聚碳酸酯、聚甲醛、环氧树脂、不饱和树脂、橡胶、纺织品等，在聚对苯二甲酸乙二醇酯、聚碳酸酯以及酚醛树脂等含氧高聚物中，阻燃性能显著。

Bi 等人[59] 通过一种简单的绿色方法将红磷转化为二维（2D）多孔红磷混合阻燃剂（图 4-30），提高其在阻燃聚氨酯复合材料中的分散性。这些二维多孔红磷混合阻燃剂在聚氨酯基体中展现出优异的阻燃性能和力学性能，添加质量分数为5%的二维多孔红磷混合阻燃剂可以使聚氨酯复合材料的 PHRR、THR、SPR 和 TSR 分别降低 48.0%、54.2%、20.4%和 22.2%。此外，由于良好的相容性，聚氨酯复合材料的断裂伸长率和拉伸强度分别达到了 308.02%和 9.21N，与以往合成方法相比，这是首次通过金属-有机框架制备 2D 红磷混合阻燃剂并应用于阻燃聚氨酯材料中，为今后阻燃材料的合成提供了一种绿色高效的方法。

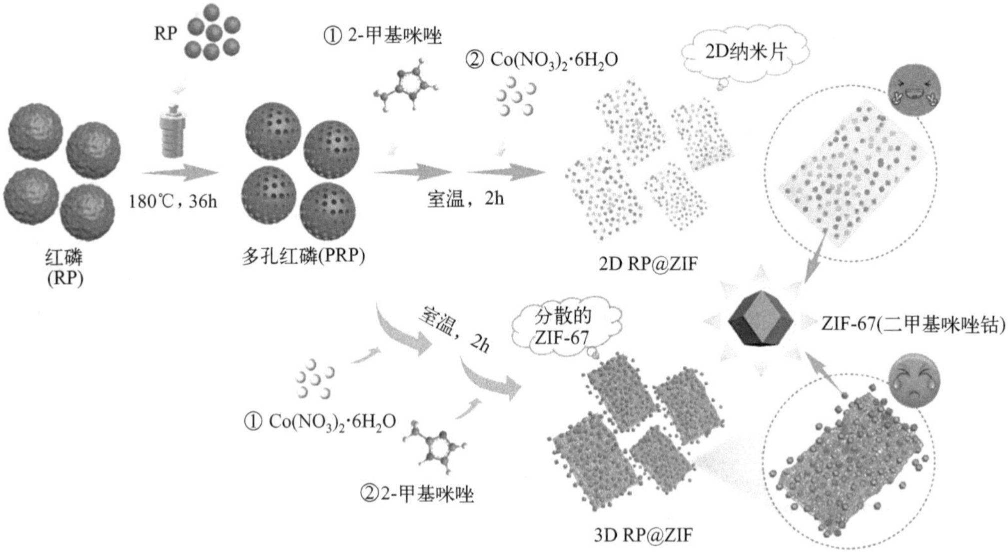

图 4-30 二维多孔红磷混合阻燃剂的合成

Wu 等人[60] 将二乙烯三胺和红磷纳米颗粒通过曼尼希反应和共沉淀法引入木质素，形成木质素基阻燃剂，用于提高商业丙烯腈-丁二烯-苯乙烯共聚物的阻燃性能。该复合材料展现出良好的加工性、力学性能、热稳定性和阻燃性能。PHRR 和 THR 分别下降了 67.8%和 77.5%。分析发现，将 N 和 P 元素引入木质素及其纳米填料，可以制备出具有良好分散性和热释放抑制效果的功能性木质素纳米填料。这种基于木质素的纳米填料不仅为聚合物材料的阻燃提供了一种新的环保方法，而且拓宽了工业木质素的综合利用途径。

4.3.2 磷酸铵盐类阻燃剂

磷酸铵盐作为无机磷阻燃剂的一个重要类别，早在 1786 年就被用作阻燃剂，常与尿素混合使用以增强阻燃效果。通过形成稳定的磷酸盐层来隔绝氧气和热量，从而有效地减缓或阻止燃烧过程。二乙烯三胺五亚甲基膦酸和乙二胺四亚甲基膦酸等特定化合物因其独特的化学结构和性能，在工业应用中显示出巨大的潜力。

聚磷酸铵（APP，又称多磷酸铵）是一种含磷氮酸盐的高分子化合物，外观呈白色颗粒状或结晶状，无臭无味，溶于水，不溶于有机溶剂，是一种典型的无机非卤系阻燃剂，在阻燃领域应用十分广泛。Zheng 等人[61] 首先将聚（*d*-丙交酯）（PDLA）链与 APP 颗粒进行原位反应，以改善界面相容性。随后，利用 PLA 的对映体（PLLA）可形成立体络合（sc）晶体的特性，通过清洁连续熔融纺丝生产出近乎完全的阻燃立体络合 PLA 纤维。此外，还使用了聚己二酸-对苯二甲酸丁二醇酯（PBAT）以增强 PLA 的柔韧性。与传统 PLA 相比，改性 PLA 纤维（scPLA-APP/PBAT）在微量热测试中的峰值热释放速率和总热释放量分别降低了33%和 22%，LOI 值从 19.4%增加到 28.2%，拉伸强度和断裂伸长率分别提高了141.11%和 12.75 倍，并在 UL-94 测试中达到了 V-0 等级。经过对阻燃机理的研究发现，传统的 PLLA 燃烧速度快，在燃烧过程中产生熔融液滴，不产生炭渣。在 scPLA-APP/PBAT 中，PLLA 和 PDLA 的大分子链规则地排列成近乎完整的立体络合结构。两种对映体的大分子链可以形成更紧凑的堆叠，因此比单独的范德瓦耳斯力更强。这种结构提高了纤维的耐热性和阻燃性。在 APP 的帮助下，纤维被热分解，释放出大量的 NH_3 和 H_2O，稀释了空气中的 O_2 浓度，参与了气相阻燃。此外，APP 分解过程中产生的多磷酸盐加速了炭渣的形成，形成具有完整表面的致密炭层以防止燃烧，使得 scPLA-APP/PBAT 的阻燃性大大提高。

Zhao 等人[62] 受到花生叶片表面分层纳米结构的启发，通过构建仿生花生叶结构，连续添加和原位聚合 4,4′-亚甲基二苯基二异氰酸酯（MDI）、聚乙二醇（PEG）以及甘油（glycerol），在聚磷酸铵表面构建了具有微尺度切片的有机大分子涂层，制备了改性聚磷酸铵（MAPP），如图 4-31 所示，从而增强了聚磷酸铵与 PLA 的相容性。这种方法不仅能够提高聚磷酸铵的分散性，还能增强其与聚合物基体的界面结合，从而提升复合材料的阻燃性能和力学性能。添加 5%（以质量分数计）的 MAPP 即可赋予材料良好的阻燃性，达到了 UL-94 V-0 等级，并具有28%的 LOI 值。此外，还将其断裂伸长率和缺口悬臂梁冲击强度分别提高到纯 PLA 的 21 倍和 3 倍。这种仿生结构的构建为提高聚磷酸铵在聚合物基复合材料中的阻燃材料应用提供了一种有效的策略。

Wan 等人[63] 设计一种新型双层包覆的磷酸铵，用于提高热塑性聚氨酯（TPU）的阻燃性能。该双层结构由磷酸铵、四乙氧基硅烷、γ-(2,3-环氧丙氧)丙基三甲氧基硅烷以及锆基金属-有机框架[UiO-66-NH_2(Zr)]组成。复合材料燃烧过程中释放的自由基，如 PO· 和 PO_2· 等，能够猝灭反应性自由基，如 H·、HO·、O· 等，抑制链式反应，如图 4-32 所示。同时，释放的不易燃气体稀释了氧气和可燃气体的浓度，抑制了燃烧反应的继续，从而改性 TPU 具有较好的阻燃性能。与纯 TPU 相比，TPU/APP@SiO_2@UiO-66-NH_2(Zr)复合材料的总热释放量、总烟雾产生量、CO 产

生量和 CO_2 产生量分别降低了 87.8%、87.7%、52.4%和 76.8%。

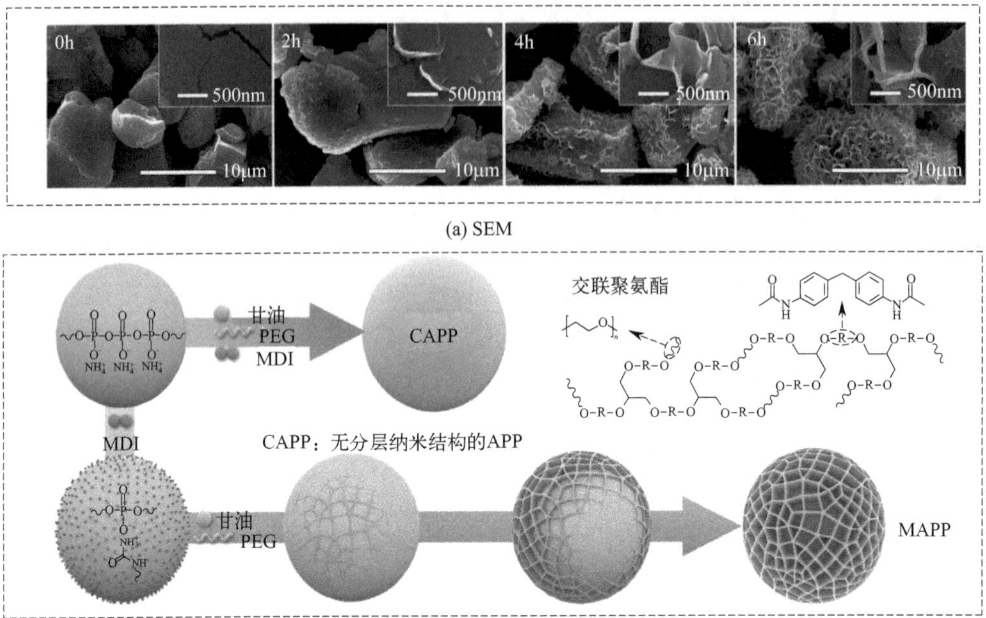

(a) SEM

(b) 合成路线

图 4-31 MAPP 的 SEM 与合成路线

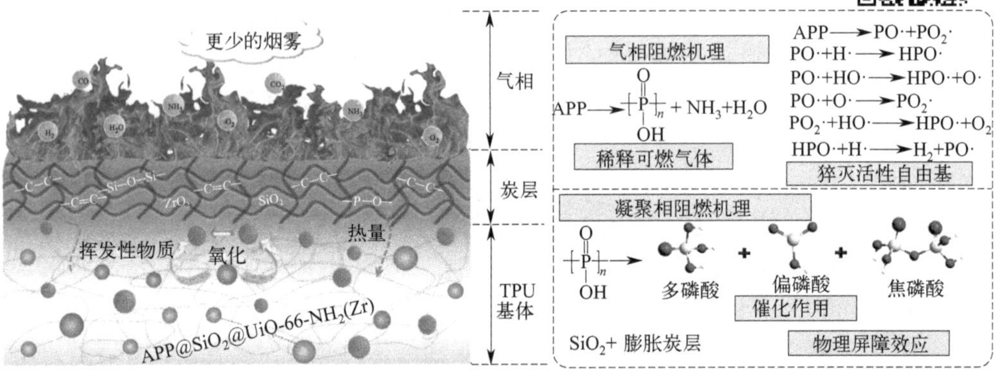

图 4-32 新型双层包覆的磷酸铵的阻燃机理

胶合板因其抗断裂、抗收缩和抗扭曲性能而被广泛用于室内装饰，但其易燃性限制了其在某些场合的应用。Wang 等人[64] 制备了一种新型的环保型无卤阻燃涂层，该涂层基于硅灰基并掺杂了磷酸铵、可膨胀石墨（EG）和二氧化钛。这种涂层旨在提高胶合板的阻燃性能，探索冶金固体废物硅灰的高值化利用。2%（以质量分数计）的 APP 构成的 APP/EG/TiO_2 共混硅灰基地聚合物涂料对阻燃胶合板表现出优异的防火性能，火灾增长指数（FGI）从 0.50kW·m^2/s 下降到 0.30kW·m^2/s，TSP 从 903m^2 下降到 479m^2，平均有效燃烧热从 7.06kW/kg 下降到 5.60kW/kg，阻燃指数（FRI）从 1.00 上升到 2.71。

Li 等人[65] 用静电自组装 MXene/APP 包裹的 3D 多孔氮掺杂碳泡沫（NCF）框架制备了一种新型的用于锂硫电池主机的耐热、阻燃和自支撑的 NCF-MXene-APP 复合材料（图 4-33）。其不仅可以改善多硫化物的物理化学吸附和转化，还可以抑制易燃硫活性材料的燃烧行为。具体来说，在燃烧过程中，APP 充当了炭促进剂，促进了碳质物质的形成，从而形成了高密度的炭层。NCF-MXene-APP 含有的 $Ti_3C_2T_x$ 纳米片的热氧化行为导致在炭层上形成 TiO_2 纳米颗粒，赋予混合保护层抑制传质和传热的能力。此外，APP 释放含磷自由基（如 PO·和 PO_2·）以捕获含氢自由基（如 H·和 HO·）并释放不可燃气体（如 NO 和 NO_2），从而提高了电极的防火安全性。因此，电池可以在高温或火焰攻击条件下继续可靠地运行。NCF-MXene-APP 的综合性能表明其在高性能和高安全性锂硫电池中具有巨大潜在应用价值。

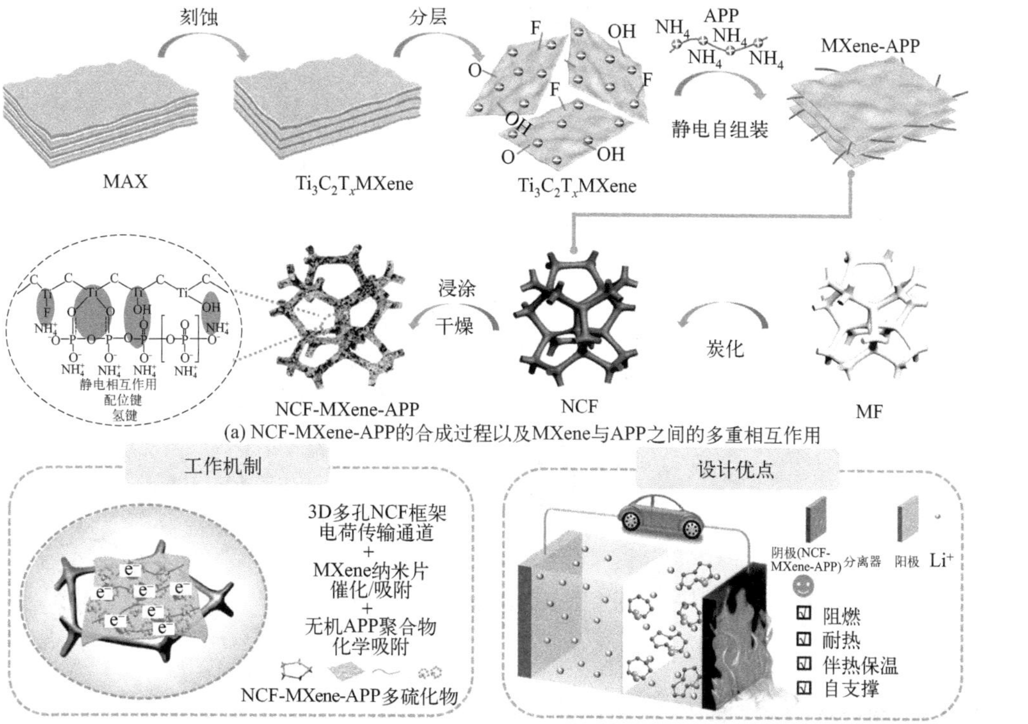

(a) NCF-MXene-APP的合成过程以及MXene与APP之间的多重相互作用

(b) NCF-MXene-APP主机对可溶性多硫化物的强捕获、快速转化和穿梭抑制的协同增强机制，以及Li-S电池安全的可靠保证

图 4-33 NCF-MXene-APP 主机的制造工艺和机理

4.3.3 氧化磷类阻燃剂

氧化磷类阻燃剂包含五氧化二磷（P_2O_5）、四氧化二磷（P_2O_4）等，P_2O_5 为白色粉末固体或黄色粉末，具有特殊的刺激性气味，具有吸水性，容易潮解。P_2O_5 由四个磷氧四面体组成，四面体通过共享氧原子相互连接，形成了一个稠环结构。由于具有磷氧基团，其本身具有一定的阻燃性。Chen 等人[66] 以 P_2O_5 为原料与聚乙二醇酯反应生成聚乙二醇磷酸酯，然后再与三聚氰胺反应制备出阻燃剂，应用于电池热安全系统材料。Huang 等人[67] 通过简单的球磨方法，以六水合硝酸钴、六水合硝酸铝和尿素为原料，合成钴铝基层状双氢氧化物纳米片（CoAl-LDH），然后与红磷通过行星式球磨机球磨形成阻燃剂——以氧化磷为阴离子修饰的超薄层状双氢氧化物纳米片（P-LDH），如图 4-34 所示。仅添加 5.0%（以质量分数计）的超薄层状双氢氧化物纳米片，聚氨酯复合材料就能达到 UL-94 V-0 等级，并且极限氧指数提高到 28.0%，明显优于纯聚氨酯的 UL-94 V-2 等级和 23.0%的极限氧指数。聚氨酯复合材料的制备及其在热塑性聚氨酯（TPU）中的应用，以提高 TPU 的阻燃性能和机械强度。

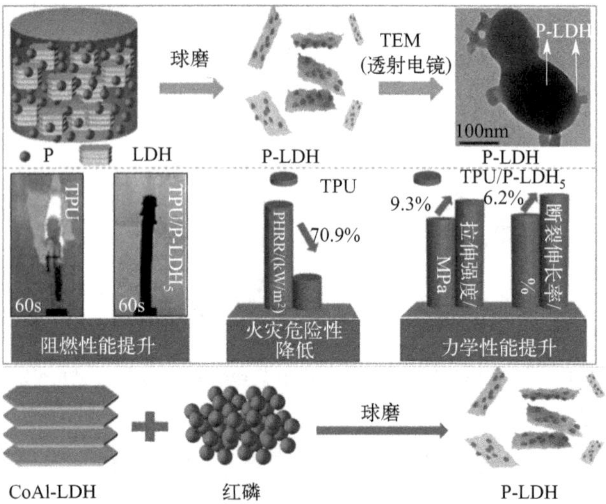

图 4-34 阻燃剂 P-LDH 的制备过程及性能

4.4 磷系协同阻燃剂

在材料科学领域，当单一阻燃剂难以满足理想阻燃效果时，通过将不同组分的阻燃剂复合使用，可以实现优于单一组分的阻燃效果，这种现象被称为协同阻燃[68]。近年来，磷-氮（P-N）协同阻燃剂以及磷-氮-硼（P-N-B）协同阻燃剂的研究逐渐增多，实验结果表明，这些协同阻燃剂在改善阻燃性能方面展现了良好的应用潜力[69-70]。

4.4.1 P-N 协同阻燃剂

P-N 协同阻燃剂通过在体系中引入含磷化合物和氮化合物，使其具有含磷、氮的协同阻燃效果[71]。P-N 阻燃材料已被广泛开发为高效的阻燃材料。Li 等人[72]合成三种不同链段结构的膦酰胺阻燃剂，合成过程如图 4-35 所示。膦酰胺类阻燃剂中的乙氧基可以提高阻燃剂在热塑性聚氨酯弹性体基体中的分散性，从而提高阻燃效率。膦酰胺类阻燃剂中的对苯二胺基团可以促进热塑性聚氨酯弹性体阻燃材料在燃烧过程中形成致密连续的炭层，在凝聚相中起到阻隔作用。因此，同时含有乙氧基和对苯二胺基团的 EDP 在热塑性聚氨酯弹性体中发挥了最佳的阻燃效果。当总添加量为 9%（以质量分数计）时，峰值热释放速率和总热释放量降低幅度最大，分别比热塑性聚氨酯弹性体低 77%和 52%。这项工作对提高热塑性聚氨酯弹性体的阻燃性能具有实用价值。

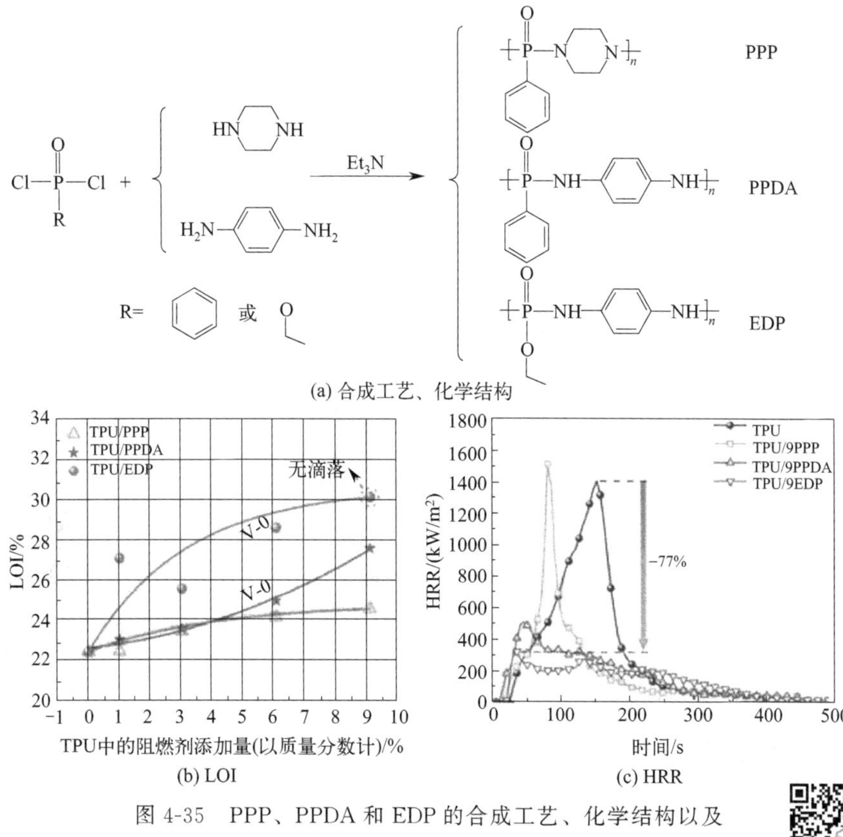

图 4-35 PPP、PPDA 和 EDP 的合成工艺、化学结构以及性 TPU 的 LOI、HRR 测试结果

近年来，含有氮（N）和磷（P）的材料被广泛开发和应用为高效阻燃剂，研究已经证实 P 掺杂石墨烯和碳纳米管后具有优秀的阻燃性能。Zhang 等人[73] 制备出以回收的木材打磨粉尘、三（羟甲基）氧化膦（THPO）、磷酸（PA）和氨基硅烷作为前体，采用水热碳化法合成了新型硅烷辅助阻燃碳点阻燃体系（FR-CDs），制备过程如图 4-36 所示。在燃烧测试中，阻燃木材在 180 秒内未着火并保持其初始形状，而对照木材在 15 秒内着火，并在 3 分钟内完全燃烧成薄薄的黑色物质，证明了荧光硅烷辅助的 N、P 掺杂 PA@FR-CDs 和 THPO@FR-CDs 对木质复合材料具有良好的阻燃效果。这是因为添加硅烷辅助的 FR-CDs 会增加木材的炭残留率，并在燃烧过程中释放挥发性的含氮气体。并且，N、P 掺杂体系中的少量 PA 或 THPO 可以促进木材基质的脱水、交联和炭化，抑制燃烧的蔓延，保护下面的纤维。此外，挥发性 PA 和 THPO 衍生物可以在燃烧过程中释放含 P 的自由基以捕获活泼自由基，减缓燃烧链式反应。最后，木材复合材料形成了一个连续、紧密凝聚的结构，表现出低的热释放量。

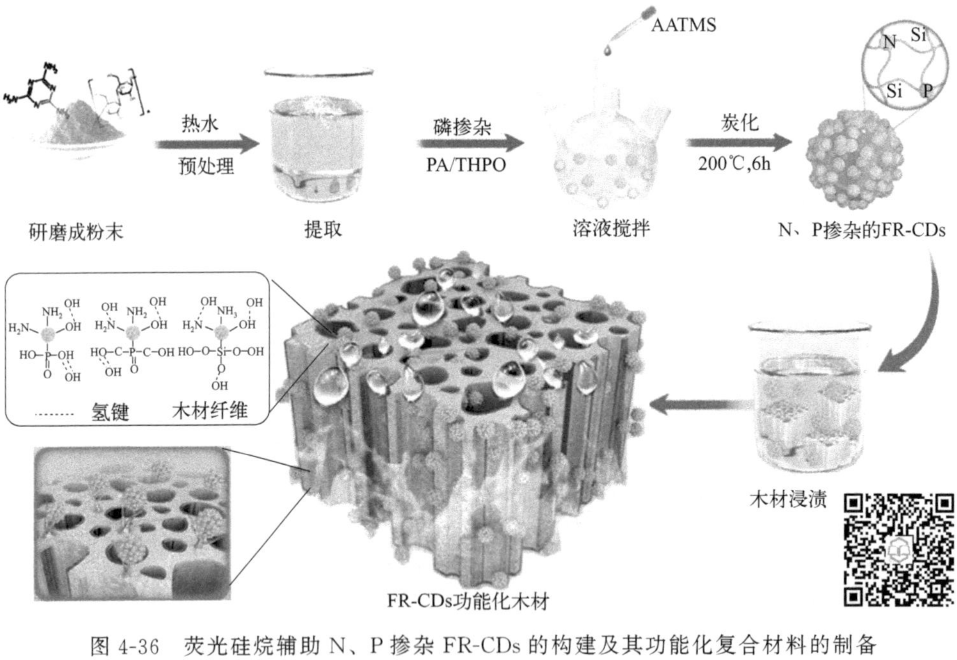

图 4-36 荧光硅烷辅助 N、P 掺杂 FR-CDs 的构建及其功能化复合材料的制备

4.4.2 P-N-B 协同阻燃剂

在一些报道中，使用新型 P-N-B 协同阻燃剂作为环氧树脂的固化剂可起到良好的阻燃效果。Hua 等人[74] 为了解决硼基阻燃剂的有限效率和磷基阻燃剂的适度炭化能力，以季戊四醇（PER）、二氯磷酸酯（PDP）、硼酸（BA）为原料设计

和合成了一种同时含有磷和硼的阻燃剂（POSB），其具有苯基和灵活的双螺单元（图 4-37）。结果表明，添加 5%（以质量分数计）该阻燃剂后，改性 EP 复合材料的 LOI 值达 32.9%，与纯 EP 相比，PHRR 降低了 33.3%，峰值烟雾产生速率（PSPR）降低了 36.7%。阻燃性能的提升得益于在 POSB 的热解过程中释放出某些含磷和含硼的组分。由此产生的热解磷酸和硼酸充当催化剂，促进 EP 基质的炭化。在高温下，磷酸和硼酸重新结合形成 BPO_4，这是一种高度热稳定的化合物。这种热稳定的 BPO_4 强化了炭层的形成，获得了一个致密的屏蔽层，保护了底层基质免受进一步燃烧。在气相中，POSB 热解产生的含磷自由基捕获了易燃自由基，有效地延缓了燃烧过程。

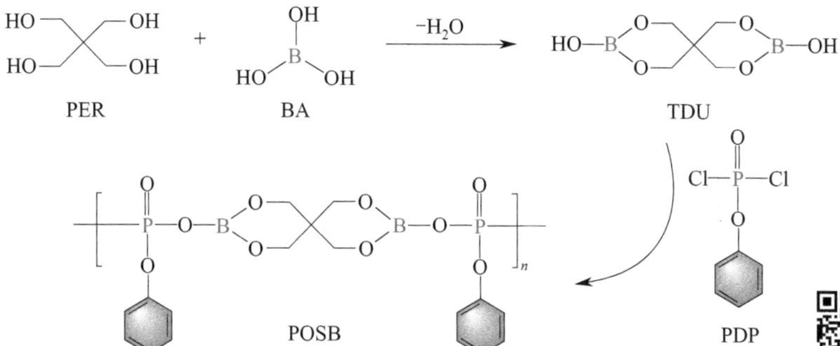

图 4-37　POSB 的制备

含 B 化合物是卤系阻燃剂的替代品之一。硼酸盐受热可以形成玻璃保护层，在绝缘层下形成炭渣。Cao 等人[75] 通过自组装方法制备基于壳聚糖（CS）、植酸（PA）和 3-氨基苯硼酸（APBA）的核壳型阻燃剂（APBA@PA@CS）。含有质量分数 3%的 APBA@PA@CS 的 PLA 复合材料的峰值热释放速率和总热释放量分别从 460.1kW/m^2 和 75.8MJ/m^2 降至 419.0kW/m^2 和 53.1MJ/m^2。在燃烧过程中，APBA@PA@CS 最外层的 APBA 首先分解为苯基硼酸，产生 H_2O 和 NH_3 气体。然后，由 PA 层分解产生的磷酸或多磷酸促进 CS 脱水和交联反应，以改善炭层的形成。复合材料的燃烧也伴随着碳氢化合物气体（CH_4、C_4H_8）的释放。APBA@PA@CS 热解产生的 NH_3、H_2O、NH_4^+ 和羟基碎片可以减缓可燃碳氢化合物气体的逸出，阻止可燃挥发物进入基质以加剧燃烧，并稀释附近的 O_2 浓度。此外，PA 层热解产生 PO· 和 HPO· 以捕获 H· 和 HO·，从而抑制气体中的火焰，进而阻断燃烧。在此过程中，多磷酸可以与苯基硼酸的羟基末端酯化，苯基硼酸将通过交联 B—O—C 键、B—O—P 键和 B—C 键进一步提高炭层的质量。含硼和含磷的玻璃炭层具有很高的物理阻隔能力，可以抑制挥发性可燃碎片的释放，减少 PLA 基质和燃烧区之间的热量和空气交换。因此，APBA、PA 和 CS 可以协同提高 PLA 在凝聚相和气相中的阻燃性（图 4-38）。这种新型阻燃剂为聚乳酸复合材料的实际应用提供了一种简便、绿色、环保的制备方法。

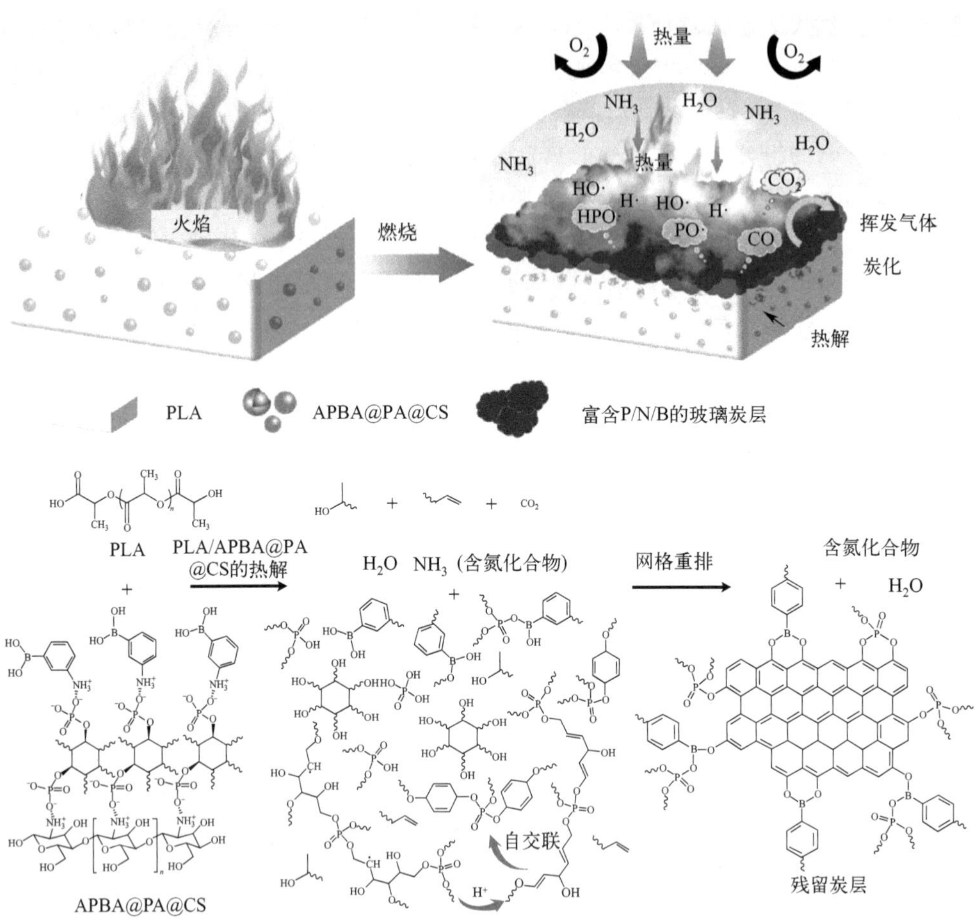

图 4-38 APBA@PA@CS 的阻燃机理图

4.5 磷系阻燃剂的设计方法

磷系阻燃剂因其高效的阻燃性能和较低的毒性而被广泛应用于聚合物材料中。设计含磷阻燃剂的方法多样，通常有四种主要的设计方法：溶胶-凝胶技术、微胶囊化技术、层层（LBL）自组装技术、静电自组装技术。

4.5.1 溶胶-凝胶技术

溶胶-凝胶法就是将原料进行混合、水解、缩合反应形成一种透明溶胶体系，溶胶经过缓慢混合，最终形成三维网络结构，溶胶网络失去流动性而形成凝胶。聚磷酸铵中含有磷、氮元素，其分子以氧和磷原子形成聚合物链，并且分子间存在氢键作用，聚合物链的磷酸铵基团构成一个三维网状结构。Cheng 等人[76] 使用 3-氨基丙基三乙氧基硅烷、戊二醛、亚磷酸二乙酯轻松合成了一种新型磷掺杂二氧化硅溶胶体系。研究发现，涂层丝织物具有高阻燃性和自熄能力，LOI 高于 32.0%。此外，混合二氧化硅涂层也达到了丝织物理想的耐洗性要求。另外，Si、P 和 N 之间的协同作用，使杂化二氧化硅涂层表现出良好的阻燃性能。

Kalali 等人[77] 合成了一种基于瓜尔豆胶和柠檬酸的环保、高效、透明的阻燃涂层，用于棉织物的阻燃处理。通过一锅法溶胶-凝胶工艺将涂层沉积在棉织物上，结果显示，该涂层在可见光区域的透射率超过 90%，且在阻燃剂浓度低于 6.25% 时展现出优异的阻燃效率。

Liu 等人[78] 研究了基于 γ-脲基丙基三乙氧基硅烷/植酸铵的生物基涂层，用于提高棉织物的阻燃性和力学性能。γ-脲基丙基三乙氧基硅烷/植酸铵涂层能显著提高棉织物的阻燃性能，使棉织物在垂直火焰测试中自熄，LOI 值达到 31%。同时，γ-脲基丙基三乙氧基硅烷/植酸铵涂层改善了棉织物的断裂强度，并且与未涂层的棉织物相比，透气性更好。

Rao 等人[79] 报道了一种通过简便的一锅法溶胶-凝胶工艺制备的高效、透明、环保的阻燃涂层，该涂层由聚磷酸铵、海藻酸钠和四乙氧基硅烷构成。其中，海藻酸钠作为负电荷稳定剂有效抑制聚磷酸铵聚集，并与乙氧基硅烷共凝胶化，形成高透明度（可见光区域透射率>90%）和无色的涂层。同时，该涂层在极低的负载下（质量分数为 10%）展现出高效的阻燃性能，显著降低了棉织物的总热释放值和总烟产量。

壳聚糖凝胶来源广且绿色无毒。将含磷类化合物引入壳聚糖凝胶可使其具有优异的阻燃性能。Niu 等人[80] 合成了一种基于壳聚糖的气凝胶，该气凝胶通过与含有磷的香草醛基化合物（DV 或 TV）交联制备（图 4-39），具有优异的阻燃性能。这些气凝胶轻质多孔，引入香草醛基化合物显著提高了壳聚糖在 700℃ 下的残炭产率和阻燃性能。此外，通过溶液浸渍处理，制备了疏水性壳聚糖气凝胶，其水接触角高达 136.1°，对各种有机溶剂和油类具有高吸收率，对各种溶剂的油水分离效率均超过 90%。该气凝胶还具有良好的隔热性能，由于多孔的三维结构、热导率低、表面温度在 80℃ 下仍能保持在 30℃ 左右，其在处理危险化学品泄漏和工业含油废水方面具有潜在的应用价值。

4.5.2　微胶囊化技术

通过微胶囊化技术可制备出一种囊壳结构，内囊是分散成微粒或者是微液滴态的阻燃剂，外壳是利用聚合物材料在表面形成一层惰性的保护层。聚硼硅氧烷是一种新型的有机-无机聚合物，应用范围极广。结构中的 P—O—Si 键与聚磷酸铵上的

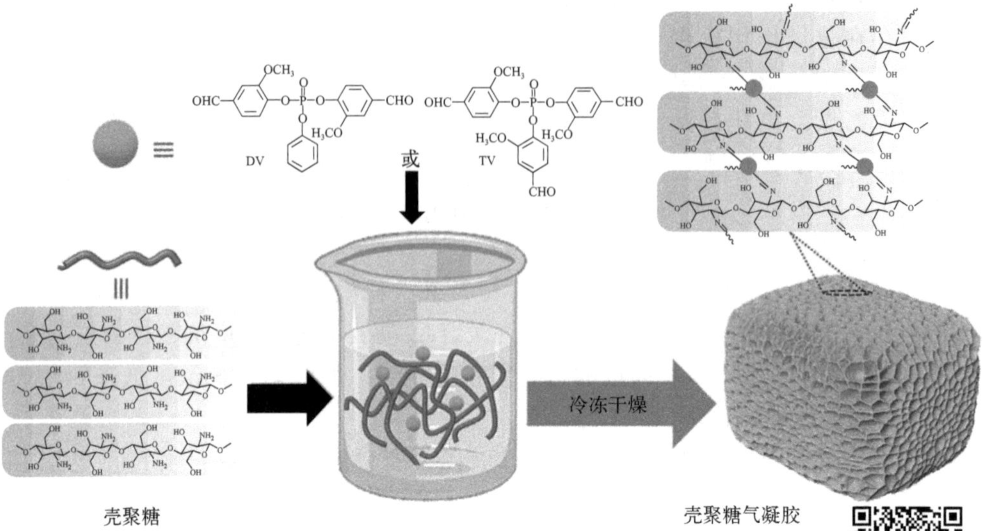

图 4-39 香草醛基化合物（DV 或 TV）交联壳聚糖气凝胶的制备

活性官能团反应结合形成一种微胶囊化结构的协同阻燃剂。

Ran 等人[81] 聚磷酸铵（APP）、烷基酚聚氧乙烯（10）醚（OP-10）、石灰石、苯基三甲氧基硅烷和硼酸分别合成了两种微胶囊——Si-聚磷酸铵和 BSi-聚磷酸铵阻燃剂，如图 4-40 所示。经过对比得出，聚硅氧烷（Si 基团）和聚硼硅氧烷（BSi 基团）都对聚磷酸铵具有良好的微胶囊胶化效果。添加聚硼硅氧烷使形成的炭层更加致密且量更多，BSi-聚磷酸铵的阻燃效果最佳。BSi-聚磷酸铵的 THR 降低了 26.9%，LOI 达 26.7%，通过了 UL-94 V-0 等级认证。这归因于 BSi-聚磷酸铵热分解时，B、Si、P 都可形成更多致密的炭渣。即使 Si 和 BSi 基团在聚磷酸铵中未完全反应，但在聚乳酸的末端基团会进一步反应，达到良好的阻燃效果以及良好的耐水性。

为了解决在极端天气和工作条件下运行的户外基础设施面临的火灾和结冰风险，Lin 等人[82] 基于微胶囊化和静电自组装技术，以热致变色材料为核心，以三聚氰胺树脂、植酸和壳聚糖为双壳结构，制备了一种阻燃和太阳能除冰微胶囊材料（TCM），随后将制备的微胶囊材料添加到聚脲（PUA）中，开发了兼具阻燃性和光热转化性能的聚脲基涂料（TCM@PA/CS），如图 4-41 所示。植酸的高磷含量和壳聚糖的成炭效应能够在 PUA 燃烧时共同发挥作用。在燃烧过程中，壳聚糖充当炭化剂，在 PA 产生的聚磷酸盐催化作用下形成保护性残炭层，使得热量和可燃气体产物被隔离，燃烧过程和反应系统的温度降低。此外，由于壳结构是三聚氰胺树脂，热解过程可以释放出部分 NH_3 和 N_2，从而稀释可燃气体以促进气相阻燃效果。协同作用不仅提高了微胶囊的热稳定性，还增强了 PUA 涂料的阻燃性能。在锥形量热试验中，TCM@PA/CS@PUA-3 复合材料的点燃时间更长，点燃时间从

8 秒延长到 20 秒。相比于纯 PUA 材料，复合材料的 PHRR 从 831.24kW/m^2 降低到 604.22kW/m^2，降低了 27.31%，表明其阻燃性能有所提高。此外，由于热致变色机制，TCM@PA/CS@PUA 复合涂层能够根据不同的环境温度调节光热转换能力，在热环境中实现较低的温度，在冷环境中实现较高的温度。

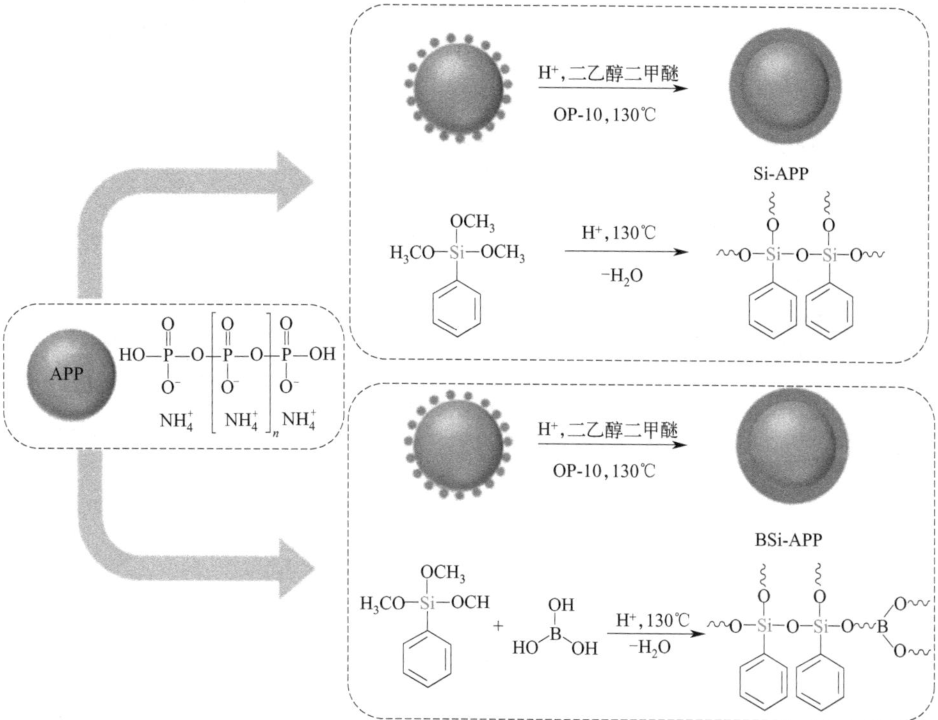

图 4-40　Si-聚磷酸铵和 BSi-聚磷酸铵阻燃剂制备示意图

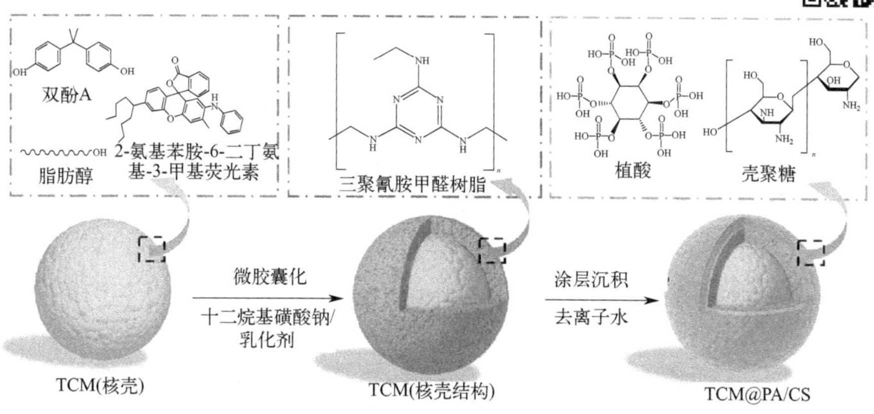

(a) 微胶囊的合成及其多层包裹结构

图 4-41

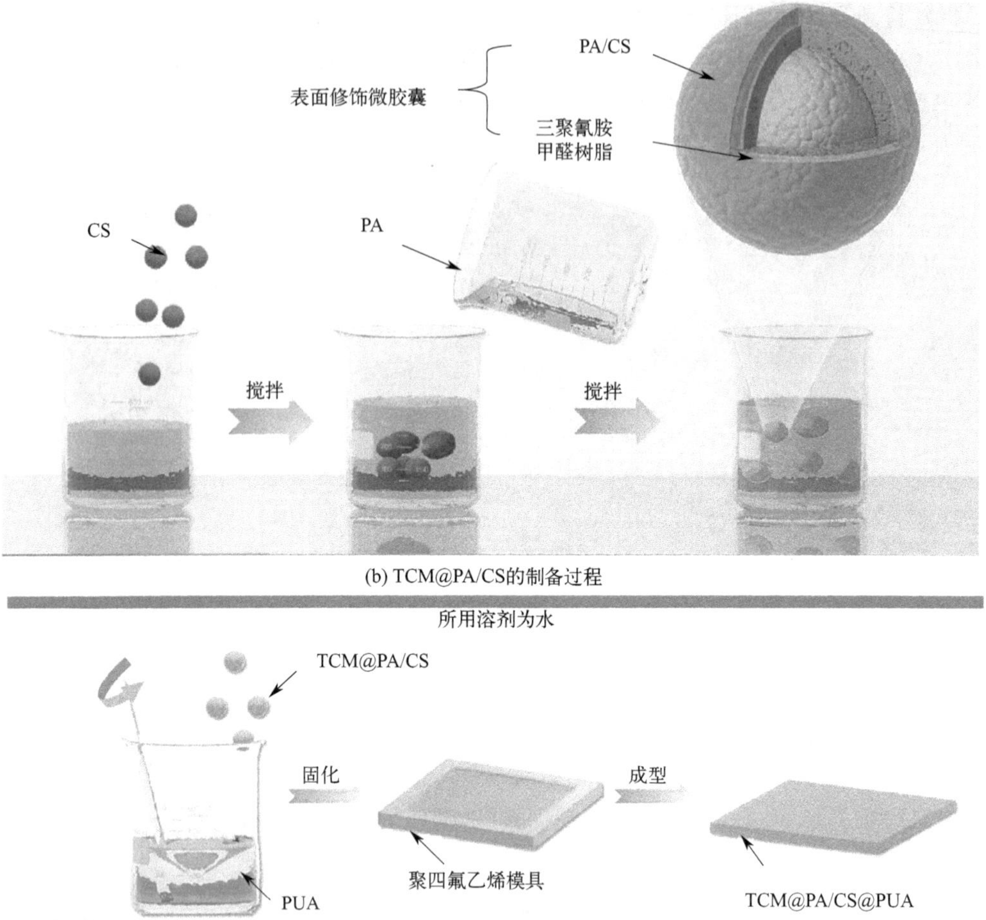

(c) TCM@PA/CS@PUA制备和固化

图 4-41 阻燃和太阳能除冰微胶囊材料的制备

Liu 等人[83] 将聚磷酸铵（APP）与乙基纤维素（EC）微胶囊化，并与纤维素纤维在水中混合形成阻燃纸（Kraft/APP@EC），以提高纸张的阻燃性并保持其力学性能。原始 APP 颗粒为方形，表面光滑，经 EC 微胶囊化后，APP 颗粒的表面变得粗糙（图 4-42）。用 EC 进行微胶囊化后，APP 的溶解度大大降低，在片材形成过程中，更多的 APP 被保留在纸张中。此外，EC 微胶囊化后，阻燃纸的热分解过程从两个阶段变为三个阶段。其中，水分的挥发发生在纸张燃烧的第一阶段。当温度高于 180℃时，EC 开始吸热熔化和降解，这降低了最大分解温度、有效燃烧热和总热释放。随后，当温度超过 245℃时，APP 脱水产生释放的易燃气态产物使得氧气浓度下降。此外，APP@EC 热分解释放出了磷酸酯自由基和焦磷酸自由基以猝灭 O·、H·和 HO·。在凝聚相中，APP@EC 促进了 Kraft/APP@EC 的脱水和炭化，并产生了更多化学结构为 O ═P—O—C、P—O—P 和 P—O—C 的残炭。致密的残炭层起到了隔热作用，在燃烧过程中阻挡了可燃气体和热量，从而抑制了进一步的燃烧。因此，在 APP 和 EC 的协同作用下，Kraft/APP@EC 的阻燃性能得到了显著改善，极限氧指数值从 28.7%提高到 31.2%。

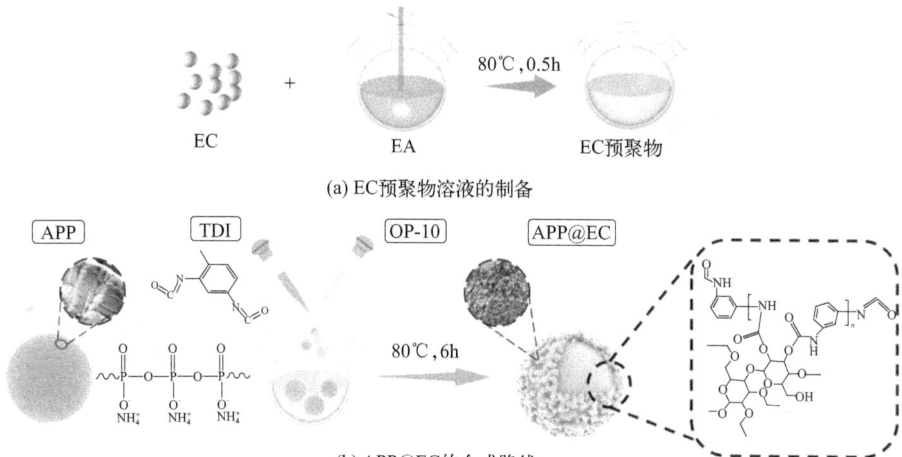

(a) EC预聚物溶液的制备

(b) APP@EC的合成路线

图 4-42 EC 预聚物溶液的制备和 APP@EC 的合成路线

4.5.3 层层自组装技术

层层（layer-by-layer，LBL）自组装技术，首次提出于 2017 年，是一种通过层层沉积带相反电荷的聚电解质以实现材料组装的技术，该技术的应用能够显著提升材料的阻燃性能[84]。Zhou 等人[85] 通过制备出钠蒙脱石（MMT）溶液的阴离子胶体和聚乙烯亚胺（PEI）和石墨化单壁碳纳米管（GMWCNT）多层混合物，经过 LBL 自组装。首先在木塑复合材料（WPC）上喷洒聚乙烯亚胺-石墨化单壁碳纳米管，接着喷洒钠蒙脱石溶液，以此作为第一个 BL 层，之后再重复涂覆 5～80 个 BL 在基材上（图 4-43）。与对照组聚磷酸铵/壳聚糖对比，该体系组成的“砖-砂-浆-钢筋”致密结构，隔绝与外部环境的相互作用，形成一个良好的多层薄膜 WPC 阻燃体系。当添加极少量（约为 2%）的该阻燃剂，阻燃的效果就很明显，它的热释放量和总热释放量降低了约 45%。这是因为“砖-砂-浆-钢筋”致密结构作为一种阻燃屏障，阻止部分氧气渗透和热量的释放。该技术为实现阻燃剂的工业发展提供了道路，为其他材料阻燃提供极大的可借鉴性。

Deng 等人[86] 合成磷酸化壳聚糖和聚（甲基丙烯酸-2-羟乙酯磷酸酯）（PHEMAP）通过 LBL 自组装技术涂在棉织物上，使其具有良好的阻燃性和抗菌

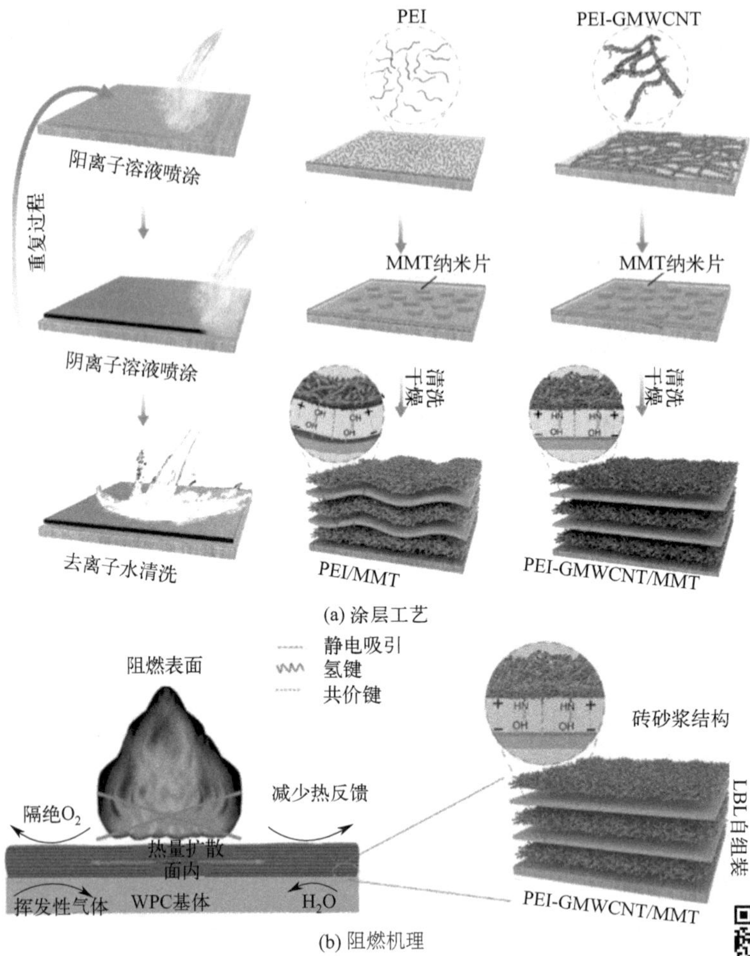

图 4-43 LBL 自组装涂层工艺及其阻燃机理

性，将壳聚糖溶于去离子水中加入乙酸混合搅拌，加入磷酸反应 1h 后与聚(甲基丙烯酸-2-羟乙酯磷酸酯)聚合反应合成，随后制成棉织物涂层。结果表明，该阻燃涂层的极限氧指数为 32.5%，总热释放量降低了 47.39%。这是因为早期磷酸化的壳聚糖分解为多磷酸类化合物，促进成炭，而聚(甲基丙烯酸-2-羟乙酯磷酸酯)也进一步分解成炭层，这两种协同作用提高了改性棉织物的阻燃性能。并且对该阻燃体系进行水接触角测试，发现织物具有抗污、自清洁和超疏水性能。

Hou 等人[87] 用植酸和 DL-精氨酸通过 LBL 自组装技术制备出一种仿生涂层，植酸与 DL-精氨酸的螯合作用在棉织物上形成阻燃涂层。并将其进行抗菌耐洗性能测试，结果该体系不但具有良好的抑菌性和耐洗性，而且它的 PHRR 和 THR 分别降低了 18.6%和 33.0%，LOI 值为 27.0%，具有良好的阻燃效果。这归因于在高温条件下，涂层织物表面炭化形成炭层，有效延缓了氧气的扩散，从而避免了热量传递至基材。且织物的热解过程中，生物基涂料显著减少了丁酮和乙醛等高度易燃化学物质的含量。此外，热解过程还生成了 CO_2 和 NH_3 等大量小分子化合物，从而表现出高阻燃性能。

Qi 等人[88] 利用聚磷酸铵与乙烯亚胺共价键合，聚乙烯亚胺和均苯三甲酰氯界面聚合制备了某种阻燃棉织物。测试结果表明 LOI 从 18.2%提高到 42.0%，HRR 和 THR 分别降低了 88.4%和 55.3%，通过了 UL-94 V-0 等级测试。这是因为阻燃涂层早期分解催化了棉织物的脱水和炭化，从而降低了其快速热解阶段的分解速率，并导致最终残留物量显著增加。

Li 等人[89] 将壳聚糖和植酸铵通过 LBL 自组装技术浸渍到干燥的棉织物上，测试结果表明，LOI 值为 27.0%，HRR 降低了 55.8%，获得良好的阻燃性质。阻燃性能的提升可以归因于壳聚糖和植酸铵具有催化和炭化作用，壳聚糖的沉积对棉花具有抑烟作用。CO_2、H_2O 和 NH_3 在涂层棉织物的热降解过程中产生，通过稀释易燃气体和氧气的浓度来抑制燃烧。植酸铵上的 P、N 基团受热既可以分解成多磷酸或衍生物，又可以释放 NH_3 等不可燃气体，从而稀释可燃气体的浓度。改性过的棉织物具有抗菌性和阻燃性。

Zou 等人[90] 通过原位聚合聚吡咯掺杂对甲苯磺酸和阻燃复合层构建了具有快速、可重复火灾报警功能的阻燃复合棉织物。测试结果显示，最快可触发火警指示器的时间为 0.8s。该处理使棉织物可预防火灾事故，并具有商业价值。当温度升高时，聚磷酸铵脱水降解，吸收大量热量，同时聚吡咯和纤维素形成稳定的导电炭。改性后的棉织物具有防火和快速触发警报的功能。

Zou 等人[91] 利用聚阳离子电解质——聚乙烯亚胺（PEI）和聚阴离子电解质——聚磷酸铵（APP）以及蒙脱石（MMT/K10）通过层层自组装静电吸附作用将复合材料附着在木材表面。然后，利用硫酸铜（$CuSO_4$）交联海藻酸钠（SA）形成阻燃保护层进一步增强阻燃性能。锥形量热数据分析显示，未处理木材的峰值热释放速率为 275.1kW/m^2，总热释放量为 17.2MJ/m^2，而经过层层自组装阻燃处理的木材（SCAKP-W）的峰值热释放速率为 179.4kW/m^2，总热释放率为 13.0MJ/m^2，分别比未处理木材降低了 34.8%和 24.5%。此外，SCAKP-W 在 800℃时的残炭率较高（34.5%），更引人注意的是，SCAKP-W 达到了 UL-94 V-0 等级和获得了 57.3%的超高极限氧指数。这些结果表明，通过简单的层层自组装浸渍方法获得的高效阻燃剂具有巨大的应用潜力。SCAKP-W 的阻燃机理如图 4-44 所示。首先，SA-Cu 通过牺牲保护层，使木材在燃烧过程中形成致密的炭层。SA 的富碳含量导致了不可燃气体 CO_2 的产生。此外，MMT 产生的物质（如 SiO_2）在燃烧过程中覆盖了表面层，用于保护基材。此外，金属离子 Cu^{2+} 催化了 PEI 和 APP 的分解，释放出不可燃的 CO_2 和 NH_3，从而抑制了气相燃烧反应。这些不可燃气体在气相中稀释了氧气，导致炭层膨胀，为木材提供了更大的保护。

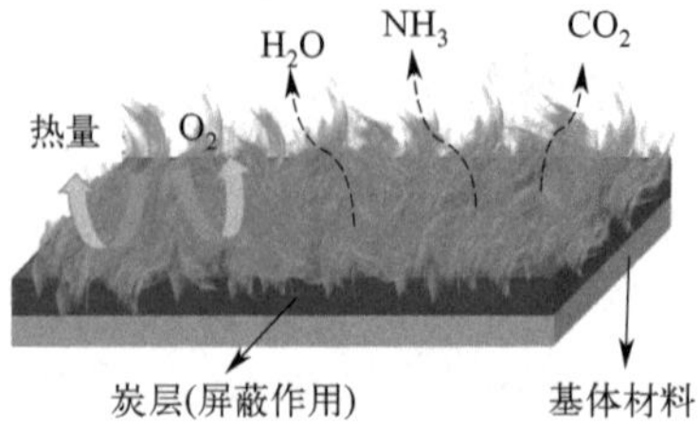

图 4-44　SCAKP-W 的阻燃机理

4.5.4　静电自组装技术

以水为溶剂的静电自组装技术简便易行，应用广泛。静电自组装法是通过螯合作用将阴、阳离子固定在基材上形成阻燃体系，以避免阻燃剂氧化和吸湿，使其具有优异的阻燃性。Li 等人[92] 首先将磷酸（PA）与植酸（PyA）反应，然后与三聚氰胺（MF）和甲醛反应构建阻燃涂层（图 4-45）。经过表征结果表明，LOI 值达 33.0%，HRR 和 THR 值分别降低了 80.0%和 73.0%，热重残炭量为 39.3%。这是由于该混合溶液的静电相互作用，磷起到阻燃的主要作用，其在凝聚相和气相中均发挥作用。此外，将改性后的棉织物浸入水中 48 小时后，经过测试表明该体系仍具有良好的阻燃效果。

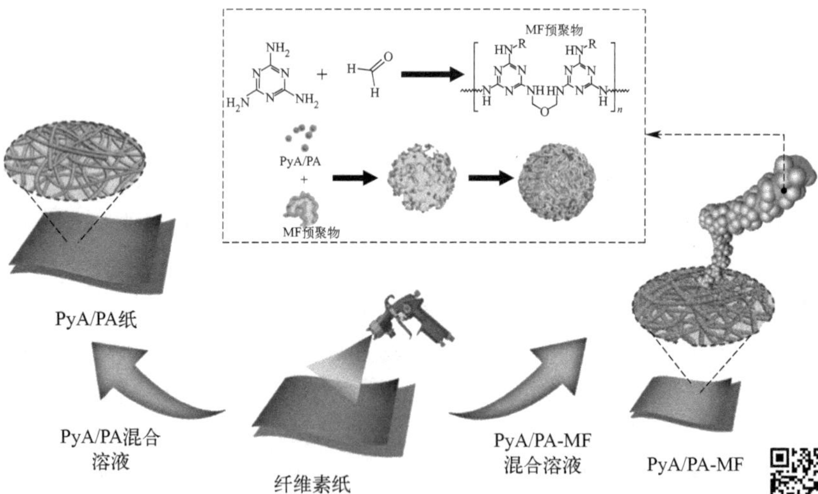

图 4-45　阻燃改性纤维素纸的制备工艺

Liu 等人[93] 将聚磷酸铵、壳聚糖和 Si-COOH/Si 通过静电自组装在水相中制备生物基阻燃剂。经表征可知，该阻燃剂通过了 UL-94 V-0 等级测试，LOI 值可达到 28.2%，残炭率高达 39.2%（以质量分数计）。这是因为聚磷酸铵分解出多磷酸盐，壳聚糖与聚磷酸铵发生酯化，消除—OH 基团，形成 P—O—C 基团。聚磷酸铵@壳聚糖体系的炭渣存在较多的孔洞，无法形成致密的炭层，对隔绝热、氧的作用很小，而 Si 元素的引入填补空隙，形成了隔绝外界的致密炭层。总的来说，聚磷酸盐、壳聚糖和 Si-COOH 的交联产物重排形成致密炭层，具有良好的阻燃效果和力学性能，为提高生物基阻燃剂的性能提供了新的途径。

Xu 等人[94] 通过壳聚糖和甲基膦酸酯电自组装合成一种新型多功能生物基添加剂（CMP），经表征证明甲基膦酸酯具有良好的降解和炭化性能。燃烧过程中甲基膦酸酯分解出 PO·以捕获活性自由基 H·、HO·，促进 PLA 的降解和炭化，在凝聚相中生成多磷酸盐并形成致密的炭层，进一步抑制燃烧反应的进行。CMP 提高了 PLA 的冲击韧性、结晶性和阻燃性能，为复合生物基阻燃剂提供了新路径。仅需引入 4%（以质量分数计）的 CMP 即可使 PLA 达到 UL-94 V-0 等级和获得 30.6%的高 LOI 值。

4.6 开发与应用展望

随着全球环保法规的日益严格以及人们对健康和环保意识的不断增强，阻燃剂行业正朝着高效、环保、低毒、多功能的方向发展。这一趋势不仅是应对日益复杂的材料阻燃（防火安全）需求的重要举措，也是实现可持续发展的关键手段。在众多阻燃剂中，磷系阻燃剂凭借其突出的环保性、高效性和化学稳定性，正在成为行业内的重点研究对象，并展现出巨大的发展潜力。通过化学改性、寻找高效衍生物以及与其他阻燃剂协同作用等方法，不断优化磷系阻燃剂的性能，以提升其阻燃效率和稳定性。这种协同改性策略不仅拓宽了阻燃剂的适用范围，还使其能够更好地满足高性能材料对阻燃性能的严格要求。

此外，针对新能源汽车、家电、电子电器等新兴产业的快速发展，开发具有针对性的新型磷系阻燃剂品种变得尤为重要。例如，在新能源汽车中，阻燃剂需要兼具优异的阻燃性能、良好的热稳定性和机械强度，而磷系阻燃剂以其卓越的性能成为这些领域的理想选择。随着这些产业的持续发展，磷系阻燃剂的市场需求也将呈现稳步上升趋势。

值得一提的是，磷系阻燃剂的研发不仅局限于传统的化学品领域，还延伸至环保材料和绿色化学领域。例如，利用生物质原料合成绿色磷系阻燃剂，不仅符合当前的环保趋势，还进一步降低了生产成本和资源消耗，为行业的可持续发展注入了新动力。

综上所述，磷系阻燃剂因其独特的性能优势，在现代阻燃剂领域中占据重要地位。随着全球环保法规的进一步推动、技术创新的不断突破以及市场需求的日益增长，磷系阻燃剂将在未来的阻燃剂行业中发挥更加关键的作用，迎来更加广阔的市场前景。

参考文献

[1] Wang J, Xu B, Wang X, et al. A phosphorous-based bi-functional flame retardant for rigid polyurethane foam [J]. Polym Degrad Stab, 2021, 186: 109516.

[2] Schmitt E. Phosphorus-based flame retardants for thermoplastics [J]. Plastics Additives & Compounding, 2007, 9 (3): 26-30.

[3] Liu W, Pan Y T, Zhang J, et al. Low-melting phosphate glasses as flame-retardant synergists to epoxy: Barrier effects vs flame retardancy [J]. Polym Degrad Stab, 2021, 185: 109495.

[4] Wu P, Jiao Y, Wu W, et al. Flame retardancy and smoke suppression properties of bio-based chitosan polyelectrolyte flame retardant containing P and N in epoxy resin [J]. Int J Biol Macromol, 2024, 279: 135001.

[5] Chen S, Li H, Lai X, et al. Superhydrophobic and phosphorus-nitrogen flame-retardant cotton fabric [J]. Prog Org Coat, 2021, 159: 106446.

[6] Wang Y, Liu L, Ma L, et al. Transparent, flame retardant, mechanically strengthened and low dielectric EP composites enabled by a reactive bio-based P/N flame retardant [J]. Polym Degrad Stab, 2022, 204: 110106.

[7] Liu Y, Yu X, Guo Y, et al. Preparation of flame retardant, smoke suppression and reinforced polyacrylonitrile composite fiber by using fully biomass intumescent flame retardant system and its sustainable recycle application [J]. Compos Part A: Appl Sci Manuf, 2023, 173: 107705.

[8] Li S, Zhao F, Wang X, et al. A green flame retardant coating based on one-step aqueous complexation of phytic acid and urea for fabrication of lightweight and high toughness flame retardant EPS insulation board [J]. Polym Degrad Stab, 2024, 219: 110597.

[9] Chen R, Zhao R, Liu Y, et al. Development of eco-friendly fire-retarded warm-mix epoxy asphalt binders using reactive polymeric flame retardants for road tunnel pavements [J]. Constr Build Mater, 2021, 284: 122752.

[10] Gossiaux A, Bellayer S, Ortgies S, et al. Systematic study of the condensed phase of phosphorus-based flame retarded foams [J]. Polym Degrad Stab, 2022, 206: 110208.

[11] Wang Y, Zhang M, Wang P, et al. Bioinspired sustainable cellulose-based nanocomposites with remarkable flame-retardant performance [J]. J Mater Chem A, 2024, 12 (36): 24477-24487.

[12] Shao Z B, Song X, Wang T C, et al. Facile fabrication of organic zirconium/inorganic phosphorus complex for super-efficiently flame-retardant epoxy resin [J]. Compos Commun, 2022, 36: 101360.

[13] Xiang D, Wang Q. PXR-mediated organophorous flame retardant tricresyl phosphate effects on lipid homeostasis [J]. Chemosphere, 2021, 284: 131250.

[14] Suparanon T, Phusunti N, Phetwarotai W. Properties and flame retardancy of polylactide composites incorporating tricresyl phosphate and modified microcrystalline cellulose from oil palm empty fruit bunch waste [J]. Int J Biol Macromol, 2023, 253: 127580.

[15] Yang W, Li C, Li X, et al. High flame retardant composite phase change materials with triphenyl phosphate for thermal safety system of power battery module [J]. eTransportation, 2024, 20: 100325.

[16] Jang Y M, Yu C J, Choe K S, et al. Preparation and flame retardant properties of cotton fabrics treated with resorcinol bis (diphenyl phosphate) [J]. Cellulose, 2021, 28 (7): 4455-4467.

[17] Liu S, Yu B, Feng Y, et al. Synthesis of a multifunctional bisphosphate and its flame retardant application in epoxy resin [J]. Polym Degrad Stab, 2019, 165: 92-100.

[18] Jiang Q, Li P, Liu Y, et al. Flame retardant cotton fabrics with anti-UV properties based on tea polyphenol-melamine-phenylphosphonic acid [J]. J Colloid Interface Sci, 2023, 629: 392-403.

[19] Qi P, Chen F, Li Y, et al. Environmental benign foam finishing with a hyperbranched polyphosphonate flame retardant for polyethylene terephthalate fabric [J]. Chemosphere, 2023, 317: 137892.

[20] Jiao D, Zhao H, Sima H, et al. Engineering flame retardant epoxy resins with strengthened mechanical property by using reactive catechol functionalized DOPO compounds [J]. Chem Eng J, 2024, 485: 149910.

[21] Wang H, Liu Q, Zhao X, et al. Synthesis of reactive DOPO-based flame retardant and its application in polyurethane elastomers [J]. Polym Degrad Stab, 2021, 183: 109440.

[22] Xue K, Zhang P, Song Z, et al. Preparation of eugenol-based flame retardant epoxy resin with an ultra-high glass transition temperature via a dual-curing mechanism [J]. Polym Degrad Stab, 2025, 231.

[23] Ren J, Yang G, Deng X, et al. A tryptamine-based DOPO derivative as a flame retardant for epoxy resins [J]. Polym Degrad Stab, 2023, 218: 110595.

[24] Jin W J, Yuan Y, Guan J P, et al. Preparation of durable coating for polyamide 6: Analysis the role of DOPO on flame retardancy, anti-dripping and combustion behavior [J]. Polym Degrad Stab, 2023, 215: 110418.

[25] Tan W, Ren Y, Guo Y, et al. A novel multi-claw reactive flame retardant derived from DOPO for endowing lyocell fabric with high effective flame retardancy [J]. Cellulose, 2022, 29 (12): 6941-6962.

[26] Gan H, Senanayake R B, Nunna S, et al. A DOPO-eugenol linear siloxane as a highly effective liquid flame retardant also imparting improved mechanical properties to an epoxy amine network [J]. Chem Eng J, 2024, 498: 155293.

[27] Čolović M, Vasiljević J, Štirn Ž, et al. New sustainable flame retardant DOPO-NH-functionalized polyamide 6 and filament yarn [J]. Chem Eng J, 2021, 426: 130760.

[28] Wang S, Du L, Zhu P, et al. Influence of hydroxyl-terminated phosphoramidates on the flame retardancy of microfiber synthetic leather [J]. Polym Degrad Stab, 2022, 199: 109897.

[29] Liang M, Lu Y, Zhou H, et al. A novel durable and soft cotton flame retardant containing phosphonamide phosphate ester with ammonium phosphonate group [J]. Cellulose, 2024, 31 (17): 10531-10549.

[30] Olmedo-Martínez J L, Meabe L, Riva R, et al. Flame retardant polyphosphoester copolymers as solid polymer electrolyte for lithium batteries [J]. Polym Chem, 2021, 12 (23): 3441-3450.

[31] Zhang L, Xue W, Gu L. Study on properties and application of pyrophosphate flame retardant microcapsules prepared from hemicellulose maleate [J]. Cellulose, 2020, 27 (7): 3931-3946.

[32] Liu Y, Wang J, Yue H, et al. Flame-retardant phytic acid-decorated thermoplastic starch/halloysite nanotube composite films with enhanced mechanical strength and excellent barrier properties [J]. Carbohydr Polym, 2024, 323: 121465.

[33] Kang J, Duan H, Gao Y, et al. A novel organophosphinic acid salt for the facile synthesis and simultaneous imparting of flame retardancy, strengthening, and toughening to epoxy resins [J]. Eur Polym J, 2024, 210: 112937.

[34] Xu B, Jia M, Wang D, et al. A discovery for phosphorus valence and unsaturated bonds in polyphosphate/polyphosphonate: Promotion or inhibition for its flame-retardant mode of action in PET [J]. Polym Degrad Stab, 2024, 227: 110873.

[35] Wang X, Zhang J, Fu X L, et al. Synthesis of zirconium aminotrimethylene phosphonate nanorods and

their application in toughened and flame retarded epoxy composites [J]. Compos Part A Appl Sci Manuf, 2024, 179: 108059.

[36] Kong Y, Fan X, Wu R, et al. Multifunctional flame-retardant cotton fabric with hydrophobicity and electrical conductivity for wearable smart textile and self-powered fire-alarm system [J]. Chem Eng J, 2024, 487: 150677.

[37] Han S, Yang F, Meng Q, et al. Using renewable phosphate to decorate graphene nanoplatelets for flame-retarding, mechanically resilient epoxy nanocomposites [J]. Prog Org Coat, 2023, 182: 107658.

[38] Zhang Y, Jing J, Liu T, et al. A molecularly engineered bioderived polyphosphate for enhanced flame retardant, UV-blocking and mechanical properties of poly (lactic acid) [J]. Chem Eng J, 2021, 411: 128493.

[39] Xiao M, Guo Y, Zhang J, et al. Diethylene triamine penta methylene phosphonic acid encountered silver ions: A convenient method for preparation of flame retardant and antibacterial lyocell fabric [J]. Cellulose, 2021, 28 (11): 7465-7481.

[40] Pu X L, Gu S, Xiao Y F, et al. Novel organophosphonate-decorated WS_2 nanosheets towards flame retardancy and mechanical enhancement of epoxy resin [J]. Polym Degrad Stab, 2022, 206: 110170.

[41] Meng D, Gu W, Zhu G, et al. Interfacial architecting of long-acting hyperbranched flame retardant with high efficiency towards smoke-suppressed flexible polyurethane foam [J]. Compos Part B Eng, 2023, 262: 110816.

[42] Tang Y, Zhang X, Liu X, et al. Facile synthesis of hyperbranched epoxy resin for combined flame retarding and toughening modification of epoxy thermosets [J]. Chem Eng J, 2024, 482: 148992.

[43] Xue Y, Zhang T, Tian L, et al. How the chemical structure of phosphoramides affect the fire retardancy and mechanical properties of polylactide? [J]. Int J Biol Macromol, 2024, 265: 130790.

[44] Gao L, Tan W, Zuo C, et al. Preparation of flame retardant and antibacterial polyacrylonitrile based on Cu^{2+} chelated six-armed star-type flame retardant SCCP and chitosan [J]. Eur Polym J, 2024, 210: 112936.

[45] Peng X, Liu Q, Wang D, et al. A hyperbranched structure formed by in-situ crosslinking of additive flame retardant endows epoxy resins with great flame retardancy improvement [J]. Compos Part B Eng, 2021, 224: 109162.

[46] Ling C, Tan Y, Wang Y, et al. Effect of treatment-varying generation number of with hyperbranched polyphosphate ammonium salts on the fire retardant finish performance of cotton fabric [J]. Cellulose, 2021, 28 (6): 3823-3832.

[47] He S, Deng C, Zhao Z Y, et al. Hyperbranched polyamide-amine based phosphorous-containing flame retardant for simultaneous flame retardancy and high performance of polypropylene [J]. Compos Part B Eng, 2023, 250: 110431.

[48] Chu F, Qiu S, Zhou Y, et al. Novel glycerol-based polymerized flame retardants with combined phosphorus structures for preparation of high performance unsaturated polyester resin composites [J]. Compos Part B Eng, 2022, 233: 109647.

[49] Zhang F Q, Zhao Y Z, Xu Y J, et al. Flame retardation of vinyl ester resins and their glass fiber reinforced composites via liquid DOPO-containing 1-vinylimidazole salts [J]. Compos Part B Eng, 2022, 234: 109697.

[50] Li X, Zhang J, Zhang L, et al. Recyclable flame-retardant epoxy composites based on disulfide bonds: Flammability and recyclability [J]. Compos Commun, 2021, 25: 100754.

[51] Feng J, Lu Y, Xie H, et al. Atom-economic synthesis of an oligomeric P/N-containing fire retardant towards fire-retarding and mechanically robust polylactide biocomposites [J]. Journal of Materials Science & Technology, 2023, 160: 86-95.

[52] Liu K, Cheng Y, Li J, et al. Synthesis and evaluation of an eco-friendly and durable flame-retardant cotton fabrics based on a high-phosphorous-content [J]. J Colloid Interface Sci, 2023, 640: 688-697.

[53] Xu Y, Yang W J, Zhou Q K, et al. Highly thermo-stable resveratrol-based flame retardant for enhancing mechanical and fire safety properties of epoxy resins [J]. Chem Eng J, 2022, 450: 138475.

[54] Sai T, Ran S, Guo Z, et al. Transparent, highly thermostable and flame retardant polycarbonate enabled by rod-like phosphorous-containing metal complex aggregates [J]. Chem Eng J, 2021, 409: 128223.

[55] Li S, Liu Y, Liu Y, et al. Synergistic effect of piperazine pyrophosphate and epoxy-octavinyl silsesquioxane on flame retardancy and mechanical properties of epoxy resin [J]. Compos Part B Eng, 2021, 223: 109115.

[56] Song N N, Li J, Yang B R, et al. Advancing flame retardancy, mechanical properties, and hydrophobicity of epoxy resins through bio-based cinnamaldehyde derivative [J]. J Ind Eng Chem, 2024, 139: 185-198.

[57] Zheng L, Zhan J, Wang J, et al. Highly efficient flame retardancy and fire spread behavior of rigid polyurethane foams with extremely low content of flame retardant [J]. Polym Degrad Stab, 2024, 230: 111039.

[58] Bai Z, Yin F, Shen J, et al. One-pot solvent-free green strategy to fabricate ultra-efficient polyphosphoester flame retardant for Poly (Lactic acid) [J]. Compos Part B Eng, 2024, 274: 111236.

[59] Bi X, Song K, Zhang H, et al. Dimensional change of red phosphorus into nanosheets by metal-organic frameworks with enhanced dispersion in flame retardant polyurea composites [J]. Chem Eng J, 2024, 482: 148997.

[60] Wu Q, Ran F, Dai L, et al. A functional lignin-based nanofiller for flame-retardant blend [J]. Int J Biol. Macromol, 2021, 190: 390-395.

[61] Zheng S, Li W, Chen Y, et al. Synergistic effect of stereo-complexation and interfacial compatibility in ammonium polyphosphate grafted polylactic acid fibers for simultaneously improved toughness and flame retardancy [J]. Int J Biol. Macromol, 2024, 261: 129943.

[62] Zhao X, Chen L, Li D F, et al. Biomimetic construction peanut-leaf structure on ammonium polyphosphate surface: Improving its compatibility with poly (lactic acid) and flame-retardant efficiency simultaneously [J]. Chem Eng J, 2021, 412: 128737.

[63] Wan M, Shi C, Qian X, et al. Design of novel double-layer coated ammonium polyphosphate and its application in flame retardant thermoplastic polyurethanes [J]. Chem Eng J, 2023, 459: 141448.

[64] Wang Y, Kou X, Deng J, et al. Ammonium polyphosphate/expandable graphite/TiO_2 blended silica fume-based geopolymer coating for synergistically flame-retarding plywood [J]. Constr Build Mater, 2022, 317: 125941.

[65] Wei A, Ou M, Wang S, et al. Preparation of a highly flame-retardant urea-formaldehyde resin and flame retardance mechanism [J]. Polymers, 2024, 16 (13): 1761.

[66] Chen P, Li X, Li C, et al. The intrinsic flame retardant multifunctional composite phase change material with phosphorus pentoxide for battery thermal safety system [J]. Appl Therm Eng, 2024, 256: 124160.

[67] Huang S C, Deng C, Chen H, et al. Novel ultrathin layered double hydroxide nanosheets with in situ

formed oxidized phosphorus as anions for simultaneous fire resistance and mechanical enhancement of thermoplastic polyurethane [J]. ACS Appl Polym Mater, 2019, 1 (8): 1979-1990.

[68] Ye G, Huo S, Wang C, et al. A novel hyperbranched phosphorus-boron polymer for transparent, flame-retardant, smoke-suppressive, robust yet tough epoxy resins [J]. Compos Part B Eng, 2021, 227: 109395.

[69] Liao Y, Chen Y, Wan C, et al. An eco-friendly NP flame retardant for durable flame-retardant treatment of cotton fabric [J]. Int J Biol. Macromol, 2021, 187: 251-261.

[70] Chen Y, Duan H, Ji S, et al. Novel phosphorus/nitrogen/boron-containing carboxylic acid as co-curing agent for fire safety of epoxy resin with enhanced mechanical properties [J]. J Hazard Mater, 2021, 402: 123769.

[71] Jing Q, Lu Y, Liu K, et al. Evaluating the fire resistance and durability of cotton textiles treated with a phosphoramide phosphorus ester phosphate ammonium flame retardant [J]. Int J Biol. Macromol, 2024, 262: 130144.

[72] Li M, Hao F, Chen Y, et al. Facile alteration of the molecular structure of phosphonamide for efficient flame retardancy in TPU [J]. Compos Commun, 2023, 44: 101759.

[73] Zhang L, Peng L, Liang S, et al. Green synthesis of silane-assisted fluorescent carbon dots based on sanding dusts and its application in flame-retardant and anti-leaching wood materials [J]. J Cleaner Prod, 2024, 446: 141417.

[74] Hua Y, Liu J, Zhang J, et al. A compound with boron and phosphorus towards epoxy resin with excellent flame retardancy, smoke suppression, transparency, and dielectric properties [J]. Chem Eng J, 2024, 483: 149212.

[75] Cao X, Huang J, Tang Z, et al. Self-assembled biobased chitosan hybrid carrying N/P/B elements for polylactide with enhanced fire safety and mechanical properties [J]. Int J Biol Macromol, 2023, 236: 123947.

[76] Cheng X W, Dong S, Yang H J, et al. The development of phosphorus-doped hybrid silica sol coating for silk with durable flame retardancy [J]. Polym Degrad Stab, 2022, 201: 109974.

[77] Kalali E N, Abdel-Mohsen A M, Shabestari M E, et al. An eco-friendly, highly efficient, and transparent coating derived from guar gum and citric acid for flame retardant treatment of cotton fabrics [J]. Int J Biol Macromol, 2023, 253: 127506.

[78] Liu H, Li P, Xu Y J, et al. Eco-friendly flame-retardant coatings based on γ-ureidopropyltriethoxysilane for cotton fabrics with improved flame retardancy and mechanical properties [J]. Sustainable Mater Technol, 2024, 39: e00821.

[79] Rao W, Shi J, Yu C, et al. Highly efficient, transparent, and environment-friendly flame-retardant coating for cotton fabric [J]. Chem Eng J, 2021, 424: 130556.

[80] Niu H, Xiao Z, Zhang P, et al. Flame retardant, heat insulating and hydrophobic chitosan-derived aerogels for the clean-up of hazardous chemicals [J]. Sci Total Environ, 2024, 908: 168261.

[81] Ran G, Liu X, Guo J, et al. Improving the flame retardancy and water resistance of polylactic acid by introducing polyborosiloxane microencapsulated ammonium polyphosphate [J]. Compos Part B Eng, 2019, 173: 106772.

[82] Lin B, Cai W, Qi L, et al. Double-shell microstructures based on thermochromic materials and biomass flame retardants towards solving the fire and icing hazards [J]. Chem Eng J, 2024, 488: 150877.

[83] Liu K, Li Y, Xu L, et al. Preparation of ethyl cellulose microencapsulated ammonium polyphosphate and its application in flame retardant cellulose paper [J]. Ind Crops Prod, 2024, 210: 118132.

[84] Battegazzore D, Alongi J, Frache A, et al. Layer by Layer-functionalized rice husk particles: A novel and sustainable solution for particleboard production [J]. Mater Today Commun, 2017, 13: 92-101.

[85] Zhou X, Fu Q, Zhang Z, et al. Efficient flame-retardant hybrid coatings on wood plastic composites by layer-by-layer assembly [J]. J Cleaner Prod, 2021, 321: 128949.

[86] Deng S, Wang F, Wang M, et al. Integrating multifunctional highly efficient flame-retardant coatings with superhydrophobicity, antibacterial property on cotton fabric [J]. Int J Biol Macromol, 2023, 253: 127022.

[87] Hou F, Zhu M, Liu Y, et al. A self-assembled bio-based coating with phytic acid and DL-arginine used for a flame-retardant and antibacterial cellulose fabric [J]. Prog Org Coat, 2022, 173: 107179.

[88] Qi P, Li Y, Yao Y, et al. Ultra washing durable flame retardant coating for cotton fabric by the covalent bonding and interface polymerization [J]. Chem Eng J, 2023, 452: 139453.

[89] Li P, Wang B, Liu Y Y, et al. Fully bio-based coating from chitosan and phytate for fire-safety and antibacterial cotton fabrics [J]. Carbohydr Polym, 2020, 237: 116173.

[90] Zou T, Zhang D, Shen K, et al. Flame-retardant and fire-warning cotton composite fabrics based on the thermoelectric effect of polypyyrole doped with P-toluenesulfonic acid [J]. Adv Compos Hybrid Mater, 2023, 6 (6): 200.

[91] Chen Y, Miao L, Wang S, et al. Efficient flame retardant with ultrahigh limiting oxygen index obtained by self-assembly impregnation method [J]. Polym Degrad Stab, 2024: 111167.

[92] Li X, Yang Y, Tang D, et al. Electrostatic self-assembly endows cellulose paper with durable efficient flame retardancy and mechanical performance improvement [J]. Int J Biol Macromol, 2024, 260: 129292.

[93] Teng N, Dai J, Wang S, et al. Hyperbranched flame retardant for epoxy resin modification: Simultaneously improved flame retardancy, toughness and strength as well as glass transition temperature [J]. Chem Eng J, 2022, 428: 131226.

[94] Xu Y, Zhang W, Qiu Y, et al. Preparation and mechanism study of a high efficiency bio-based flame retardant for simultaneously enhancing flame retardancy, toughness and crystallization rate of poly (lactic acid) [J]. Compos Part B Eng, 2022, 238: 109913.

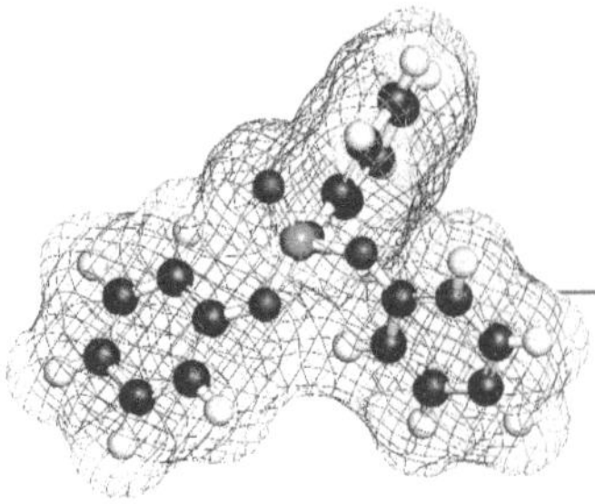

第5章 氮系阻燃剂

5.1 引言

氮系阻燃剂是指一类由含氮化合物组成的、通过抑制燃烧链式反应达到阻燃效果的添加剂，如三聚氰胺、胍盐、双氰胺等[1-3]。氮系阻燃剂受热时可以分解产生氮气、氨气等不可燃气体，稀释燃烧区域的可燃气体和氧气，表现出阻燃效果。氮系阻燃剂因其高效、分解产物低毒而成为阻燃剂的发展方向[4-5]。到20世纪初，无机铵盐和尿素等含氮化合物被广泛应用于纤维素、木材和纸张的阻燃中，但受限于热稳定性差和水溶性大的问题[6-8]。20世纪90年代初以来，氮系阻燃剂如三聚氰胺及其衍生物、双氰胺、联二脲、胍类化合物等，因其无卤素、低毒、低烟、热稳定性和光稳定性好、环境友好以及阻燃效率高等优点，得到了快速发展[9-11]。

5.2 氮系阻燃剂的特点和分类

氮系阻燃剂的优点为：①毒性小，仅次于金属类阻燃无机填料，具有前期受热烟雾小的特点，给人类提供逃生机会，也便于火灾的救援工作[12]；②阻燃效率高；③热分解温度较高，材料加工时不必担心氮系阻燃剂会因为分解而失效，因此其改性材料在加工后，仍能保持良好的阻燃性能和力学性能[13]；④腐蚀性很小，氮系化合物受热分解产生的气体腐蚀性很小，在使用过程中不会对电气产品产生很大的腐蚀作用；⑤氮系阻燃剂与光稳定剂不存在冲突，不会消耗某些材料的光稳定剂[14]。

氮系稳定剂的缺点：①价格较高，相较于其他阻燃剂，氮系阻燃剂的价格相对较高，增加了材料的成本；②易吸潮，氮系化合物相对于普通的阻燃剂更容易产生潮解现象；③应用不方便且品种较少[15-16]。

氮系阻燃剂根据具体成分的不同，可细分为三聚氰胺类、聚乙烯亚胺类、氨基酸类及其他类阻燃剂等[17-18]。不同类型的氮系阻燃剂具体起到的阻燃作用不同，因此这些氮系阻燃剂的使用方法差异也较大。

5.3 三聚氰胺类阻燃剂

三聚氰胺（MEL/MA），俗称密胺，其分子式为 $C_3H_6N_6$，是一种三嗪类含氮杂环有机化合物，白色单晶，几乎无味，由于结构中含有丰富的氮源，因而在阻燃领域中被广泛应用。三聚氰胺具有一定的毒性，在实验室使用时应做好防护工作[19]。

5.3.1 三聚氰胺

MA 可作为膨胀型阻燃剂（IFRs）最常用的气源，在受热分解时释放出大量无毒且防止火焰蔓延的气体，稀释可燃气体的同时还产生海绵状泡沫结构的化合物。MA 作为 IFRs 气源的文献报道很多，如 Shao 等人[20] 将硅酸钠用作阻燃剂，尿素和三聚氰胺用作改性剂和增效剂，制备了硅酸钠/尿素/三聚氰胺三元协同水性丙烯酸阻燃涂料。将该涂料应用于杨木单板表面，制成了阻燃杨木单板。结果表明，硅酸钠/尿素/三聚氰胺三元协同阻燃剂没有聚集现象，可以均匀分散在水性丙烯酸涂料中。三聚氰胺和尿素作为改性剂，不仅大大提高了硅酸钠在水性丙烯酸涂料中的分散性，而且通过产生氮气，有助于形成含硅炭层，实现了三元协同阻燃。阻燃木材达到了 UL-94 V-0 等级，极限氧指数（LOI）值达到 25.1%。

Wang 等人[21] 通过制备一种甘油改性（GMF）、海藻酸钠改性（SGMF）和木质素磺酸盐改性（LGMF）的三聚氰胺甲醛树脂（MUF），用作反应聚氨酯泡沫（RPUFs）的反应性和生物基原料，经过微观形态分析，添加 MA、海藻酸钠（SA）和木质素磺酸盐（LS）后炭层质量得到提高（图 5-1）。阻燃泡沫的炭化物明显更厚、更致密，有助于改善热阻隔和阻氧性能。纯 PU（PPU）炭化物主要由带有大量空隙的大孔组成，这些孔不能有效阻碍热量和氧气的运输。在泡沫中添加 MA、SA 和 LS 后，炭层逐渐变平，孔洞减少。在这种情况下，炭层可以封装泡沫以防止其继续燃烧。使用改性树脂后，聚氨酯泡沫的 LOI 值提高了 26%～41%，显示出增强的阻燃性。与纯 PU 相比，GMF-PU、SGMF-PU 和 LGMF-PU 的峰值热释放速率（PHRR）和总热释放量（THR）降低了 28%～37%。

同样着手于三聚氰胺甲醛树脂研究的还有 Liu 等人[22]，他们将腺苷、亚磷酸盐、甲醛和尿素通过曼尼希反应合成新型腺苷基水性阻燃固化剂（APU），然后引入三聚氰胺脲醛树脂的木材表面涂料中（图 5-2）。含有 APU 的涂层表现出与未改性涂层（MAW0）相似的物理特性。4% APU 改性的涂层（MAW4）达到了 UL-94 V-0 等级和高达 54.5%的极限氧指数。此外，MAW4 的点燃时间（TTI）为 89s，比 MAW0 增加了 790%，可显著延长火灾逃生时间。

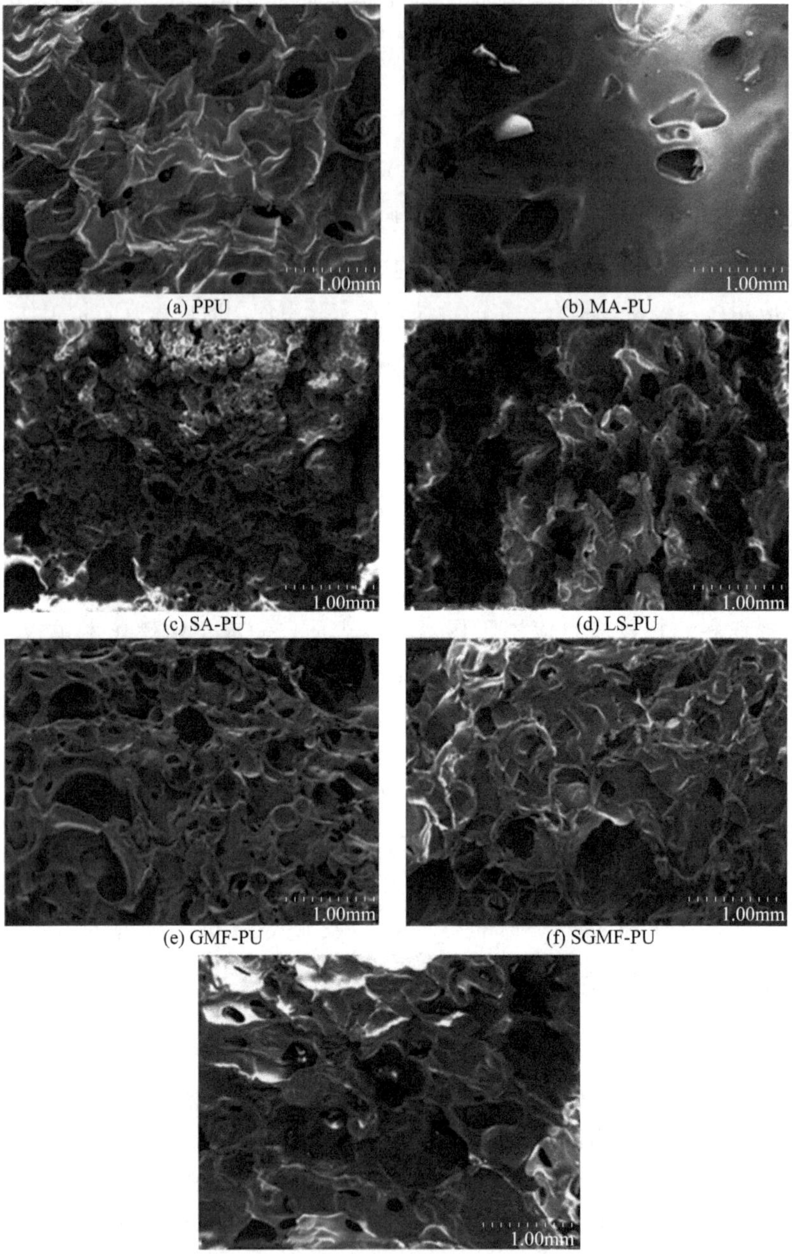

(g) LGMF-PU

图 5-1 PPU、MA-PU、SA-PU、LS-PU、GMF-PU、SGMF-PU 和 LGMF-PU 的 SEM 图像

MA 与植酸（PA）生成的超分子自组装二维纳米结构具有巨大的比表面积，在高温下可以有效抑制烟雾的扩散。Sun 等人[23] 通过在夹层内和偏高岭石（K_0）表面生长三聚氰胺-植酸盐纳米薄片，成功地对偏高岭石进行了多维改性。然后，

将多维改性偏高岭石（Mul-K_0）与膨胀型阻燃剂（IFRs）结合添加到聚脲（PUA）中。改性后的聚脲材料耐火抑烟性能大幅提高。图 5-3 为 Mul-K_0、PUA 复合材料及其涂层钢的制备路线。

图 5-2 用于木材表面的脲苷基水性透明膨胀型阻燃涂料的制备路线

MA 在阻燃机理中的气相作用与含磷化合物的协同作用，提高了基体的阻燃性能。MA 本身具有一定的阻燃性，但如果单独作为一种阻燃添加剂达到的阻燃效果还不够明显，因此一般将 MA 与磷系等阻燃剂共同使用使基体获得良好的阻燃性能[24]。Jiang 等人[25] 制备了新型磷氮高效阻燃剂茶多酚-三聚氰胺-苯基磷酸（TP-MA-PPOA），用作棉织物的阻燃剂，制备过程见图 5-4。该阻燃剂受热时，TP-MA-PPOA 受热生成的氮自由基在气相机制中捕获活性自由基形成不可燃气体，同时与 PPOA 的磷自由基协同促进炭层的形成，形成一个具有高效阻燃性能的体系。因此，TP-MA-PPOA 涂层使棉织物具有自熄性，垂直火焰测试中损伤长度仅为 7.4cm，极限氧指数提高到 28.7%，与未改性棉织物相比，峰值热释放速率降低了 88.5%，火势增长速率降低了 92.9%，火灾风险大大降低。此外，涂层还赋予了棉织物良好的抗紫外线特性。

5.3.2 三聚氰胺衍生物

作为三聚氰胺衍生物，三聚氰胺聚磷酸盐（MPP）既可以作为酸源催化保护性炭层的形成，又可以作为发泡剂使用。Yuan 等人[26] 采用焦磷酸哌嗪（PAPP）

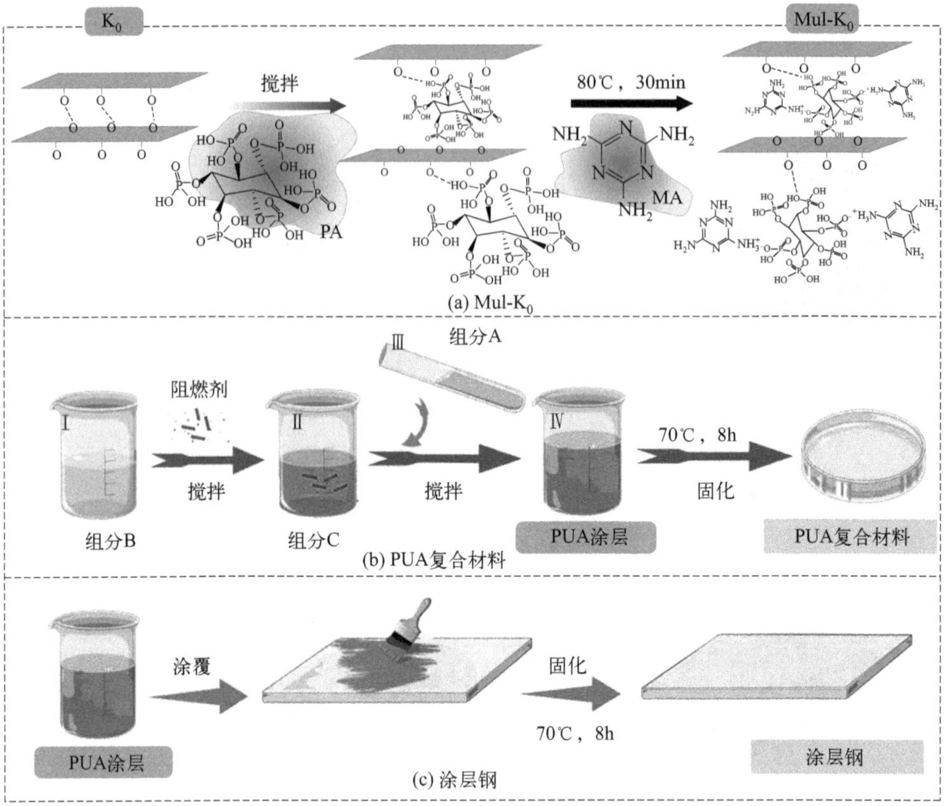

图 5-3　Mul-K_0、PUA 复合材料及其涂层钢的制备路线

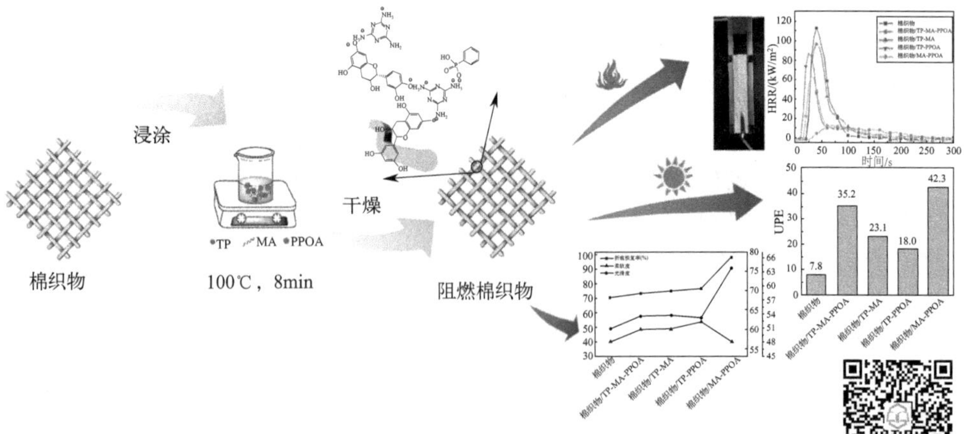

图 5-4　TP-MA-PPOA 的制备过程及效果图

与 MPP 反应制备阻燃玻璃纤维增强聚丙烯复合材料阻燃剂 FRGFPP。MPP 在气

相和凝聚相中均起作用，既可以捕获活性自由基生成不可燃气体，又可以生成多磷酸盐促进炭层的形成。然而，MPP 因倾向于自团聚导致其阻燃性能不高，为了改善团聚增长现象，Yu 等人[27] 使用了一种水溶性碳源——壳聚糖盐酸盐，通过溶胶-凝胶法制备壳聚糖盐酸盐（CHC）/三聚氰胺聚磷酸盐（MPP）/磷钼酸铵（APM）阻燃剂改性的锂辉石尾矿。MPP 在高温下捕获自由基，终止了燃烧反应（图 5-5）。经改性的锂辉石尾矿具有良好的阻燃抑烟性能，总烟雾释放量从 3347.16m^2 减少到 1688.66m^2，火灾安全指数从 1.00 增加到 3.52。

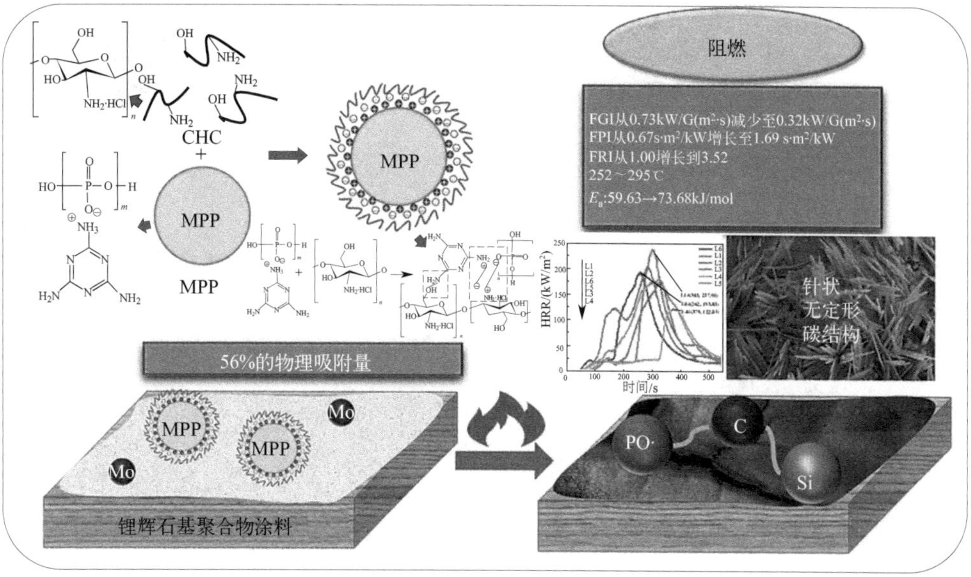

图 5-5 CHC/MPP/APM 的阻燃机理

FGI—火灾增长指数；FPI—火灾性能指数；FRI—火灾安全指数

Shi 等人[28] 以碳纳米管为基础，并在其表面采用硅烷偶联剂进行改性。然后，通过聚合将甲基丙烯酸缩水甘油酯（GMA）接枝到碳纳米管表面，通过开环反应将三聚氰胺聚磷酸盐键合在碳纳米管表面，形成以阻燃碳纳米管为芯、以阻燃 MPP 为外层壳的结构。将改性的碳纳米管添加到环氧树脂（EP）中，制备了具有阻燃性和导热性的环氧树脂/碳纳米管复合材料。结果表明，当阻燃剂 MPP 改性碳纳米管在复合材料中的添加量为 10%（以质量分数计）时，复合材料达到 UL-94 V-2 等级，与纯环氧树脂相比，复合材料的极限氧指数从 25.1%增加到 28.3%，PHRR 从 800kW/m^2 降低到 645kW/m^2，热导率从 0.21W/(m·K)提高到 0.42W/(m·K)。

Zheng 等人[29] 利用共微胶囊技术，通过一步法对双醛淀粉（DAS）和三聚氰胺聚磷酸盐（MPP）的表面进行修饰，得到了共微胶囊 PP/M［M&D］，以改善 DAS 和 MPP 在聚丙烯（PP）中的分散性，随后制备了 PP/M［M&D］阻燃复合材料（图 5-6）。火灾发生时，PP 复合材料表面首先发生热降解过程，形成燃烧熔融区。当温度超过临界点时，MPP 中的三嗪环结构分解释放出气体，如 CO_2、NH_3 和 H_2O 等。同时，MPP 和 DAS 之间发生热酯化相互作用，产生具有交联结构（P—O—C 基团）的炭渣。此外，在以上气体的诱导作用下，燃烧区逐渐形成致密、膨胀和连续的炭层。M［M&D］的炭化温度集中在 400～450℃。因此，膨胀炭层的强大屏蔽作用可以极大地限制燃烧区和 PP 基体之间的传热传质，从而保护底层 PP 基体免受进一步的热降解。因此，PP 中加入 30 质量份 M［M&D］复合材料的极限氧指数值和垂直燃烧试验等级分别达到 28.2% 和 UL-94 V-1。

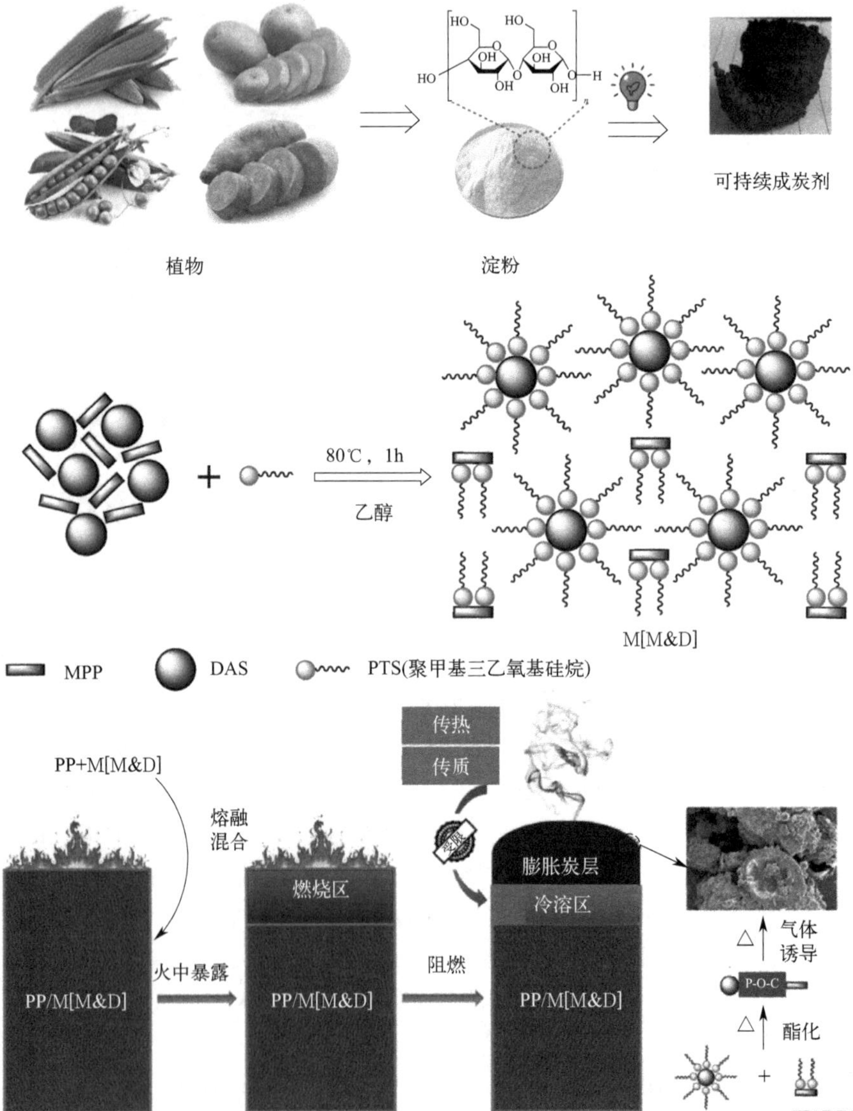

图 5-6　M［M&D］的共微胶囊化过程及其对 PP 的阻燃机制

作为另一种常用的三聚氰胺衍生物，三聚氰胺氰尿酸酯（MCA）是由三聚氰胺与氰尿酸合成的。作为一种无卤高氮环保型阻燃剂，其在热固性阻燃材料中得到广泛的应用。Wang 等人[30] 以 MCA 和植酸（PA）、壳聚糖（CS）和四足氧化锌（TZ）为原料，采用溶液自组装技术合成生物基阻燃材料 TZ@PA@CS，其协同作用提高了环氧树脂的阻燃性能，使得环氧树脂（EP）可以轻松通过 UL-94 V-1 级认证。同时，与纯 EP 相比，其峰值热释放速率降低了 44%，锥体残炭率提高了约 100%。

5.4 聚乙烯亚胺类阻燃剂

聚乙烯亚胺（PEI），又称聚氮杂环丙烷，是一种水溶性高分子量聚合物，呈无色或淡黄色黏稠液体状。PEI 具有阻燃元素氮，可以作为阻燃剂[31]。Zhu 等人[32] 采用一锅法制备纤维素（cellulose）泡沫，均匀沉积由含 P 和 N 的阻燃剂组成的复合物。植酸（PA）与 PEI 进行超分子层层（LBL）自组装，在纤维素表面形成 PA-PEI 阻燃涂层。超分子层层自组装过程如图 5-7 所示。涂层的使用使得纤维素泡沫的极限氧指数从未改性的 16.5%大幅提升到 40.8%，表现出优异的阻燃性能。层层自组装技术是通过带有相反电荷的聚电解质交替沉积在基质上自发形成有序结构来实现的[33]。

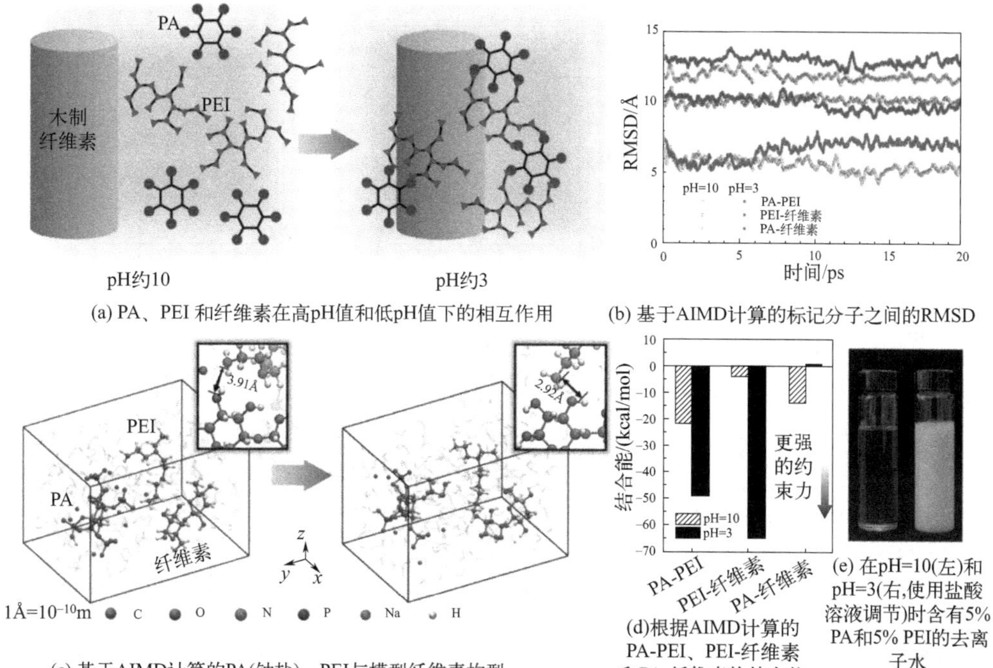

(a) PA、PEI 和纤维素在高pH值和低pH值下的相互作用

(b) 基于AIMD计算的标记分子之间的RMSD

(c) 基于AIMD计算的PA(钠盐)、PEI与模型纤维素构型

(d)根据AIMD计算的PA-PEI、PEI-纤维素和PA-纤维素的结合能

(e) 在pH=10(左)和pH=3(右,使用盐酸溶液调节)时含有5% PA和5% PEI的去离子水

图 5-7　PA 与 PEI 的超分子层层自组装过程
（AIMD—原子尺度隐式溶剂分子动力学；RMSD—均方根偏差）

Wang 等人[34] 通过层层自组装技术为莱赛尔织物制备具有高阻燃和良好抗菌性的生物基涂层。涂层以壳聚糖、三磷酸腺苷和聚乙烯亚胺为原料进行构建，当该生物基阻燃涂层受热时，气相和凝聚相相结合，提高莱赛尔织物的阻燃性。添加 11.5%（以质量分数计）涂层的改性织物的极限氧指数达到 32.0%。同时，与纯织物相比，改性织物的峰值热释放速率、总热释放量和火势增长率分别下降了 75.2%、61.0%和 69.8%。

Dong 等人[35] 采用 LBL 自组装技术，将 PEI、聚磷酸铵（APP）聚电解质复合涂层组装在木材表面，引入金属元素 Cu^{2+}、Co^{2+} 减少烟雾释放量。图 5-8 为涂料结构示意图和离子交联效果图。改性木材燃烧过程中形成的不易燃气体（水蒸气和氨气）会使熔融物质膨胀并形成多孔碳泡沫层，引入金属离子形成更多的焦炭，使改性木材具有高阻燃性和良好的抑烟性能，当使用 PEI-APP 作为涂层时，LOI 从原始无涂层的 23.5%增加到 37.5%，进一步通过 Cu^{2+} 和 Co^{2+} 交联时，LOI 分别增加到 47%和 42.5%。

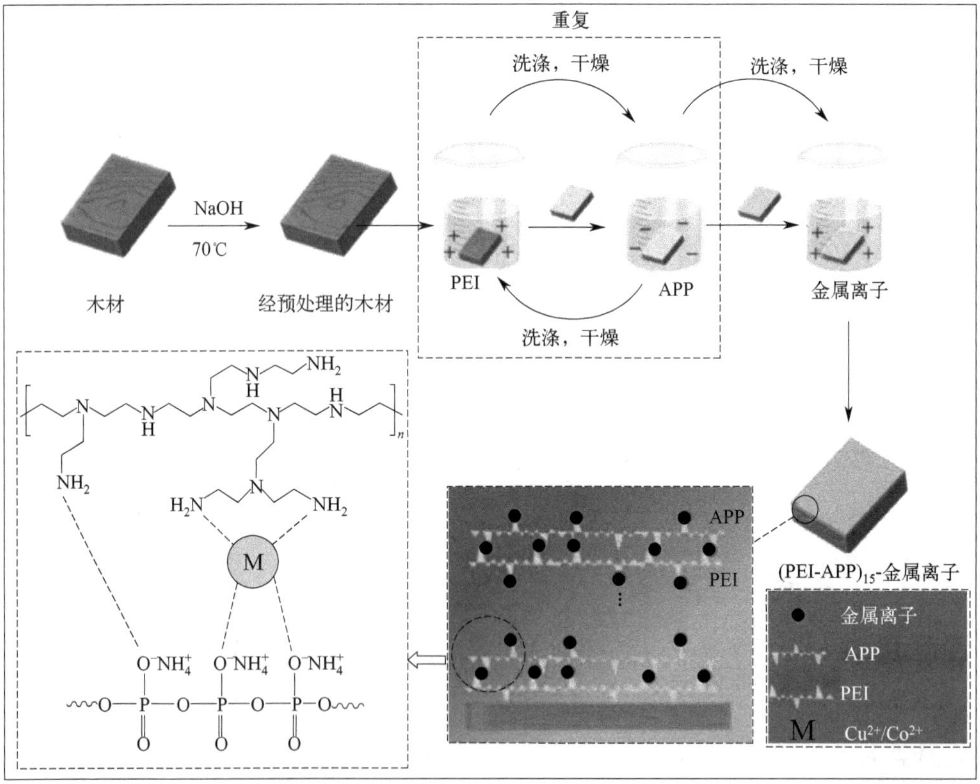

图 5-8 阻燃涂料的结构和金属离子交联效果图

Shi 等人[36] 将聚乙烯亚胺和亚磷酸通过曼尼希缩合反应制备了超支化聚合物（PEIP），然后将 PEIP 与铁（Fe^{3+}）结合，开发了一种超支化多功能金属螯合物阻燃剂（PEIP-Fe），如图 5-9 所示。利用磷、氮和 Fe^{3+} 的组合来提高环氧树脂（EP）的阻燃性，采用超支化结构来提高韧性。PEIP 的残留氨基可以在加工过程中与 EP 基质反应，以提高阻燃剂和 EP 之间的相容性，增加 EP 基质的交联密度，从而提高 EP 的力学性能和玻璃化转变温度（T_g）。众多配体和 Fe^{3+} 之间的螯合网络被用来增加超支化链的刚度，以平衡 PEI 软链引起的 EP 强度和模量的降低。因此，在各组分的协同作用下，环氧树脂仅需添加 3%（以质量分数计，下同）的 PEIP-Fe，即可同时表现出阻燃性、韧性、强度和 T_g 的增强。仅掺入 3%的阻燃剂，EP/PEIP-Fe 的冲击强度、拉伸强度、弯曲强度和 T_g 相对于纯 EP 分别提高了 45%、23%、9%和 5%。PEIP-Fe 在凝聚相和气相中都具有阻燃和抑烟作用。在凝聚相中，亚磷酸和铁之间的协同催化炭化和催化交联作用促进了致密连续炭层的形成。同时，释放的不可燃气体 H_2O 和 CO_2 抑制了气相中的火焰。因此，EP/PEIP-Fe 复合材料达到了 UL-94 V-0 等级，LOI 值为 27.8%，PHRR、THR、CO 和 CO_2 的产量分别降低了 39%、15%、44% 和 41%。

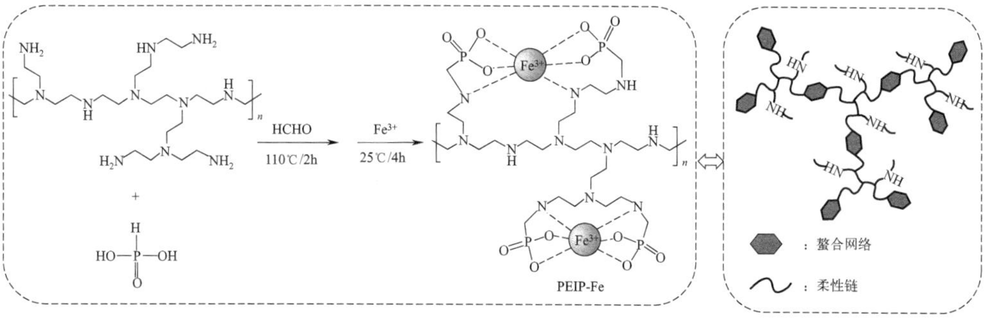

图 5-9　PEIP-Fe 的制备

Chen 等人[37] 以苯氧环磷腈（HPTCP）和氧化石墨烯（GO）为原料，通过与含有磷和氮元素的阻燃化合物的非共价 π-π 堆积相互作用制备了官能化氧化石墨烯（FGO），如图 5-10 所示。随后，聚乙烯亚胺和 FGO 通过由静电相互作用驱动的层层自组装交替沉积在聚乙烯醇（PVA）膜的表面上，以达到改善 PVA 复合薄膜阻燃性能的目的。多层基于 FGO 的涂层形成了包裹 PVA 基体的保护罩，有效地阻止了燃烧过程中热量和物质的传递。与纯 PVA 相比，具有涂层的 PVA 初始分解温度更高，约为 260℃，总热释放量减少了近 60%。

Bi 等人[38] 通过迈克尔（Michael）加成反应使三乙烯基氧化膦（TVPO）和 PEI 原位交联来制备改性棉纤维，以实现持久的阻燃性。TVPO 和 PEI 都溶于水，可以在水溶液中对棉织物进行改性处理，然后通过干热、微波辐射或蒸汽处理引发的点击交联反应，形成三维网络结构。改性处理后，棉织物的表面和内部形成水不溶性阻燃涂层（图 5-11）。改性处理后的阻燃棉织物 LOI 最高可达 32.5%，高温残

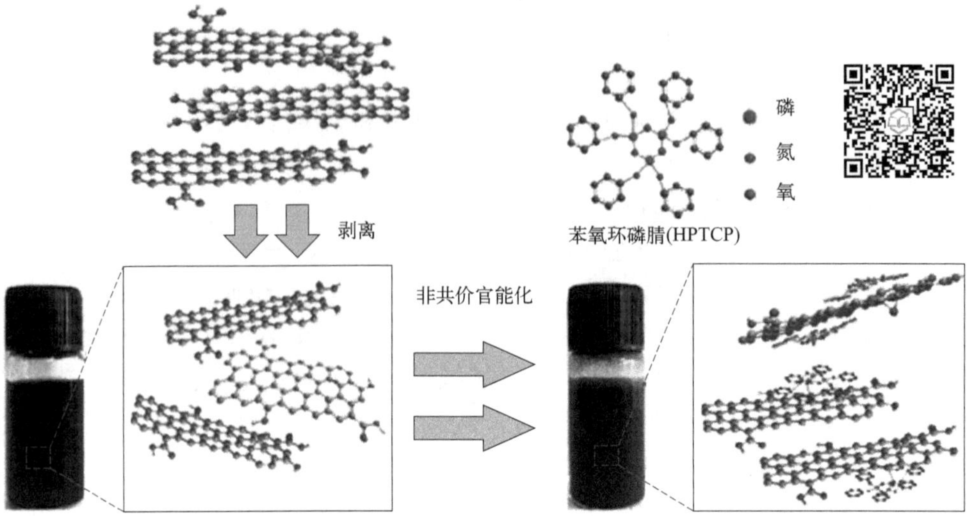

图 5-10　FGO 的合成过程

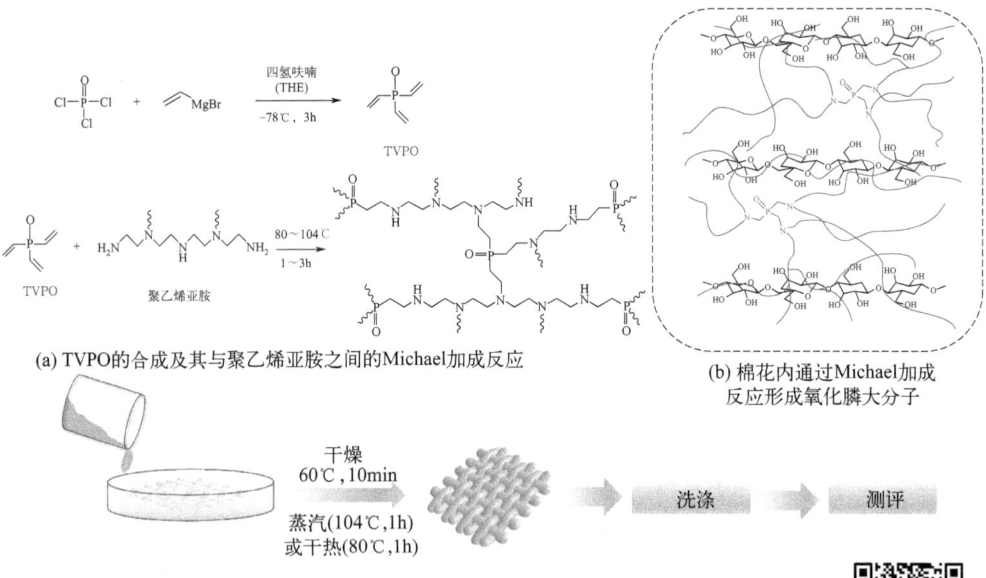

(a) TVPO的合成及其与聚乙烯亚胺之间的Michael加成反应

(b) 棉花内通过Michael加成反应形成氧化膦大分子

(c) 改性棉纤维的制备过程

图 5-11　TVPO 与 PEI 原位交联制备改性棉纤维

留量从 7.00%增加到 41.33%，THR 从 11.67MJ/m^2 降低到 0.68MJ/m^2。此外，改性处理后的织物具有非常好的耐洗性，并且在 50 次洗涤循环后仍能保持阻燃性，LOI 值仍大于 26%。阻燃棉织物的阻燃机理如下。燃烧时，大分子网络的含磷部分在加热时分解，产生三乙基氧化膦自由基和 PEI。PEI 的分解会产生不易燃气体（如 NH_3），起到气相阻燃剂的作用，隔离氧气和稀释易燃气体。氧化膦链段分解产生 PO·和烷烃，其中 PO·既可以在气相中通过重组 H·和 HO·来终止链式反应，也可以在凝聚相中产生多磷酸和磷酸；含磷物质的催化作用促进了棉花在低温下的过早热解和炭化。胺催化酸性磷酸盐中间体的形成，导致纤维素磷酸化和多磷酸盐的产生，这有助于凝聚相的活性。此外，胺可以与多磷酸反应形成氮氧化磷，这增强了燃烧形成的保护炭层的稳定性，并可作为有效的屏障。此外，氧化膦聚合物的存在使棉花在较低的温度下脱水和炭化，显著减少了随后的分解。从而，棉织物获得了优异的阻燃性能。

5.5 聚磷酸铵类阻燃剂

聚磷酸铵（APP）是 P-N 系膨胀型阻燃剂，含氮量为 40.7%，含磷量仅为 15%。APP 呈白色颗粒状或结晶状，无臭无味，易溶于水。聚磷酸铵（APP）是膨胀型阻燃体系的重要组成部分，但较差的相容性和界面键合极大地限制了其应用。Lin 等人[39] 将 APP 由三聚氰胺甲醛树脂包埋生成的改性 APP（MAPP）用作阻燃剂。MAPP 的合成路线如图 5-12 所示。通过静电驱动将不同比例的两种二维纳米填料——氧化石墨烯（GO）和 Mg-Al 层状双氢氧化物（LDH）自组装成混合填料，然后通过原位聚合将杂化填料与 MAPP 一起引入聚脲（PUA）基质中。含有 17%（以质量分数计，下同）MAPP、1.5% GO 和 1.5% LDH 的 PUA 复合材料样品表现出显著的阻燃和防火性能。阻燃指数从 1.0 增加到 1.7，燃尽所需时间和总热释放量分别显著降低 31.0%和 33.4%。

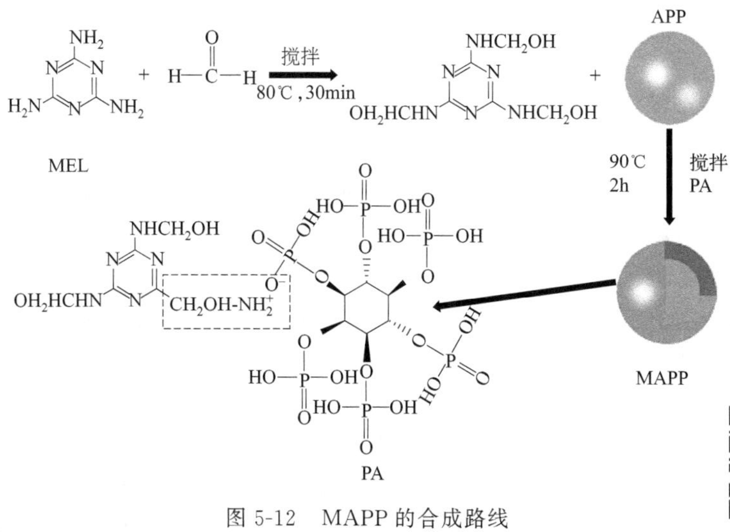

图 5-12 MAPP 的合成路线

(1) 聚磷酸铵直接添加类

Chen 等人[40] 制备了以木质素（LG）和聚磷酸铵（APP）为填料、以环氧化天然橡胶（ENR）为基体的生物复合泡沫（图 5-13）。APP 通过形成炭化层和稀释易燃气体，在阻燃性测试中发挥了关键作用。加热后，APP 分解并放出磷酸，促进了材料的脱水和炭层的形成。这种炭层起到保护屏障的作用，减缓或抑制材料的进一步燃烧。此外，APP 的分解会释放出氨气和水蒸气，稀释易燃气体浓度并降低火焰强度。通过阻燃改性，ENR 的 LOI 从 17.2%提升到了 20.2%，并避免了橡胶燃烧时会产生滴落的现象。

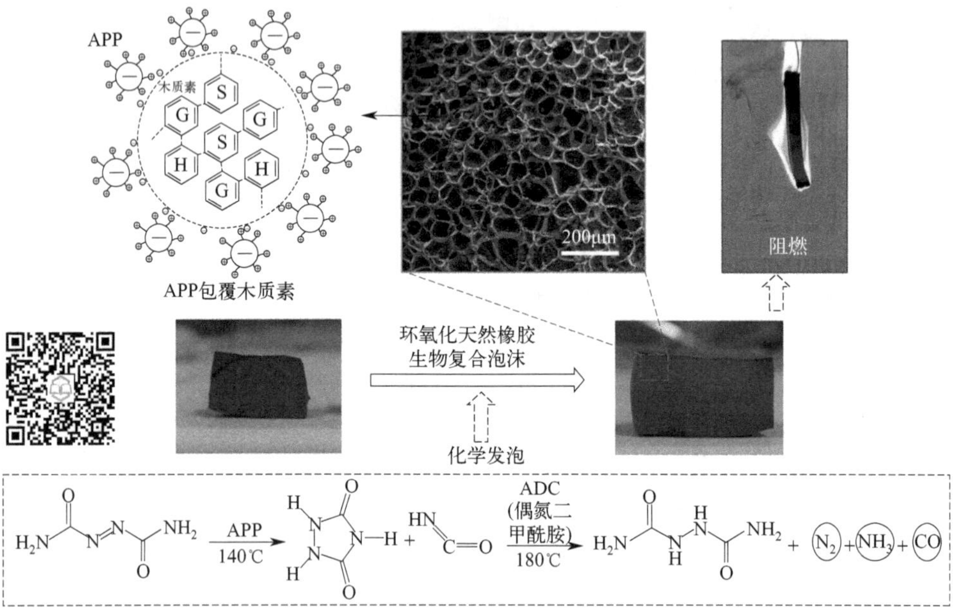

图 5-13　LG/APP/ENR 阻燃体系

(2) 聚磷酸铵组装类

Chen 等人[41] 通过在聚磷酸铵（APP）上原位自组装聚磷腈纳米颗粒（HTB），增强聚乳酸（PLA）的阻燃性和力学性能。首先，在热降解过程中，HTB 和 APP 分解成磷酸和焦磷酸盐，加速 PLA 的脱水，形成连续、致密、膨胀的炭层（图 5-14）。HTB 的掺入促进了 APP 的均匀分散，有利于提高炭层的连续性。在 PLA 中掺入 10%（以质量分数计）APP 和 5% HTB 使复合材料的极限氧指数值提高到 31.0%，并赋予复合材料 UL-94 V-0 等级，同时，复合材料的峰值热释放速率和总热释放量与纯 PLA 相比分别降低了 14.2%和 13.2%。

Dong 等人[42] 通过原位聚合原硅酸乙酯和硅烷偶联剂合成了微胶囊化聚磷酸铵（MCAPP）。随后，将微胶囊技术与碳形成技术相结合，合成了三聚氰胺甲醛树脂（MF）和甲基 β-环糊精预聚物（β-CD）。然后将它们包封在含硅的改性聚磷酸铵（MCAPP）上，形成多层核壳结构的聚磷酸铵（CDMCAPP@MF），如图 5-15 所示。最后，采用熔融共混法，将 CDMCAPP@MF 与三(2-羟乙基)异氰酸酯

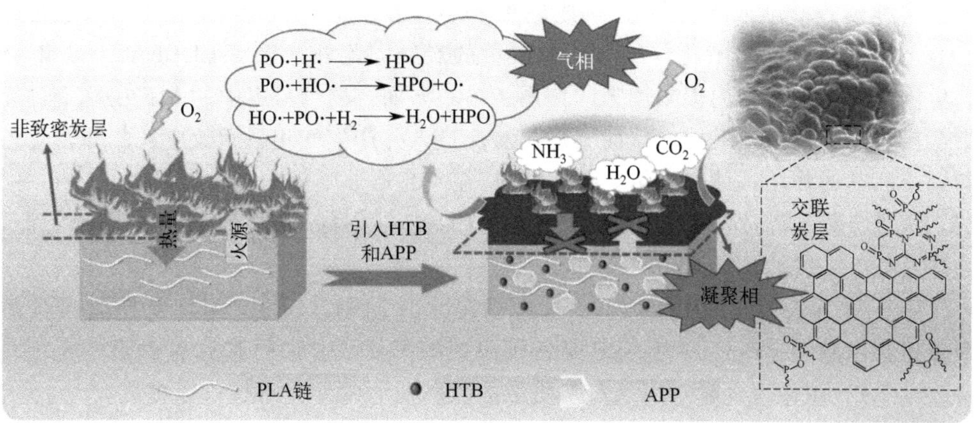

图 5-14　$PLA_5HTB_{10}APP$ 的阻燃机理

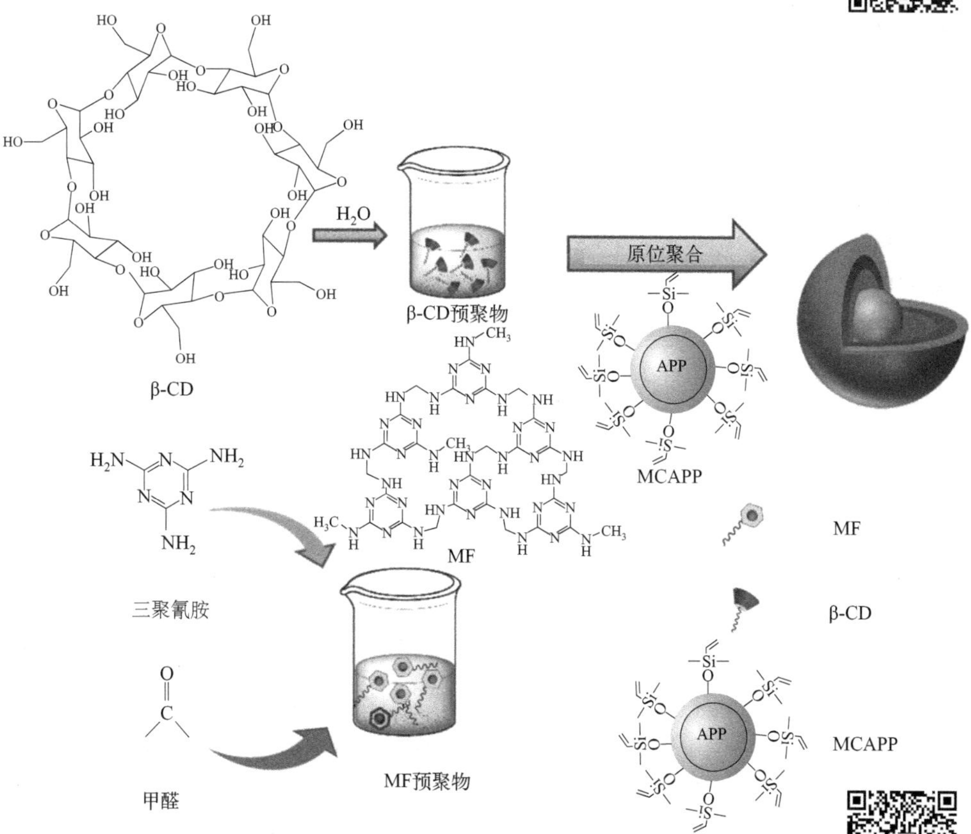

图 5-15　MCAPP 的封装过程

（THEIC）复合，制成了一种新型无卤膨胀型阻燃低密度聚乙烯（LDPE）。该材料燃烧时，一方面，LDPE 复合材料中的 APP 在高温下分解，产生高浓度的聚磷酸盐。这种聚磷酸盐在高温下分解成磷酸和偏磷酸，作为阻燃系统的酸源，促进THEIC和β-CD发生酯化，从而生成大量的炭层。此外，它使LDPE部分分解并产生泡沫焦炭，起到内聚阻燃剂的作用。另一方面，复合材料中的MF在这个过程中会产生高温挥发性气体，从而增加焦炭产量，并产生气相阻燃效应。此外，它还起到交联剂的作用，使二氧化硅和β-CD粘在一起形成坚固的Si—O—Si、Si—O—C层，防止熔融液滴的产生。在协同作用下，LDPE复合材料获得了优异的阻燃性能，LOI达到36.5%，并通过了UL-94 V-0等级测试。

Decsov等人[43] 采用生物基山梨醇聚缩水甘油醚（SPE）型环氧树脂对聚磷酸铵进行微胶囊化改性，为APP制备了山梨醇聚缩水甘油醚基环氧树脂外壳，并将改性APP用作聚乳酸（PLA）基质中的阻燃剂。该外壳不仅可以提高其与PLA的相容性，还可以作为生物基炭化剂提高IFR系统的阻燃效果。生物树脂壳有效地促进了负载APP的PLA复合材料的炭化，并消除了UL-94垂直燃烧测试中试样的易燃滴落现象。因此，与使用纯APP的PLA复合材料相比，添加了改性APP的PLA复合材料达到了UL-94 V-0等级，极限氧指数增长到29%，峰值热释放速率下降了20%。

Yan等人[44] 首先在水溶液中用3-氨基-1,2-丙二醇（APD）对聚磷酸铵进行表面改性，以构建一种新型的有机-无机杂化物。随后，通过热固化过程将具有多羟基的功能化APP（FAPP）作为膨胀型阻燃剂和交联剂，共价引入无溶剂聚氨酯（PU）复合材料中。燃烧时，FAPP内部存在协同催化炭化效应，其中APP作为酸源和气源，而APD作为炭化剂。一方面，APP分解生成的磷酸衍生物促进了PU基体和APD的脱水炭化，形成了致密的炭层。另一方面，APP分解生成的不可燃气体（如氨气）使得炭化形成的炭层膨胀，获得了一个连续的、膨胀的和隔热的石墨化炭层，保护了底层PU免受进一步燃烧，从而抑制燃烧性并减少火灾隐患（图5-16）。加入15%（以质量分数计）的FAPP后，PU复合材料的极限氧指数达到27.2%，并通过了UL-94 V-0等级测试。同时，峰值热释放速率和总热释放量比原始PU分别降低64.5%和37.8%，远优于对未改性APP阻燃性能的提升效果。此外，FAPP的改性加强了APP与PU基体之间的氢键作用，使得FAPP在PU基体中表现出良好的相容性和强大的界面相互作用，这反过来显著提高了所得PU复合材料的拉伸强度（提升约40%），且不影响复合材料的柔韧性。

Li等人[45] 采用多巴胺（DA）和钴（Co）离子对聚磷酸铵表面进行改性，制备了无卤阻燃剂Co-PDA-APP（图5-17），以增强热塑性聚氨酯弹性体（TPU）的阻燃（防火安全）性。当仅添加质量分数为3%的Co-PDA-APP时，极限氧指数即达到25%，并在UL-94测试中通过了V-0等级认证。与纯TPU相比，峰值热释放速率和峰值烟雾产生速率值分别下降了66.0%和76.4%。当复合材料燃烧时，Co-PDA-APP受热分解释放出水蒸气和不可燃气体，从而降低燃烧表面的温度，并稀释可燃气体和氧气的浓度。这些气体的释放还使得Co-PDA-APP热解生成的含磷酸催化 TPU 基体炭化形成的炭层膨胀，使得燃烧时 TPU 基体能够和外界的热量与氧气隔绝。此外，燃烧过程中形成的含 P 自由基可以捕获 TPU 产生的活性自由基，避免燃烧链式反应的进行，从而进一步增强 TPU/Co-PDA-APP 复合材料的阻燃性。

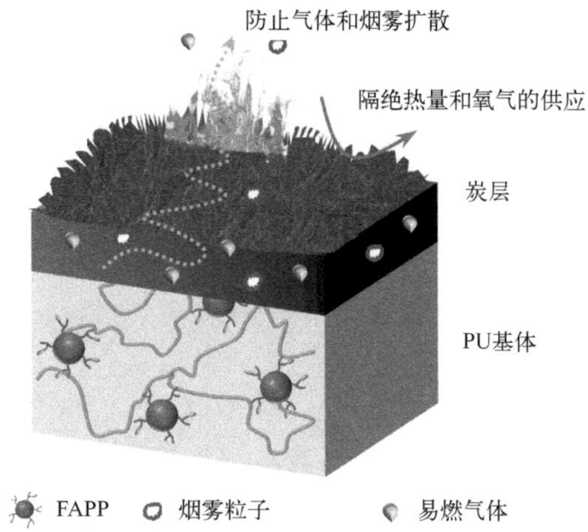

图 5-16　FAPP 在 PU 复合材料中的阻燃机理

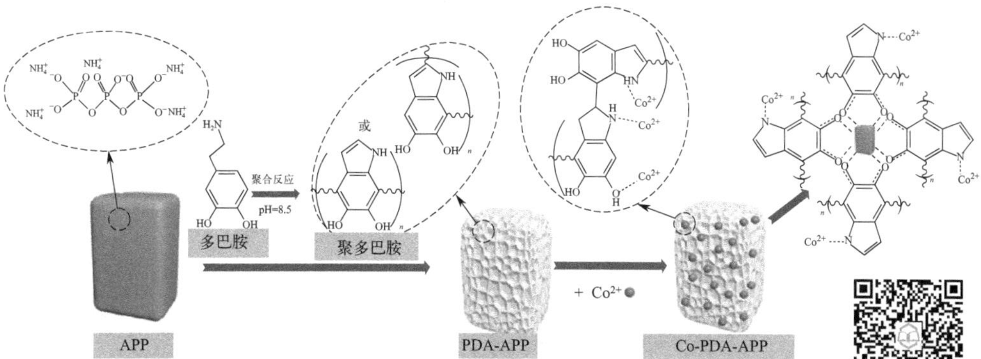

图 5-17　Co-PDA-APP 的制备

5.6 胍类阻燃剂

胍是一类含氮的有机化合物，也称“亚胺脲”“亚氨脲”。胍一般以盐的形式使用，胍盐是一种含有三个 N 和中心 C 共轭的特殊结构、电荷分散程度高、化学和热稳定性高的化合物。胍盐主要包括碳酸胍、磷酸胍、胍唑类、缩合磷酸胍和氨基磺酸胍等[46]。

(1) 碳酸胍类

碳酸胍(GC)又称"胍,碳酸盐",分子式为 $CH_5N_3X(CH_2O_3)$,为白色结晶性粉末,由双氰胺和铵盐生成盐酸胍,经醇钠中和后,使游离出来的胍吸收二氧化碳,即可得到碳酸胍[47]。Bi 等人[48] 开发了一种无甲醛的阻燃剂,将亚磷酸、尿素和碳酸胍结合使用,与棉织物的纤维素纤维化学键合,形成一个阻燃体系,阻燃体系的制备和效果如图 5-18 所示。碳酸胍热分解生成氰胺和氨,容易与纤维素羟基残基反应生成异脲,促进纤维素磷酸酯化,从而提高阻燃性。阻燃改性后的棉织物在高温下的炭残留量从 4.03% 增加到 28.19%,LOI 值从 18.0% 增加到 43.5%。此外,织物的热稳定性得到增强,从而改变了其燃烧行为,使总热释放量从 11.1kJ/g 减少到 0.1kJ/g。

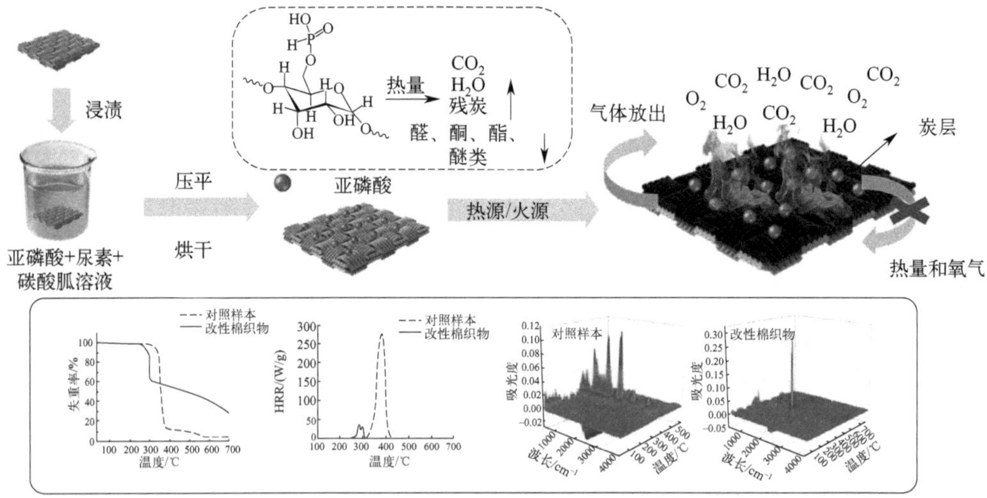

图 5-18 亚磷酸/尿素/碳酸胍的制备以及阻燃效果

(2) 磷酸胍类

磷酸胍(GP)也称磷酸二胍,分子式为 $CH_8N_3O_4P$,是一种稳定的有机化合物,可溶于水等其他溶剂,可通过脲和磷酸反应得到[49]。磷酸胍含有磷和氮基团,在阻燃机制中既发挥气相作用又发挥凝聚相作用。可以将磷酸胍 GP 作为单独的阻燃剂使用。Hao 等人[50] 通过聚乳酸与磷酸胍分子间氢键的相互作用制备出一种高效的碳酸聚丙烯阻燃复合材料。磷酸胍作为磷氮协同作用的典型阻燃剂,存在 P═O 和大量的 N—H 基团,与碳酸聚丙烯/聚乳酸(PPC/PLA)共混系统中的—OH 相互作用,增强分子链间的分子间作用力。磷酸胍在高温下产生磷酸盐和不可燃气体,提高了 PPA/PLA 的阻燃性(图 5-19)。3%(以质量分数计)GP 使 PPC/PLA/GP-3 复合材料的 UL-94 等级达到 V-0,极限氧指数提升到 30.8%,显著提高了 PPC/PLA/GP-3 复合材料的阻燃性能。

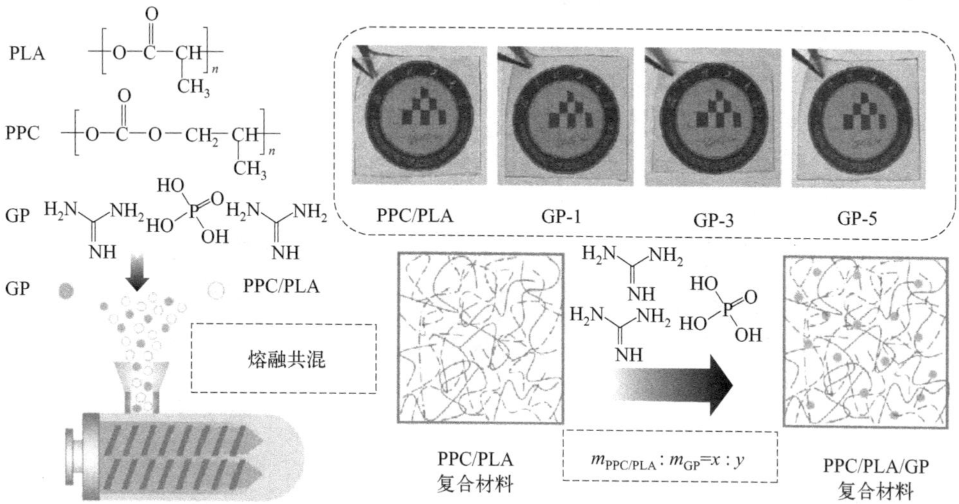

图 5-19 PPC/PLA/GP 复合材料的示意图制备过程及其照片

Wang 等人[51] 先使用稀磷酸溶解磷酸二氢胍（GDP）和硼酸锌（ZB），再将溶液制备成不同比例的复合混合浸渍液，通过微波-超声浸渍处理木材，以提高木材的阻燃性能。处理后的样品在阻燃方面表现出更好的性能，LOI 值提高到 47.8%，与未处理的木材相比，GDP/ZB 改性木材的 THR 值显著降低了 27.24MJ/m^2。并且，随着 GDP 的增加，THR 持续下降。当 GDP∶ZB=4∶1 时，THR 的最小值为 16.54MJ/m^2，仅为未经处理的木材的 60.72%。

Zhang 等人[52] 利用 GP 和聚乙烯亚胺（PEI）构建了具有环保多功能型阻燃剂 PG，阻燃剂 PG 可以通过形成保护性炭层阻止火焰燃烧。在阻燃剂 PG 中，GP 用作酸源，生成多磷酸盐和氰酰亚胺衍生物，而 PEI 促进炭层的形成，并释放不可燃气体，起到协同阻燃作用以提高涤棉混纺织物（PTCO）的阻燃性（图 5-20）。阻燃改性的涤棉混纺织物极限氧指数高达 30.5%，并具有自熄能力，在垂直可燃性测试中受损长度仅为 34mm。此外，改性棉织物的峰值热释放速率和总热释放量分别显著降低了 49%和 38%，表明消防安全性显著增强。

Zhang 等人[53] 以双氰胺、二乙醇胺和氧化磷为原料，合成了一种多功能抗菌阻燃剂 N,N-二(磷酸乙基)双胍（DPG），如图 5-21 所示。DPG 可以通过产生共价键（P—O—C）接枝到棉织物上，接枝改性的棉织物表现出优异的阻燃性能。使用 250g/L DPG 处理的棉织物的极限氧指数值为 31.2%，金黄色葡萄球菌和大肠杆菌的抗菌率分别为 96.4%和 99.2%。经过 20 次洗涤循环后，抗菌率仍保持在 96.0%，LOI 仍为 26.1%。阻燃性能的提升得益于 DPG 在高温条件下能够分解生成磷酸和多磷酸，促进纤维的炭化。同时，其含有的一部分 N 元素产生了不易燃气体，阻止氧气的供应并减少燃烧产生的热量，从而降低棉织物表面的温度。抗菌性能的提升则得益于 DPG 的胍基团可以通过离子相互作用被细菌的含磷酸盐细胞膜吸收，穿过细胞膜，然后黏附在细胞质膜上，完全破坏细菌的细胞膜，从而抑制细菌的物质传输和能量代谢，提高抗菌性能。

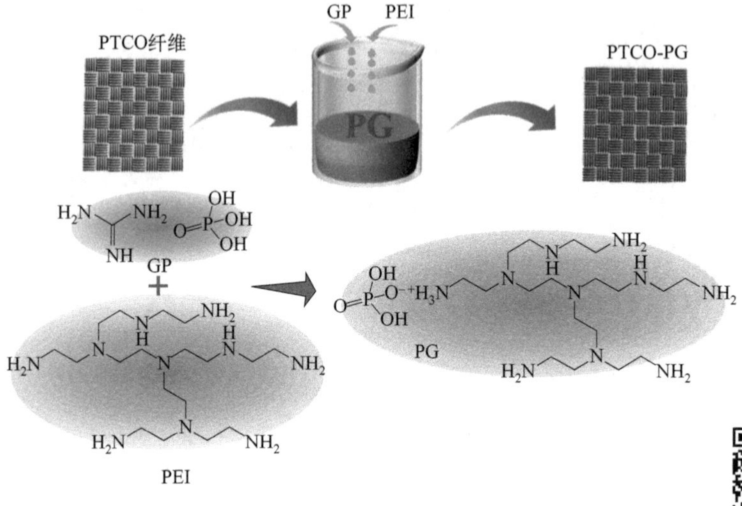

图 5-20 PTCO-PG 的制备过程

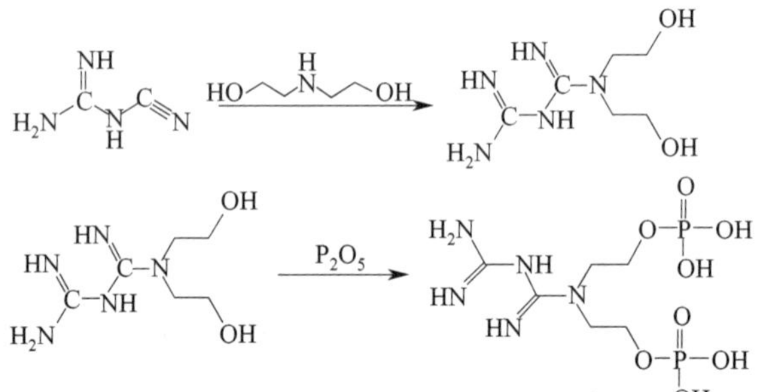

图 5-21 DPG 的制备反应方程式

Yi 等人[54] 以间苯二胺（MPD）和 GP 为原料，通过简单的水热法制备了一种具有阻燃性的磷掺杂碳点（MPD-GP-CQDs），然后将 MPD-GP-CQDs 添加到聚乙烯醇中制备功能性 PVA 复合膜（图 5-22）。添加 MPD-GP-CQDs 可以提高复合薄膜的炭化速率，并在燃烧过程中释放 CO_2 和 NH_3。挥发的不可燃气体有效地稀释了氧气和燃料的浓度，并带走了热量，起到了气相阻燃的作用。此外，MPD-GP-CQDs 溶液中 GP 分解产生的少量磷酸可以有效促进 PVA 基体的脱水、交联和环化，从而形成连续致密的炭层结构，有助于凝聚相阻燃，从而赋予 PVA 复合薄膜优异的阻燃性。当添加质量分数为 12.5% 的 MPD-GP-CQDs 时，MPD-GP-

CQDs-PVA 复合薄膜的 UL-94 垂直燃烧试验达到 V-0 等级，LOI 值达到 30.8%。

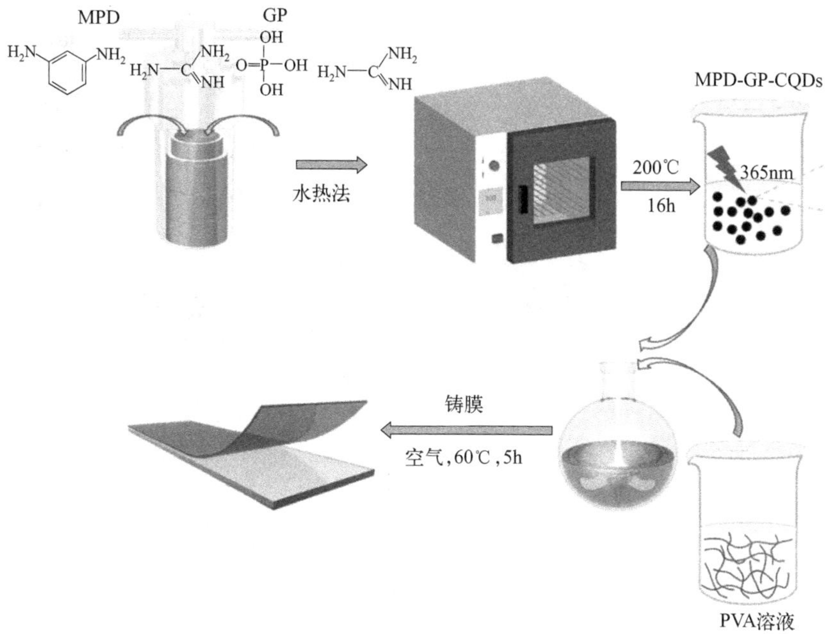

图 5-22 MPD-GP-CQDs-PVA 复合膜的制备工艺

(3) 胍唑类

胍唑（GZ）全名为 3,5-二氨基-1,2,4-三氮唑，分子式为 $C_2H_5N_5$，可溶于水的微黄色粉末。GZ 由于自身的结构可以与金属离子配位形成配合物，作为胍盐的一种，具有阻燃性能[55]。GZ 与金属离子反应形成 GZ 金属盐阻燃剂。Nabipour 等人[56] 通过 GZ 与六水合硝酸锌/硝酸银反应形成胍唑-锌/银配合物阻燃剂，并将其与棉织物浸渍制备出胍唑-锌/银阻燃棉（图 5-23）。GZ 在吸热过程中分解为氨气等气体，既降低了周围环境的温度，又稀释了可燃气体的浓度，而氧化锌/氧化银在纤维表面形成完整的炭层隔离层，减少了燃烧的条件，使棉织物产生自熄行为。经胍唑锌和胍唑银处理的棉织物的 LOI 分别为 29.5%和 27.5%，并且都达到了 UL-94 V-0 等级。

GZ 带有正电荷，能与带负电荷的含磷化合物通过静电吸附作用形成磷氮协同阻燃剂。Yang 等人[57] 通过层层自组装方法将 GZ 与三羟甲基磷氧化物（THPO）形成阻燃涂层，并将低表面能的聚二甲基硅氧烷（PDMS）用作疏水涂层，制备了应用于棉织物的 P—N—Si 阻燃涂层，使棉织物既具有阻燃性质又具有疏水作用[图 5-24(a)]。涂层的使用使得棉织物的 LOI 从 18%提升到 27%，并且水接触角高达 133°。

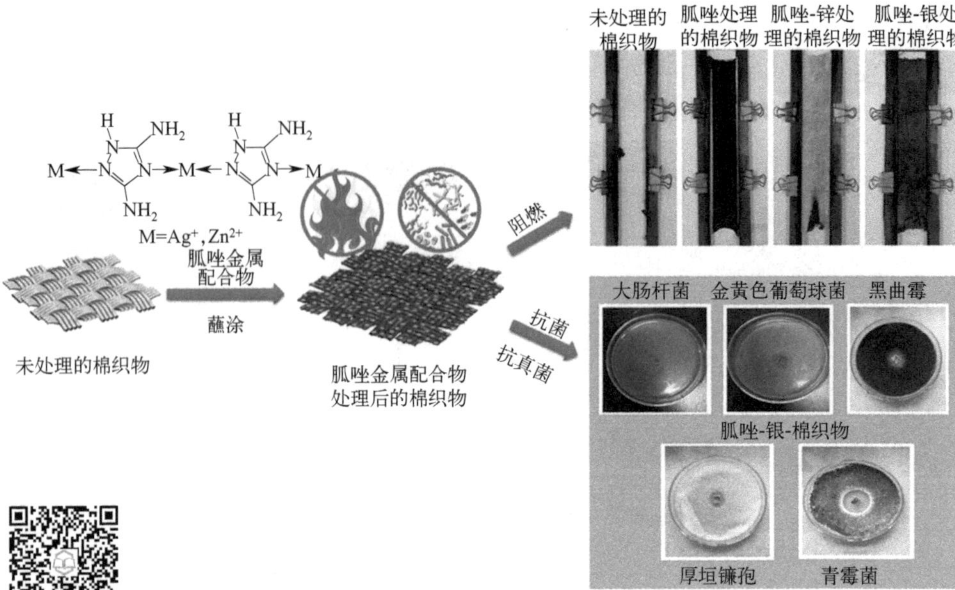

图 5-23 GZ-Zn/Ag 配合物

GZ 还能与植酸（PA）和纤维素纳米纤维（CNF）制备出一种纳米纤维复合泡沫——PA-GZ-CNF 阻燃剂[58]。GZ 和 PA 在燃烧过程中产生含磷和含氮化合物，促进形成的炭层覆盖在基体表面，使 PA-GZ-CNF 阻燃剂具有优异的阻燃性[图 5-24 (b)]，从而赋予了复合泡沫 UL-94 V-0 等级，并且，峰值热释放速率从 57.80kW/m^2 显著降低至 29.27kW/m^2，总热释放量从 2.10MJ/m^2 下降到 1.21MJ/m^2。

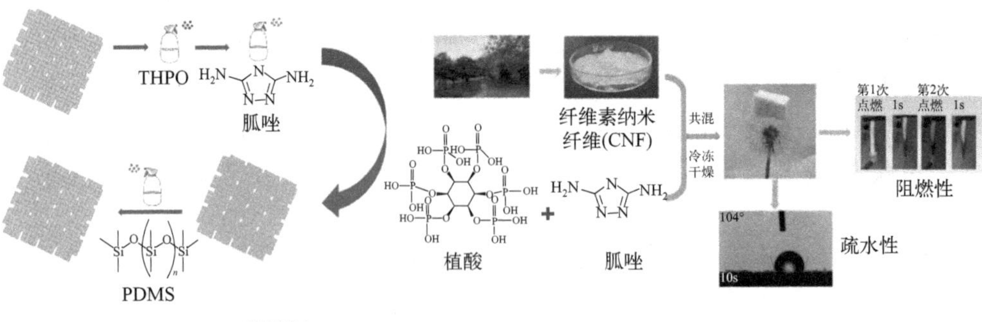

(a) GZ-THPO-PDMS阻燃剂　　(b) PA-GZ-CNF阻燃剂

图 5-24 GZ-THPO-PDMS 阻燃剂与 PA-GZ-CNF 阻燃剂

Lu 等人[59] 以 GZ、植酸（PA）和 $Cu(OH)_2$ 为原料，通过配位反应制备出胍唑-植酸-铜（GZ/PA/Cu）复合阻燃材料，将其与脲醛树脂（UF）形成复合阻燃涂料（UF-GZ/PA/Cu），并用于提高木材的阻燃性能，如图 5-25

所示。测试结果表明，UF-GZ/PA/Cu在800℃时的残炭率（以质量分数计）为29.8%±2.5%，将制备的UF-GZ/PA/Cu用作木材阻燃涂层时，其阻燃性能优异，可形成连续致密的残炭层，阻燃木材的极限氧指数为32.0%，并通过了UL-94 V-0等级测试。此外，阻燃木材的热释放速率和总热释放速率相对于未改性木材分别降低了87.7%和83.66%。该研究为阻燃木材的制备提供了一种绿色、有效的方法。

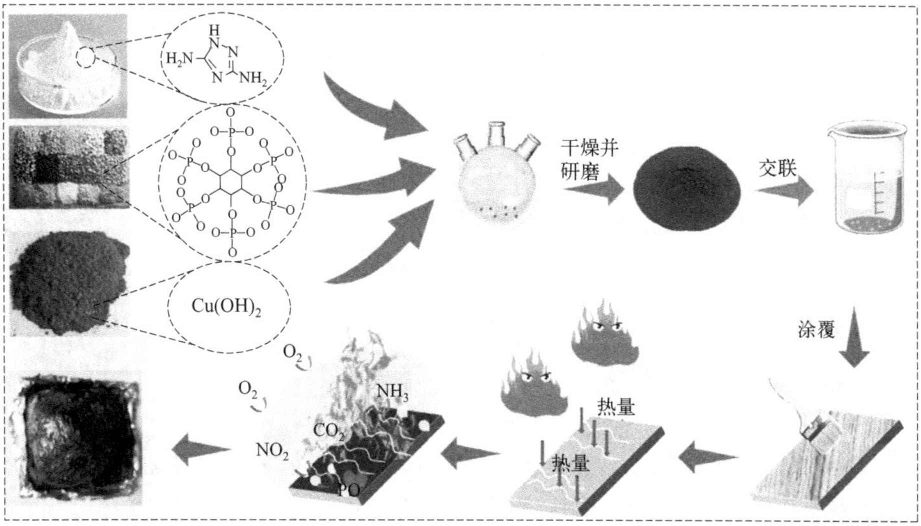

图5-25 阻燃木材的制备流程示意图

(4) 其他胍类

氨基磺酸胍（GAS）分子式为$CH_8N_4O_3S$，是一种有机化合物，为无色结晶固体，可溶于水和一些有机溶剂，具有较高的热稳定性和化学稳定性。在聚合物工业中它可以作为发泡剂、脱色剂、还原剂等的原料，GAS由氨基磺酸与脲在碱性条件下反应而成[60]。GAS也是一种有效的阻燃剂，可以将氨基磺酸胍应用于聚酰胺-6(PA6）中。Jin等人[61]将GAS和阴离子固定树脂（缩合单宁树脂，NHFG）用于协同阻燃，增强聚酯和聚酰胺塑料的阻燃性。GAS阻燃改性PA6织物后，织物（FR-PA6）表现出自熄的性质，具有8.0cm的低损伤长度和31.3%的高LOI值。这是因为GAS能够在燃烧时分解为氨、亚硫酸和二氧化硫等气态产物以稀释氧气浓度，从而使改性聚酰胺-6具有良好的阻燃性（图5-26）。

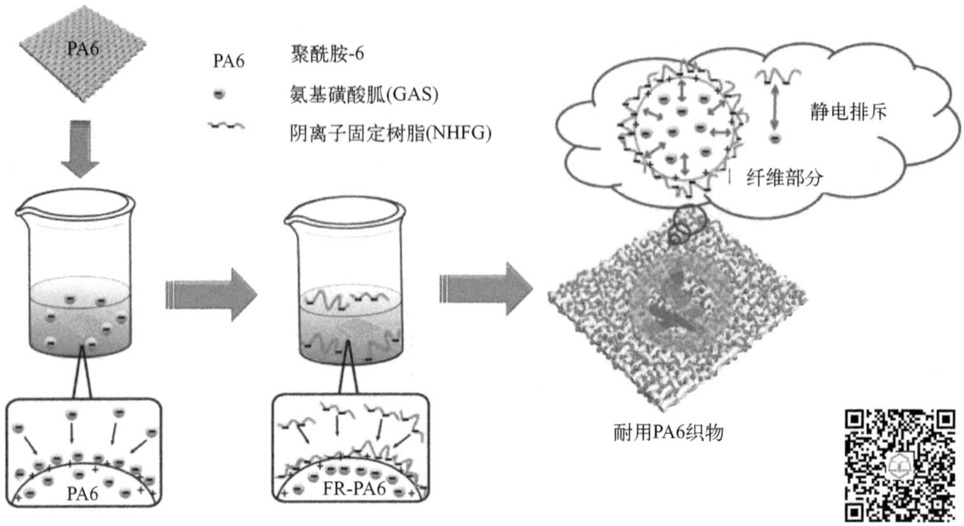

图 5-26 耐用 PA6 织物的制造路线

5.7 氨基酸类阻燃剂

氨基酸类阻燃剂主要有 L-赖氨酸、DL-丝氨酸、精氨酸、L-酪氨酸、L-组氨酸和甘氨酸等[62]。氨基酸类阻燃剂具有生物性质特点，分解产物无毒环保，可应用于阻燃领域[63]。

(1) L-赖氨酸

L-赖氨酸又称赖氨酸（lysine，Lys），分子式为 $C_6H_{14}N_2O_2$，呈白色或近白色自由流动的结晶性粉末，溶于水，具有稳定性。L-赖氨酸是人体必需的氨基酸之一，一般来源于动物性食物（瘦肉、鱼、虾、贝等）、豆类或坚果类，含有氨基和羧基官能团，具有氮阻燃元素。因其易得、无毒、生物基的特点，被应用于阻燃领域的阻燃材料[64]。Yang 等人[65] 用三氯化磷处理 L-赖氨酸生成含有 N—P—(═O)—($O^-NH_4^+$)的 L-赖氨酸亚磷酸酯膦酸盐（L-ALPP）阻燃剂，图 5-27 是 L-ALPP 的制备过程。阻燃剂 L-ALPP 能促进纤维的脱水和炭化，使改性后的纤维表现出阻燃特性。L-ALPP 能通过 N—P(═O)—O—C 共价键接枝到棉纺织品上。因此，改性棉纤维（L-CF）经久耐用，可反复洗涤。经过 50 次洗涤循环后，20% L-CF（原质量增长 16.59%）和 15% L-CF（原质量增长 13.6%）的极限氧指数值分别为 38.7%和 28.5%。此外，20% L-CF 的峰值热释放速率和总热释放量分别降低了 89.51%和 50.91%。

Xu 等人[66] 分别使用氰尿酰氯、多巴胺和赖氨酸合成了含有 Lys、多巴胺（DA）和三嗪的生物基炭化剂（TDDL），随后以聚磷酸铵 APP 为酸源，将二者结合成一个 IFR 阻燃体系，用来提高热塑性聚氨酯 TPU 的阻燃性能。测试结果表明，TDDL 能促进 TOU/APP 更快地形成膨胀炭层，减少热量和可燃气体的生成，提高阻燃性。阻燃改性后的材料显示出 UL-94 V-0 等级和 29.6%的 LOI 值。

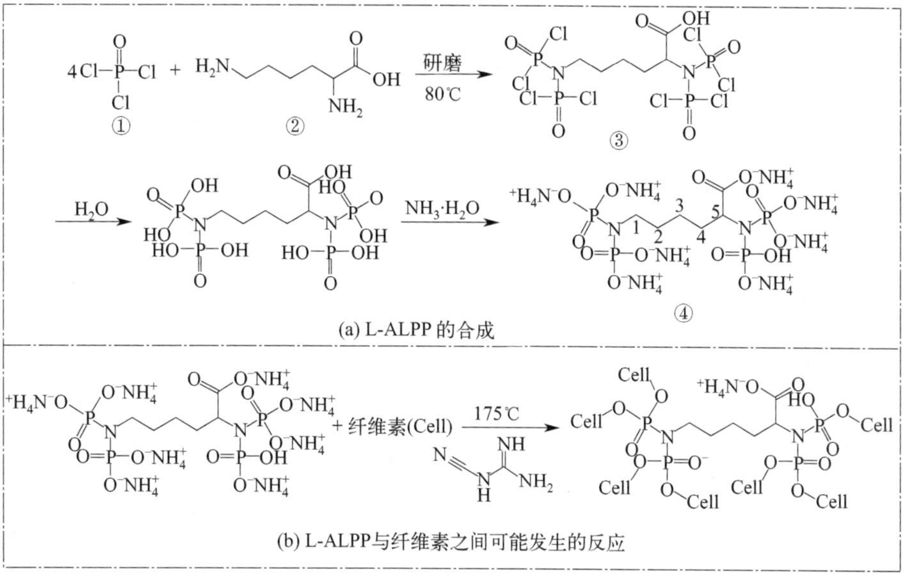

图 5-27　L-ALPP 的合成及其与纤维素之间可能发生的反应

Wang 等人[67] 首先通过曼尼希（Mannich）反应将磷元素引入 L-赖氨酸中，合成了一种同时含有磷和氮的阻燃剂（LP）。随后，利用 LP 溶解在水中时生成的—$NH_2{}^+$离子，产生带正电的水溶液，而植酸（PA）则由于其六个磷酸基团产生的集中负电荷而表现出电负性的性质，开发了一种由 LP 层和 PA 层组成的用于棉织物（cotton，C）的双层阻燃涂层，称为 LP/PA 涂层（图 5-28）。LP 层通过活性羧基/仲胺基团与棉纤维之间的氢键直接与棉织物相互作用，确保棉织物的力学性能不会因直接接触 PA 而受到酸性影响导致性能下降。LP/PA 涂层在降低棉织物的易燃性方面表现出了很高的效率。样品 C/LP10/PA［经 10%（以质量分数计，下同）的 LP 和 1%的 PA 处理的棉织物］的 LOI 值为 40.2%，在受损长度为 69mm 的垂直燃烧试验中表现出自熄能力。在锥形量热仪试验中，C/LP10/PA 在抑制热释放方面表现良好，与纯棉织物相比，PHRR 降低了 74%，THR 降低了 21%。LP/PA 涂层在燃烧过程中促进了具有石墨化性能的致密炭层的形成，这显著提高了棉织物的阻燃性。并且，LP/PA 涂层通过抑制易燃气体的释放，在气相中也起到了阻燃作用。

（2）DL-丝氨酸

DL-丝氨酸又称丝氨酸（serine，Ser），分子式为 $C_3H_7NO_3$，是无色单斜柱状或片状结晶的非极性氨基酸，可溶于水。DL-丝氨酸的制取方法有三种。一是由

DL-丝氨酸含量多的蛋白质水解后，由离子交换树脂分离和精制而得；二是由甲酸乙酯与马尿酸乙酯反应而得；三是以糖类为原料，由发酵法制得。丝氨酸（Ser）与植酸（PA）、维生素 B_2（VB_2）反应可以制备膨胀型阻燃剂，用其改性聚丙烯腈（PAN），可以使聚丙烯腈具有抑烟、阻燃作用（图 5-29），峰值热释放速率和总烟雾产生量分别降低 57.4%和 65.4%[68]。

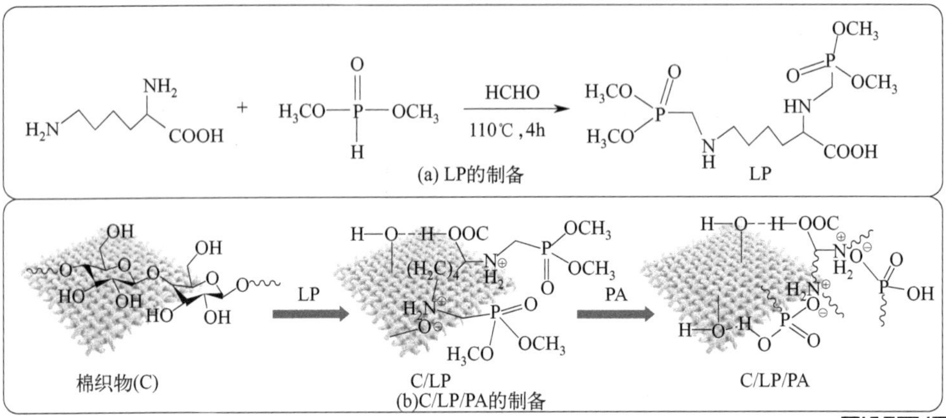

图 5-28 LP/PA 涂层处理改性棉织物（C/LP/PA）的制备过程

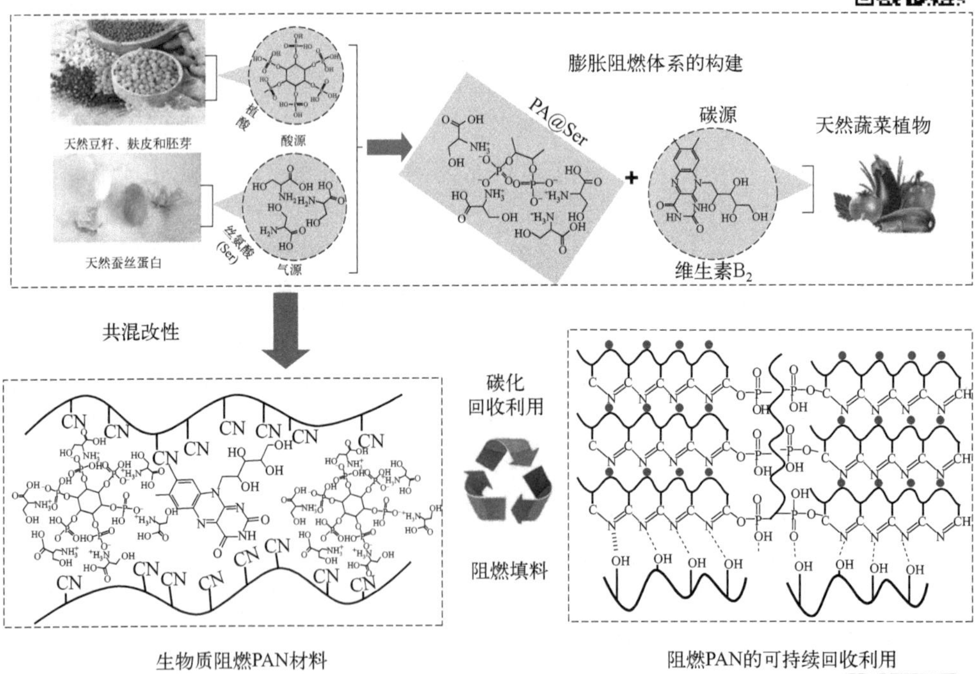

图 5-29 PA-Ser-VB_2 阻燃剂

(3) 精氨酸

精氨酸（arginine，Arg）分子式为 $C_6H_{14}N_4O_2$，呈白色菱形结晶状（从水中析出，含 2 分子结晶水）或单斜片结晶状（无结晶水），易溶于水。精氨酸为 20 种基本的氨基酸之一，与组氨酸和赖氨酸同为碱性氨基酸，并表现出最强的碱性。Liu 等人[69] 通过 UV 诱导接枝技术将甲基丙烯酸缩水甘油酯（GMA）接枝到聚丙烯腈（PAN）织物上制备了初步改性的织物 PAN-*g*-GMA。随后，将 L-精氨酸引入 PAN-*g*-GMA 中，得到了进一步改性的织物 PAN-*g*-GMA/Arg。最后，通过 PAN-*g*-GMA/Arg 的磷酸化制备了阻燃聚丙烯腈织物（FR-PAN），如图 5-30 所示。织物燃烧时，在早期降解阶段，磷酸基团分解产生的酸性物质加速了氰基的环化反应，形成热稳定的交联网络结构。具体为，磷酸的羟基亲核攻击相邻的氰基，诱导聚丙烯腈链的环化，形成热稳定的交联网络结构（环状）。因此，形成的环状结构成为阻碍物质和热量渗透以接触可燃气体产物的有效屏障，从而提高了 PAN 的热稳定性。此外，生成的环化结构进一步被磷酸基团催化，形成更稳定的芳构化

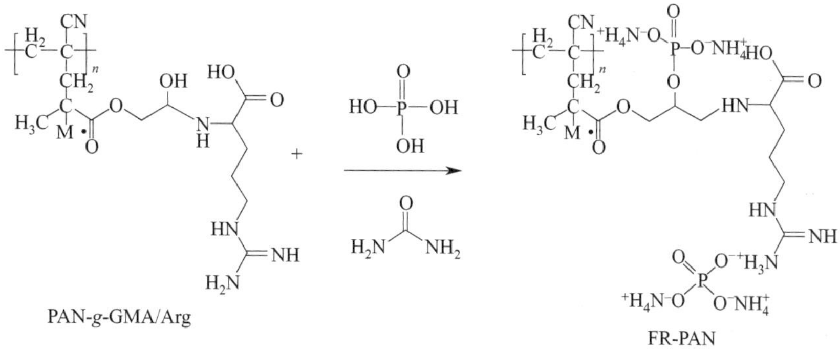

(a) 制备原理

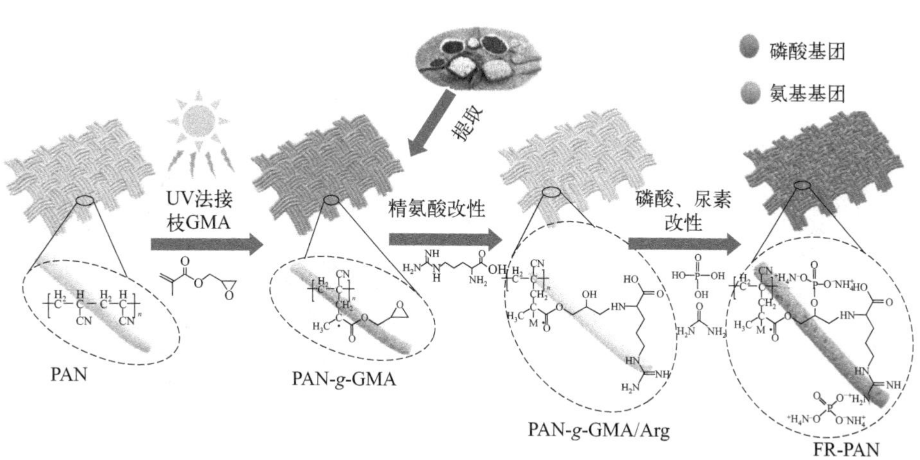

(b) 制备流程

图 5-30　阻燃聚丙烯腈织物的制备原理和制备流程

碳，石墨化程度更高，这有助于防止氧气和其他可燃气体进入燃烧区，保护纤维基质免受损坏，并保持纤维形状。同时，精氨酸燃烧可以释放不可燃气体，例如 NH_3、NO 等，稀释可燃气体浓度并防止 PAN 进一步燃烧。在凝聚相和气相的协同作用下，FR-PAN 与纯 PAN 样品相比，FR-PAN 的峰值热释放速率和总热释放量分别显著降低了 36.3%和 8.1%，表现出优异的阻燃性。此外，FR-PAN 在 40 次洗涤循环后 LOI 值仍然保持在 27%，表明其具有良好的持久阻燃性。

（4）L-酪氨酸

L-酪氨酸又称酪氨酸（tyrosine，Tyr），其分子式为 $C_9H_{11}NO_3$，为白色针状结晶或结晶性粉末，微溶于水，是芳香族氨基酸。Yuan 等人[70] 为了合成酪氨酸超支化苯并噁嗪单体（THB-BOZs），以酪氨酸衍生的支链聚醚酰亚胺（Tyr-BPEA）为苯酚来源，以 1,12-十二烷二胺（DDA-NH_2）和双(3-氨丙基)封端聚(二甲基硅氧烷)（PDMS-NH_2）作为胺源。然后利用酪氨酸衍生的聚醚酰亚胺、双(3-氨丙基)封端的聚(二甲基硅氧烷)和多聚甲醛合成了具有强大抗菌和抗生物膜活性的超支化苯并噁嗪（THB-BOZs-PDMS，TBP）。最后将生物基超支化苯并噁嗪单体 THB-BOZs-PDMS 与植酸（PA）结合制成棉织物阻燃剂（图 5-31）。阻燃改性后的棉织物（TBP+PA-CF）不仅 LOI 达到 27.6%，还表现出了自熄的性质。此外，得益于阻燃剂在棉织物表面上的原位固化，改性织物还表现出优异了耐洗性。

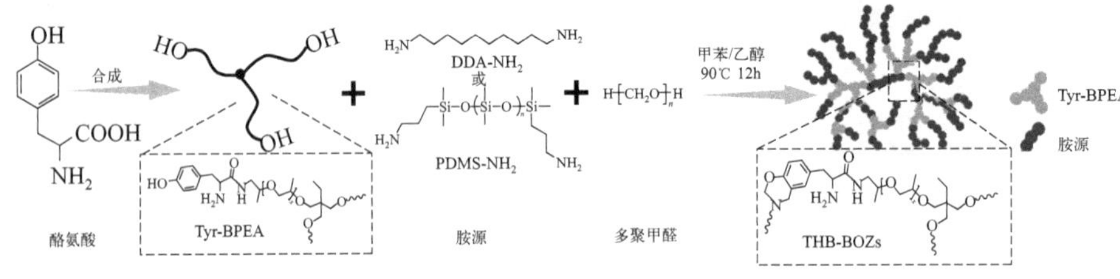

(a) THB-BOZs的合成

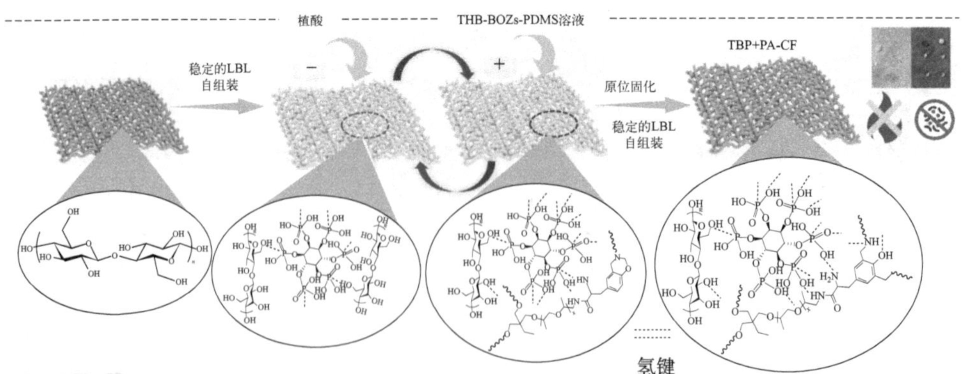

(b) 使用LBL自组装策略构建具有疏水、抗菌、抗菌黏附和阻燃性能的多功能棉织物

图 5-31 L-酪氨酸阻燃剂及其改性棉织物

(5) L-组氨酸

L-组氨酸又称组氨酸（histidine，His），分子式为 $C_6H_9N_3O_2$，为无色针状或片状结晶，无臭。制备方法是将猪血粉用盐酸在 110～115℃水解 24h，猪血粉球蛋白质的肽链断开，生成游离氨基酸。水解液经过滤和稀释，通过阳离子交换柱，各种氨基酸组分就按一定顺序交换在树脂上。然后在洗脱液作用下，氨基酸从树脂相转入溶液相，取含 L-组氨酸的洗脱液浓缩结晶，即获得 L-组氨酸。L-组氨酸也可从脱脂大豆的水解产物中提取。Chen 等人[71] 将组氨酸磷酸化，合成一种新型膨胀型阻燃剂——磷酸化组氨酸-氨基三嗪-二氨基丙烷（PHTD）阻燃剂，采用涂布法制备 PHTD 阻燃发泡聚苯乙烯（EPS）泡沫，其制备过程如图 5-32 所示。EPS/PHTD 复合泡沫塑料阻燃体系表现出优异的阻燃和抑烟性能，LOI 达到 28.8%，UL-94 测试达到 V-0 等级。相对于未改性泡沫，峰值热释放速率显著降低了 74.9%，峰值烟雾产生速率降低了 77.3%。

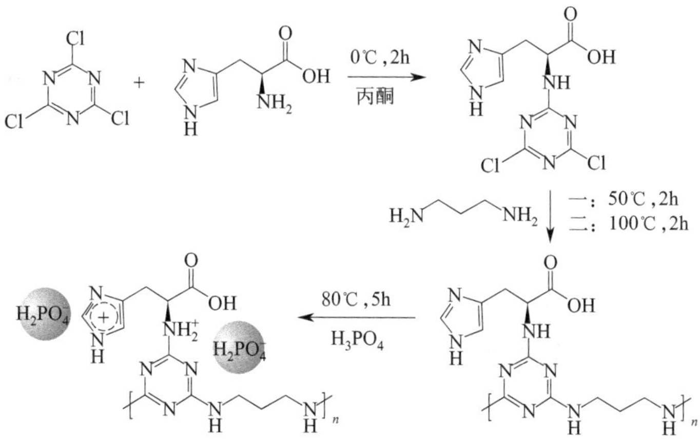

(a) PHTD的合成路线

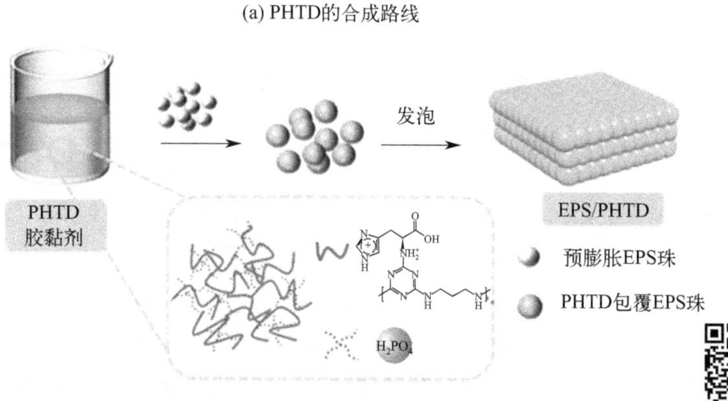

(b) EPS/PHTD复合泡沫的制造路线

图 5-32　PHTD 的合成路线和 EPS/PHTD 复合泡沫的制造路线

(6) 甘氨酸

甘氨酸（glycine，Gly）分子式为 $C_2H_5NO_2$，为白色或浅黄色针状结晶，可溶于水。制备方法为：将氨水和碳酸铵混合并在水浴上加热，另配制氯乙酸水溶液，滴加到上述混合液中，将混合物加热保温后，冷却结晶得到粗品；将粗品溶于沸水，加入甲醇，经结晶即得纯品甘氨酸。Yu 等人[72] 以甘氨酸为气源，以植酸为酸源，以 D-山梨醇为碳源合成新型膨胀型阻燃剂（涂层）。通过紫外光（UV）共固化技术提高硬质聚氨酯泡沫（RPUF）的阻燃性（图 5-33）。该膨胀型涂层的热解产物能与焦炭和氧气交联，形成保护性炭层，从而保护基体。改性 RPUF 的极限氧指数高达 39.7%，并成功满足 UL-94 测试标准的 V-0 等级要求。与对照组 RPUF 相比，涂层 RPUF 的点燃时间延长了 3 秒，峰值热释放速率显著降低了约 60%。

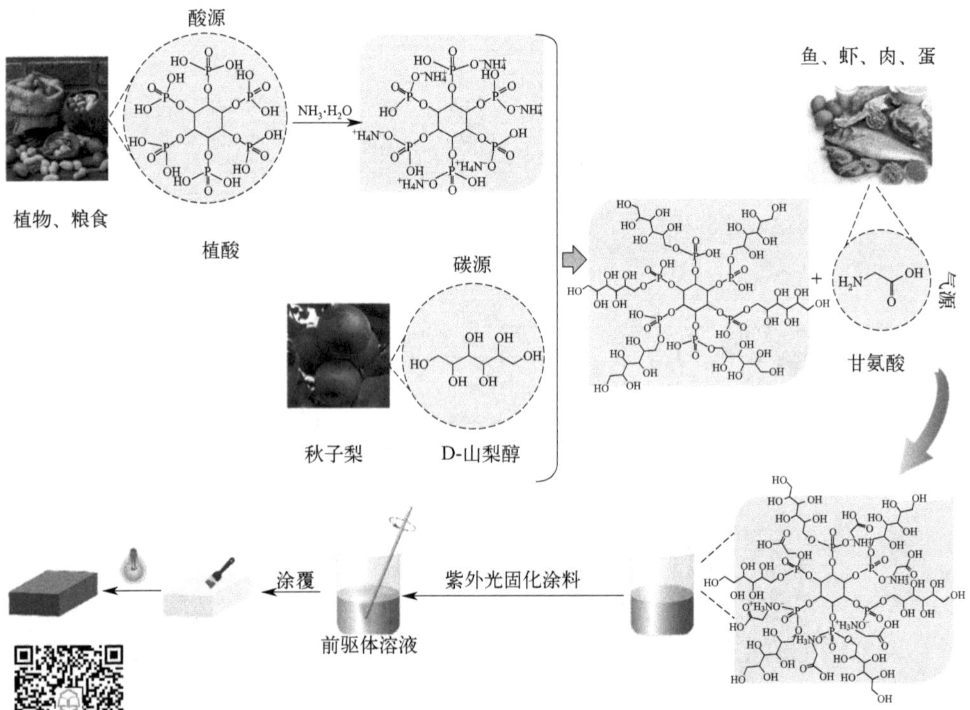

图 5-33　涂层 RPUF 的制备路线

Liu 等人[73] 受本征阻燃海藻酸钠纤维的启发，以生物材料甘氨酸、天冬氨酸为原料，开发了一种新型环保、生物质基阻燃剂，赋予莱赛尔织物（Lyocell）优异的阻燃性能（图 5-34）。燃烧试验结果表明，改性莱赛尔织物具有自熄性和高成炭能力。此外，与对照样品相比，G-Lyocell-Na（甘氨酸钠改性织物）和 A-Lyocell-Na（天冬氨酸钠改性织物）的峰值热释放速率（PHRR）分别降低了 36.5% 和 49.9%。纤维素热解过程中有两个平行的竞争反应：吡喃环脱水并裂解形成炭渣、二氧化碳、乙醇醛、丙酮和其他小分子物质；纤维素大分子链的聚合度降低，糖苷键断裂并脱水形成 *l*-葡萄糖聚糖和焦油挥发性产物。$—COO^{-}Na^{+}$的结构改变了纤维素的热解反应过程，使纤维在较低的温度下分解。Na^{+}的吸电子效应降低了活化能，促进了吡喃环的裂解反应，从而抑制了易于诱导二次燃烧的 *l*-葡萄糖聚糖的产生。裂解反应形成的不饱和醛、双键等化学物质迅速交联形成更稳定的残炭。随后，Na_2CO_3 与炭层结合形成覆盖在纤维表面上的致密阻挡层。同时，燃烧产生的气体碰撞炭层表面，导致多孔炭层结构膨胀，膨胀的致密炭层起到隔热和阻氧的作用，防止火焰接触到纤维基体。此外，不可燃气体，包括二氧化碳、氨气和氨基酸燃烧形成的其他气体，稀释了燃烧区可燃气体的浓度。因此，凝聚相和气相起到了协同阻燃作用，使得织物的阻燃性能大幅度提高。

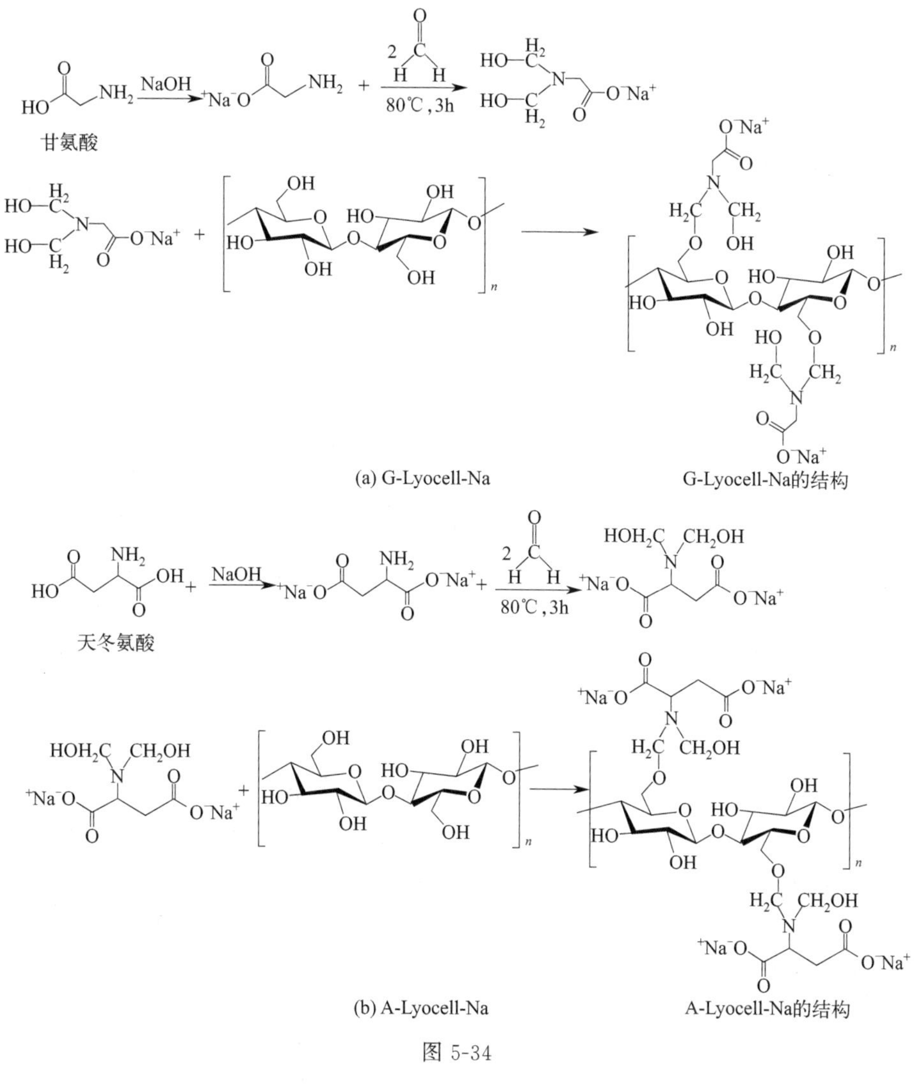

图 5-34

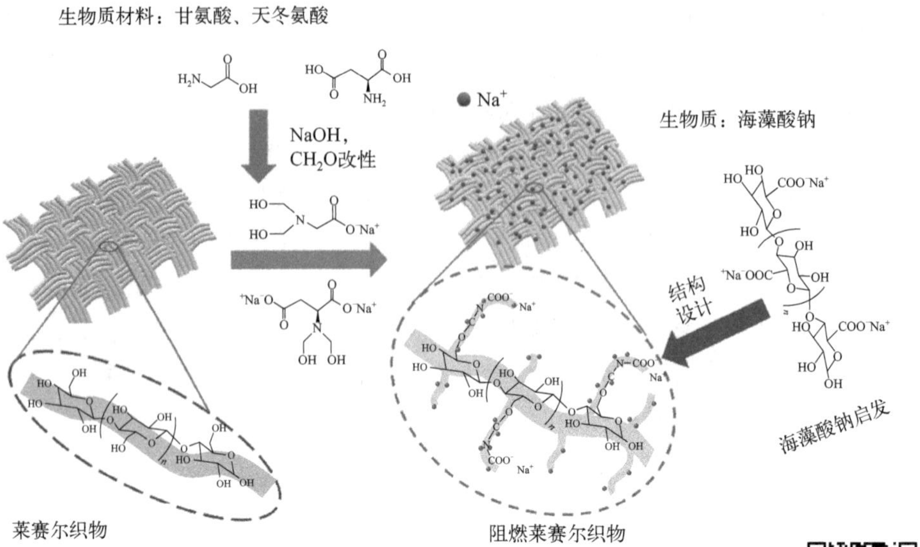

(c) 阻燃莱赛尔织物

图 5-34　G-Lyocell-Na 和 A-Lyocell-Na 及阻燃莱赛尔织物的制备

5.8 其他氮系化合物阻燃剂

(1) 尿素

尿素（urea，U）又名脲或碳酰胺，其分子式为 CH_4N_2O，为白色柱状结晶或结晶性粉末。通过氨与二氧化碳反应生成氨基甲酸铵，再脱水生成尿素。其因具有丰富的氮源，可提高阻燃性而被广泛地应用。Liu 等人[74] 运用层层自组装技术，以带正电荷的尿素和带负电荷的植酸钠（PA-Na）的连续组装制备生物基阻燃涂料（U@PA-Na)。将棉织物（COT）浸泡在生物基涂料中形成 COT/U@PA-Na 阻燃体系，制备过程如图 5-35 所示。U@PA-Na 具有优异的阻燃性和耐水性，水洗处理后的 COT/U@PA-Na3 复合材料的 LOI 值仍可达到 34.6%，通过 UL-94 B1 级，且损伤长度小于 150mm，燃烧时间小于 5s。

(2) 糠胺

糠胺（FA）的化学式为 C_5H_7NO，呈无色透明液体状，由糠醛经氢化后再氨化而得。糠胺因其含有—NH_2 基团而被应用于阻燃领域。糠胺是一种具有成本效益的可再生资源，可以由玉米芯和麦麸等各种农业副产品生产。糠胺结构中的呋喃环有利于提高所得热固性塑料的交联密度和炭化能力，因此基于糠胺的苯并噁嗪热固性塑料表现出非常低的火灾危险性。Wang 等人[75] 分别以双羟基脱氧安息香（BHDB)、双酚 A（BPA）为原料，通过和多聚甲醛与糠胺的曼尼希反应合成了两种生物基苯并噁嗪单体（BHDB-Bz 和 BPA-Bz)，图 5-36 是糠胺衍生的苯并噁嗪单体的合成（BHDB-Bz 和 BPA-Bz）路线。改性后的苯并噁嗪固化材料具有高达 40%的 LOI 以及通过了 UL-94 V-0 等级认证，该方案为提高苯并噁嗪材料的阻燃性提供了一种新型高效的方法。

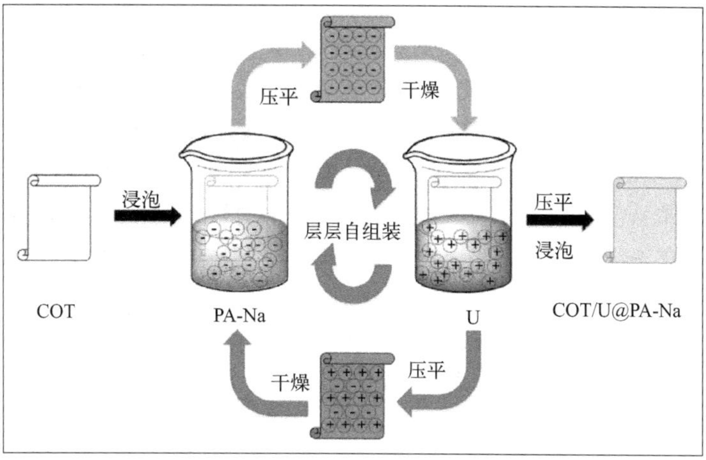

图 5-35　尿素和植酸钠层层自组装制备阻燃棉织物

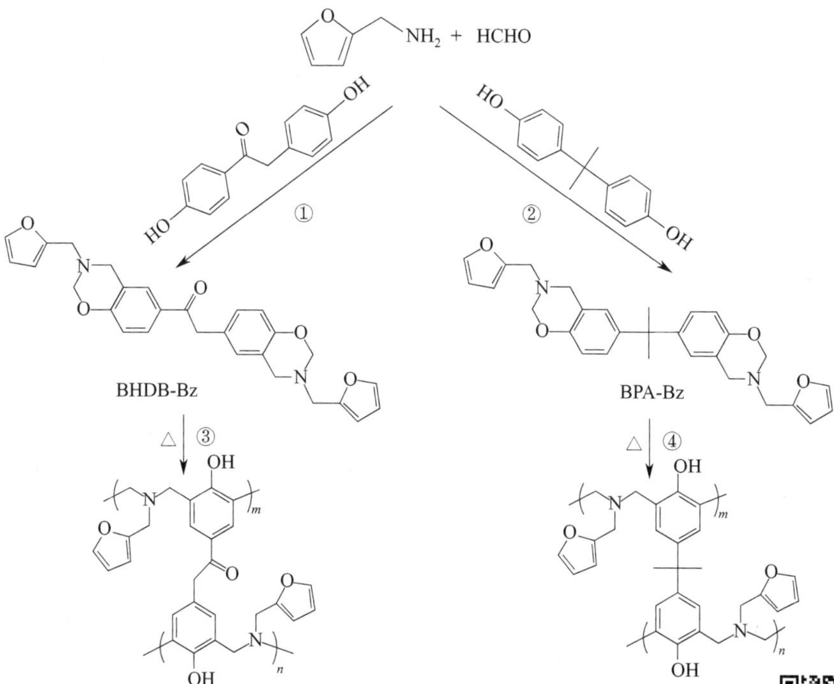

图 5-36　糠胺衍生的苯并噁嗪单体的合成路线

①—BHDB-Bz；②—BPA-Bz；③—聚(BHDB-Bz)；④—聚(BPA-Bz)

(3) 3-氨基丙基三乙氧基硅烷

3-氨基丙基三乙氧基硅烷（KH550）是含有—NH_2 基团的硅烷偶联剂。其结构的一端有能与环氧、脲醛、聚酯等类合成树脂反应的活性基团，如氨基等[76]；另一端有与硅相连的烷氧基，如甲氧基等。这些基团在水溶液或空气中水分的存在下，水解生成可与玻璃、无机填充剂表面的羟基反应，生成反应性硅醇。硅烷类偶联剂常用于硅酸盐类填充的环氧、脲醛、聚酯树脂等体系[77]。Cheng 等人[78] 以 3-氨基丙基三乙氧基硅烷（KH550）、戊二醛和亚磷酸二乙酯（DEP）为原料（图 5-37），通过 Kabachnik-Fields 反应和溶胶-凝胶反应开发了一种新型磷掺杂二氧化硅溶胶的阻燃体系。Si、P 和 N 之间的协同作用增强了纺织物（丝绸）的阻燃性能。阻燃织物在洗涤 25 次后仍能够自熄，并具有 28.0%的高 LOI 值，表现出优异的耐洗性和阻燃性。

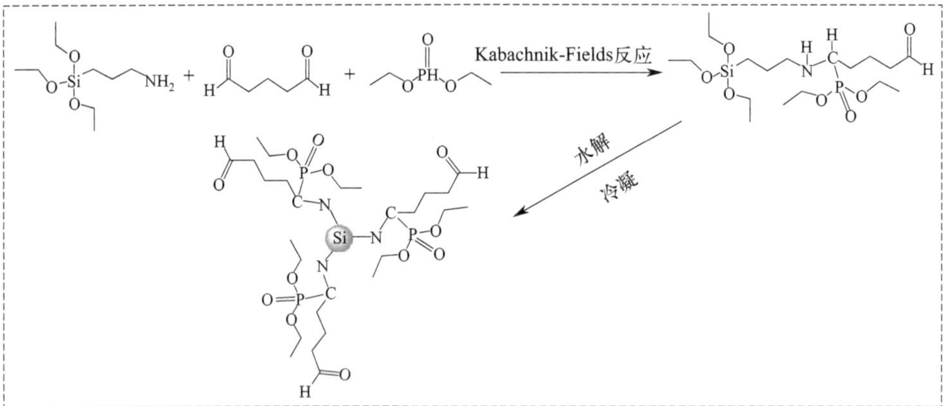

(a) 新型磷掺杂二氧化硅溶胶阻燃剂的制备

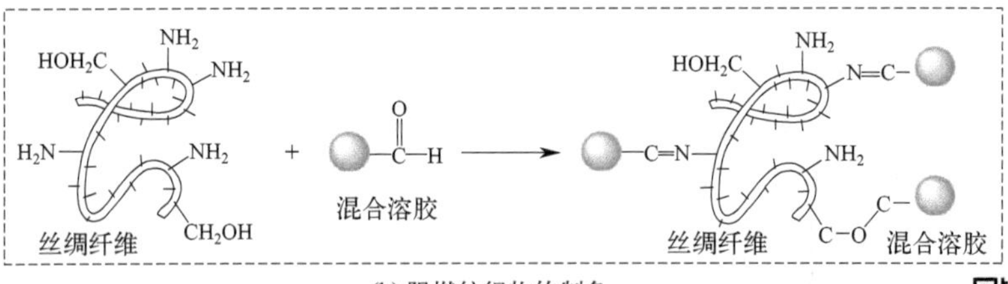

(b) 阻燃纺织物的制备

图 5-37 新型磷掺杂二氧化硅溶胶阻燃剂及其阻燃纺织物的制备

5.9 氮系阻燃剂的应用

5.9.1 氮系阻燃剂在环氧树脂中的应用

环氧树脂（EP）分子式为$(C_{11}H_{12}O_3)_n$，是环氧氯丙烷与双酚 A 或多元醇的缩聚产物，属于热固性树脂。由于EP具有耐腐蚀、较高的力学性能、易加工和成本低等优点，在涂料、胶黏剂、电子设备、建筑等各领域具有广泛的应用。但它的阻燃性较差，需要进一步改善。

Zhang等人[79]设计制备了两种基于三唑单元结构的磷氮型阻燃剂——*N*-DOPO和PPDAT阻燃剂（图5-38）。制备过程为：将9,10-二氢-9-氧杂-10-磷杂菲-10-氧化物（DOPO）、3,5-二氨基-1,2,4-三唑（TDA）和三乙胺（Et_3N）反应合成*N*-DOPO；将二氯化膦、TDA、苯基磷酸二氯化物反应合成PPDAT。这两种磷氮型阻燃剂都能提高EP的阻燃性能。在引入7.5%（以质量分数计，下同）的*N*-DOPO后，EP达到了UL-94测试中的V-0等级和具有33.5%的理想极限氧指数值。添加7.5% PPDAT后，该复合材料仅达到UL-94测试中的V-1等级，LOI值仅为30%，表明与PPDAT相比，*N*-DOPO对环氧树脂具有更好的阻燃效果。

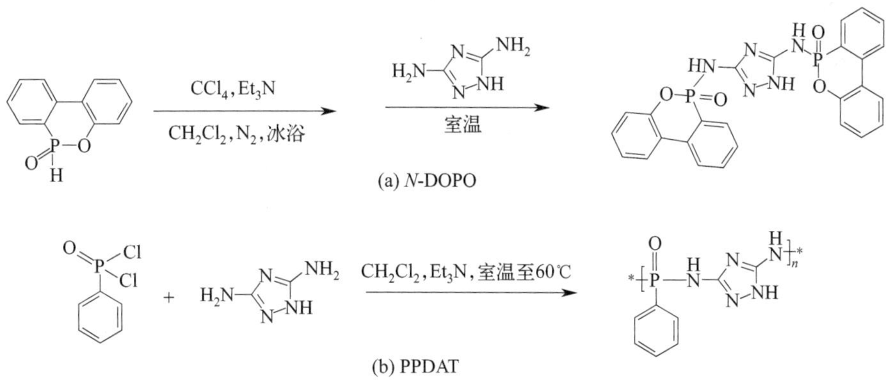

图5-38　*N*-DOPO和PPDAT的合成路线

通过氢键自组装和原位分散策略可以改性环氧树脂。三聚氰胺和氰尿酸（CA）可通过氢键自组装合成一种富氮的阻燃剂。Wang等人[80]考虑阻燃剂在EP中的分散性，采用原位分散策略，使用二甲基亚砜（DMSO）作为反应溶剂，合成了三聚氰胺氰尿酸酯（MCA），然后将EP预聚物加入反应体系中，通过旋转蒸发去除溶剂。高黏度极压胶可以有效抑制自组装单元的聚集。最后，在烘箱中通过热固化得到高分散阻燃EP复合材料（EP/PZS@MCA）。在EP中仅添加9%（以质量分数计）的PZS@MCA即可达到UL-94 V-0等级。此外，由于PZS@MCA具有较大的长径比、丰富的末端官能团和更好的分散性，改性EP保持了优异的力学性能。

Liu等人[81]为了同时获得具有突出阻燃性和增强力学性能的环氧热固性材料，以5-氨基-1*H*-四唑和二苯基氯化膦为反应物，合成了称为D-5-AT的*N*-四唑基二苯基膦酰胺，并将其掺入环氧树脂中，制备了环氧复合材料。D-5-AT在复合材料中表现出双重阻燃作用。在气相中，由于D-5-AT的热解，含磷自由基（如

PO·、HPO·和 HPO_2·）被释放出来，这些自由基被用来捕获 EP 燃烧过程中产生的活性自由基（H·和 HO·），从而熄灭火焰。同时，D-5-AT 中的富氮四唑分解并产生含氮气体，如 N_2、NH_3、N_3H 等，这些气体对燃料和氧气的浓度产生了稀释作用。除此之外，源自 D-5-AT 热降解的磷酸衍生物有利于促进 EP 的脱水和炭化反应，形成连续致密的炭层，进而起到了阻隔氧气、热量和燃料传递的作用（图 5-39）。因此，EP 的燃烧被中断，表现出优异的阻燃性能，含有 7.5%（以质量分数计）D-5-AT 的 EP 复合材料达到了 UL-94 V-0 等级，极限氧指数高达 35.1%。

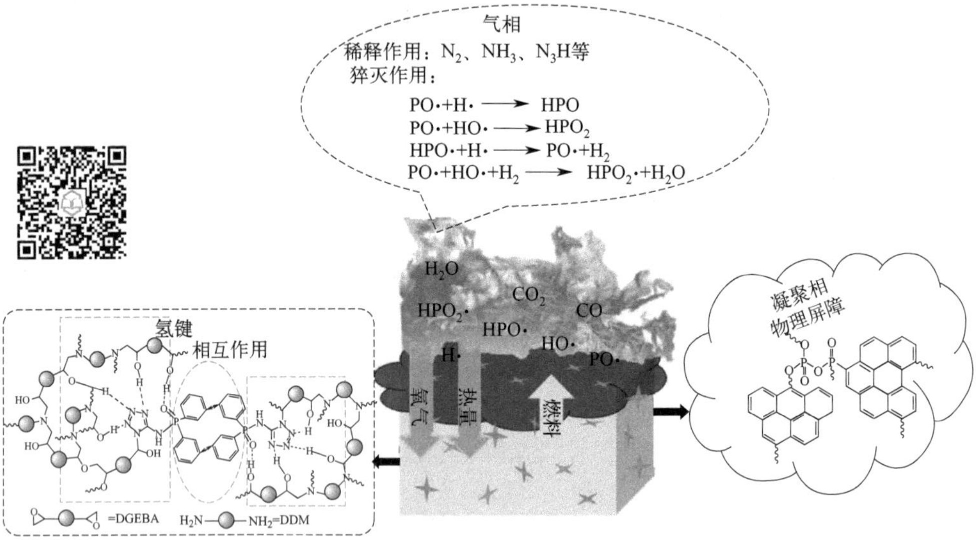

图 5-39　D-5-AT 改性 EP 复合材料的阻燃机理

Cao 等人[82] 合成了具有活性酯基的生物基环氧前驱体（MGOE-EP），并选择 4,4′-二氨基二苯基甲烷（DDM）固化 MGOE-EP，得到了三种不同交联密度、N 含量和联苯含量的环氧树脂。当不添加 DDM 时，归因于高残炭产量、高交联密度和高联苯含量，仅由 C、H 和 O 元素组成的固化树脂在 UL-94 测试中仅达到 V-1 等级。添加 DDM 后，随着 DDM 含量的增加，交联密度、炭产量和联苯含量降低，但所得复合材料可以通过 UL-94 V-0 等级认证。复合材料阻燃机理的研究结果表明，在凝聚相中，MGOE-EP 体系中的联苯结构可以有效提高该体系的残炭率。此外，产生的联苯自由基与 N 结合，在环化、重排和脱氢过程后逐渐形成稳定的富芳烃/石墨层，有效阻碍了热量和可燃气体的传递，保护了内部树脂基质免受进一步热解。此外，N 元素不仅可以促进炭层的形成，还可以参与炭化形成更稳定的 C═N 和吡啶结构，最终保持在凝聚相中，从而赋予复合材料更好的阻燃性能（图 5-40）。因此，在 MGOE-EP 体系中加入 DDM 可以获得更好的阻燃性。

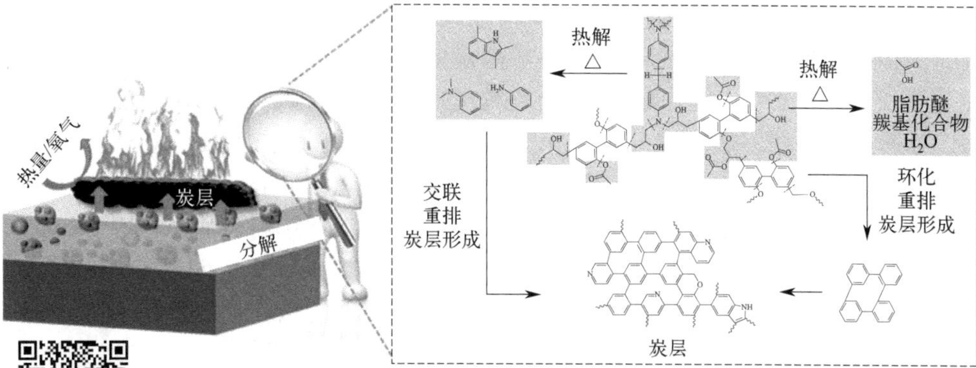

图 5-40　MGOE-EP/DDM 复合材料的阻燃机理

5.9.2　氮系阻燃剂在聚乳酸中的应用

聚乳酸（PLA）化学式为（$C_3H_6O_3$）$_x$，是由乳酸分子经聚合反应形成的一种生物可降解聚合物，它具有良好的生物相容性和化学稳定性。阻燃剂在聚乳酸基复合材料中的均匀分散可以提高材料的阻燃能力[83]。

Ling 等人[84] 以尿素、植酸、六水合硝酸锌作为改性剂生成新型碳阻燃剂，以竹活性炭为碳源，具有 P、N 和金属元素，协同提高 PLA 的阻燃性。聚乳酸复合材料表现出良好的阻燃性，在 UL-94 测试中从无等级提升到 V-0 等级，极限氧指数也从 20.1%提高到 31.2%。

Wang 等人[85] 基于酸碱平衡理论，以聚磷酸铵（APP）与三(羟甲基)氨基甲烷（Tris）反应合成了一种新型无卤自膨胀聚电解质——三(羟甲基)氨基甲烷聚磷酸酯（APTris）（图 5-41），并用于提高 PLA 非织造布的阻燃性能。在改性 PLA 非织造布燃烧时，APTris 分解产生的一些 PO· 和 PO_2· 在气相中捕获 HO· 和 H·，从而阻断气相中燃烧的连锁反应。此外，APTris 可以自交联，并在凝聚相中迅速膨胀形成 P—O—P、P—O—C 网络结构，从而在材料基体上建立物理屏障，阻碍氧气、挥发物和热量的传递。因此，烟雾被及时抑制，非织造布的阻燃性显著提高，极限氧指数值从 18.3%提高到 30.0%，在垂直燃烧试验中的受损面积减少了约 87.0%，与对照组 PLA 非织造布样品相比，锥形量热测试后，改性样品的峰值热释放速率和总热释放量分别降低了 41.0%和 28.2%。

Zhang 等人[86] 通过用 9,10-二氢-9-氧杂-10-磷杂菲-10-氧化物（DOPO）和二酸酐（EA）对田菁胶（SG）进行改性，得到了磷酸化田菁胶（DESG），如图 5-42 所示。随后，将聚乳酸与作为碳源的 DESG、作为酸源和气源的聚磷酸铵（APP）熔融共混，制备了 PLA 阻燃复合材料。当复合材料加热燃烧时，作为酸源和气源的 APP 首先分解生成氨气和多磷酸。氨气作为一种不易燃的气体，在气相中具有稀释作用，能够稀释气相中的可燃气体和氧气。DESG 分子中的羟基与多磷酸之间可能会发生酯化反应。同时，多磷酸具有强脱水能力，可以加速酯的炭化，形成含有 P—O—C 和 P—O—P 交联结构的磷-碳炭层。随着外界温度的不断升高，交联结构再经脱氢、炭化、化学键断裂等化学反应，形成富含磷和碳的残炭层。反应生成的水蒸气与一些不燃气体（如 NH_3）使炭层膨胀，形成膨胀保护层。该膨胀层具有强度高、致密性好、热稳定性优异等特点，其覆盖在 PLA 基体表面，能够产生精细的屏蔽效果，通过有效的保温和隔氧，进一步延缓了材料的降解速度，提高复合材料的阻燃性能。当 DESG/APP 质量比为 12/8 时，复合材料的 LOI 值为 32.2%，并达到垂直燃烧测试 UL-94 V-0 等级。同时，样品显示出最低的总热释放量（$52.7MJ/m^2$），相比纯 PLA 减少了 32.5%。

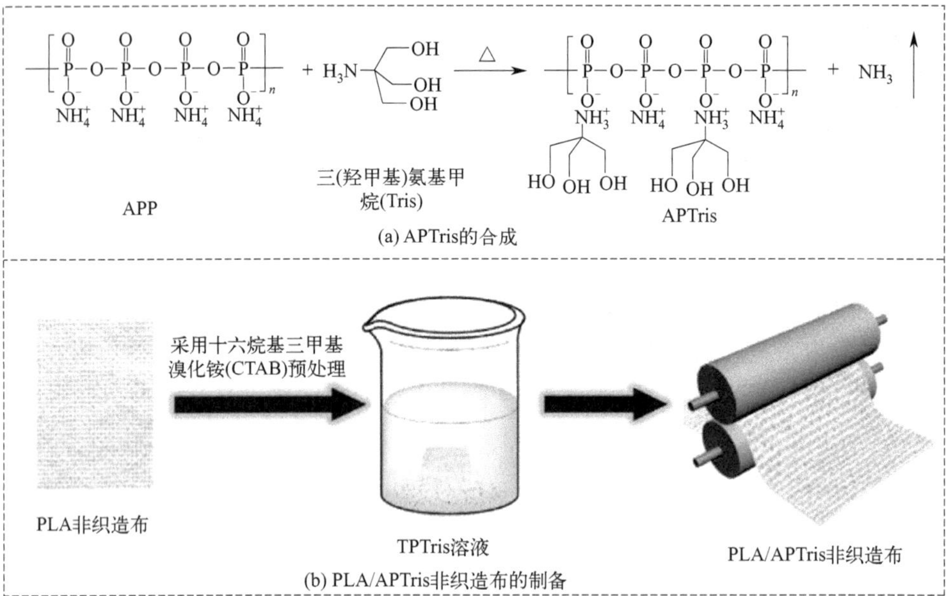

图 5-41 APTris 的合成以及 PLA/APTris 非织造布的制备

Han 等人[87] 以水为介质，以 APP 为核心，以聚丙烯酰胺（PAM）和海藻酸钠（SA）为壳，通过层层（LBL）自组装开发了一种绿色核壳结构阻燃剂（APP@PAM@SA-nDL，其中 n 为组装层数），如图 5-43 所示。随后，将该阻燃剂应用于 PLA 中，制备了 PLA 阻燃复合材料。复合材料的阻燃机制为：在复合材料的燃烧过程中，随着温度的升高，APP 受热分解产生的含磷酸和多羟基（PAM 和 SA）发生脱水和酯化反应，形成熔融层；同时，释放出非可燃性气体（CO、CO_2 和 NH_3），使熔融层膨胀并起泡。并且，APP 分解还产生了许多含 P 的自由基（P·、PO·和 HPO·），这些含 P 的自由基与从 PLA 基体分解出的 H·、O·和 HO·反应以终止放热反应。随着温度进一步升高，酯化产物脱水，P—O—P—结构发生交联聚合，最终整个体系被焦化并固化，形成膨胀的炭层，有效防止热量和可燃气体破坏 PLA 基体，从而有效提高 PLA 的阻燃性能。仅需 10%的 APP@PAM@SA-3DL 即可使 PLA 复合材料的 UL-94 测试等级达到 V-0 等级，LOI 从 19.7%（纯 PLA）提高到 29.2%。

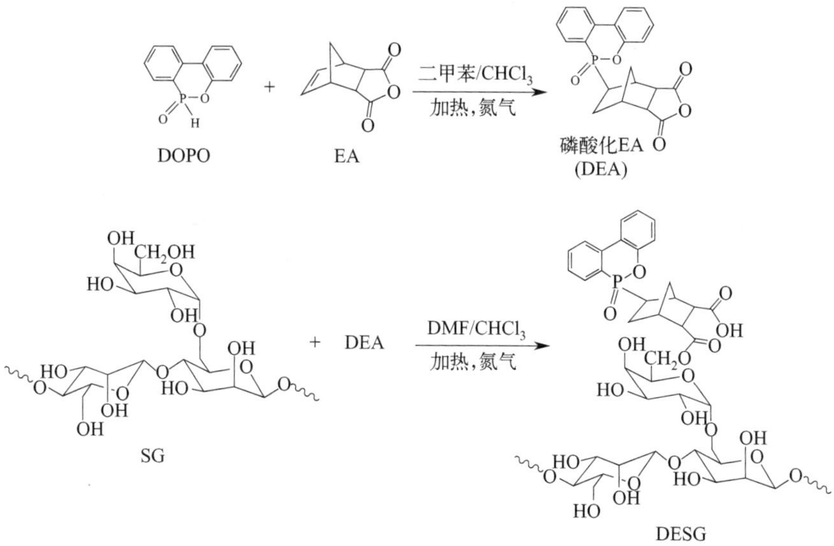

图 5-42　DESG 的合成反应式

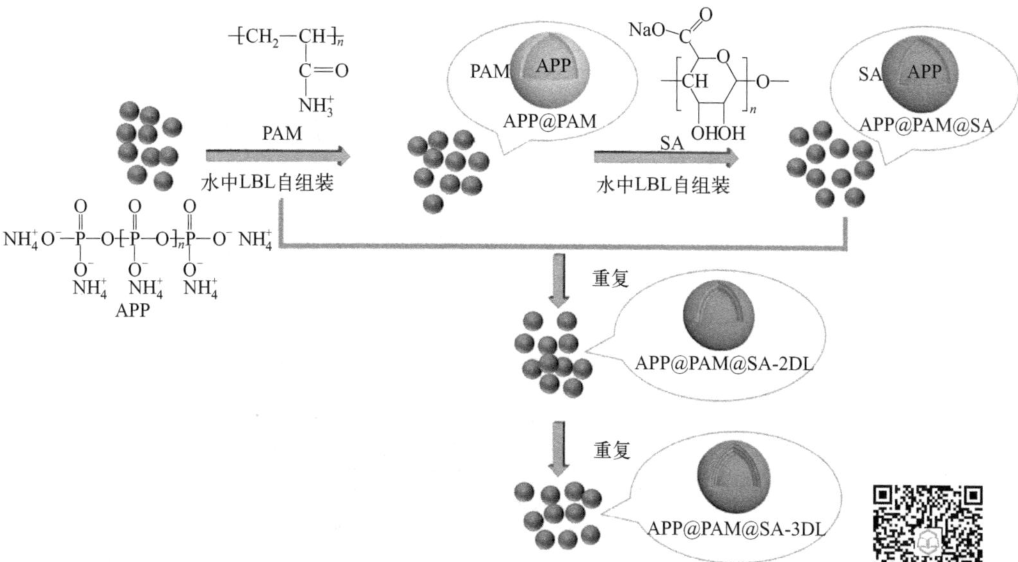

图 5-43　APP@PAM@SA-nDL 的制备

Tian 等人[88] 通过一种简单且环保的合成方法开发了一种由壳聚糖（CS）、氨基三亚甲基膦酸（ATMP）和蛋氨酸（MI）组成的名为 CS@ATMP@MI（CAM）的生物基阻燃剂。CAM 在不影响材料力学性能的情况下赋予了材料有效的阻燃性和抗滴落能力。制备的 PLA/CAM 复合材料在仅有 1.0%（以质量分数计，下同）

CAM 含量下达到 UL-94 V-0 等级，在 3.0% CAM 的含量下达到 28.4%的极限氧指数值。对复合材料的阻燃机理研究发现，当燃烧反应发生时，纯 PLA 基质会通过化学键均裂产生 H·和 HO·等自由基，剧烈的自由基反应是引发火灾的主要原因。阻燃剂 CAM 有三种成分：CS 作为碳源，ATMP 作为磷源和氮源，MI 作为硫源。一旦 PLA 复合材料被点燃，CAM 就开始在气相和凝聚相中起作用。磷酸基团会释放 P·和 PO·等自由基，这些自由基可以捕获 H·和 HO·，释放 PO 和 PO_2 等不可燃气体。同时，ATMP 中的 N 元素也会转化为 NH_3。这些气体可以阻断燃烧自由基反应，降低氧气浓度。同时，CS 中的酰胺基和羟基会在凝聚相中脱水，形成凝聚炭层以隔绝氧气。此外，在燃烧过程中 PLA 会被引入的磷酸基团催化脱水，产生 H_2O 和 CO_2。PLA 主链中的碳会被 P、N 和 S 捕获，成为炭层的一部分，而不是与氧完全结合。硫的优异交联效果显著增加了残炭的质量，导致生成了更致密的炭层，表现出增强的阻燃特性。它还有助于抑制熔融液滴的产生，加速火焰自熄。通过这些方式，CAM 表现出复杂的阻燃机制，并在有火焰生成的情况下抑制了剧烈的分解反应。尽管 CAM 在气相和凝聚相中都表现出阻燃作用，但其相对较低的炭残留量，表明 CAM 主要在气相中起作用（图 5-44）。

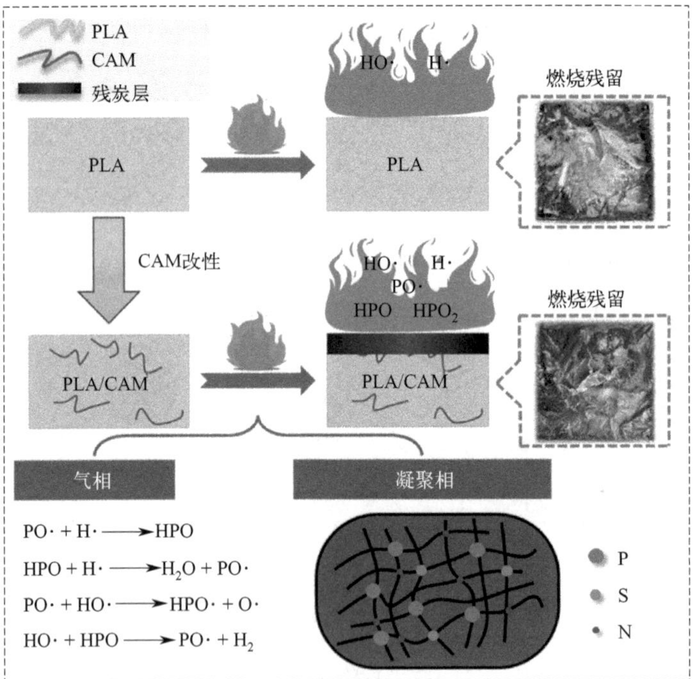

图 5-44 PLA/CAM 复合材料中的阻燃机制

5.9.3 氮系阻燃剂在酚醛树脂中的应用

酚醛树脂（PR）是最早应用于工业的聚合物之一。酚醛树脂为无色或黄褐色透明物，具有耐高温性能、高黏结强度和低盐、低毒性[89]。酚醛树脂常用作环氧树脂的固化剂，但它的阻燃性能并不高，因此可以通过引入 P-N 阻燃剂改性酚醛树脂。

Yuan 等人[90] 以苯酚、多聚甲醛、双氰胺、DOPO、二苯基氧化膦（DPO）为原料合成了两种磷氮酚醛树脂——DPO-PR 和 DOPO-PR（图 5-45）。制备出的磷氮酚醛树脂可以用作环氧树脂的固化剂。在相同添加量下，与普通酚醛树脂固化 EP（PR/EP）相比，DPO-PR/EP 的 PHRR 降低了 41.5%，THR 降低了 29.4%。DPO-PR/EP 和 DOPO-PR/EP 均能分解出含磷自由基，发挥猝灭作用，从而提高复合材料的阻燃性能。

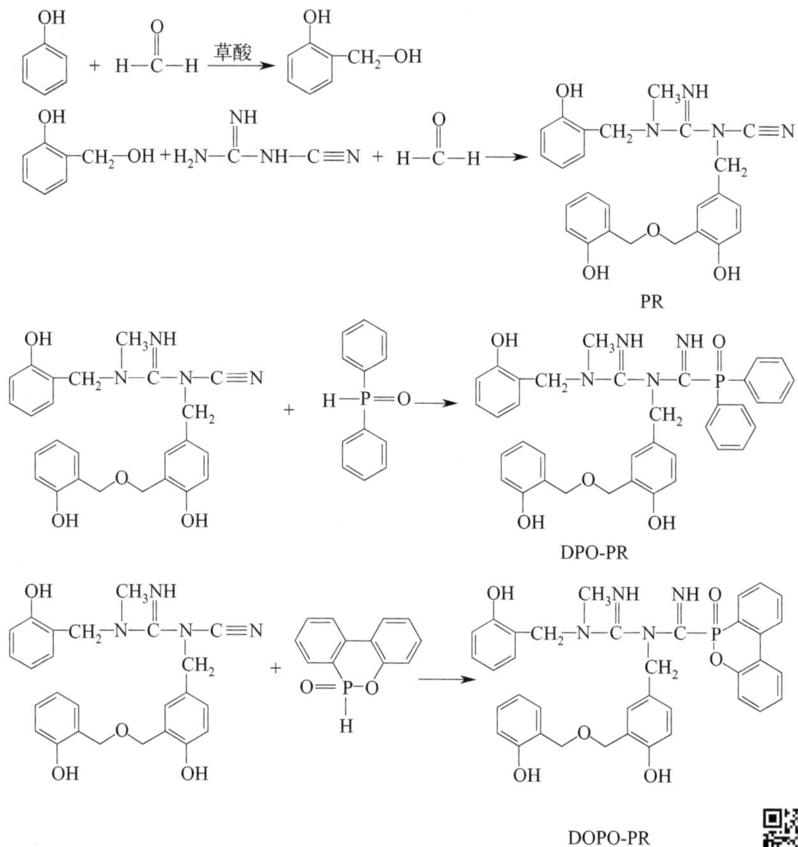

图 5-45　PR、DPO-PR 和 DOPO-PR 的合成路线

Zhou 等人[91] 以三聚氰胺、二乙基次膦酸铝（ADP）和纳米二氧化硅（SiO_2）改性酚醛树脂，使酚醛树脂具有良好的阻燃性能。当在 PR 中加入 1.5%（以质量分数计，下同）的纳米 SiO_2、3%的三聚氰胺和 15%的 ADP 时，极限氧指数值达到 39.6%，UL-94 测试达到 V-0 水平。纳米 SiO_2、ADP 和三聚氰胺可以在 PR 中发挥相当大的协同作用，大大提高其热稳定性和阻燃性。

气凝胶是一种高度多孔材料，具有连续的三维网络结构。在有机气凝胶中，酚醛气凝胶因其优异的力学性能、热稳定性和可加工性而成为建筑工业、航空航天工业和电气工业中使用最广泛的材料之一[92]。Cao 等人[93] 使用简单而经济的溶胶-凝胶工艺伴在干燥环境下制备了一系列以苯酚、甲醛和三聚氰胺为原料的三聚氰胺-酚醛气凝胶（MPA）（图 5-46）。含有 40%三聚氰胺的改性酚醛气凝胶的极限氧指数值为 32.7%。研究表明，在酚醛体系中加入三聚氰胺生成共聚树脂体系可以提高其阻燃性。

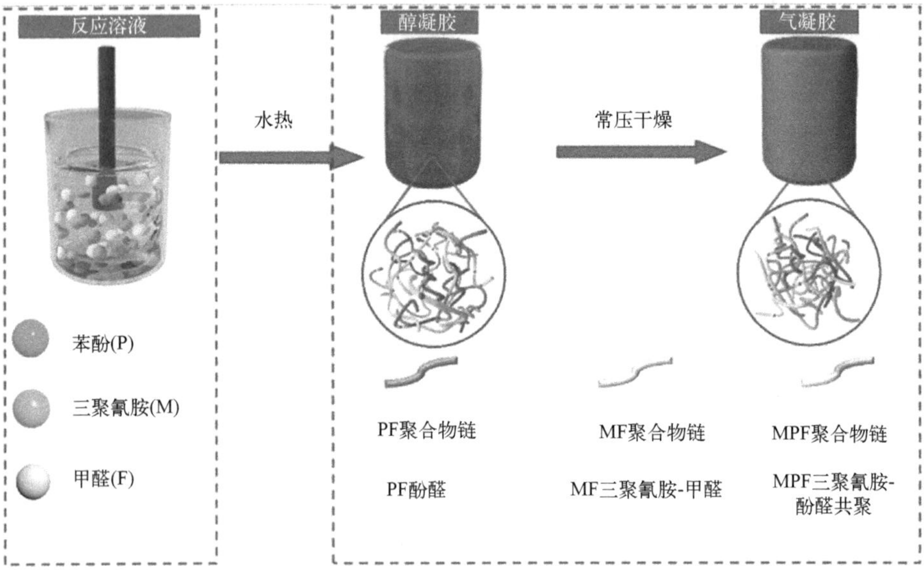

图 5-46　MPA 气凝胶的制备过程

5.9.4　氮系阻燃剂在聚丙烯中的应用

聚丙烯（polypropylene，PP），是丙烯单体通过加聚反应而成的聚合物，呈白色蜡状，外观透明且质轻，化学式为（C_3H_6）$_n$。PP 的耐化学稳定性好，但易燃。PP 作为最重要的热塑性高分子材料之一，因其良好的综合力学性能、易于成型加工和良好的耐化学性而得到广泛应用和商品化。He 等人[94] 使用精氨酸、赖氨酸和组氨酸等 3 种碱性氨基酸，通过成盐反应制备不同的生物基植酸-碱性氨基酸盐（PaArg、PaLys 和 PaHis），如图 5-47 所示。将三种氨基酸盐（阻燃剂）分别添加到聚丙烯中，可以使聚丙烯具有良好的阻燃性能，PaArg 在赋予 PP 阻燃性方面显示出比 PaLys 和 PaHis 更高的效率。当 PaArg 含量为 22%（以质量分数计，下同）时，改性 PP 的极限氧指数值为 26.0%，其在垂直燃烧测试中达到 UL-94 V-0 等级。在火灾隐患测试中，PaLys 在减少 PP 燃烧过程中的火灾隐患方面显示出比 PaArg 和 PaHis 更高的效率。与纯 PP 相比，含 25% PaLys 的改性 PP 的峰值热释放速率降低了 70.7%，火灾增长指数降低了 86.9%。

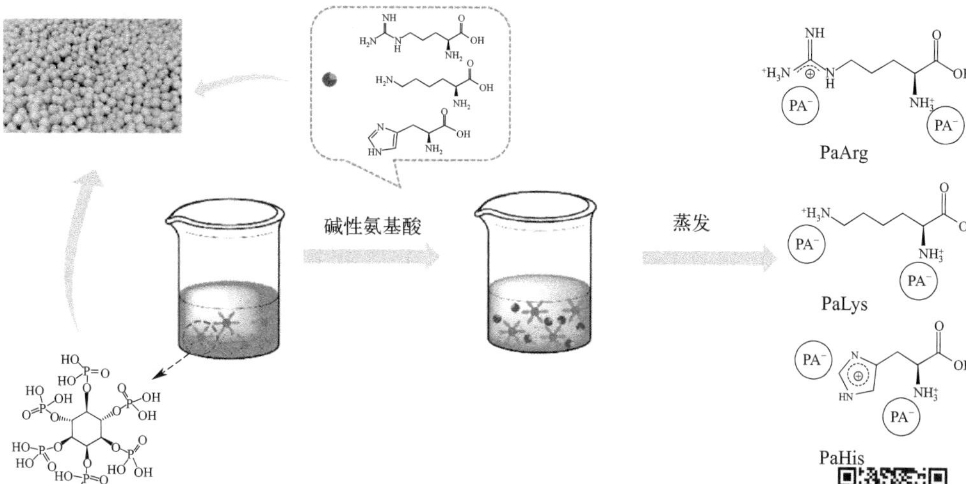

图 5-47　PaArg、PaLys 和 PaHis 的制备程序

膨胀型阻燃剂（IFR）因其低烟、低毒，而备受关注。基于膨胀型阻燃体系结构，为提高聚丙烯（PP）的阻燃性能，Qin 等人[95] 以三聚氰胺、乙二胺、磷酸三乙酯（TEP）为原料合成氮系阻燃剂——BTETP（图 5-48）。将 BTETP、聚磷

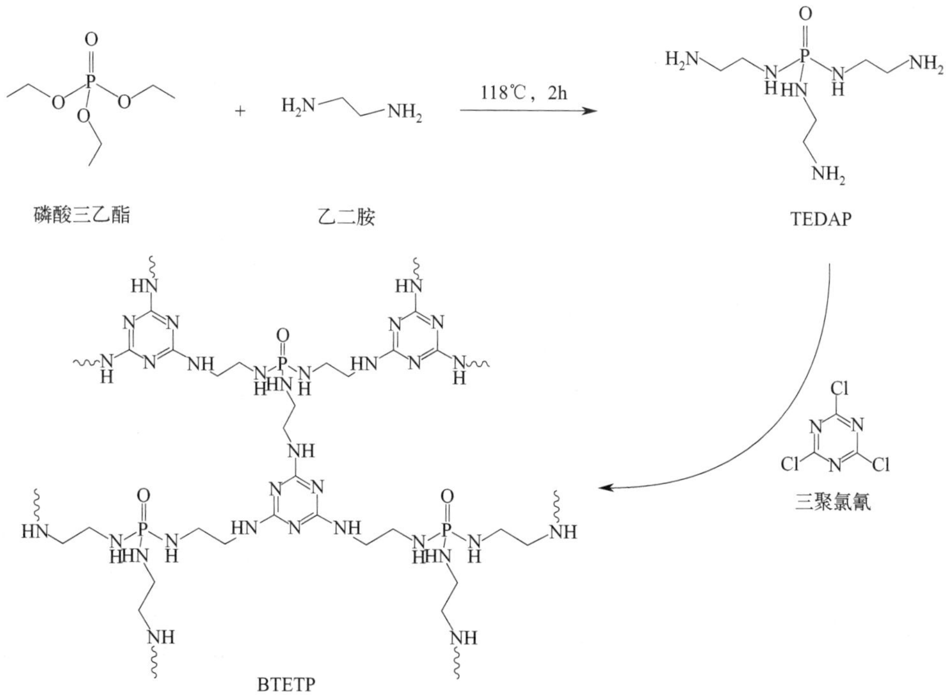

(a) BTETP的合成路线

图 5-48

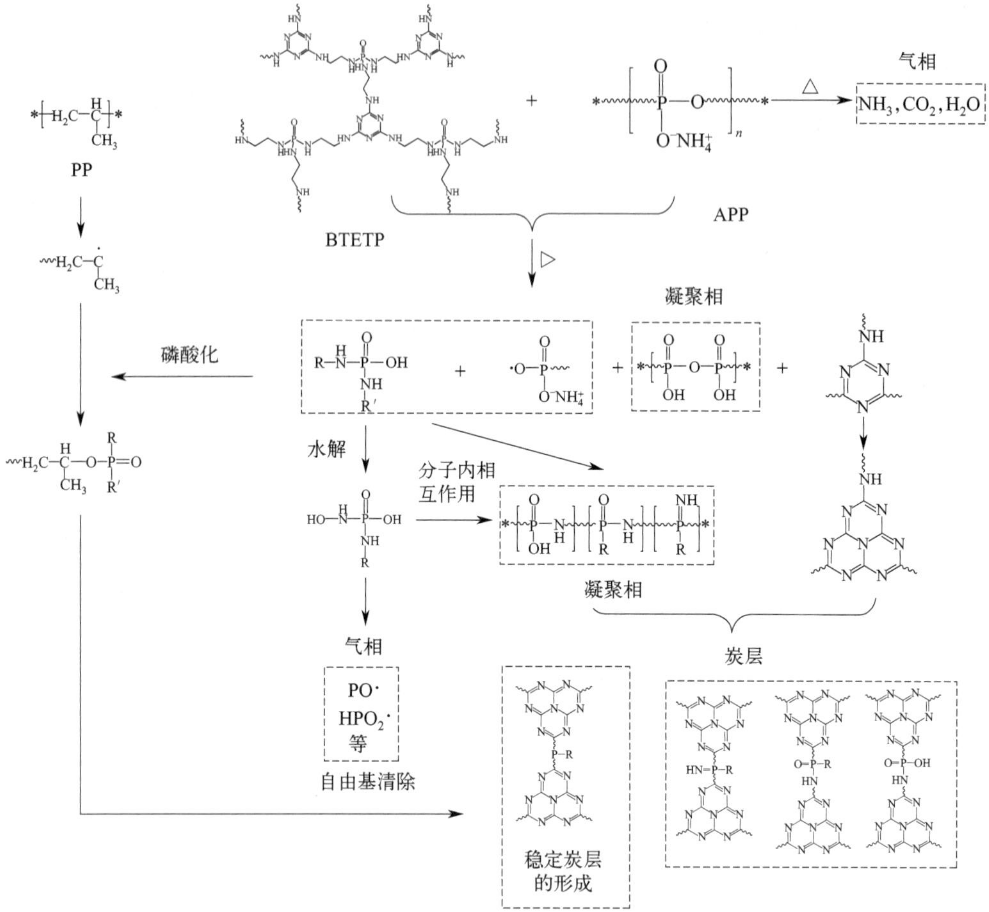

(b) BTETP与APP组成的IFR可能的阻燃机制

图 5-48　BTETP 的合成路线及其与 APP 组成的 IFR 可能的阻燃机制

酸铵（APP）和聚丙烯熔融共混挤压成型，形成改性聚丙烯阻燃体系。当改性聚丙烯受热后，BTETP 和 APP 通过水解分解形成磷羟基、三嗪化合物和磷酸，释放出 NH_3 等气体。然后，部分磷羟基通过磷酸化与聚丙烯的分解产物相互作用，产生有效的燃料，其余磷羟基进行分子间/分子内反应，形成氧氮化磷或聚磷腈。多磷腈也是由磷羟基的进一步水解产物经分子间/分子内反应形成的，其容易通过自由基清除效应在气相中形成含磷自由基。具有环状结构的三嗪化合物易于组装和剪接，作为炭化前体，进一步提高炭化质量。最后，经过聚磷腈、自组装的三嗪化合物和聚丙烯的磷酸化产物进一步交联和环化，形成具有良好保护层效果的炭化物。因此，仅添加 20%（以质量分数计）BTETP/APP（1∶2），PP 复合材料即可达到 UL-94 V-0 水平，显示出更高的防火安全性。

Wang 等人[96] 分别使用了腺嘌呤（A）、鸟嘌呤（G）、胞嘧啶（C）和尿嘧啶

(U)共四种含氮碱基作为生物基气体源，以调节膨胀型阻燃剂(IFR)对聚丙烯阻燃性能的提升效率。结果表明，所有含氮碱基均显著提高了 PP 复合材料的 LOI 值。然而，只有 U 或 C 在提高 PP 复合材料的 UL-94 等级方面起着积极作用。添加 17%(以质量分数计，下同)的 IFR 和 1%的 U(或 C)可使 PP 复合材料达到 UL-94 V-0 等级，而普通的 IFR 在 PP 复合材料中则需要≥25%的含量才能达到相同的 UL-94 等级。这是因为 U 和 C 能够在较低温度下诱导 PP 复合材料降解，并改善其在高温下的热稳定性和残炭量。最重要的是，U 和 C 作为气源时，可以促进膨胀炭化物和致密炭化物的形成，从而形成防止树脂与外部之间热和气体交换的良好屏障。

Xu 等人[97] 合成了一种含氮硫阴离子(三嗪磺酸盐)的新型阻燃剂，然后通过煅烧-重构方式直接嵌入到 Mg/Al 水滑石(LDHs)的夹层中，得到聚丙烯基体的含氮含硫阻燃剂(LDH-NS)。结果表明，LDH-NS 在 PP 基体中的分散性优于 CO_3^{2-} 插层 LDH(LDH-C)。PP/LDH-NS 复合材料的峰值热释放速率、总热释放量和总烟雾释放量分别为 255.8kW/m^2、61.3MJ/m^2 和 205.7m^2/m^2，与纯 PP 相比下降了 69.7%、43.1%和 75.0%。此外，PP/LDH-NS 复合材料的极限氧指数值为 28.6%，并在 LDH-NS 负载量为 30%(以质量分数计)时于垂直燃烧测试中达到 UL-94 V-1 等级。

5.9.5　氮系阻燃剂在棉织物中的应用

随着人们安全意识的提高，阻燃棉织物得到广泛的关注和研究[98]。制备阻燃棉织物的常用方法为浸泡法。

(1) 直接使用氮系阻燃剂

为解决棉织物阻燃性较差的问题，已有人开发了一种 P-N-Si 共改性棉织物阻燃剂。Hu 等人[99] 以聚乙烯亚胺(PEI)、植酸(PA)和 3-缩水甘油氧基丙基三甲氧基硅烷(GPTMS)为原料合成 COTP/N/Si 阻燃剂，并将其与棉织物水煮浸泡，使棉织物获得较好的阻燃效果(图 5-49)。由于通过多个共价键和静电装配，该阻燃棉织物经过 50 次洗涤循环后，其极限氧指数仍可保持在 27.1%，与纯棉织物相比，峰值热释放速率、总热释放量和总烟雾释放量分别下降了 85.89%、52.72%和 47.22%，表明该阻燃棉织物具有优异的耐洗性能、阻燃性能和抑烟性能。

Zhang 等人[100] 以聚乙烯亚胺(PEI)、植酸(PA)和银纳米线(AgNWs)为原料，通过层层(LBL)自组装技术对棉织物进行浸泡处理。棉织物首先在 PEI 阳离子液体中浸泡，然后在 PA 阴离子液体中浸泡，交替浸入阴、阳离子溶液，干燥后，再浸渍于 AgNWs 悬浮液中，干燥即可获得阻燃棉织物(图 5-50)。含有 24.2%(以质量分数计，下同)PEI/PA 层和 7.5% AgNWs 网络的棉织物具有有效的自熄效果，并使纯棉织物的峰值热释放速率降低了约 58.59%。

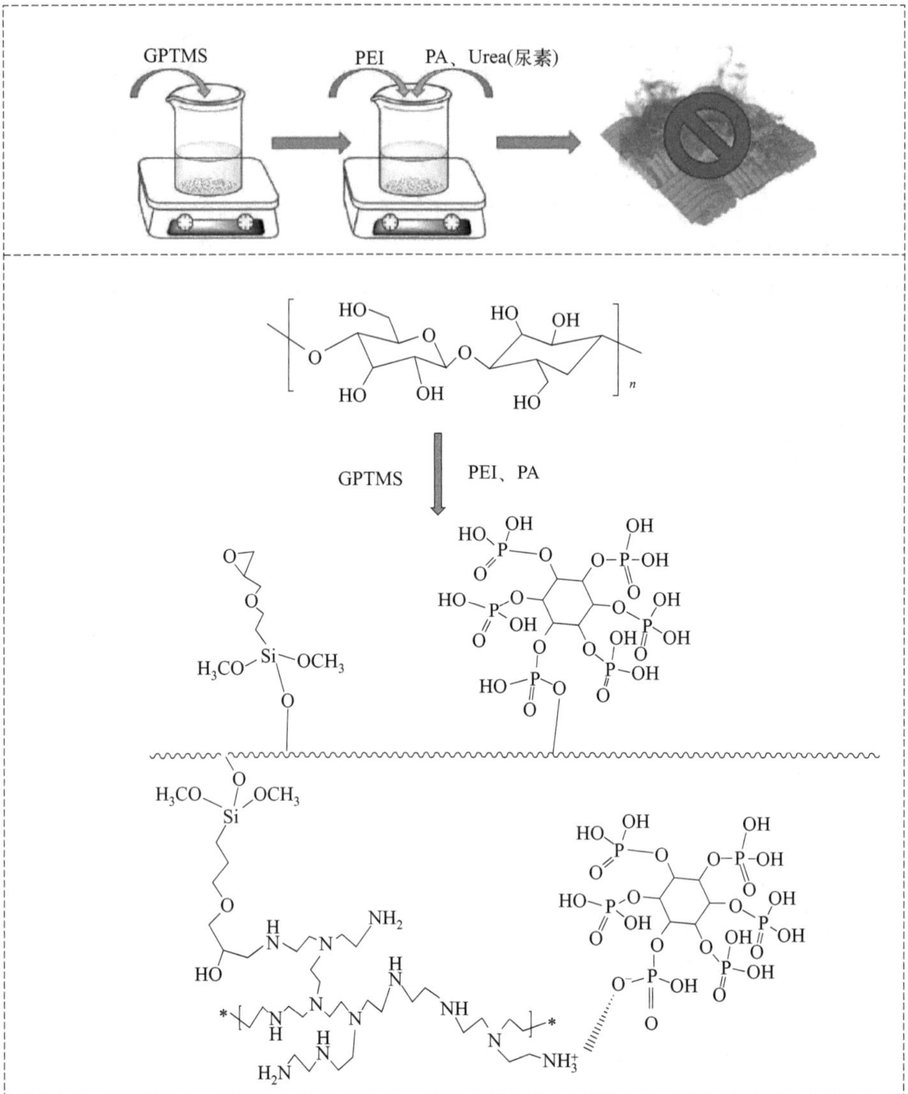

图 5-49 GPTMS-PEI-PA 共改性棉织物的制备及化学反应

(2) 氮系阻燃剂改性后使用

将氮系阻燃剂磷酸化形成 P-N 型阻燃化合物。Shi 等人[101] 使用亚磷酸磷酸化聚乙烯亚胺（P-PEI），然后与十六癸胺（HDA）改性聚磷酸铵（MAPP）制备阻燃涂层，棉织物交替沉积在 P-PEI 和 MAPP 溶液，形成棉织物阻燃体系。此阻燃体系中 P-PEI 与 MAPP 作为酸源，棉织物的纤维素作为碳源，起到气相和凝聚相协同阻燃机制（图 5-51）。在 $25kW/m^2$ 的热通量下，改性的阻燃棉织物甚至无法点燃。

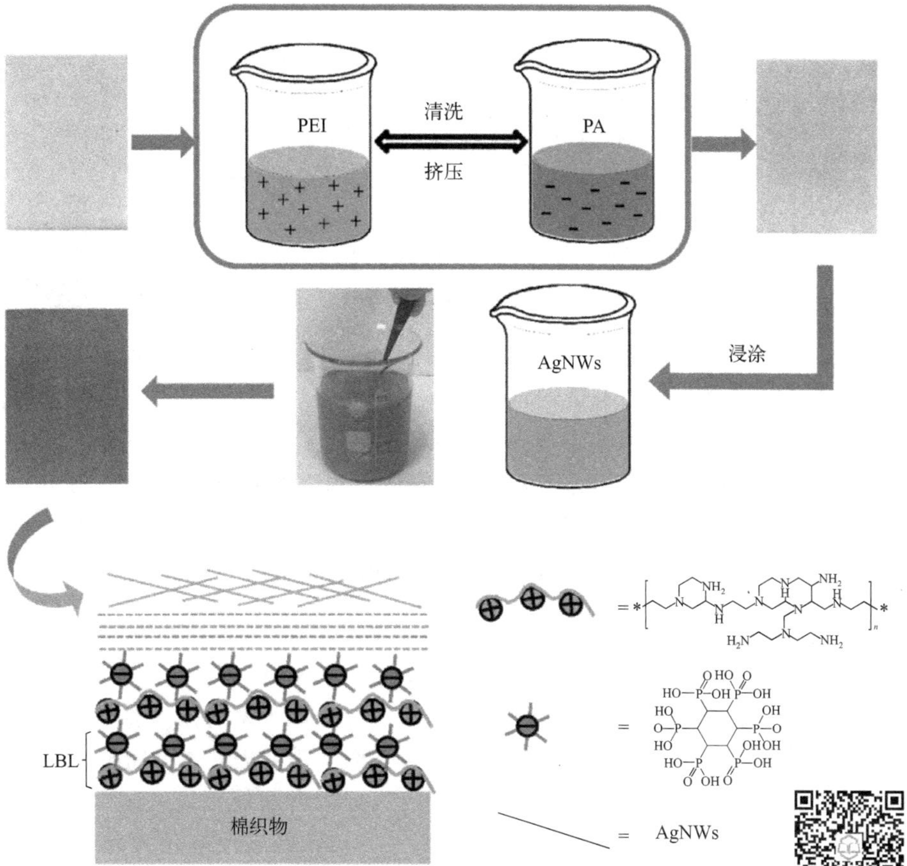

图 5-50　阻燃棉织物上的层层自组装处理和浸涂

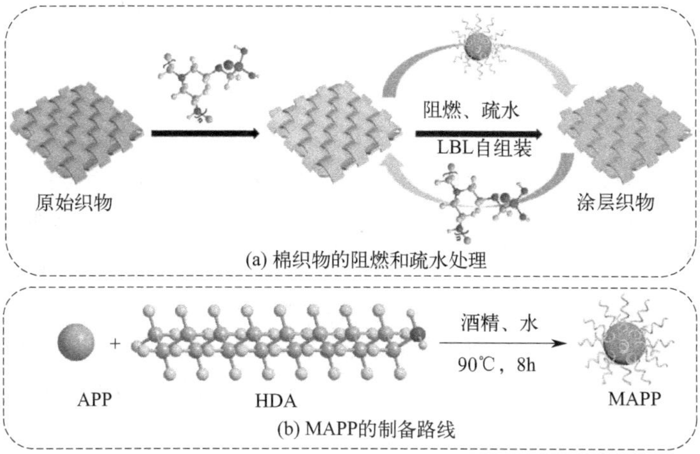

图 5-51

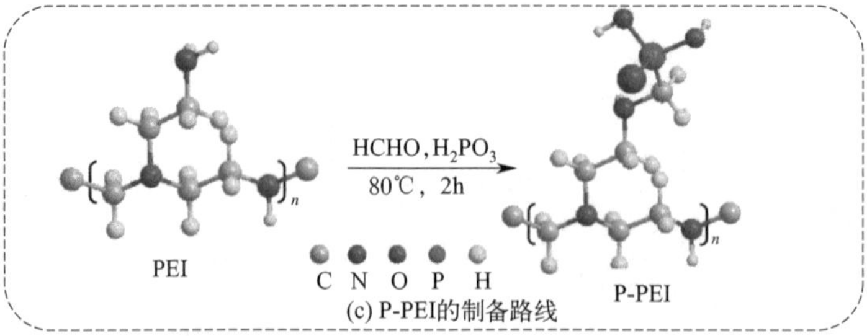

图 5-51 棉织物的阻燃和疏水处理以及 MAPP 和 P-PEI 的制备路线

Chen 等人[102] 利用磷酸、硼酸和甘油制备 B/P/N 交联阻燃体系，交联体系通过尿素和双氰胺氨化和催化，目的是增强水溶性和纤维结合强度。以尿素为氨缓释剂，硼酸、甘油和磷酸反应合成 BCPPN 溶液，然后加入双氰胺作为接枝催化剂组成浸泡棉织物的阻燃溶液（图 5-52）。处理后，棉织物的极限氧指数 18.0%提高至 40.5%，垂直可燃性测试损伤长度由 30.0cm 降低至 4.8cm。此外，改性棉织物还表现出高白度、柔软性、耐用性和无细胞毒性。

5.9.6 氮系阻燃剂在木材中的应用

木材是我们日常生活中不可或缺的材料，广泛应用于家具、军事等领域。然而其本身的易燃性会给人们的日常生活带来危害。因此需要提高木材的阻燃性。

Yu 等人[103] 首先以三聚氰胺、尿素和乙二醛聚合而成三聚氰胺-尿素-乙二醛树脂（MUG），如图 5-53 所示。随后，将碱性木质素经羧甲基化为羧甲基化木质素（CAL），然后，将尿素与植酸以摩尔比 1∶6 反应后引入 CAL 溶液，参与反应形成 PUC 阻燃溶液。最后，将 PUC 阻燃溶液与 MUG 树脂共混，并将木材浸渍在共混树脂溶液（MPUC）中，得到阻燃木材。凝聚相和气相的协同作用使木材具有高效的阻燃性能，改性木材的总热释放量显著降低了 56.8%，总烟雾产生量显著降低了 92.3%。此外，极限氧指数从天然木材的 23.6%显著增加至 41.5%。该研究为制备木质素基 N-P 阻燃剂的木基阻燃复合材料提供了一种新方法。

Chen[104] 首先制备了多孔脱木素木片（DLW），然后将聚酰胺酸（PAA，聚酰亚胺的前体）渗透到上述切片中。之后，通过化学亚胺化方法成功获得一种具有出色的阻燃性、力学性能和热稳定性的阻燃透明木材（TW）/聚酰亚胺（PI）复合材料（FRTW/PI），如图 5-54 所示。所得的 FRTW/PI 复合材料表现出更好的机械强度和优异的阻燃性能。FRTW/PI 复合材料在离开火源 2 秒内能保持良好的自熄性能，并且 FRTW/PI 复合材料的机械强度提高了 169MPa，是天然木材（NW）的 42 倍。

氮系阻燃剂还应用于改性脲醛树脂、聚乙烯、聚氨酯、聚酰胺、呋喃树脂等，其应用范围十分广泛。因其低毒、高效阻燃等特性，符合现代环保要求，未来氮系

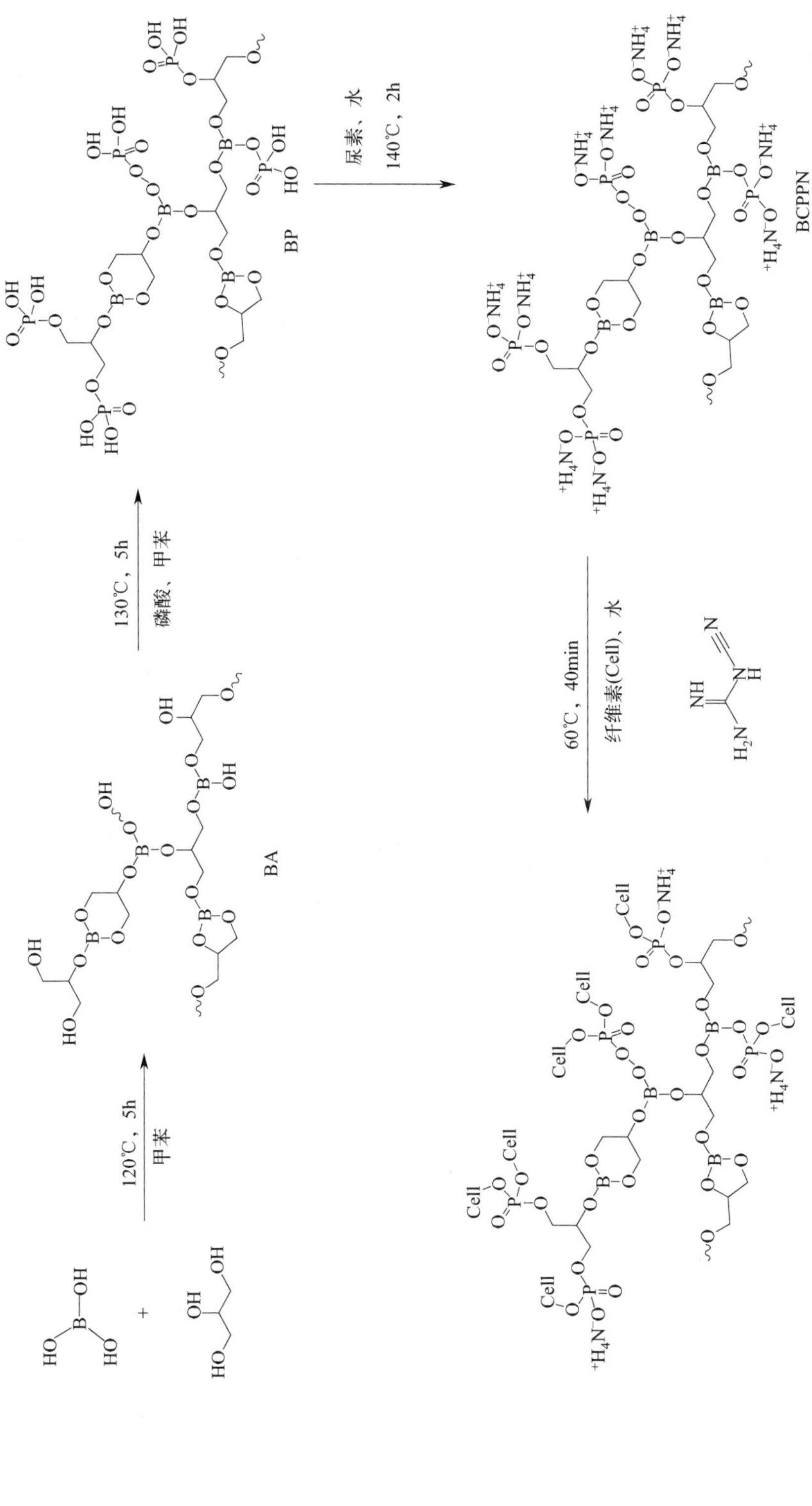

图 5-52　BCPPN 的制备及其与棉织物的反应

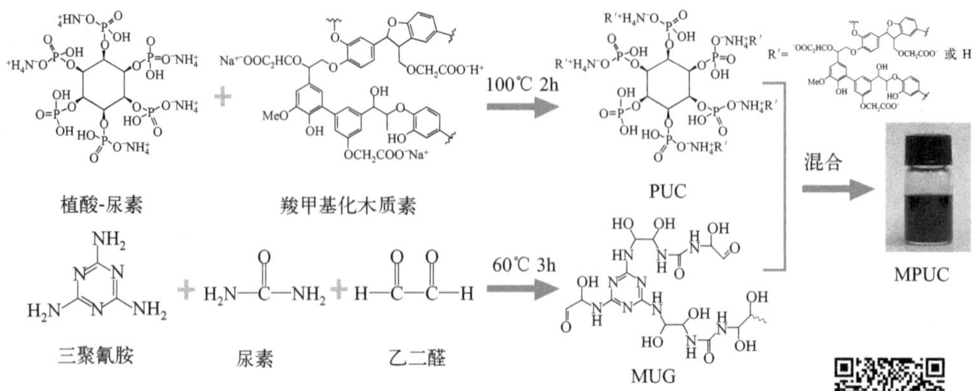

图 5-53 MPUC 合成过程

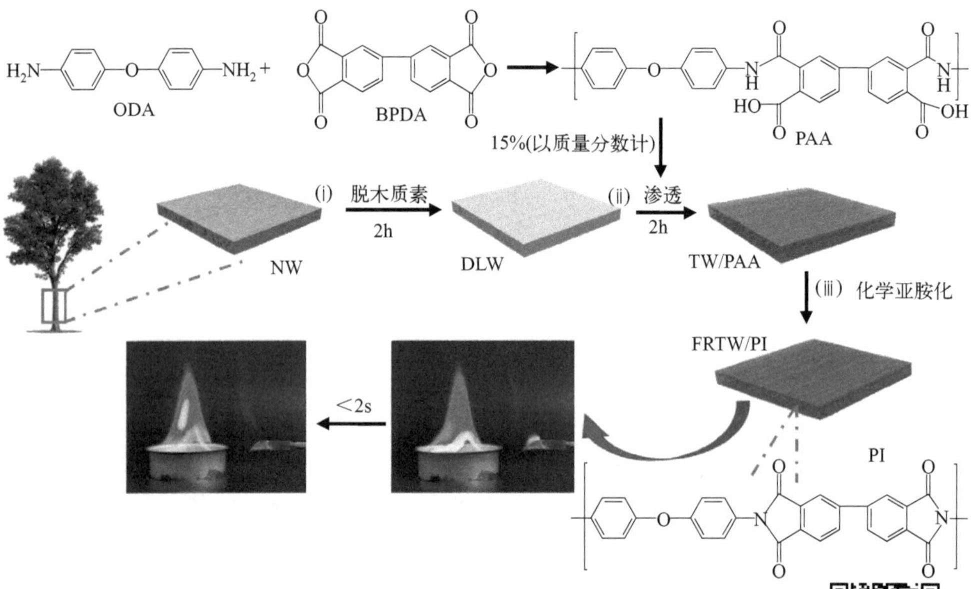

图 5-54 FRTW/PI 复合材料制备的示意图

阻燃剂将会朝着更高性能、更环保、更多功能化的方向发展。

5.10 总结与展望

氮系阻燃剂作为一种重要的阻燃剂类型，具有独特的阻燃机理和显著的优势。一方面，氮系阻燃剂在燃烧过程中会分解产生氮气、二氧化碳等不可燃性气体，这些气体能够有效地稀释空气中的氧气和高聚物受热分解产生的可燃性气体，从而降低燃烧速率。同时，不可燃性气体的生成和阻燃剂分解吸热会带走大部分热量，极大地降低了聚合物的表面温度。此外，氮系阻燃剂还能促进材料表面形成炭层，起到隔绝热量与氧气、抑制烟气的作用，从而显著提高材料的阻燃性能。另一方面，氮系阻燃剂还具有环境友好、抗紫外线、低毒等显著优势，符合当前绿色环保的发展趋势。然而，氮系阻燃剂也存在一定的局限性，如阻燃效率相对不高，通常需要与其他阻燃剂协同使用，通过复配的形式才能够获得良好的阻燃成效。随着科技的进步和人们对阻燃性能要求的不断提高，氮系阻燃剂的研究和发展将更加注重提高阻燃效率与提升综合性能，并朝着环保、高效、多功能化的方向发展。相信在未来的日子里，氮系阻燃剂将会在更多领域得到广泛应用，为人们的生命财产安全提供更加可靠的保障。

参考文献

[1] Chen L, Liu X, Sun Y, et al. Screening ionic liquids for dissolving a melamine formaldehyde resin pre-polymer to fabricate flame-retardant fibers [J]. ACS Sustainable Chem Eng, 2020, 8 (49): 18314-18323.

[2] Kamalipour J, Beheshty M H, Zohuriaan-Mehr M J. Novel phosphonated hardeners derived from diamino diphenyl sulfone for epoxy resins: Synthesis and one-pack flame-retardant formulation alongside dicyandiamide [J]. Polym Degrad Stab, 2022, 199: 109917.

[3] Wang N, Liu Y, Liu Y, et al. Properties and mechanisms of different guanidine flame retardant wood pulp paper [J]. J Anal Appl Pyrolysis, 2017, 128: 224-231.

[4] Zhao Z, Zhang Z, Sun C, et al. A novel macromolecular phosphorus-nitrogen containing flame retardant for polycarbonate [J]. Polym Degrad Stab, 2024, 220: 110648.

[5] He C, Guo Y, Zhang X, et al. A phosphorus/nitrogen/boron co-curing agent for enhancing flame retardancy, mechanical properties transparency of epoxy resin [J]. Prog Org Coat, 2024, 195: 108667.

[6] Yang J, Wang L, Liu Y, et al. Synergistic flame retardancy of metal-ion/nitrogen in composite fibers prepared from all-seaweed biomass [J]. Polym Degrad Stab, 2024, 227: 110884.

[7] Jiang G, Xiao Y, Qian Z, et al. A novel phosphorus-, nitrogen- and sulfur-containing macromolecule flame retardant for constructing high-performance epoxy resin composites [J]. Chem Eng J, 2023, 451: 137823.

[8] Fisher S G, Rodriguez-Melendez D, Iverson E T, et al. Fire protection of wood with an environmentally benign UV-cured polyelectrolyte complex [J]. Polym Degrad Stab, 2023, 215: 110467.

[9] Wang B, Xu Y J, Li P, et al. Flame-retardant polyester/cotton blend with phosphorus/nitrogen/silicon-containing nano-coating by layer-by-layer assembly [J]. Appl Surf Sci, 2020, 509: 145323.

[10] Duan H, Chen Y, Ji S, et al. A novel phosphorus/nitrogen-containing polycarboxylic acid endowing epoxy resin with excellent flame retardance and mechanical properties [J]. Chem Eng J, 2019, 375: 121916.

[11] Qi P, Li Y, Yao Y, et al. Ultra washing durable flame retardant coating for cotton fabric by the covalent bonding and interface polymerization [J]. Chem Eng J, 2023, 452: 139453.

[12] Bai Z, Wang Z, Wu D, et al. A thermostable phosphorus/nitrogen-based flame retardant with enhanced compatibility with PET [J]. Polym Degrad Stab, 2023, 218: 110581.

[13] Hou F, Zhu M, Liu Y, et al. A self-assembled bio-based coating with phytic acid and DL-arginine used for a flame-retardant and antibacterial cellulose fabric [J] . Prog Org Coat, 2022, 173: 107179.

[14] Zhang Z, Li D, Xu M, et al. Synthesis of a novel phosphorus and nitrogen-containing flame retardant and its application in rigid polyurethane foam with expandable graphite [J] . Polym Degrad Stab, 2020, 173: 109077.

[15] Hu X, Yang H, Jiang Y, et al. Facile synthesis of a novel transparent hyperbranched phosphorous/nitrogen-containing flame retardant and its application in reducing the fire hazard of epoxy resin [J] . J Hazard Mater, 2019, 379: 120793.

[16] Feng J, Luo W, He W, et al. Bio-derived phosphorous-nitrogen-silicon decorated halloysite nanotube towards enhancing flame retardant, UV-blocking and mechanical properties of poly (lactic acid) [J]. Polym Degrad Stab, 2023, 217: 110509.

[17] Xia W, Dong M, Xu T. Synergistic suppressions of porous warm mix agent and composite flame retardant on combustion and fume release of asphalt pavement [J] . J Cleaner Prod, 2024, 443: 141003.

[18] Ye D, Wang C, Xi J, et al. Construction of sustainable and highly efficient fire-protective nanocoatings based on polydopamine and phosphorylated cellulose for flexible polyurethane foam [J] . Int J Biol Macromol, 2024, 272: 132639.

[19] Kim M, Kim J. Enhancement of the flame retardant properties of PPS-based composites via the addition of melamine-coated CaAl-LDH fire-retardant filler [J] . Eur Polym J, 2023, 201: 112584.

[20] Shao Y, Wang Y, Yang F, et al. Sodium silicate/urea/melamine ternary synergistic waterborne acrylic acid flame-retardant coating and its flame-retardant mechanism [J] . Molecules, 2024, 29 (7): 1472.

[21] Wang Y , Zheng X , Jiang K , et al. Bio-based melamine formaldehyde resins for flame-retardant polyurethane foams [J] . International Journal of Biological Macromolecules, 2025, 273: 132836.

[22] Liu Q, Luo H, Gao Z, et al. Preparation of waterborne intumescent flame-retardant coatings using adenosine-based phosphonates for wood surfaces [J] . Prog Org Coat, 2024, 187: 108061.

[23] Sun W, Sun Y. Growth of biobased flakes on the surface and within interlayer of metakaolinite to enhance the fire safety and mechanical properties of intumescent flame-retardant polyurea composites [J]. Chem Eng J, 2022, 450: 138350.

[24] Qin P, Yi D, Hao J, et al. Fabrication of melamine trimetaphosphate 2D supermolecule and its superior performance on flame retardancy, mechanical and dielectric properties of epoxy resin [J] . Compos Part B Eng, 2021, 225: 109269.

[25] Jiang Q, Li P, Liu Y, et al. Flame retardant cotton fabrics with anti-UV properties based on tea polyphenol-melamine-phenylphosphonic acid [J] . J Colloid Interface Sci, 2023, 629: 392-403.

[26] Yuan Z, Wen H, Liu Y, et al. Synergistic effect between piperazine pyrophosphate and melamine polyphosphate in flame retarded glass fiber reinforced polypropylene [J] . Polym Degrad Stab, 2021, 184: 109477.

[27] Yu K, Wang Y, Qu C, et al. Multifunctional Si-C-P flame-retardant coatings blended by chitosan hydrochloride/melamine polyphosphate/ammonium phosphomolybdate in spodumene tailings geopolymer [J] . Construction and Building Materials, 2023, 405: 133340.

[28] Shi X, Luo S, Du X, et al. Improvement the flame retardancy and thermal conductivity of epoxy composites via melamine polyphosphate-modified carbon nanotubes [J] . Polymers (Basel), 2022, 14 (15): 3091.

[29] Zheng Z, Liao C, Xia Y, et al. Co-microencapsulation of biomass-based char source and melamine polyphosphate and investigation for their synergistic action in flame-retarding polypropylene [J] . Polym

Test，2020，90：106741.

[30] Wang G，Shao Y，Niu K，et al. Synthesis of a novel biobased tetrapod zinc oxide and synergy with melamine cyanurate to improve the flame retardancy and mechanical properties of epoxy resins [J]. Colloids Surf A，2023，677：132342.

[31] Maddalena L，Indias J M，Bettotti P，et al. Cellulose nanocrystals polyelectrolyte complexes as flame retardant treatment for cotton fabrics [J]. Polym Degrad Stab，2024，220：110646.

[32] Zhu Y，Therrien I，Wan Z，et al. One-pot complexation of phytic acid and polyethyleneimine on cellulosic microfibers towards insulative and flame-resistant foam [J]. Int J Biol Macromol，2024，275：133521.

[33] Fang Y，Sun W，Li J，et al. Eco-friendly flame retardant and dripping-resistant of polyester/cotton blend fabrics through layer-by-layer assembly fully bio-based chitosan/phytic acid coating [J]. Int J Biol Macromol，2021，175：140-146.

[34] Liu L，Wang Y，Cheng C，et al. Preparation of phosphorus-doped chitosan derivative and its applications in polylactic acid：Crystallization，flame retardancy，anti-dripping and mechanical properties [J]. Int J Biol Macromol，2024，265（Pt 1）：130648.

[35] Dong S，Jiang H，Hou B，et al. High efficient fire-retardant coatings on wood fabricated by divalent metal ion cross-linked multilayer polyethyleneimine and ammonium polyphosphate polyelectrolytes [J]. Polym Degrad Stab，2022，204：110112.

[36] Shi X H，Liu Q Y，Li X L，et al. Simultaneously improving the fire safety and mechanical properties of epoxy resin with iron phosphonated grafted polyethylenimine [J]. Polym Degrad Stab，2022，206：110173.

[37] Chen W，Liu P，Min L，et al. Non-covalently functionalized graphene oxide-based coating to enhance thermal stability and flame retardancy of PVA film [J]. Nanomicro Lett，2018，10（3）：39.

[38] Bi X，Wang Y，Xue D，et al. A facile strategy for in-situ polymerization of P N network coatings for durable flame-retardant cellulose [J]. Prog Org Coat，2025，199：108949.

[39] Lin G，Fu T，Qiu Y，et al. Flame retardancy and anti-impact performance of polyurea composite coating reinforced by modified ammonium polyphosphate and two-dimensional nano-fillers [J]. Prog Org Coat，2023，180：107554.

[40] Chen G，Adibi A，Jubinville D，et al. Rubber-lignin-ammonium polyphosphate bio-composite foams：Fabrication，thermomechanical properties and flame retardancy [J]. Int J Biol Macromol，2024，280：135884.

[41] Chen W H，Sun D X Zhang D Y，et al. Synchronously enhanced flame retardancy and mechanical properties of polylactic acid via in-situ assembly of polyphosphazene nanoparticles on ammonium polyphosphate [J]. Chem Eng J，2024，499：156361.

[42] Dong T，Ding L，Guo S，et al. Preparation and properties of multilayer core-shell structure ammonium polyphosphate synergistic with THEIC for flame retardant LDPE [J]. Colloids and Surfaces A：Physicochemical and Engineering Aspects，2024，691：133819.

[43] Decsov K，Bocz K，Szolnoki B，et al. Development of bioepoxy resin microencapsulated ammonium-polyphosphate for flame retardancy of polylactic acid [J]. Molecules，2019，24（22）：4123.

[44] Yan J，Xu P，Zhang P，et al. Surface-modified ammonium polyphosphate for flame-retardant and reinforced polyurethane composites [J]. Colloids Surf A，2021，626：127092.

[45] Li Y R，Li Y M，Hu W J，et al. Cobalt ions loaded polydopamine nanospheres to construct ammonium polyphosphate for the improvement of flame retardancy of thermoplastic polyurethane elastomer [J]. Polym Degrad Stab，2022，202：110035.

[46] Hu G, Zhang X, Bu M, et al. Toughening and strengthening epoxy resins with a new bi-DOPO biphenyl reactive flame retardant [J]. Eur Polym J, 2022, 178: 111488.

[47] Chen D J, Zhang Y L, He J Y, et al. Making polycarbonate flame retardant: Flame retardant selection and calorimetric analyses [J]. Polym Test, 2023, 117: 107876.

[48] Bi X, Xue D, Wang Y, et al. A flexible high-efficiency approach to preparing a durable flame-retardant cellulosic fabric as well as the research of the property [J]. Colloids and Surfaces A: Physicochemical and Engineering Aspects, 2024, 680: 10.

[49] Xu W, Xu C, Liu J, et al. A guanidine phosphate-assisted boron nitride network enabled simultaneous improvements in flame resistance and thermal conductivity of polyvinyl alcohol (PVA) [J]. Polym Degrad Stab, 2022, 206: 110178.

[50] Hao S, Feng D, Wu F, et al. Highly transparent and fire-safe polypropylene carbonate composites via guanidine phosphate hydrogen bonding complexation [J]. Polym Degrad Stab, 2023, 218: 110548.

[51] Wang L, Yang Y, Deng H, et al. Flame retardant properties of a guanidine phosphate-zinc borate composite flame retardant on wood [J]. ACS Omega, 2021, 6 (16): 11015-11024.

[52] Zhang X, Li P, Liu Z, et al. Eco-friendly multifunctional coating for polyester-cotton blended fabrics with superior flame retardancy and antibacterial properties [J]. Int J Biol Macromol, 2024, 271: 132407.

[53] Zhang J, Chen B, Liu J, et al. Multifunctional antimicrobial and flame retardant cotton fabrics modified with a novel N, N-di (ethyl phosphate) biguanide [J]. Cellulose, 2020, 27 (12): 7255-7269.

[54] Yi X, Gao R, Liu X, et al. Phenylenediamine-guanidine phosphate carbon dots for flame-retardant and UV-resistant poly (vinyl alcohol) composite films [J]. ACS Appl Nano Mater, 2024, 7 (11): 13260-13270.

[55] Liu M, Huang S, Zhang G, et al. An efficient anti-flaming phosphorus-containing guanazole derivative for cotton fabric [J]. Cellulose, 2019, 26 (4): 2791-2804.

[56] Nabipour H, Wang X, Rahman M Z, et al. An environmentally friendly approach to fabricating flame retardant, antibacterial and antifungal cotton fabrics via self-assembly of guanazole-metal complex [J]. J Cleaner Prod, 2020, 273: 122832.

[57] Yang Y T, Huang J L, Wang X, et al. Flame retardant and hydrophobic cotton using a unique phosphorus-nitrogen-silicon-containing coating [J]. Cellulose, 2022, 29 (15): 8473-8488.

[58] Ding H, Qiu S, Wang X, et al. Highly flame retardant, low thermally conducting, and hydrophobic phytic acid-guanazole-cellulose nanofiber composite foams [J]. Cellulose, 2021, 28 (15): 9769-9783.

[59] Lu X, Wei A, Wang S, et al. Preparation and application of a urea-formaldehyde-blended guanidinium azole-phytic acid-copper flame-retardant resin coating [J]. Polymers (Basel), 2024, 16 (23): 3366.

[60] Jordanov I, Magovac E, Fahami A, et al. Flame retardant polyester fabric from nitrogen-rich low molecular weight additives within intumescent nanocoating [J]. Polym Degrad Stab, 2019, 170: 108998.

[61] Jin W J, Cheng X W, He W L, et al. Flame retardant and anti-dripping modification of polyamide 6 fabric by guanidine sulfamate with enhanced durability [J]. Thermochim Acta, 2021, 706: 179073.

[62] Zheng Z, Dong J, Wang J, et al. Amino acid flame-retardant finishing of poly-(ethylene terephthalate) (PET) fabrics based on supercritical CO_2 [J]. J CO_2 Util, 2024, 86: 102918.

[63] Beduini A, Carosio F, Ferruti P, et al. Polyamidoamines derived from natural α-amino acids as effective flame retardants for cotton [J]. Polymers, 2021, 13 (21): 3714.

[64] Zhang Y, Zhang B, Chen Y, et al. Effectiveness and mechanism of sodium phytate as a green inhibitor for the dust deflagration of lysine sulfate [J]. Process Safety and Environmental Protection, 2021,

147：772-787.

[65] Yang Y，Tang Q，Lu Y H，et al. Synthesis of biobased，durable，and efficient flame retardant for cotton containing P（=O）—N groups using L-lysine［J］. Industrial Crops and Products，2024，217：118804.

[66] Xu Y，Wang B，Guo Z，et al. Effect of a bio-based copolymer containing lysine，dopamine and triazine on flame retardancy and mechanical properties of thermoplastic polyurethane/ammonium polyphosphate［J］. Eur Polym J，2023，188：111938.

[67] Shi X H，Jing C Y，Luo H，et al. A flame retardant coating based on amino acid and phytic acid for cotton fabrics［J］. Polym Degrad Stab，2024，230：111069.

[68] Liu Y，Yu X，Guo Y，et al. Preparation of flame retardant，smoke suppression and reinforced polyacrylonitrile composite fiber by using fully biomass intumescent flame retardant system and its sustainable recycle application［J］. Compos Part A Appl Sci Manuf，2023，173：107705.

[69] Liu Y，Zhang J，Ren Y，et al. Biomaterial arginine encountering with UV grafting technology to prepare flame retardant coating for polyacrylonitrile fabric［J］. Prog Org Coat，2022，163：106599.

[70] Yuan X，Liu L，Wang Y，et al. Multifunctional coating with hydrophobicity，antibacterial and flame-retardant properties on cotton fabrics by layer-by-layer self-assembly curing of phytic acid and a tyrosine-derived hyperbranched benzoxazine［J］. Int J Biol Macromol，2024，279（Pt 2）：135151.

[71] Chen Q，Zhang J，Li J，et al. Synthesis of a novel triazine-based intumescent flame retardant and its effects on the fire performance of expanded polystyrene foams［J］. Polym Degrad Stab，2022，203：110079.

[72] Yu J K，Sun L，Ding L，et al. A UV-curable coating constructed from bio-based phytic acid，D-sorbitol and glycine for flame retardant modification of rigid polyurethane foam［J］. Polym Degrad Stab，2024，227：110892.

[73] Liu Y，Zhao W，Zhang J，et al. Inspired by sodium alginate：Amino acids cooperating with sodium ions to prepare phosphorus-free flame retardant lyocell fabric［J］. Cellulose，2022，29（9）：5339-5358.

[74] Liu Z，Song S，Dong L，et al. Bio-based phytic acid and urea interfacial layer by layer assembly for flame-retardant cotton［J］. Polym Degrad Stab，2023，216：110479.

[75] Wang X，Niu H，Huang J，et al. A desoxyanisoin- and furfurylamine-derived high-performance benzoxazine thermoset with high glass transition temperature and excellent anti-flammability［J］. Polym Degrad Stab，2021，189：109604.

[76] Hu S L，Li Y M，Fang H P，et al. Organic-inorganic hybrid modified the halloysite nanotube：Toward vinyl ester resin composites with enhanced flame retardance and mechanical property［J］. Colloids Surf，A，2024，697：134412.

[77] Makó É，Sarkadi Z，Ható Z，et al. Characterization of kaolinite-3-aminopropyltriethoxysilane intercalation complexes［J］. Appl Clay Sci，2023，231：106753.

[78] Cheng X-W，Dong S，Yang H J，et al. The development of phosphorus-doped hybrid silica sol coating for silk with durable flame retardancy［J］. Polym Degrad Stab，2022，201：109974.

[79] Zhang W，Zhou M，Kan Y，et al. Synthesis and flame retardant efficiency study of two phosphorus-nitrogen type flame retardants containing triazole units［J］. Polym Degrad Stab，2023，208：110236.

[80] Wang W，Liu Y，Wang Q. Synthesis of melamine cyanuric based flame retardant via hydrogen bond self-assembly and in-situ dispersion strategies for improving comprehensive performance of epoxy resin［J］. Composites Part A：Applied Science and Manufacturing，2024，176：107826.

[81] Liu X D，Zheng X T，Dong Y Q，et al. A novel nitrogen-rich phosphinic amide towards flame-retard-

ant, smoke suppression and mechanically strengthened epoxy resins [J]. Polym Degrad Stab, 2022, 196: 109840.

[82] Cao Q, Zhao H, Li J, et al. The synergistic effect of biphenyl structure and N element in flame retardant and high value-added recycling of bio-based epoxy resin [J]. Polym Degrad Stab, 2023, 215: 110424.

[83] Liu B, Zeng J, Li P, et al. Flexible nanocellulose-based layered films by crosslinking phosphorus lignin nanoparticles and functionalized boron nitride nanosheets for flame-resistant and thermal conductivity applications [J]. J Mater Chem A, 2023, 11 (44): 24057-24071.

[84] Ling M, Yin N, Chen Y, et al. Construction of polylactic acid-based flame retardant composites by zinc oxide and bamboo carbon [J]. Carbon Lett, 2024, 34 (2): 665-675.

[85] Wang X, Wang W, Wang S, et al. Self-intumescent polyelectrolyte for flame retardant poly (lactic acid) nonwovens [J]. J Cleaner Prod, 2021, 282: 124497.

[86] Zhang Q, Liu H, Guan J, et al. Synergistic flame retardancy of phosphatized sesbania gum/ammonium polyphosphate on polylactic acid [J]. Molecules, 2022, 27 (15): 4748.

[87] Han D, Wang H, Lu T, et al. Scalable manufacturing green core-shell structure flame retardant, with enhanced mechanical and flame-retardant performances of polylactic acid [J]. J Polym Environ, 2022, 30 (6): 2516-2533.

[88] Tian Y, Zhang J, Cao W, et al. Green synthesis of a novel P/N/S containing bio-based flame retardant and its applications in poly (lactic acid): Rapid self-extinguish, anti-dripping, and excellent mechanical performance [J]. Polymer, 2024, 315: 127793.

[89] Seraji S M, Song P, Varley R J, et al. Fire-retardant unsaturated polyester thermosets: The state-of-the-art, challenges and opportunities [J]. Chem Eng J, 2022, 430: 132785.

[90] Yuan L, Yang Z, Zeng P, et al. Behavior and mechanism of flame retardant epoxy resins with intrinsic phosphorus-nitrogen phenolic resin curing agents [J]. Eur Polym J, 2024, 210: 112959.

[91] Zhou R, Sun X, Xie J, et al. A series of novel flame retardants produced with nanosilica, melamine, and aluminum diethylphosphinate to improve the flame retardancy of phenolic resin [J]. ACS Omega, 2022, 7 (20): 16980-16989.

[92] Guo W, Chen S, Liang F, et al. Ultra-light-weight, anti-flammable and water-proof cellulosic aerogels for thermal insulation applications [J]. Int J Biol Macromol, 2023, 246: 125343.

[93] Cao J, Wang P, Cai H, et al. Lightweight nitrogen-doped phenolic aerogels with flame-retardant and thermal-insulation properties [J]. ACS Appl Polym Mater, 2023, 5 (12): 10276-10288.

[94] He S, Gao Y Y, Zhao Z Y, et al. Fully bio-based phytic acid-basic amino acid salt for flame-retardant polypropylene [J]. ACS Appl Polym Mater, 2021, 3 (3): 1488-1498.

[95] Qin Y, Li M, Huang T, et al. A study on the modification of polypropylene by a star-shaped intumescent flame retardant containing phosphorus and nitrogen [J]. Polym Degrad Stab, 2022, 195: 109801.

[96] Wang Z J, Liu Y F, Li J Regulating effects of nitrogenous bases on the char structure and flame retardancy of polypropylene/intumescent flame retardant composites [J]. ACS Sustainable Chem Eng, 2017, 5 (3): 2375-2383.

[97] Xu S, Zhang M, Li S Y, et al. Intercalation of a novel containing nitrogen and sulfur anion into hydrotalcite and its highly efficient flame retardant performance for polypropylene [J]. Appl Clay Sci, 2020, 191: 105600.

[98] Li N, Ming J, Yuan R, et al. Novel ECO-friendly flame retardants based on nitrogen-silicone schiff

base and application in cellulose [J] . ACS Sustainable Chem Eng, 2020, 8 (1): 290-301.

[99] Hu Z, Ma Y, Chen H, et al. Efficient, durable, and breathable flame retardant cotton fabric via a feasible surface finishing [J] . Appl Surf Sci, 2023, 615: 156314.

[100] Zhang Y, Tian W, Liu L, et al. Eco-friendly flame retardant and electromagnetic interference shielding cotton fabrics with multi-layered coatings [J] . Chem Eng J, 2019, 372: 1077-1090.

[101] Shi X H, Liu Q Y, Li X L, et al. Construction phosphorus/nitrogen-containing flame-retardant and hydrophobic coating toward cotton fabric via layer-by-layer assembly [J] . Polym Degrad Stab, 2022, 197: 109839.

[102] Chen C, Luan J, Lan F, et al. Construction and application of B/P/N durable flame retardant crosslinking system on cotton fabric [J] . Ind Crops Prod, 2024, 222: 119623.

[103] Yu F, Ba Z, Gao Z, et al. Modification with lignin-based N-P flame retardant to improve the flame retardancy and smoke suppression of wood [J] . Chemical Engineering Journal, 2024, 493: 152827.

[104] Chen L, Xu Z, Wang F, et al. A flame-retardant and transparent wood/polyimide composite with excellent mechanical strength [J] . Compos Commun, 2020, 20: 100355.

第6章 复合阻燃剂

6.1 引言

在实际应用中，单一组分的阻燃剂往往不能达到所需要的阻燃效果，因此，人们通常会将多种具有阻燃效果的物质复合使用，以制备复合型阻燃剂。在复合阻燃剂中，各阻燃成分在协同作用（如凝聚相上保护性炭层的形成和气相上氧气的稀释共同作用）下可达到对复合材料的高效阻燃改性效果。由于高效的阻燃效率和对其他性能的提升，复合阻燃剂已成为目前应用的趋势。根据复合阻燃剂的制备方法不同，复合阻燃剂可分为多组分直接混合的协同作用型复合阻燃剂以及一体型复合阻燃剂。

6.2 多组分直接混合的协同作用型复合阻燃剂

作为最简便的操作方法，直接将多种阻燃成分共混是制备阻燃复合材料的一种常用方法。

6.2.1 在木材中的应用

Bao 等人[1] 以植酸、硅酸钠、氢氧化铝和纳米二氧化硅为原料，制备了复合型阻燃改性液，使用真空浸渍法将阻燃液浸渍到脱木质素木材的木质素孔道中，成功获得了复合阻燃改性木材 DWM（图 6-1）。与未改性的纯木材（NW）相比，阻燃木材的阻燃抑烟性能大幅度提升，总热释放量和总烟雾产生量分别降低了47.08%和 18.24%。在高温条件下，由于阻燃液中植酸对木材中木质素、纤维素的催化炭化作用，木材提前发生热解和炭化，形成具有隔热效果的致密化炭层，进一步保护木材基体。因此，虽然浸渍阻燃液的木材在热稳定性上有所下降，但其在高温下的残留量显著提升。在燃烧过程中，木材孔隙中的二氧化硅和氢氧化铝会形成一个封闭的屏障层，阻止氧气进入木材与之反应。同时，木材中的硅酸铝凝胶还起到保护层的作用，通过交联形成 Si—O—C 键和 P—O—Si 键，从而将复合阻燃剂覆盖在木材部件上，进一步提高木材阻燃性能。

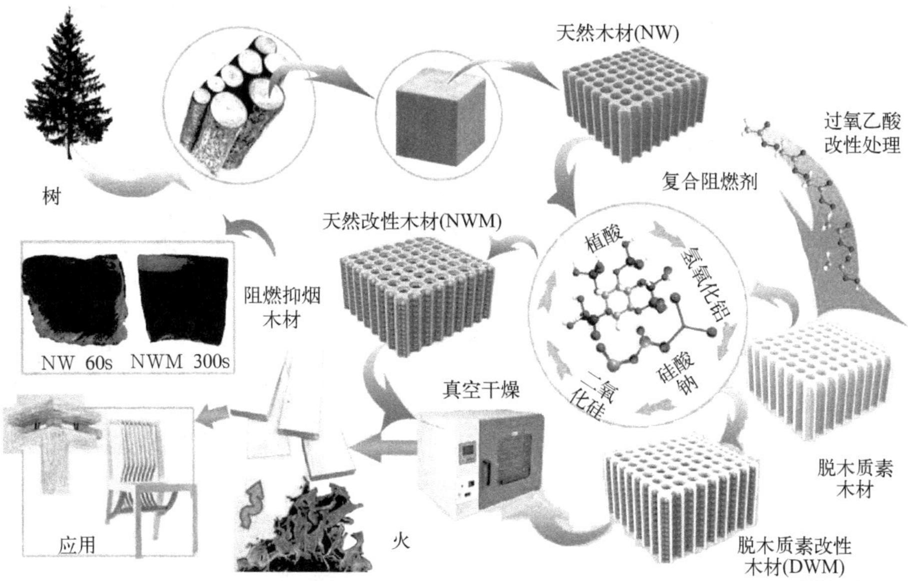

图 6-1 复合阻燃改性木材 DWM 的制备流程

Sun 等人[2] 为了改善木质材料的阻燃性能，采用环保型硅酸盐（Na_2SiO_3）、硫酸铝[$Al_2(SO_4)_3$]和水性环氧树脂（WEP）制备复合杨木（Al-Si-EPW）（图 6-2）。廉价无毒的 Na_2SiO_3 和 $Al_2(SO_4)_3$，使杨木具有良好的阻燃和抑烟效果，水性环氧树脂增强了复合材料并减少了改性剂的损失，使得硅铝复合阻燃剂的协同作用得到充分发挥，提高木质材料的阻燃抑烟性能。阻燃抑烟性能的提升得益于燃烧时，Al-Si-EPW 中双氧化物（Al_2O_3、SiO_2）的协同催化作用，促进了纤维素、半纤维素和木质素等有机成分在较低温度下的裂解。这使得 Al-Si-EPW 在初始燃烧阶段更容易形成炭层，这些炭层不仅在燃烧过程中有效地隔离了 O_2 与木材基体的接触，还有效阻止了内部产生的气体逸出，从而使 Al-Si-EPW 具有更好的阻燃抑烟效果。

Nine 等人[3] 为了解决易燃纤维素材料所面临的高火灾风险，利用还原氧化石墨烯（rGO）和水合偏硼酸钠（SMB）的独特性质，开发了一种通过 rGO/SMB 复合悬浮液对纤维素材料进行单步处理的方法。这一方法在锯末表面形成一层阻隔层，提供多种作用模式的高效阻燃保护。SMB 在燃烧时会吸热脱水而起到散热器的作用；在分解过程中，SMB 还会在木材表面形成致密的炭层来保护木材结构的完整性。同时，外部 rGO 层一方面能够防止易燃和有毒挥发物从核心逸出，并防止氧气进入核心，从而增强其自熄性能；另一方面，rGO 层还可以充当碳供体，在

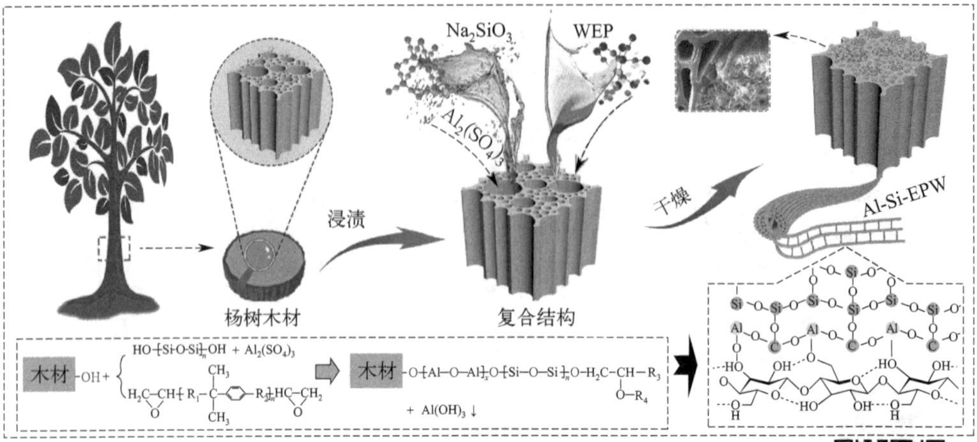

图 6-2 复合杨木（Al-Si-EPW）的制备过程

未燃烧的颗粒和火焰之间形成物理屏障，保护木结构中的纤维素和半纤维素成分。在 SMB 和 rGO 的协同作用下，纤维素材料的阻燃性能得到了显著的提升（图 6-3）。

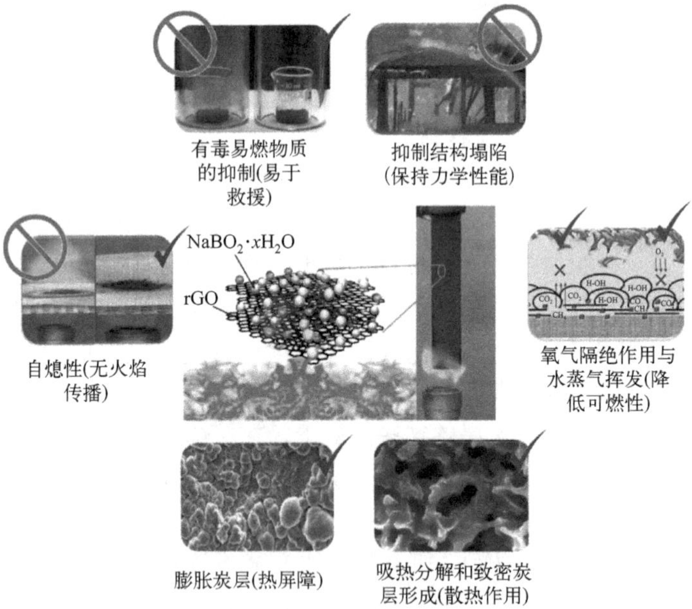

图 6-3 rGO/SMB 阻燃体系

6.2.2 在聚丙烯中的应用

Ren 等人[4] 研究了 3-氨丙基三乙氧基硅烷（KH550）改性的脲醛树脂

(MUF) 和聚磷酸铵 (APP) 作为复合型阻燃剂对聚丙烯的阻燃性能的影响。改性后的聚丙烯不仅极限氧指数达到了29.5%，而且通过了UL-94 V-0等级测试。在聚丙烯燃烧过程中，APP作为酸源促进了聚丙烯的脱水炭化，形成了含P—O结构的交联焦炭层。同时，KH550改性的脲醛树脂在燃烧后生成了含有高稳定性的Si—O结构，该结构与聚丙烯形成的炭层进一步交联，从而提高炭层的交联致密度，高致密度的炭层在燃烧时能够有效隔绝热量与氧气。此外，脲醛树脂富含氮元素，燃烧过程中释放出了氨气和氮气等大量不可燃气体，稀释了周边的氧气浓度。在MUF和APP的协同作用下，生成的不可燃气体不仅使炭层膨胀，还进一步降低了燃烧的剧烈程度，从而提高了聚丙烯的阻燃性能。尽管APP与聚丙烯相容性较差导致聚丙烯的拉伸性能下降，但MUF中的高柔韧性Si-O结构又改善了聚丙烯的韧性。因此，复合阻燃剂的应用使得聚丙烯的力学性能在实际中得以体现。

Cheng等人[5] 针对可膨胀石墨EG在聚丙烯材料中过度膨胀导致阻燃性下降的问题，引入了一种二茂铁基聚合物 (PDPFDE) 至阻燃聚丙烯 (PP/EG) 体系中。研究结果表明，PDPFDE的加入显著提升了原阻燃聚丙烯PP/EG体系的阻燃性能。具体来说，含有20% (质量分数) EG和5% (质量分数) PDPFDE的阻燃体系PP3不仅通过了UL-94 V-0评级，而且其极限氧指数 (LOI) 值也从纯PP的17%提高到28.8%。阻燃性能的提高一方面得益于EG在燃烧过程中形成的膨胀炭层提供了物理屏障。另一方面，PDPFDE的热分解可以产生1-辛基环戊二烯、铁纳米粒子、环戊烯和苯环。铁纳米粒子在EG和PDPFDE结构的羟基和羧基的作用下，与氧气反应形成Fe_3O_4。Fe_3O_4作为一种催化剂，加速了聚合物基质的交联反应，促进了高质量残炭的形成。同时，铁纳米粒子还能通过C—C偶联反应，催化丙烯、苯环、C_5H_5、萘衍生物和联苯衍生物的单体/二聚体聚合反应，形成碳纳米粒子，构筑石墨化结构。在高温下，形成的含Fe_3C的Fe-CNT促进了PP自由基的化学交联反应。这些交联结构在燃烧过程中产生高黏度熔体，填充了间隙并连接了膨胀的石墨片，有效消除了“爆米花效应”，并防止了EG的过度膨胀。通过PDPFDE和EG的协同作用，形成了含有铁碳纳米管的高石墨化致密保护性炭层，这不仅隔绝了氧气与PP的接触，还阻止了热解产生的可燃性气体与火焰接触，从而避免了燃烧的进一步进行，显著提高了聚丙烯的阻燃性能 (图6-4)。

6.2.3 在环氧树脂中的应用

Liu等人[6] 将石墨烯纳米片 (GNS) 分别与层状双氢氧化物 (LDH) 和传统阻燃剂DOPO共混复合，制备了两种环氧树脂的共混复合型阻燃剂——GNS/LDH和GNS/DOPO，这两种阻燃剂有效改善了环氧树脂的阻燃性能。LDH和DOPO与GNS的共混使用，改善了它们在环氧树脂中阻燃性的整体效果。在协同作用下，GNS和LDH的结合增加了环氧树脂的黏度，并通过抑制滴落来限制火焰的传播。而 GNS/DOPO 型阻燃剂则通过在凝聚相上形成焦炭层来隔绝热量，并在气相中捕获自由基，从而抑制火焰的进一步蔓延，其中，气相抑制是 GNS/DOPO 型阻燃剂的主要阻燃机理。

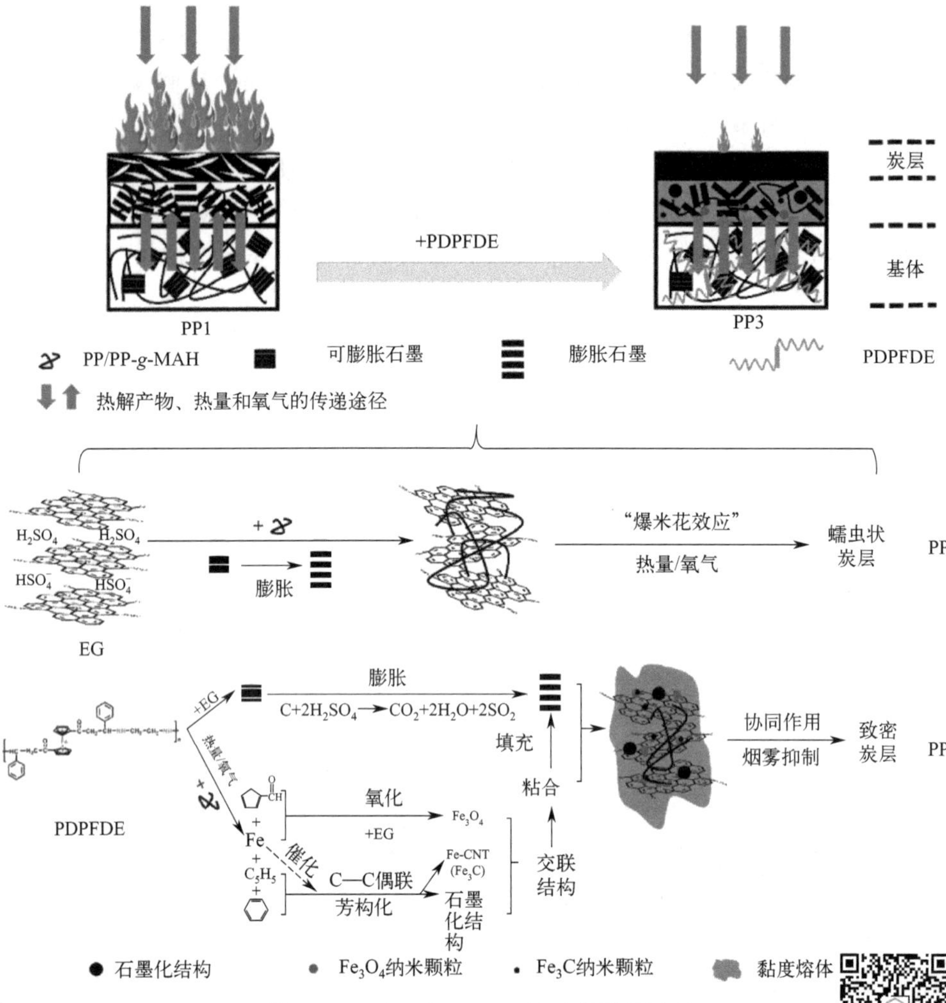

图 6-4 PP/EG/PDPFDE 体系的阻燃机理

Song 等人[7] 将 $AlTaO_4$ 和 APP 作为阻燃填料共混到环氧树脂中，制备了一系列环氧树脂基防火涂料（EP1～EP5）。将防火涂料应用于钢板后发现，由于 $AlTaO_4$ 和 APP 的协同效应，Q235 型钢上的 EP5 涂层具有显著的冷却梯度（～843℃），与未改性的环氧树脂相比，EP5 涂层的峰值放热速率（PHRR，也称峰值热释放速率）和峰值产烟率（PSPR）分别大幅降低了 85.9%和 85.1%。$AlTaO_4$ 和 APP 结合有助于形成致密、稳定且连续的炭层，从而有效地延缓环氧树脂的燃烧速度，降低火灾风险。另外，$AlTaO_4$ 和 APP 的反应产物（Al_2O_3 和 $AlPO_4$）作为增强相，提高了炭层在高温过程中的抗氧化性。因此，$AlTaO_4$ 和 APP 的共同作用增强了防火涂料的阻燃和抑烟能力。

Bifulco 等人[8] 使用咖啡衍生的生物炭（CB）作为阻燃剂（FR）添加剂，将 CB 与 APP 和三元（Si-Ti-Mg）混合氧化物结合，从而提升双酚 A 二缩水甘油醚（DGEBA）改性的环氧树脂的热性能、阻燃性能和力学性能。为了提高添加剂在环氧树脂中的分散性，他们还添加了硅烷偶联剂 3-氨基丙基三乙氧基硅烷（APTES）（图 6-5）。在燃烧过程中，二氧化硅会产生一层陶瓷保护层，阻止了热交换和氧气扩散，而 MgO 和 TiO_2 有助于形成致密的陶瓷屏障并减少烟雾的产生。APP 在燃烧时又促进了环氧树脂的炭化，形成了一层炭层，炭层与陶瓷保护层之间交联渗透，形成了更加致密的保护层，进一步保护环氧树脂基体。此外，APP 释放的磷自由基能够捕获燃烧时的活泼自由基，进一步减缓燃烧链式反应。

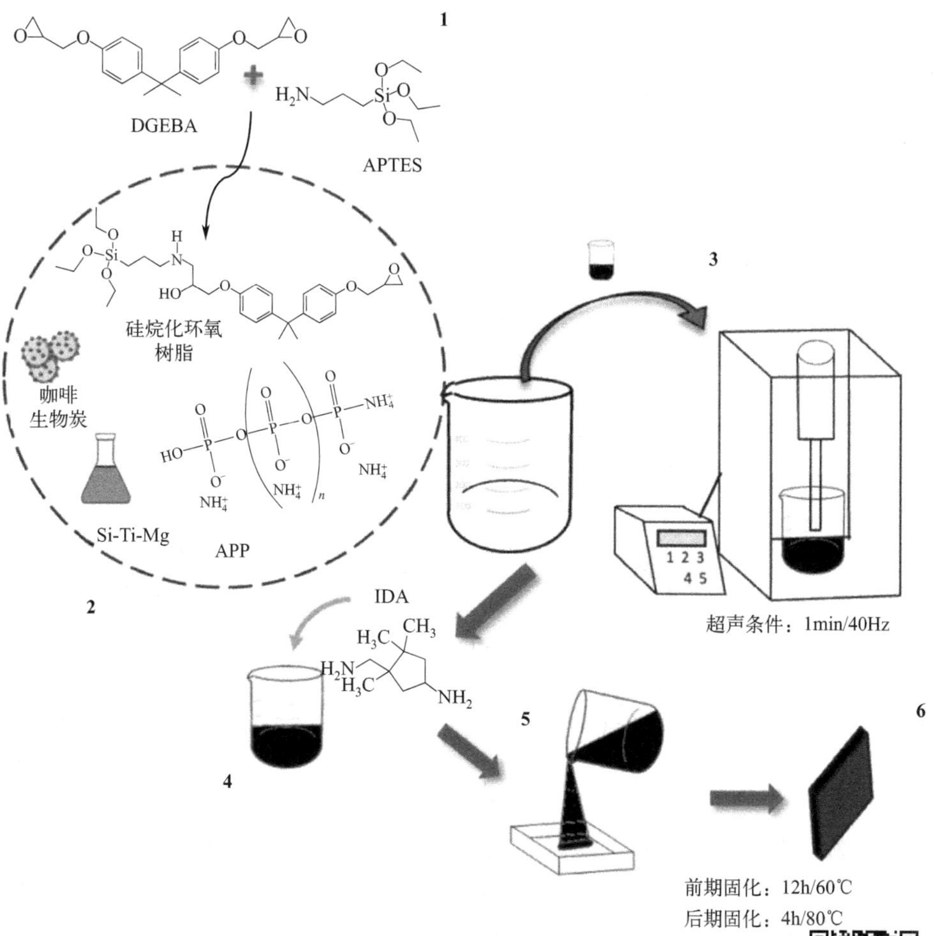

图 6-5　杂化环氧复合阻燃材料的合成过程

6.2.4 在聚氨酯中的应用

Ji 等人[9] 采用了熔融复合法，将膨胀型阻燃剂（IFRs）与碳纳米管（CNTs）以及聚氨酯进行熔融混合，成功改善了聚氨酯的阻燃性能和电磁屏蔽性能。在协同作用下，仅需 1%（质量分数）CNTs 与 10%（质量分数）的 IFRs 复合，即可实现与只添加 20%（质量分数）的 IFRs 相同的阻燃改性效果，使得聚氨酯达到 UL-94 V-0 等级，并在测试中迅速自熄。然而，加入更多的碳纳米管会导致阻燃性下降，主要原因在于 CNTs 的加入可以增强 IFRs 的炭化作用，但抑制了其膨胀作用，因此复合阻燃剂的比例需要合适。此外，IFRs 和 CNTs 的复合还改善了 CNTs 在聚氨酯中的分散性，同时在两者之间建立了电路通道，使复合体系的导电率上升，电磁屏蔽性能提高，从而满足电子设备对复合材料的要求。

Acuña 等人[10] 通过添加 8%（质量分数）的可膨胀石墨（EG）和 EG/苯基膦酸苯胺盐（FR1）阻燃剂化合物来制备阻燃硬质聚氨酯泡沫（RPUF）。EG 在燃烧过程中膨胀并产生一些气体，这些气体吹动石墨结构形成蠕虫状的炭化保护层，蓬松的炭屏障能够有效阻止火灾和热量的传播。同时，FR1 阻燃剂一方面在分解过程中产生了基于磷的自由基清除剂，如 PO·和 PO·，它们可以捕获自由基并通过稀释可燃气体来中断燃烧过程。另一方面，FR1 与 EG 的协同作用促进了炭层的焦化，使得炭层的交联度和致密度变高，从而增强了隔绝防护能力。在 EG 和 FR1 的凝聚相作用及 FR1 的气相作用协同效应下，RPUF 的阻燃性能得到了显著改善（图 6-6）。

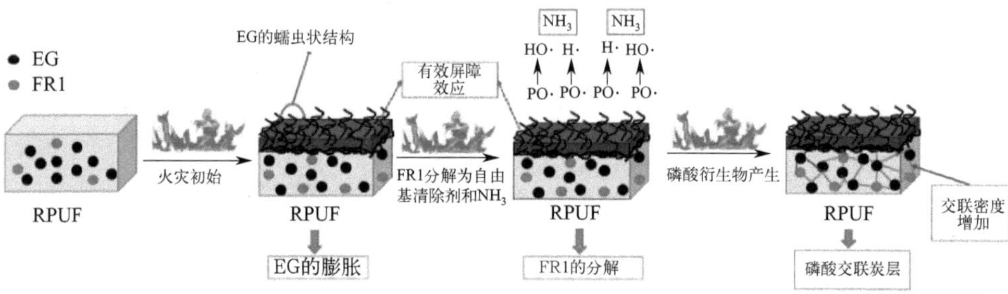

图 6-6 EG 和 FR1 在 RPUF 中的协同阻燃作用

Wang 等人[11] 以水杨醛（SA）和 4,4-二氨基二苯甲烷（DDM）为有机配体（H_2L），设计合成了一种钴基金属有机骨架（Co-MOF），并将 Co-MOF 与 APP 复合，用作热塑性聚氨酯（TPU）的复合阻燃剂。Co-MOF 与 APP 展现出显著的协同阻燃效果。在低温条件下，APP/Co-MOF 分解生成 NH_3 和 H_2O 等不可燃的气体，有效稀释了易燃气体，抑制了燃烧过程。而在高温条件下，APP/Co-MOF 进一步分解，一方面产生大量的含磷自由基和钴氧化物，这些物质能够捕获气相中的自由基，减缓燃烧的链式反应；另一方面，其与聚合物基体的分解产物交联，形成致密的含磷/钴炭层网络，将外部的氧气、易燃气体和热量与内部基体隔离，从而有效提升阻燃性能（图6-7）。此外，MOF中的有机配体在APP和TPU之间起到了相容剂的作用，显著改善了APP在TPU中的相容性问题，减小了APP对TPU力学性能的负面影响。因此，改性后的TPU保持了良好的力学性能，满足了应用要求。

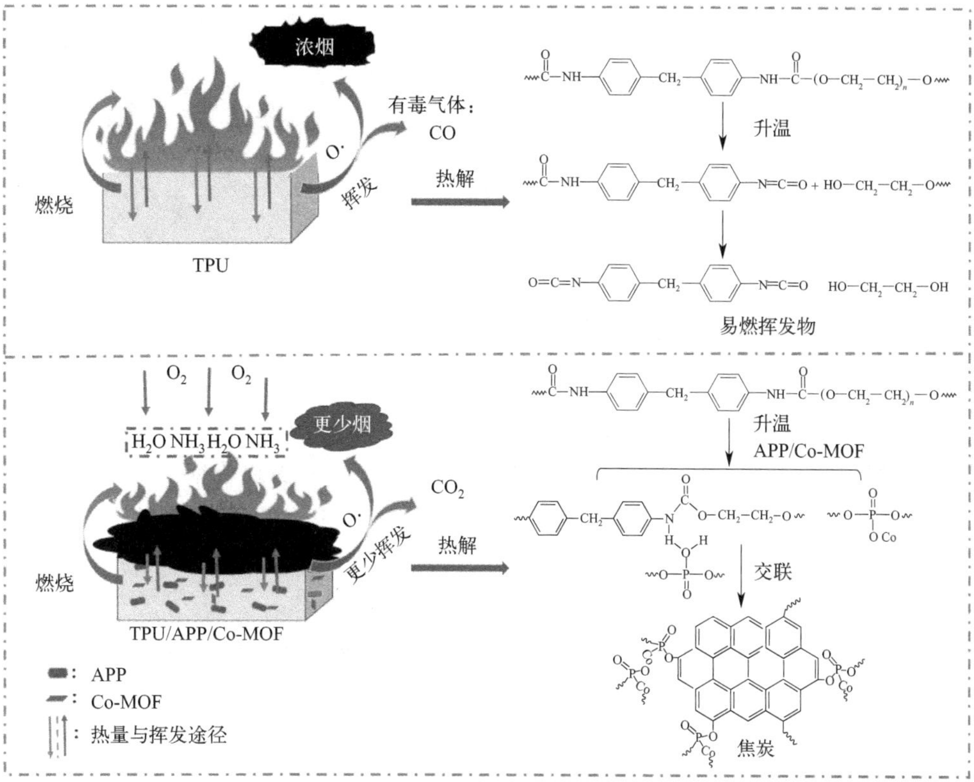

图6-7　APP/Co-MOF在TPU中的阻燃剂作用机理

6.2.5　在聚乳酸中的应用

Zhan等人[12]通过氨基三亚甲基膦酸（ATMP）、烟酰胺（NA）和$FeCl_3 \cdot 6H_2O$之间简单的水性离子反应制备了生物基阻燃剂ATMP-NA-Fe（图6-8），并将其与聚磷酸铵（APP）复合使用，以改善聚乳酸（PLA）的阻燃性能。仅添加ATMP-NA-Fe改性的聚乳酸未通过UL-94等级测试，极限氧指数仅为21.8%；仅添加APP改性的聚乳酸在UL-94测试中仅达到V-2等级，且极限氧指数仅为27.7%。而当两者共混使用后，聚乳酸的阻燃性能显著提高，并且，当ATMP-NA-Fe与APP的添加量比值为1∶3时，改性聚乳酸不仅达到了UL-

94 V-0 等级，极限氧指数还高达 33%。阻燃性能的大幅度提升得益于在燃烧过程中，APP 与 ATMP-NA-Fe 均释放出了大量的不可燃气体（如氨气和二氧化碳）；同时，反应中生成的大量多磷酸盐与 ATMP-NA-Fe 存在的 Fe^{3+} 反应，生成配合物，显著提高了炭层的稳定性和致密度，从而隔绝了燃烧过程中产生的热量和氧气。此外，释放的气体也进一步促进了炭层膨胀，提高了炭层对聚乳酸基体的保护能力。

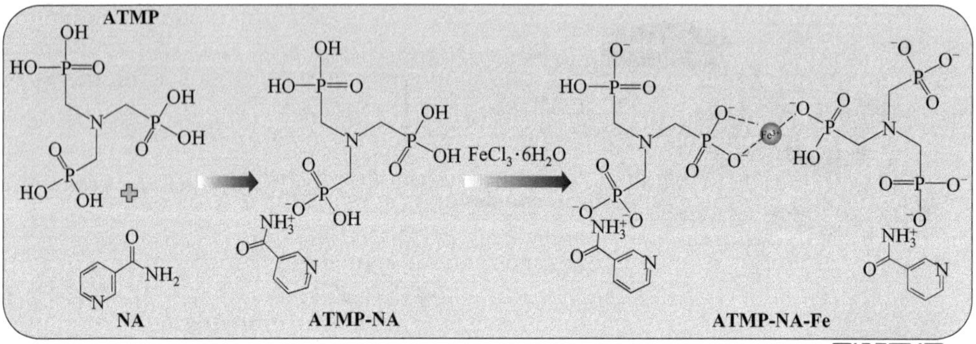

图 6-8 ATMP-NA-Fe 的制备过程

Li 等人[13] 采用 4-乙烯基氯化苄（VBCl）、三苯基膦（TPP）、2,2-偶氮二异丁腈（AIBN）、1,2-二乙烯基苯（DVB）和焦磷酸（PPI）制备季磷盐（PIL），使用糠胺（FA）和二苯基膦氯化物（DPPC）合成呋喃磷酰胺（POFA）（图 6-9），并将 PIL、POFA 及其共混物用于调控 PLA 的阻燃和结晶行为。PIL 和 POFA 对 PLA 的阻燃性具有良好的协同作用。单独使用含量为 6%（质量分数）的 PIL 或 POFA 仅使 PLA 达到 UL-94 V-2 等级；而含有 6%（质量分数）PIL/POFA（2/1）的 PLA 复合材料达到了 UL-94 V-0 等级，并且 LOI 达到了 28.0%。PIL 和 POFA 之间的反应会提前导致它们自身的分解，并催化 PLA 在较低温度下降解，产生更多低分子量的低聚物，从而降低 PLA 的熔体黏度。在熔融、气相以及凝聚相等多种阻燃机理的共同作用下，PLA 获得了高阻燃性能。并且，PIL 和 POFA 反应形成的低聚物还进一步提高了 PLA 的塑性，使其具有更好的流动性以及更快的结晶速率。

6.2.6 在聚乙烯中的应用

Khanal 等人[14] 以合成沸石 4A 作为增效剂，与由 APP 和三（2-羟乙基）异氰脲酸酯（THEIC）组成的 IFR 体系结合，制备了阻燃高密度聚乙烯（HDPE）复合材料。合成沸石 4A 与 IFR 体系之间高效的协同作用赋予了 HDPE 高阻燃性能。在燃烧时，一方面，IFR 体系会产生大量的不可燃气体稀释氧气，降低燃烧程度；另一方面，沸石可以与 APP 反应形成反应性极强的磷酸盐物种（如磷酸铝和磷酸硅)，这些物质可以作为催化剂，促进形成稳定的保护性炭层，屏蔽热量，阻止聚合物进一步热解。其中，沸石可以通过 Si—O—P—C 和 Al—O—P—C 等桥接促进交联网络的形成，进一步促进形成具有阻挡性能的致密炭层。在气相和凝聚相两相协同作用下，HDPE 复合材料获得了高阻燃性能。

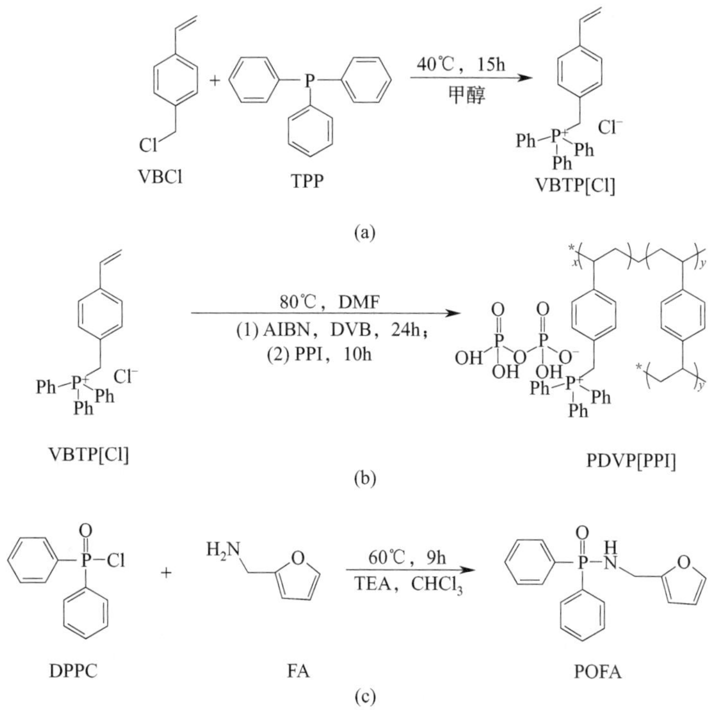

图 6-9　PIL 和 POFA 的合成

Chen 等人[15] 通过以多磷酸铵（APP）作为酸源，聚(1,3-二氨基丙烷-1,3,5-三嗪-*o*-双环季戊四醇磷酸酯)（PDTBP）作为碳源组成的膨胀阻燃剂（IFR）以及以有机改性凹凸棒土（OATP）作为增效剂，制备了协同阻燃体系。研究者们将这一体系应用于连续玻璃纤维增强聚乙烯（GFPE）复合材料以改善其力学性能和阻燃性。在这一体系中，PDTBP 和 APP 在低温下热分解生成磷酸低聚物、三嗪低聚物、磷酸和季戊四醇等初级分解产物。这些分解产物随后发生交联反应，并随着温度的升高转变为熔融态，在 NH_3、H_2O 和 CO_2 等不可燃气体的作用下，这些物质膨胀起泡，并通过 IFR/OATP 体系释放，最终形成膨胀型炭层。OATP 热分解过程中产生的水蒸气有助于稀释可燃气体的浓度，抑制火焰蔓延，同时形成稳定的金属氧化物，进一步增强膨胀炭层的热稳定性，使炭层更加均匀和致密，有助于削弱玻璃纤维的芯吸作用，从而提高材料的阻燃性（图 6-10）。然而，当 OATP 的添加量过多时，它会干扰磷酸和焦磷酸的脱水和炭化过程，破坏膨胀炭层的完整性，导致阻隔效果变差。因此 OATP 的用量要适度控制。此外，由于

OATP 还可以增强和增韧复合材料的树脂基体，使得复合材料的拉伸强度提高了 35%～43%。

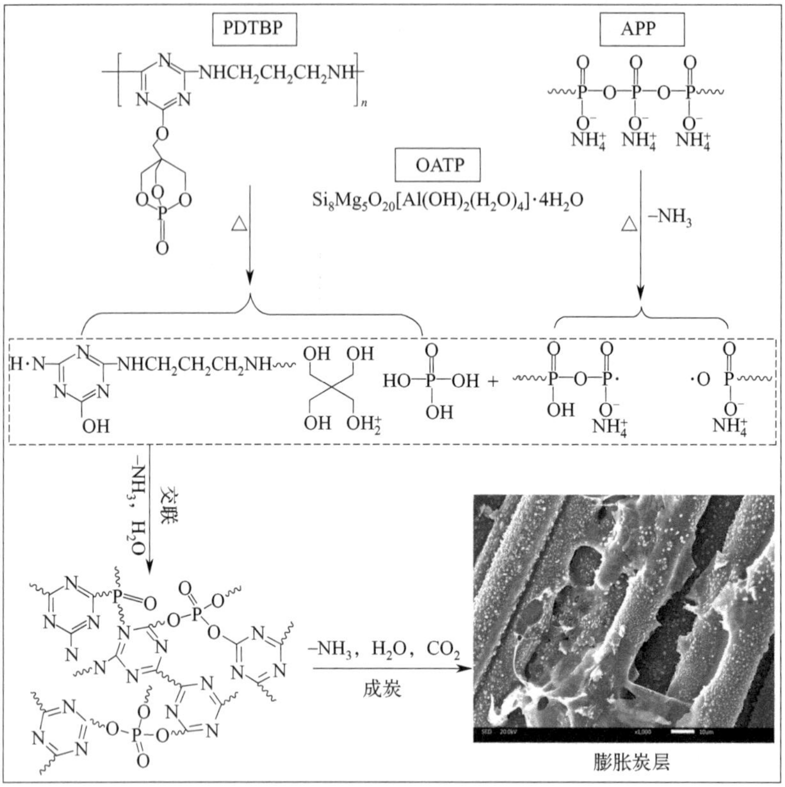

图 6-10　协同阻燃体系的作用机理

6.2.7　在其他材料中的应用

Dong 等人[16] 为了研究可持续生物基复合阻燃剂（BCFR）对沥青阻燃和抑烟的影响，以三聚氰胺甲醛树脂、支链淀粉为原料，通过三聚氰胺甲醛树脂包覆支链淀粉制备了微胶囊化支链淀粉（MAMP），通过 MAMP 与 APP 的复合制备了 BCFR。将 BCFR 添加到沥青后，沥青在燃烧测试中的热量释放与烟雾释放得到降低。燃烧时，BCFR 不仅稀释了沥青燃烧中的氧和活性自由基，降低了沥青燃烧初期的质量损失率，而且还形成了膨胀的炭层，抑制了沥青的炭化率，加强了炭层的热稳定性。此外，BCFR 在烟气燃烧初期通过抑制氧化反应，使烟气燃烧变得不完全，从而减少烟气燃烧释放出的醛类和酚类物质。BCFR 燃烧形成的膨胀炭层可有效抑制沥青中饱和烷烃的挥发和燃烧，从而延缓烟气的释放。

Holdsworth 等人[17] 合成了三种钨酸盐（AlW、SnW 和 ZnW），并将它们分别与二乙基膦酸铝（AlPi）和三聚氰胺聚磷酸盐（MPP）的混合物（AlPi/MPP）

作为复合阻燃剂与PA-66熔融共混，制备了基于复合阻燃剂的阻燃复合材料PA-66。通过对阻燃PA-66的阻燃机理研究发现，这三种钨酸盐均能促进PA-66的成炭过程，增强PA-66热解时固有的缩合反应与交联反应，热解形成的炭层有助于隔绝燃烧时产生的热量，从而提高阻燃性能。其中，钨酸铝由于其路易斯酸度最高，对PA-66的阻燃性能提升最明显，使其UL-94等级和LOI都明显高于钨酸锡和钨酸锌改性的复合材料。此外，在燃烧时，AlPi/MPP的磷酸成分也有助于促进炭层的形成，并释放出大量的不可燃气体，降低了氧气浓度，从而使阻燃性能进一步提高。

Yan等人[18]以聚磷酸铵为酸源，海藻酸钠和双季戊四醇为碳源，层状双氢氧化物（LDH）——Mg-Al-CO_3型LDHs为增效剂，三聚氰胺为气源，研制出了适用于煤自燃全过程的高效复合型膨胀阻燃体系（图6-11）。在低温阶段，随着温度的升高，阻燃剂中的大量水分挥发成水蒸气带走大量热量，从而有效避免煤的自燃。同时，LDH中存在的大量羟基增强了阻燃剂与煤表面之间的相互作用，增强了煤的稳定性。当温度逐渐超过120℃时，LDH的层间结合水又进一步解吸，继续带走热量。当温度达到170℃后，在Mg-Al-CO_3型LDHs的催化下，酸源和碳源发生酯化脱水，释放的含磷自由基（PO·）可以捕获表面活性自由基，抑制燃烧链式反应。在气源分解过程中，大量释放的不可燃气体使高温下熔融的阻燃剂膨胀，形成泡沫层，降低导热性并减少环境中的氧气含量。当温度超过300℃时，膨胀的泡沫层开始进一步脱水和炭化，形成炭层。同时，LDH的层间羟基被去除，生成了双金属氧化物，双金属氧化物与形成的炭层进一步相互渗透交联，形成致密的炭层，从而在燃烧过程中隔热，保护煤基体。而双金属氧化物由于其碱性，还能吸收燃烧过程中生成的酸性气体，抑制烟雾释放，进一步降低火灾危险性。

为了降低路面交通事故中因沥青燃烧引发的火灾风险，Xia等人[19]开发了一种环保型复合阻燃剂（CFR），该阻燃剂由可膨胀石墨（EG）、硼酸锌（ZB）、聚磷酸铵（APP）和次磷酸铁（FHP）按适当比例混合而成。研究者们将CFR与具有多孔结构、能够改善沥青高温黏性的温拌剂（WMA）结合，制备了负载WMA的复合阻燃体系（FWA）。WMA的多孔结构增强了CFR的分散性，防止了CFR的团聚，使得CFR在沥青阻燃中有效地发挥作用。FWA的应用有效降低了沥青混合料的热释放率、总放热量和有效燃烧热，延长了着燃时间，为火灾初期被困人员赢得了宝贵的逃生时间。由于CFR各组分之间、WMA和CFR之间的协同作用，使得沥青在燃烧时的炭化作用更为显著，形成了更优质的炭层。同时，FWA还促进了沥青在升温过程中的膨胀，进一步增强了炭层的保护效果。在燃烧过程中，FWA体系释放出CO_2等不可燃气体稀释了可燃气体，进一步抑制了燃烧。

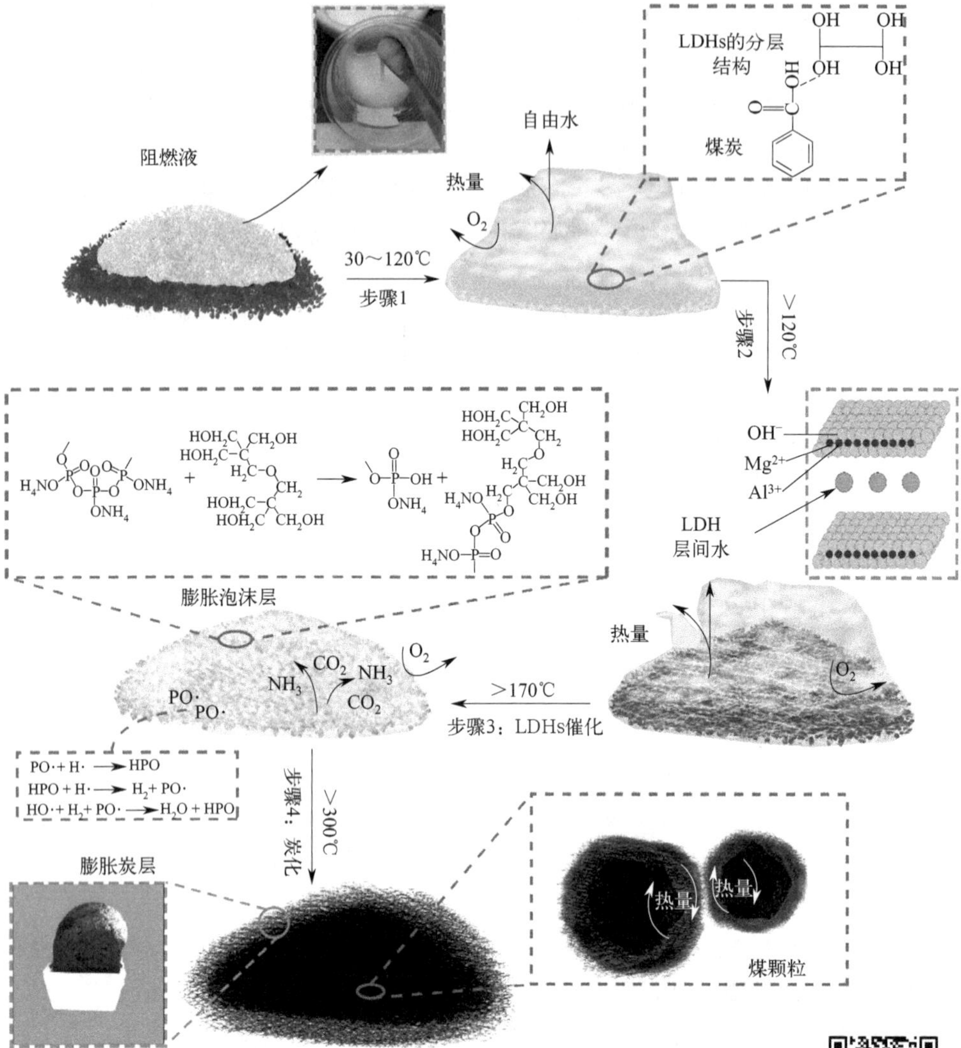

图 6-11 煤自燃全过程的高效复合型膨胀阻燃体系

6.3 一体型复合阻燃剂

多组分直接混合制备的复合阻燃剂虽然制备简单，但因涉及多种组分混合，成本相对较高，且这些组分在基体材料中的分散性问题也较为明显。因此，通过多种阻燃成分之间的化学反应直接合成一体型复合阻燃剂，是一种既高效又对材料力学性能影响较小的方法。一体型复合阻燃剂根据成分不同，可分为有机一体型复合阻燃剂、无机一体型复合阻燃剂以及有机-无机杂化一体型复合阻燃剂。

6.3.1　有机一体型复合阻燃剂

有机一体型复合阻燃剂主要是通过具有阻燃效果的多种聚合物之间的聚合反应合成的多聚物，常见的聚合原料有 DOPO 及其衍生物、哌嗪以及超支化聚合物等[20-21]。

6.3.1.1　哌嗪及其衍生物

Xu 等人[22] 以哌嗪（PA）和间苯二胺（PDA）为原料，合成了单组分膨胀型阻燃剂（IFR）——聚氨基三亚甲基膦酸哌嗪盐（PTPAP），并将其应用于环氧树脂（EP）中，制备了阻燃环氧树脂。当 EP 基材中仅添加 6%（质量分数）的 PTPAP 时，所得 EP/PTPAP 热固性材料达到了 UL-94 V-0 级阻燃标准，其极限氧指数（LOI）值从纯 EP 的 21.3%提高到 28.3%，增幅达到 32.9%。PTPAP 的加入促进了 EP 基质的提前降解和炭化，同时在 EP/PTPAP 热固性塑料表面中形成了膨胀、致密、封闭的炭层。此外，PTPAP 分解产生的 PO・自由基和惰性气体有效地捕获并稀释了气相中的自由基。因此，烟雾和热量的排放明显受到了限制，使得 EP/PTPAP 热固性塑料展现出优异的防火安全性。

Chen 等人[23] 设计了一种新型含磷和炔基的哌嗪衍生添加剂，将其命名为聚(2-丁炔-1,4-二醇哌嗪双膦酸酯)(PPBPP)，用于制造阻燃高性能热塑性聚氨酯（TPU）。当 TPU/PPBPP 被加热时，PPBPP 引起 TPU 早期分解，与 PPBPP 中炔基的交联相匹配，TPU 分解产生的片段参与了 PPBPP 的交联反应，导致有机可燃分子还原，即气相中燃料的减少，从而显著减少热释放量。此外，一些进入气相的活泼自由基被含磷自由基捕获，有利于燃烧链式反应的终止。由于炔基的交联反应、磷的脱水和炭化作用以及磷和氮之间的协同作用，燃烧后获得了更致密、高强度、高度炭化的残炭，有效抑制了外部热量和内部易燃有机分子在燃烧区域之间的传递，保护了未燃烧的内部基体，提高了 TPU 的阻燃和抗滴落性能（图 6-12）。尽管少量 PPBPP 首先破坏了 TPU 硬链段中 N—H 和 C ═O 之间的氢键，结晶没有发生明显变化。随着氢键 C ═O 向游离 C ═O 的转变，TPU/PPBPP 的拉伸强度和断裂伸长率降低。但是，随着 PPBPP 含量的增加，PPBPP 诱导了 TPU 的新结晶。形成的新晶体与之前的氢键和晶体一样，起到了交联点的作用，弥补了氢键破坏对 TPU 力学性能的削弱作用。随着 PPBPP 用量的进一步增加，TPU/PPBPP 的拉伸强度和断裂伸长率逐渐恢复。该工作为设计和制备有机阻燃剂和高性能 TPU 提供了一条有效的途径，即将结晶诱导段引入功能阻燃剂中，以补偿添加剂通过诱导结晶对力学性能的影响，进而实现 TPU 阻燃性与力学性能的同步提升。

Zhu 等人[24] 以三聚氯氰、1-羟基哌嗪和磷酸为原料，合成了一种新型一体型膨胀阻燃剂，即超支化三嗪哌嗪焦磷酸盐（HTPPP）。研究表明，HTPPP 在聚丙烯中的阻燃改性效果显著，PP/HTPPP 复合材料在 25%（质量分数）HTPPP 负载

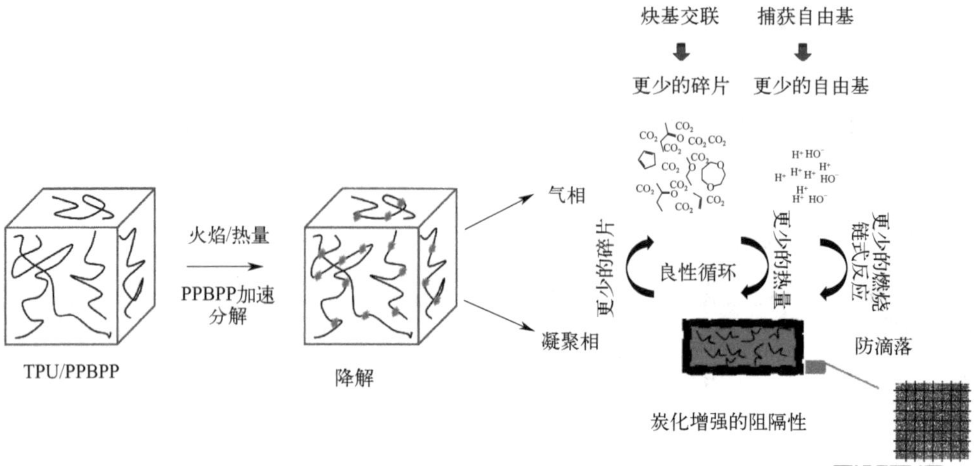

图 6-12 TPU/PPBPP 的阻燃机制

下可达到 30.5%的 LOI 值和 UL-94 V-0 等级，并且其峰值热释放速率（PHRR）、总放热量（THR）和烟气产生指数（FGI）也显著降低。在燃烧过程中，HTPPP 早期分解阶段通过脱水和炭化形成的 P—O—P 和 P—N—C 的结构有效提高了 PP 热解产生的炭层的致密度。同时，热分解产生的气体冲出使复合材料生成了强烈的膨胀炭层作为有效的物理屏障，使得 HTPPP 对 PP 具有良好的阻燃性能。

Liu 等人[25] 通过二苯基膦酰氯和哌嗪的亲核取代反应合成了多功能添加剂哌嗪-1,4-二基双(二苯基膦氧化物)(PPDO)，将 PPDO 引入 PLA 基体后，系统分析了 PLA 生物复合材料的防火安全性、热性能、结晶行为和力学性能。结果表明，PPDO 作为多功能添加剂，能够同时提高 PLA 的防火安全性和结晶速率。一方面，PPDO 分解生成大量含磷自由基，有效清除了由 PLA 在气相中分解产生的 H·、O·和 HO·，并中断 PLA 基体的链式反应。同时，PLA/PPDO 分解的产生不可燃气体在燃烧区起到了稀释作用。另一方面，PPDO 的分解还产生了焦磷酸、偏磷酸和交联磷氧化物等磷基化合物，它们加速了 PLA 基材的脱水和炭化。此外，由于 P 和 N 的交联反应和协同作用，在凝聚相中形成了更致密、高度石墨化且强度更高的炭层。高质量的保护炭层有效切断了热量、氧气和可燃挥发物的传递，从而抑制了 PLA 生物复合材料的火势传播，甚至出现自熄现象（图 6-13）。

6.3.1.2 超支化聚合物

He 等人[26] 利用带正电荷的超支化聚酰胺（h-PAMAM）和带负电荷的植酸（PA）进行离子反应，并结合 3-氨丙基三乙氧基硅烷（APTES）和三乙氧基乙烯基硅烷（VETS）两种硅烷进行溶胶-凝胶反应，制备了新型超支化聚酰胺胺基含磷阻燃剂（PPAM-AT）（图 6-14）。含有 PPAM-AT 的聚丙烯（PP）复合材料不仅

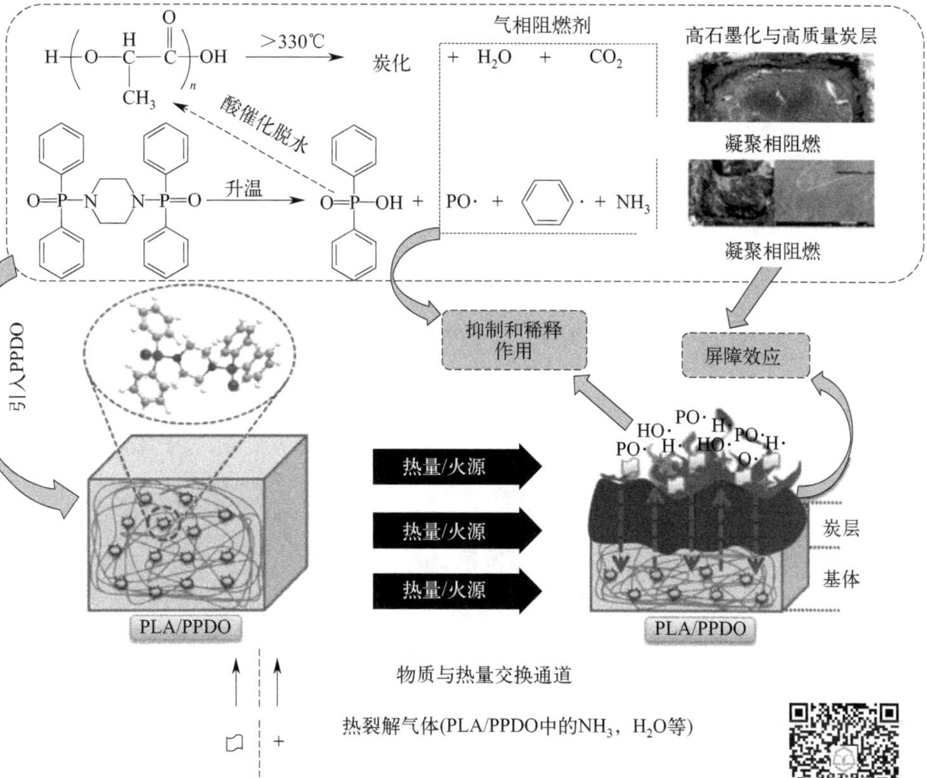

图 6-13　PPDO 在 PLA 复合材料中的阻燃机制

通过了 UL-94 V-0 等级测试，LOI 高达 30%，其峰值热释放速率（PHRR）和总放热量（THR）相较于纯 PP 也大幅度下降。在燃烧的初始阶段，随着 PPAM-AT 的脱水，形成了 P—N—C、P—O—P 和 P—O—Si 结构，从而形成了稳定的炭层。随着温度的升高，PPAM-AT 中的聚酰胺部分开始进一步分解、交联并释放 NH_3，同时进一步炭化，主要包括脱氢、交联、环化和芳构化，从而形成膨胀的炭保护层，有效避免了基质暴露在氧气和热中。同时，一些含磷化合物在燃烧过程中能够进入气相，形成含磷自由基，并通过捕获聚丙烯热解产生的自由基来有效降低燃烧强度。此外，PP/PPAM-AT 复合材料表现出优异的力学性能，这主要归因于 PPAM-AT 的超支化结构对 PP 网络的微弱影响，以及其在承受外力时出色的耗能能力。超支化聚合物具有独特的准球形分子结构，类似于滚珠轴承，可能会减少聚合物链之间的相互作用，并促进分子链段间的滑动。

Meng 等人[27] 通过甲基膦酸二甲酯（DMMP）和三乙醇胺之间的酯交换反应合成了一种含有氮和磷的超支化阻燃剂（HPNP）。仅包含 4%（质量分数）HPNP 的 FPUF 样品在移除点火器后立即自熄。而对于含有 8%（质量分数）HPNP 样品的 FPUF（FPUF-HPNP8），LOI 从 17.9%增加到 26.3%。与对照 FPUF 样品相

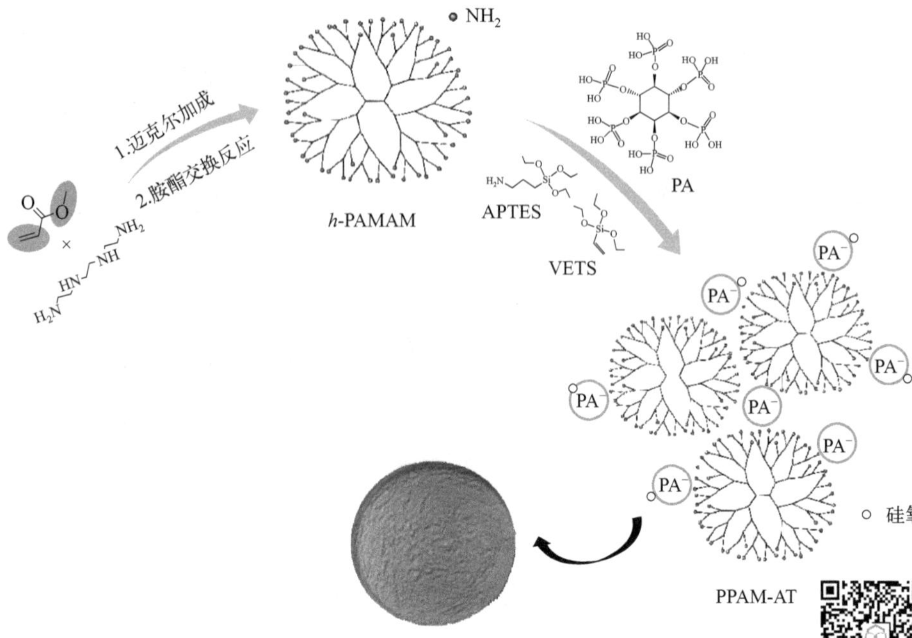

图 6-14　PPAM-AT 的制备流程

比，总放热量和总烟气产生量分别降低了 65%和 75%。在 FPUF-HPNP8 样品中，当加热到 200℃时，FPUF 分解成异氰酸酯和多元醇，同时 HPNP 中的 P—C 键断裂。异氰酸酯在进一步加热时挥发，HPNP 中的 C—O 被破坏，同时产生 PO·、—N—C·、磷酸和焦磷酸，其中的酸能够捕获气相中的自由基。—N—C·进一步分解并留下氨基末端，与挥发性异氰酸酯反应，有效抑制烟雾的产生（图 6-15）。界面能计算和分子动力学模拟表明，FPUF/HPNP 相容性的提高导致 HPNP 在 FPUF 中具有优异的耐久性。与刚性阻燃颗粒相比，超支化 HPNP 低聚物有利于 FPUF 分子链的拉伸和滑动，因此，含有 HPNP 的 FPUF 样品还表现出增强的力学性能。

Wang 等人[28] 以二乙醇胺、多聚甲醛、磷酸二甲酯和甲醇钠为原料，合成了一种新型、易于制备的超支化含磷多元醇，并将其命名为 HPEAP。将 HPEAP 作为传统聚醚多元醇（LY-4110）的替代品，用于制备本征阻燃硬质聚氨酯泡沫（RPUF）。在气相中，HPEAP 的分解产生含磷化合物，这些化合物充当自由基抑制剂（例如 PO·），有助于火焰抑制。在凝聚相中，HPEAP 在燃烧过程中的热降解催化磷酸炭的形成，从而促进炭质层的形成。这种炭残留物起到物理屏障的作用，有效地减缓和减少燃烧区和非燃烧区之间的传热和氧气扩散，从而为 RPUF 提供保护。最重要的是，将 HPEAP 掺入聚氨酯泡沫中可减少燃烧过程中的烟雾产生，并有助于吸收磷基阻燃炭层，从而增强 RPUF 基材的防火保护。

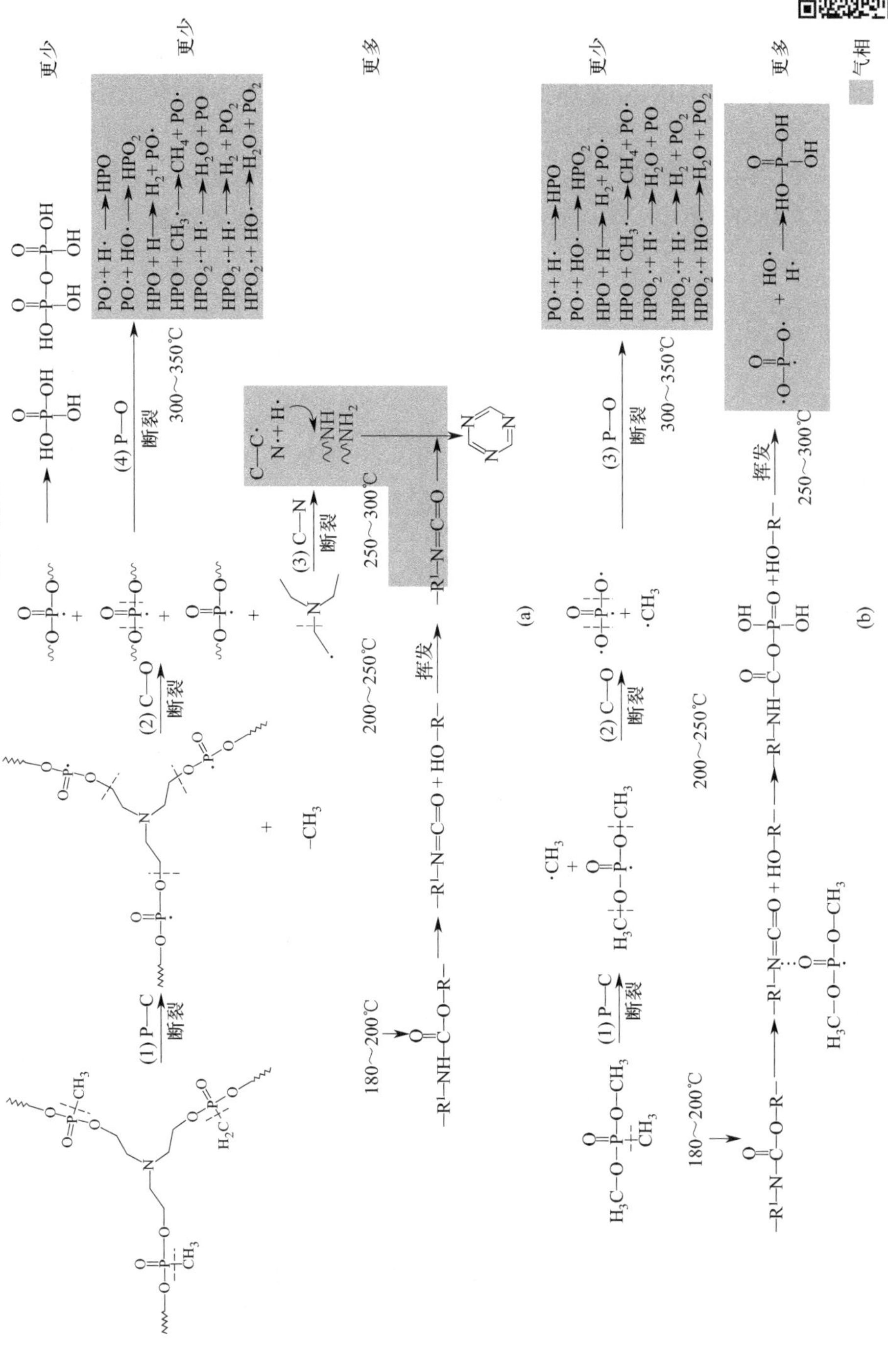

图 6-15　FPUF-HPNP8(a)和 FPUF-DMMP8 样品的阻燃机制(b)

Zhang 等人[29] 将磷和氮作为阻燃官能团引入超支化聚硅氧烷的主链中，制备了新型含 Si、P、N 的超支化聚硅氧烷（HPNSi）（图 6-16），并将其作为反应性阻燃剂和相容剂掺入环氧树脂中，制备 HPNSi/EP 复合材料。HPNSi 丰富的氨基基团可以与环氧基团和酸酐固化剂主动偶联，促进交联网络的形成，从而促进环氧树脂的固化。HPNSi 含有的超支化硅氧烷链具有高度柔韧性，提升了环氧树脂的力学性能。但是，当 HPNSi 添加量过多时，由于 HPNSi 对固化的促进作用，环氧树脂的固化过程变得难以控制，导致其力学性能会大幅度下降。HPNSi 在燃烧过程中形成了黏稠而致密的含 Si、P、N 炭屏障，这有助于防止自由基扩散和火焰的进一步燃烧，同时阻碍了气体的释放，提高了环氧树脂的抑烟性能。

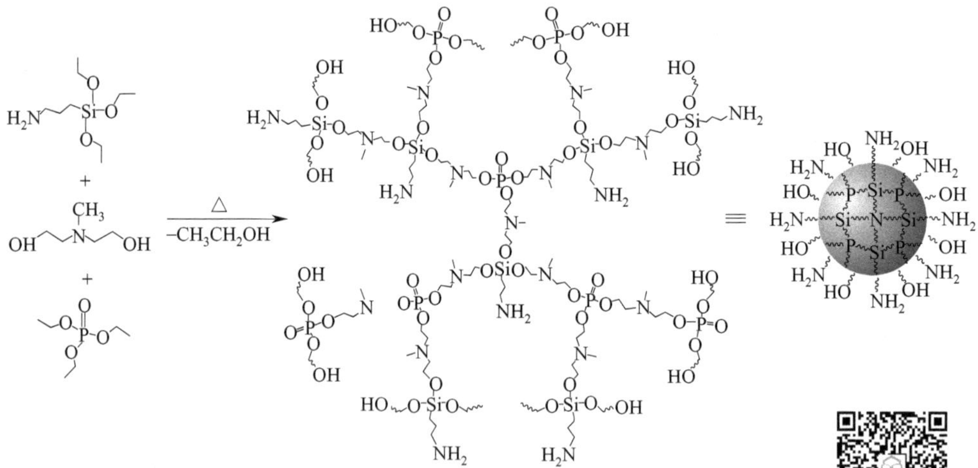

图 6-16 HPNSi 的合成路线

Chen 等人[30] 通过 1,3,5-三(2-羟乙基)异氰尿酸酯（THEIC）、苯基膦酸二氯物（PPDC）和 3-（三甲氧基甲硅烷基）甲基丙烯酸丙酯（KH570）之间的缩合反应合成了超支化一体型复合阻燃剂（HPTDM）（图 6-17）。随后，他们将 HPTDM 与双马来酰亚胺（BMI）结合，制备出了 HPTDM/BMI 复合材料。在这种复合材料中，磷/氮/硅元素之间的协同作用可以提高 BMI 的阻燃性能。即使磷含量低至 0.05%（质量分数），BMI/HPTDM-0.5 也能实现总放热量降低最大达 34.4%。在气相中，HPTDM 在第一阶段的分解产生不易燃气体和自由基。在凝聚相中，HPTDM 在第二阶段分解形成的磷酸和偏磷酸盐衍生物催化了焦炭残渣的形成。当炭层形成时，气体的分解导致炭层膨胀。同时，在 HPTDM 中具有耐热性能的三嗪组分有助于炭层残留物的形成，并保护 BMI/HPTDM 复合材料免受进一步分解。此外，硅在燃烧后会变成二氧化硅，并黏附在炭层表面以保护炭层。因此，这些协同效应赋予了 BMI/HPTDM 复合材料优异的阻燃性。由于特殊的超支化结构，HPTDM 中的大量分子内空腔增加了 BMI 复合材料的自由体积，进一步提高了BMI复合材料的韧性。此外，HPTDM的掺入还不影响BMI固有的热稳定性，HPTDM有助于推进BMI在高温领域的进一步应用。

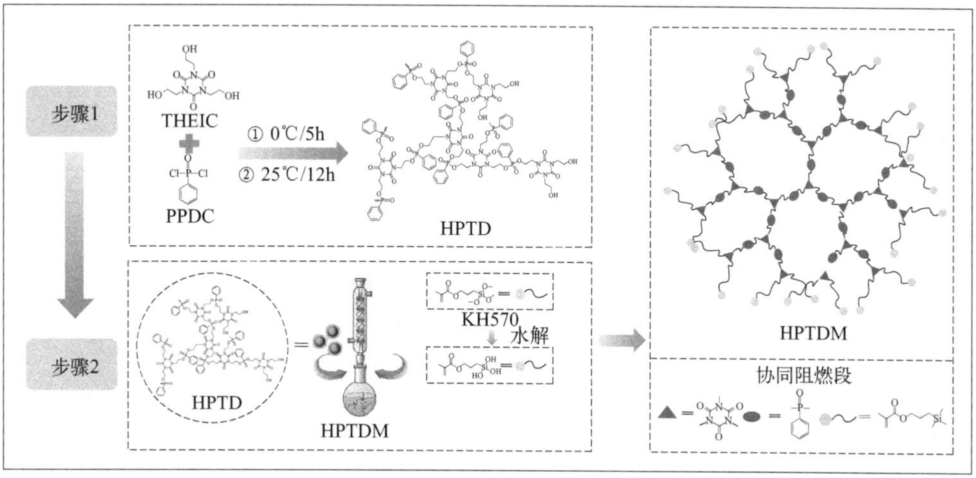

图6-17 HPTDM的制备流程

6.3.1.3 DOPO及其衍生物

Wang等人[31] 以9,10-二氢-9-氧杂-10-磷杂菲-10-氧化物（DOPO）、二乙醇胺、聚甲醛和苯基三甲氧基硅烷（PTMS）为原料合成了阻燃超支化聚合物SD，并将其应用于环氧树脂的高阻燃领域。经SD改性的环氧树脂同时表现出了高透明性与高抗紫外遮蔽性能。仅需添加1.5%（质量分数）的SD即可使EP达到垂直燃烧UL-94 V-0等级，表明其高阻燃效率。含有6%（质量分数）SD的EP-SD6的极限氧指数高达36.0%，其峰值热释放速率和峰值烟释放率相比纯EP降低了65.4%和20.2%。此外，SD的添加还提高了EP的力学性能。EP-SD6的拉伸强度、断裂伸长率、弯曲强度和冲击强度分别提高了70.4%、68.4%、30.2%和59.7%。其高阻燃性能源于SD热解产生的含P和N的自由基/片段猝灭并稀释来自环氧树脂基质的活性自由基，从而抑制气相反燃链反应。同时，SD的含磷和含硅分解产物促进基体表面形成致密、膨胀的炭层，抑制传热和烟雾产生。因此，SD在凝聚相和气相中都起着阻燃作用。

Wu等人[32] 通过DOPO-HQ、三羟基氯化物（TMC）和苯甲酰氯设计合成了具有不同磷杂菲基团聚集程度的超支化酯大分子Bz-DQMC-n（n=1、2、3），并研究了Bz-DQMC-n在环氧树脂中的热稳定性和阻燃能力。Bz-DQMC-n的添加均使得环氧树脂达到了UL-94 V-0等级，随着Bz-DQMC-n中磷杂菲基团聚集程度的增加，LOI先增大后减小，当n=2时，LOI值最高，为39.3%。在燃烧时，由于超支化酯大分子中磷杂菲基团和苯环的聚集效应，含有Bz-DQMC-n的环氧树脂的炭化能力显著增强。含有芳香族结构的优质残渣保留在凝聚相中。作为物理屏障，较致密的残留物有效抑制了火焰和热传递，增强了环氧树脂的耐热性和阻燃性。因此，具有5个聚集型磷菲基团的超支化酯大分子Bz-DQMC-2在环氧树脂中实现了更好的阻燃效率（图6-18）。

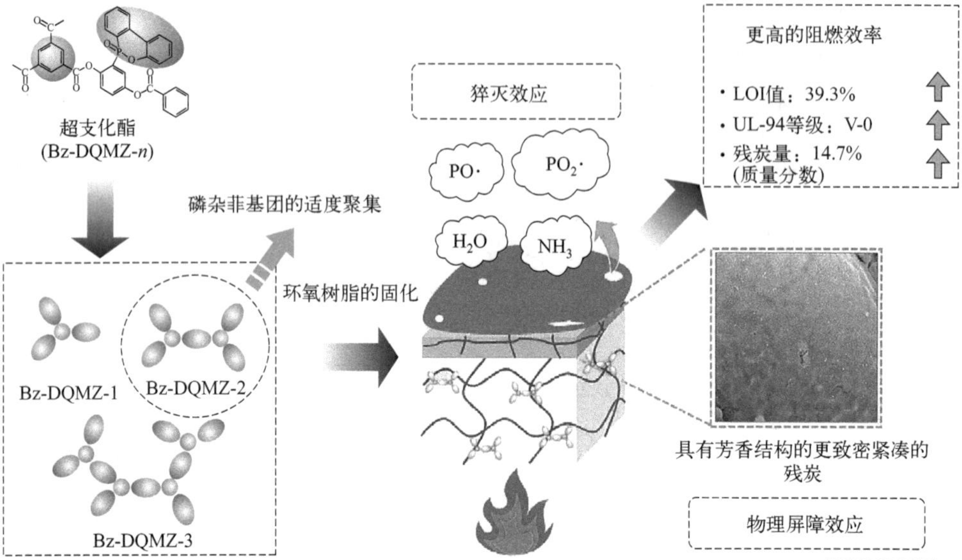

图6-18 Bz-DQMC-*n*在环氧树脂中的阻燃机理

Peng等人[33]合成了具有不同磷氧化态和丰富芳香族结构的Tetra-DOPO衍生物，并将其作为环氧树脂的阻燃剂，实现了环氧树脂的阻燃改性。添加5.0%（质量分数）的Tetra-DOPO后，所得环氧树脂热固性树脂的LOI为30.0%，达到UL-94 V-0等级。在锥形量热仪测试中，EP/Tetra-DOPO-5.0复合材料的PHRR、THR和TSP值分别比EP低25.1%、18.7%和13.9%。Tetra-DOPO的阻燃机理可归因于其结构中具有不同氧化态的磷之间的协同作用。根据之前的报道，具有较低氧化态的磷（如DOPO）通过释放PO·自由基来猝灭气相中的H·和HO·自由基，而具有较高氧化态的磷在凝聚相中充当炭化促进剂，促进环氧树脂基体形成完整致密的炭层，起到隔绝热量的作用。

Wang等人[34]采用一锅法，以DOPO、磺胺脒和对苯二甲醛为原料，成功合成了一种用于高效阻燃环氧树脂的含氮/硫DOPO基低聚物（SFG）（图6-19）。SFG的加入不仅促进了环氧体系的交联反应，而且提高了环氧热固性树脂的拉伸强度、阻燃性和防火安全性。在环氧树脂燃烧时，SFG在气相中生成不可燃气体和磷自由基，在凝聚相中生成含磷酸的物质。它不仅能够稀释氧气和可燃挥发物以及猝灭活性自由基，而且可以促进隔热炭层的形成，显示出双重阻燃活性。燃烧过程中产生的大量气体使致密的炭层膨胀，形成具有适宜黏度的蜂窝状空腔结构。这种结构积聚了含有不可燃气体和磷自由基的气体。炭层内的气体量随着燃烧过程的进行而增加，从而导致内部气体压力增加。当内部气体压力达到一定程度，足以突破炭层时，内部的气体通过不可燃气体的稀释作用和磷自由基的猝灭作用将火焰吹出，从而产生“吹出”现象。由于氮、硫和磷之间的协同作用，SFG显示出很高的阻燃效率，磷含量仅为0.38%（质量分数），相应的环氧热固性树脂的LOI值为32.8%，通过了UL-94 V-0等级认证。

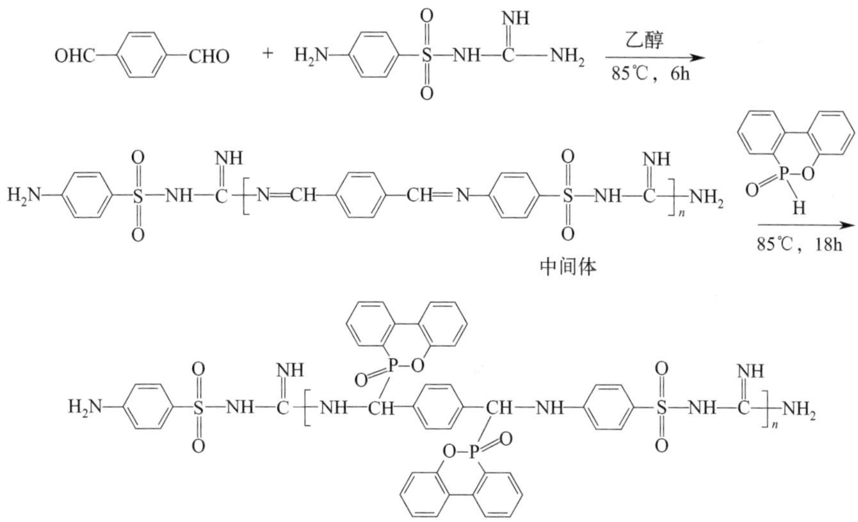

图6-19 SFG的合成反应式

Jin等人[35]为了寻找环氧树脂中更有效的非卤素阻燃剂，通过丙烯醛和DOPO的加成反应合成了具有相对短桥键和羟基的阻燃剂ABD，并将ABD掺入环氧树脂中制备环氧复合材料ABD/EP。由于ABD不与环氧基团反应，复合材料的交联密度增加，玻璃化转变温度有所升高。当ABD的添加量达到4%（质量分数）时，4% ABD/EP复合材料的LOI高达39.1%，且达到了V-0等级，而仅添加DOPO的DOPO/EP复合材料则未通过UL-94测试。BD的阻燃性能较好是基于磷杂菲基团在气相中的猝灭作用和磷杂菲基团与羟基在凝聚相中的共同作用同时产生的炭化效果。

Guo等人[36]利用DOPO中的P—H键对C═C键具有高反应性这一特性通过简单的水热合成方法对C_{60}进行化学功能化，进而制备出DOPO修饰的富勒烯（DOPO-*d*-C_{60}），以提升聚丙烯（PP）的抗氧化和阻燃性能。在热降解或燃烧的初始阶段，PP被降解生成长链自由基，这些自由基被C_{60}捕获并以长烃链的形式附着在DOPO-*d*-C_{60}上。这些长烃链相互纠缠、联锁和复合，使PP/DOPO-*d*-C_{60}复合材料在很长一段时间内不易被氧化，从而减少了热量和烟雾的释放。随着氧化降解或燃烧的进行，DOPO-*d*-C_{60}的C_{60}—P键断裂形成DOPO·和C_{60}。在C_{60}—P键断裂后，PP/DOPO-*d*-C_{60}复合材料的降解过程与PP/C_{60}复合材料相似，释放出含磷的自由基以捕获气相中的高活性自由基。此外，DOPO 的存在促进了交联炭层的形成，在气相自由基捕获和凝聚相炭层形成的协同作用下，PP 的燃烧得到了明显的抑制（图 6-20）。

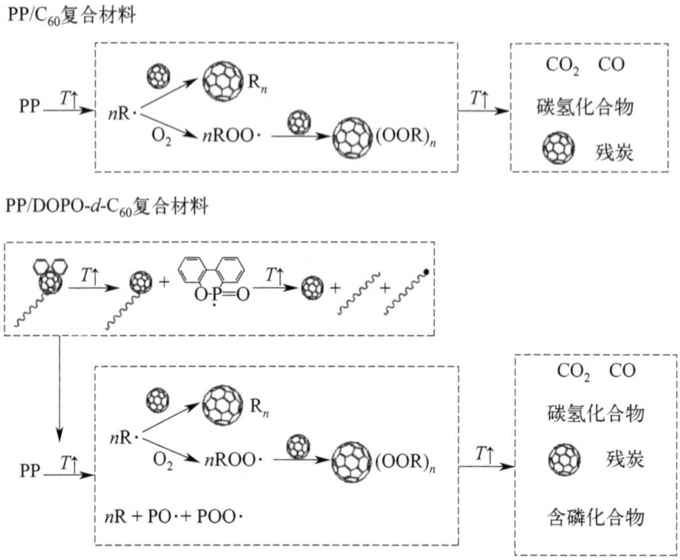

图 6-20 PP/C_{60} 和 PP/DOPO-*d*-C_{60} 复合材料的阻燃机制

（R·为任何链自由基、大自由基、小自由基、H·、HO·和其他自由基）

Liang 等人[37] 选择具有低氧化水平且毒性很小的 DOPO 衍生物 9,10-二氢-10-(2,3-二羧丙基)-9-氧杂-10-磷杂菲烯-10-氧化物（DDP）作为反应单体，通过与癸亚甲基二胺和己内酰胺熔融缩聚制备了聚合物型阻燃剂（PFR），随后将 PFR 和 PA6 熔融共混得到阻燃聚酰胺 6（FRPA6）。PA6 的点燃伴有严重的熔滴现象，熔滴物点燃了底部的脱脂棉，表明 PA6 仅达到 UL-94 V-2 等级。添加 PFR 后，FR-PA6 点燃后的熔体滴落和自熄时间显著减少（图 6-21）。磷含量为 3000×10^{-6} 的 FRPA6 即可通过 UL-94 V-0 等级，当磷含量提升至 5000×10^{-6} 时，FRPA6-5000 的 LOI 达到 28.8%。与纯 PA6 相比，FRPA6-5000 的峰值热释放量、总放热量和有效热量分别降低了 35.4%、21.9%和 26.5%。PFR 对 PA6 阻燃性能的提升主要来源于含磷自由基在气相中捕获活泼自由基产生的猝灭作用。

Hu 等人[38] 采用简单的一锅法设计合成了一种源自厚朴酚衍生的双 DOPO 联苯反应型阻燃剂（DOPO-M）（图 6-22），并将该阻燃剂与 DDM 用作共固化剂，制备了一系列阻燃固化环氧树脂（E51-DM-P）。当 E51-DM-P 复合材料处于燃烧状态时，一方面，在低温下生成一些不可燃气体（如 CO_2）能够稀释 O_2 和可燃气体，表现出气相稀释效果；另一方面，E51-DM-P 复合材料在燃烧过程中因 DOPO 热分解而产生含磷自由基（如 PO·、PO_2·）捕获了活性自由基（如 H·或 HO·），从而

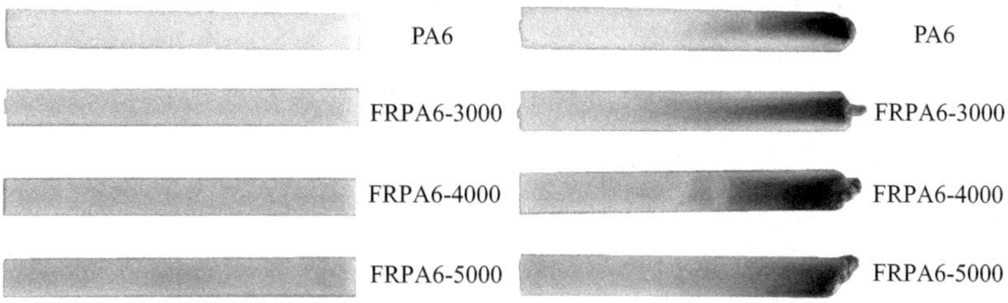

图 6-21 FRPA6 复合材料在垂直燃烧实验前后的对比

抑制了环氧树脂中主链的热分解，减少了可燃气体产物的生成，表现出 DOPO 在气相中的猝灭作用。此外，一些含有磷酸盐和多磷酸盐的 DOPO 热解产物残留在焦炭中，与热稳定性更强的联苯结构结合，形成含量高、结构更致密的炭层。这种致密的炭化物不仅可以防止热量和氧气渗入材料，还可以抑制可燃化合物的释放，从而提高环氧树脂的阻燃性能。

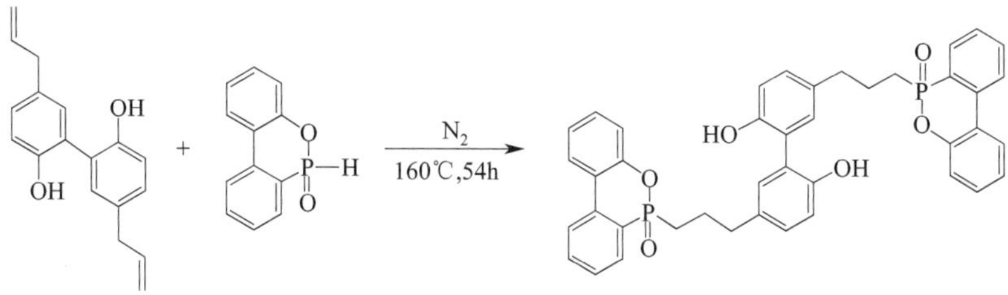

厚朴酚 DOPO DOPO-M

图 6-22 DOPO-M 的制备方程式

6.3.1.4 其他聚合物

Feng 等人[39] 以丙二腈（MN）、二(丙烯酰氧乙基)苯膦酸盐（DABP）为原料，合成了一种低聚含 P/N 的阻燃剂（APN）。APN 的制备过程不仅经济，而且不含任何副产物。APN 在聚乳酸（PLA）中表现出较高的阻燃效率。仅添加 3%（质量分数）的 APN 就使 PLA 达到了令人满意的 UL-94 V-0 等级认证和 36.7%的高极限氧指数，同时峰值热释放速率（PHRR）降低了 16%。在气相中，APN 产生的含磷自由基能够猝灭高活性自由基，从而中断燃烧的链式反应。同时，形成的惰性气体（主要是 CO_2）可以稀释氧气和燃料的混合物，从而抑制燃烧速率。在凝聚相中，APN 产生的多磷酸衍生物结构促进和加速 PLA 的残炭形成，形成完整的炭层，作为热传递的屏障，并抑制气态产物扩散到火焰中。此外，当受到应力时，柔性的 APN 链段会自行变形，引起 PLA 基体的塑性变形，这有助于在拉伸过程中耗散断裂能量并伴有应力发白，最终提高 PLA 的延展性。因此，APN 改性的 PLA 不仅具有高阻燃性能，还具有较好的力学性能。

Wang 等人[40] 以二苯基膦酰氯和苯并三唑为原料，合成了含磷苯并三唑阻燃剂 PDI。在环氧树脂中，PDI 由于苯并三唑基团的空间位阻效应，导致交联密度降低，使得环氧树脂的玻璃化转变温度降低。同时，由于苯并三唑的催化作用，环氧树脂的反应活性增强，固化温度下降。当 PDI 的添加量为 11%（质量分数）时，EP/PDI-11%的极限氧指数达到了 32%，并达到 UL-94 V-0 等级。此外，它的总发烟量和峰值热释放速率均显著降低，与纯 EP 相比分别降低了 64.1%和 46.9%。PDI 中 P/N 的协同效应使 PDI 能够在冷凝相和气相中发挥作用，抑制 EP 的烟雾排放和热量产生，并提高其耐火性。此外，PDI 与 EP 之间出色的相容性还增强了 EP/PDI 的机械强度和韧性。

Xu 等人[41] 设计并成功合成了一种基于具有氢键和 π-π 堆积效应的磷杂菲和苯并咪唑基团的阻燃结构（D-AB）。然后，将 D-AB 与 PLA 在溶液中混合以制备 PLA/D-ABs 薄膜。由于氢键和 D-AB 的 π-π 堆叠的协同作用，D-AB 的加入显著增强了 PLA 的黏弹性和复数黏度。同时，由于苯并咪唑基团良好的成炭能力，PLA/D-ABs 表现出优异的阻燃性。仅添加 5%（质量分数）的 D-AB，厚度为 0.15mm 的 PLA 薄膜很容易达到 UL-94 V-0 等级和 30.5%的高 LOI 值，同时，其熔滴行为得到改善。在气相中，D-AB 主要通过释放 PO·猝灭自由基和产生不可燃气体（NH_3 或 N_2）稀释可燃气体的浓度来达到阻燃目的。在凝聚相中，D-AB 的降解会产生磷酸和多磷酸等强脱水剂，通过脱水催化 PLA 炭化，形成稳定的绝热炭层。此外，残余炭的氮参与含氮芳香族熔融环的形成，并保留在凝聚相中，促进更稳定的炭层的形成。形成的炭层可用作物理屏障，以阻止热量和氧气的传递，并减少挥发性气体产物的扩散，有效地防止了燃烧的扩散和传播，从而提高了材料的阻燃性（图 6-23）。

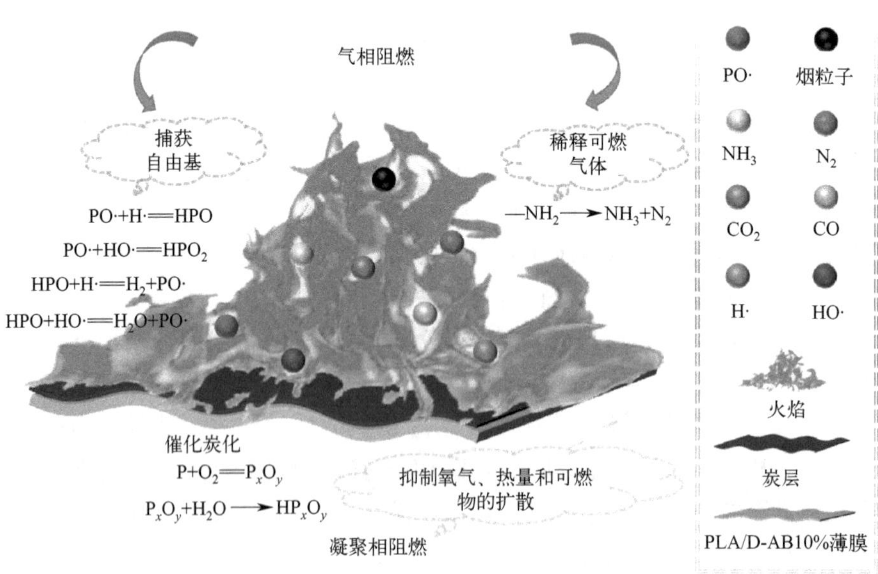

图 6-23 PLA/D-AB10%薄膜的阻燃机理

6.3.2　无机一体型复合阻燃剂

无机一体型复合阻燃剂通常是通过无机物之间的包覆、吸附作用将各组分组合制成的。常见的无机组分包括磷酸盐、氧化石墨烯、蒙脱石、Mxene 以及金属化合物等[42-45]。

6.3.2.1　在环氧树脂中的应用

Murtaza 等人[46] 通过一锅水热反应将 8-羟基喹啉（8-HQ）插层到 CaAl 基层状双氢氧化物（CaAl-8HQ-LDH）中，并将其负载在还原氧化石墨烯（rGO）上，用作环氧树脂（EP）的纳米填料，制备了一系列复合环氧树脂涂层（EP/CaAl-8HQ LDH@rGO）。在燃烧时，LDH 的热分解是一个吸热过程，加热过程中产生的化学附着的水分子在气相中发挥稀释作用，从而降低燃烧速率。同时，部分 CaAl-LDH 纳米片分解成金属氧化物（例如 Al_2O_3），这有利于在燃烧边界处形成和致密化炭层，将 EP 基体与氧气隔离。二维层状结构的 rGO 进一步增强了这种炭层的隔绝能力，使得阻燃涂层在 UL-94 测试中达到了 V-0 等级，极限氧指数达到 26.8%。此外，纳米填料会通过异质成核影响 EP 基体的物理化学性质，加强涂层与基材之间的相互作用，显著提升环氧树脂涂层的附着力。

Huang 等人[47] 以空心介孔纳米二氧化硅（HM-SiO_2）、$Ni(NO_3)_2 \cdot 6H_2O$ 和 $Ce(NO_3)_3 \cdot 6H_2O$ 为原料合成了 HM-SiO_2@CeO_2/NiO 纳米颗粒（图 6-24），并将其应用到环氧树脂中制备了环氧复合材料（EP/HM-SiO_2@CeO_2/NiO）。由于二氧化硅壁介孔结构的阻隔效应，EP 在较高温度下表现出高稳定性，延迟了降解过程。纳米颗粒在燃烧过程中形成的致密交联炭层起到了物理屏障的作用，保护了环氧树脂基体并阻碍了降解产物的交换。此外，空心介孔二氧化硅还因其介孔结构和较大表面积抑制了有毒气体的逸散，提高了复合材料的抑烟性能。

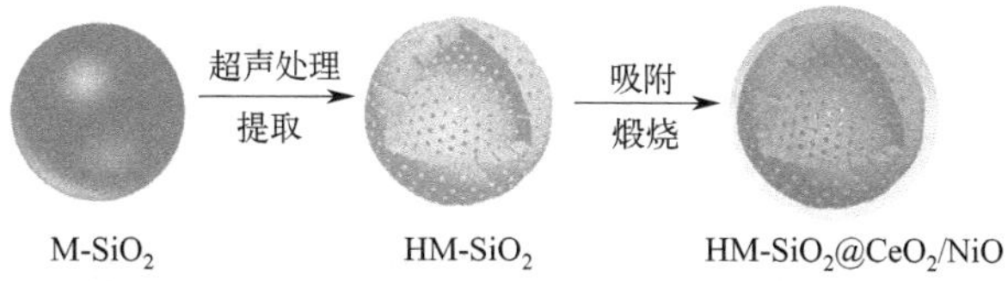

图 6-24　HM-SiO_2@CeO_2/NiO 纳米颗粒的制备过程

Shao 等人[48] 发现聚磷酸铵（APP）的化学结构中存在大量的铵盐（NH_4^+），其中一些在特定条件下可以被其他物质替代。受此启发，他们在乙醇和水的混合溶液中通过 APP 和六水合硝酸铁（Ⅲ）进行离子交换反应合成了一种环保、高阻燃效率的 APP 衍生物（Fe@APP）。将 Fe@APP 应用于 EP 制备复合材料后发现，Fe@APPEP 中的阻燃机理主要有以下两个方面：首先，Fe^{3+} 具有良好的催化作用，在 Fe^{3+} 的催化下，APP 和 EP 之间的多磷酸化、磷酯化反应快速产生 P—O—C 等结构，从而促进燃烧过程中稳定炭渣的快速形成；其次，Fe^{3+} 也可以有效地催化 EP 的炭化过程，包括脱氢、环化和芳构化。此外，随着燃烧过程中 H_2O、NH_3 和一些不可燃气体的释放，逐渐产生含有 P—O—C、C ═C、C—N、Fe、Fe_3O_4、Fe_3C 和 $FePO_4$ 等的残留物，这些物质可以增强 EP 在燃烧过程中形成的炭层，显著提升其防火安全性。

Liu 等人[49] 以羟基斯坦酸锌（ZHS）和 rGO 为原料，通过简单的原位热液路线制备了 ZHS/RGO 的杂交体。3%（质量分数）ZHS/RGO 的加入增强了环氧树脂的阻燃性能，与纯 EP 相比，EP-ZHS/RGO 的放热率、总放热、烟雾产生率和总烟气产量大大降低。火灾隐患的显著降低主要归因于石墨烯的物理阻隔效应和 ZHS 的催化功能之间的协同作用。此外，EP-ZHS/RGO 作为阻燃剂表现出气相阻燃效应。

Xu 等人[50] 以 $Na_2B_4O_7 \cdot 10H_2O$、ZIF-67 和石墨烯为原料，通过共沉淀法将 ZIF-67 负载到石墨烯表面。然后，将硼离子吸附到 ZIF-67 的表面上，成功制备了一种新型的三元杂化材料 ZIF-67/RGO-B（图 6-25）。与纯 EP 相比，ZIF-67/RGO-B 为 2%（质量分数）时复合材料的峰值放热速率、总放热量和烟气密度最大值（D_s，max）分别减少了 65.1%、41.1%和 66.0%。阻燃抑烟性能的提升主要依靠 ZIF-67/RGO-B 杂化物的 3 种组分之间存在的协同效应：首先，石墨烯具有物理阻隔效应，可以隔离燃烧过程中的热量传递和易燃气体的蒸发，防止基质进一步燃烧。其次，金属氧化物（Co_3O_4）促进致密炭层的产生，起到保护作用。并且

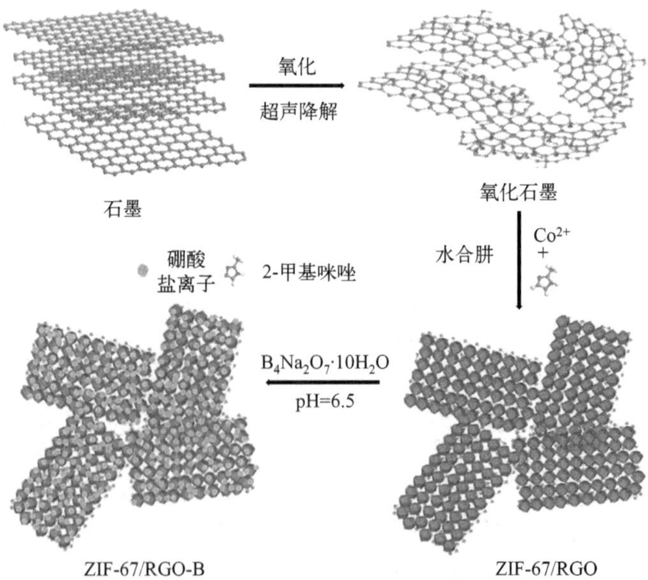

图 6-25　ZIF-67/RGO-B 的制备过程

在燃烧过程中产生的 N_2 和 NH_3 有助于稀释复合材料表面的氧气和易燃气体。最后，在硼酸根离子的燃烧过程中会形成 B_2O_3，也会促进形成致密的炭层，这有助于隔绝氧气并抑制可燃气体的挥发。此外，燃烧过程中水蒸气的大量挥发会吸热，有利于稀释和冷却，从而获得更好的阻燃效果。

Yu 等人[51] 以 $POCl_3$ 和 GO 为原料，通过简单的一锅法合成了包裹有含磷和含氮阻燃剂的功能化还原氧化石墨烯（FRGO），随后，将 FRGO 共价掺入环氧树脂（EP）中以制备阻燃纳米复合材料。FRGO 能很好地分散在基质中，并形成很强的界面黏附力。由于交联密度的提高和石墨烯片层对迁移率的限制作用，FRGO/EP 纳米复合材料的 FRGO 含量为 4%（质量分数）（FRGO/EP4）时，其玻璃化转变温度显著提高了 29.6℃。与纯 EP 相比，FRGO 的存在显著降低了复合材料的 PHRR 和 THR 值，分别降低了 43.0%和 30.2%。火灾隐患的显著减少主要归因于 FRGO 和阻燃剂的协同作用：包裹的阻燃剂加速了 EP 基体的降解，促进了其他焦炭残留物的形成。此外，阻燃剂提高了石墨烯的抗热氧化性，由石墨烯片组成的高热稳定性炭层可阻止热量的渗透和挥发性降解产物的逸出。

Yang 等人[52] 以介孔锌铁氧体（$ZnFe_2O_4$；表示为 MZF）和氧化石墨烯为原料，利用一步水热法来制造 MZF-GO 纳米复合材料（图 6-26），并将制造的 MZF-GO 纳米杂化物作为阻燃剂加入 EP 基体中，以降低火灾危险。在燃烧的早期阶段，MZF 的作用是催化 EP 降解产物的炭化。同时，GO 充当物理屏障，阻止可燃气体的释放和热能向 EP 基体的传递。随着燃烧工艺的发展，锌铁氧体部分分解成氧化铁和锌金属。氧化铁可以催化大分子的交联并促进焦的形成。此外，MZF 微球可以吸收易燃气体。因此，MZF-GO/EP 纳米复合材料表现出更好的阻燃性。

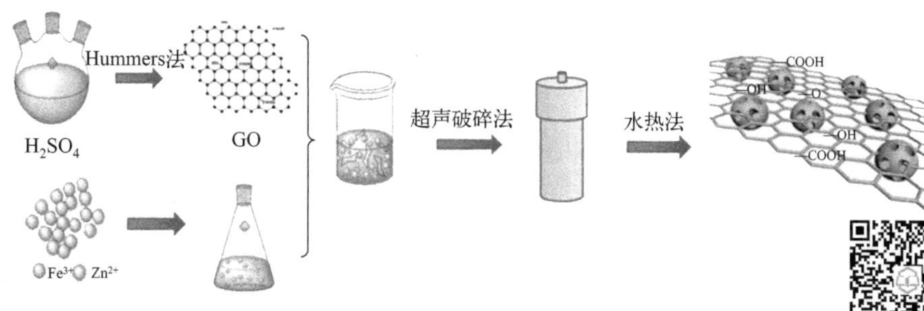

图 6-26 MZF-GO 的制备

6.3.2.2 在聚氨酯中的应用

Yin 等人[53] 采用液相插层法合成了一种由蒙脱石（MMT）改性黑磷（BP）纳米片组成的新型磷硅共阻燃材料（MMT-BP 纳米片），用于提高水性聚氨酯（WPU）的热稳定性、力学性能和防火安全性。制备的 MMT-BP/WPU 纳米复合材料（图 6-27）中，MMT-BP 纳米片在 WPU 基质中分布均匀，在 MMT-BP 纳米片的高度分散性以及两种组分之间的强烈界面相互作用下，WPU 纳米复合材料的拉伸强度和伸长率得到提高。并且，MMT-BP纳米片的改性不会导致WPU的玻璃化转变温度发生变化，有利于WPU的实际应用。此外，在复合材料燃烧过程中，MMT-BP纳米片主要作用于催化碳的形成并在燃烧过程中捕获自由基。钝化后，MMT提高了BP纳米片的降解稳定性和热稳定性，并促进了更多的磷元素在燃烧过程中保留在凝聚相中。随着温度的升高，BP表现出气相和凝聚相两种阻燃机制。首先，部分BP被氧化形成磷酸酐和磷酸，然后在高温下转化为多磷酸盐。聚磷酸盐的形成具有很强的脱水作用，促进了WPU的脱水，形成了致密的炭层。炭层限制了氧气和可燃气体的转移，中断了燃烧的物质交换。其次，在400℃以上的温度下，BP在气相中产生PO·和PO_2·等自由基。这些自由基可以与火焰区中的HO·和H·等自由基相互作用，有效地破坏燃烧的链式反应。在协同作用下，0.4-MMT-BP/WPU复合材料的极限氧指数从21.7%提高到27.2%，峰值放热速率、总放热量和峰值产烟率分别显著降低了33.43%、13.85%和32.40%。

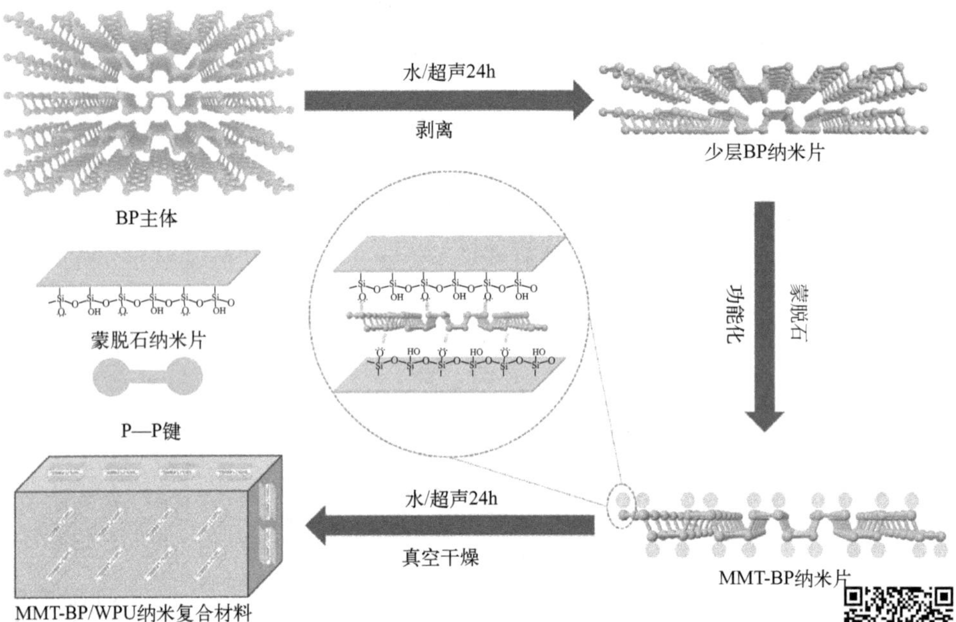

图6-27 MMT-BP/WPU纳米复合材料的制备路线

Yin等人[54]以APP为原料，以$La_2Sn_2O_7$为表面改性剂，通过KH550与APP发生胺交换反应，合成了稀土化合物包覆聚磷酸铵的核壳型阻燃剂（APP@$La_2Sn_2O_7$，LAPP）（图6-28）。核壳型阻燃剂的引入大幅提高了软质聚氨酯泡沫（FPUF）的阻燃性能。在锥形量热测试中，阻燃聚氨酯泡沫（LAPP-FPUF）的热释放量、烟雾释放量以及有毒气体释放量均大幅度下降，表现出更高的火灾安全性。阻燃性能的提升得益于燃烧过程中形成的致密焦炭层对基体材料的保护作用，其不仅将基体材料与热和氧气隔离开来，还抑制了有毒气体的释放。

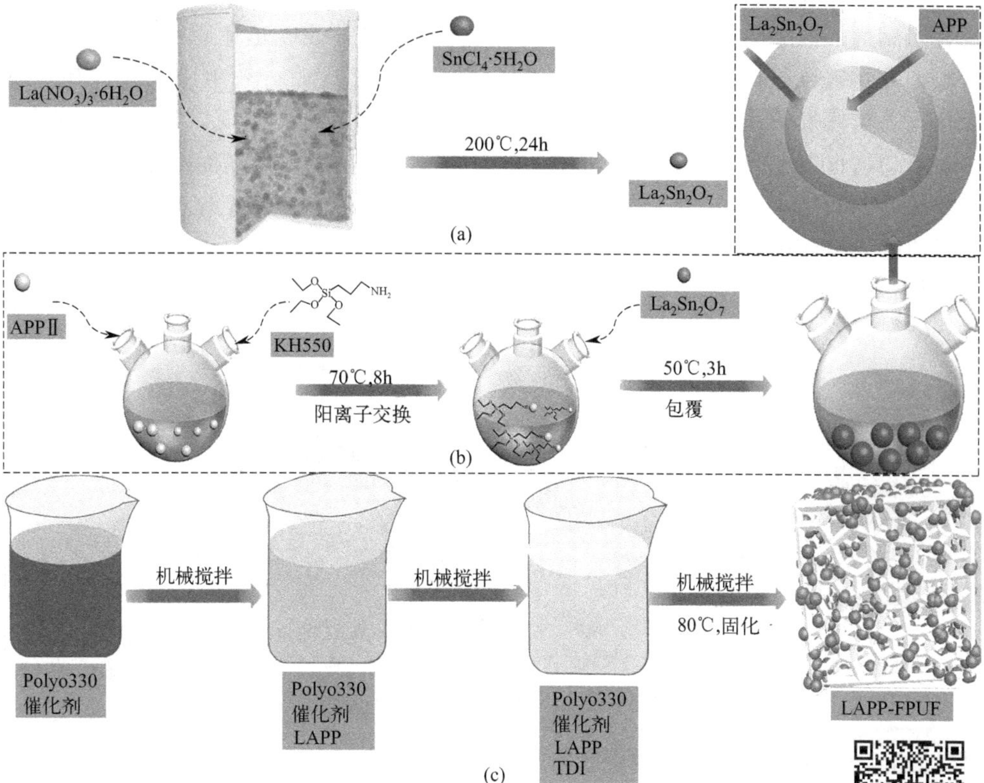

图 6-28　核壳型阻燃剂及阻燃聚氨酯泡沫的合成

Wang 等人[55] 以 CeO_2 和还原氧化石墨烯（rGO）为原料，通过一步水热法，合成了功能化的还原氧化石墨烯 CeO_2/rGO，将其掺入热塑性聚氨酯 TPU 中，制备了 CeO_2/rGO TPU 纳米复合材料。研究表明，CeO_2/rGO 的使用并没有改变 TPU 的热降解行为，反而由于其具有的高热稳定性，使得 TPU 的热稳定性得到了提升，分解温度更高。此外，得益于石墨烯纳米片的物理阻隔效应和 CeO_2 的催化作用，TPU 燃烧过程中的 PHRR、SPR、CO 和 CO_2 的释放量均得到了有效抑制。

6.3.2.3　在其他材料中的应用

Liu 等人[56] 为了研究稀土铈在磷氮化合物中的阻燃机理，选择 *N*-吗啉甲基膦酸（MMPA）和六水合硝酸铈为原料，合成了铈/*N*-吗啉甲基膦酸（MMPA-Ce）。由于 MMPA-Ce 外侧和内侧结构分别是吗啉和 P—O—Ce 有机结构的杆状结构，MMPA-Ce 在聚合物材料中的相容性得到了提高，进一步增强了 MMPA-Ce 对高密度聚乙烯（HDPE）的阻燃性能。掺杂了 MMPA-Ce 的 HDPE 复合材料在锥形量热测试中，PHRR、SPR 均大幅度下降。

Ning 等人[57] 通过水热法制备层状双氢氧化物（LDH）包覆的可膨胀石墨

EG，形成具有核壳结构的复合材料 EG@LDH，用作聚乙烯醇（PVA）的阻燃剂。复合阻燃剂均匀分散在聚合物中。当复合材料受热时，EG 迅速膨胀成“蠕虫状”石墨，并在复合材料表面形成“蠕虫状”焦炭；LDH 同时分解生成水蒸气和金属氧化物。水蒸气稀释可燃气体、氧气浓度并吸收热量并减慢表面燃烧速度。此外，金属氧化物可以充当“蠕虫状”石墨上的黏合剂，将松散的石墨固定在一起以形成稳定致密的炭层。稳定致密的炭层可防止火焰蔓延到材料中，并防止可燃气体从复合材料进入空气中，抑制可燃气体与火焰的接触，这有效地保护了复合材料并终止了燃烧（图 6-29）。

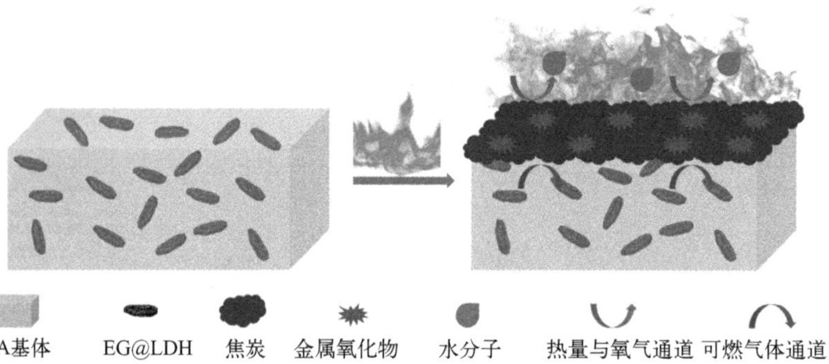

图 6-29 EG@LDH 在 PVA 中的阻燃机理

Zhuo 等人[58] 通过真空过滤成功地合成了碳纳米管/石墨烯纳米片（MWCNT/GNP）混合膜，并将混合膜作为阻燃层应用于碳纤维增强环氧树脂（CFRP）复合板的表面。与碳纤维增强环氧树脂（CF/EP）复合材料和 MWCNT/CF/EP 复合材料相比，MWCNT/GNP7.5/CF/EP 复合材料的 PHRR 分别降低了 35%和 11%。对于 MWCNT/CF/EP 复合材料，MWCNT 膜的阻燃机制一般被认为是在燃烧过程中形成保护屏障。由氮吸附等温线确定的 MWCNT 膜的大孔径约为 198nm，这是其高透气性的原因。复合板表面存在的 MWCNT 膜可以有效地抑制分解气体的释放。然而，随着 GNP 掺入 MWCNT 膜中，其孔径随着 GNP 含量的增加而增大，进而降低了 MWCNT 膜的透气性；同时，引入的二维结构可以通过“曲折路径”发挥额外的协同因素，从而有效地延缓气体分子通过膜的进程。这两种相反的效果往往会实现平衡，并且在 GNP 的最佳负载下，阻燃性达到其自身的最大值。然而，进一步增加 GNP 的含量后，负面因素占主导地位，使得阻燃性降低；但是，由于所制备的分层膜具有优异的阻隔效果，这种阻燃性仍然优于 CF/EP 复合材料。

Zhang 等人[59] 探索了层状双氢氧化物（LDH）与还原氧化石墨烯（rGO）的合理结合，创建了具有分层纳米/微阵列结构的 CuMgAl-LDH/rGO 杂化物（G-CuMgAl），并将其用于增强柔性聚氯乙烯（PVC）纳米复合材料的阻燃性和抑烟性能（图 6-30）。在燃烧的早期阶段，高度热稳定的分级纳米/微阵列结构的

CuMgAl-LDH/rGO 在物理上阻碍了凝聚相中热量、挥发性气体和 O_2 从多个方向的通过，即“迷宫”效应。此外，CuMgAl-LDH 显示出碱性吸收特性，可以在燃烧初始阶段吸附释放出的 HCl。随后，CuMgAl-LDH 在高温下的吸热分解将不可燃气体（H_2O 和 CO_2）释放到气相中，从而稀释热空气并冷却热解区的表面。该过程还生成了混合金属氧化物（MgO、CuO 和 Al_2O_3），它们作为物理屏障，可以减轻外部热辐射和氧气的破坏性影响，同时吸收和抑制燃烧过程中易燃气体从内部释放。同时，铜衍生物的催化炭化，以及 rGO 在提高残炭刚性和致密性方面的作用，有助于提高 PVC 复合材料的防火安全性。物理阻隔效应、化学吸附效应、催化炭化和曲折约束等多重协同效应共同作用，使得 PVC 复合材料的阻燃性和抑烟能力显著增强，达到了 UL-94 V-0 等级，极限氧指数值达到 35.8%，与原始 PVC 的 29.4%相比增加了 6.4%。此外，与原始 PVC 相比，改性 PVC 复合材料的峰值放热速率显著降低了 40.2%，总放热量下降了 24.3%，最大平均放热量下降了 41.6%，峰值烟气产量下降了 37.8%，总发烟量减少了 31.3%，平均有效燃烧热下降了 15.2%。

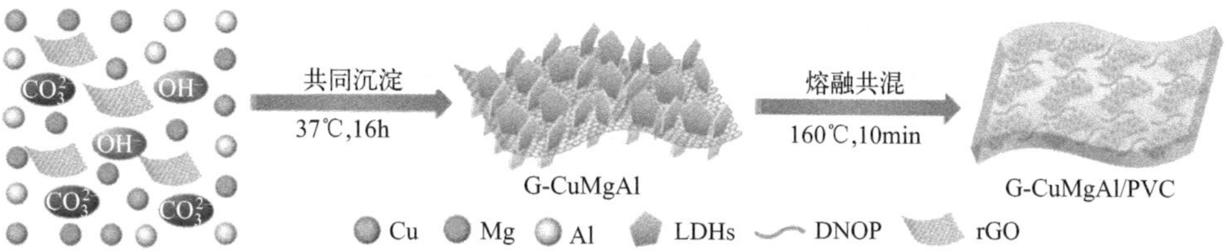

图 6-30 G-CuMgAl/PVC 及其复合材料的合成工艺

6.3.3 有机-无机杂化一体型复合阻燃剂

有机阻燃剂由于热稳定性差，不利于聚合物材料的高温应用。而无机阻燃剂则存在与聚合物材料相容性差、对材料力学性能影响大等缺点。因此，同时具有有机阻燃剂与无机阻燃剂优点的有机-无机杂化一体型复合阻燃剂受到人们的广泛关注[60]。

6.3.3.1 有机-石墨烯型阻燃剂

Rahimi-Aghdam 等人[61] 以柠檬酸、乙二胺、磷酸和氧化石墨烯为原料，合成了磷氮掺杂的石墨烯量子点（NP-GOD），将 NP-GOD 掺入聚丙烯腈（ANP）中制备 ANP 复合材料。复合材料通过了 UL-94 V-0 等级测试，与普通 PAN 相比，添加 NP-GQD 使 PHRR 降低了 15.4%，释放的烟雾下降了 43.5%，CO 释放量下降了 53.3%，复合材料表现出更低的火灾危险性。NP-GOD 在 APN 复合材料中主要起凝聚相阻燃作用，在燃烧时，依靠形成的致密炭层隔绝热量与氧气，同时防止内部产生的气体释放。

Li 等人[62] 将聚醚胺（M2070）共价接枝到由羟基锡酸锌框（ZHS）修饰的石墨烯纳米片（GNS）表面，获得了具有无溶剂和类似液体行为的有机杂化材料（GNS-ZHS-M2070），随后将其掺入环氧树脂（EP）中以研究其阻燃性能（图 6-31）。GNS-ZHS-M2070 在室温下为均质黏性流体，不含任何溶剂，可稳定地分散在各种溶剂中。改性后的 GNS-ZHS-M2070/EP 复合材料具有优异的阻燃性能，峰值放热率和着火率指数值大幅度下降。GNS-ZHS-M2070/EP 复合材料阻燃性能增强的机制大概分为几个方面：①GNS 的“曲折路径”效应和 ZHS 对聚合物链的限制流动性在提高 GNS-ZHS-M2070 的热稳定性及其环氧复合材料的玻璃化转变温度（T_g）方面起着协同作用。②有机壳可以与环氧基团反应形成化学交联，这在一定程度

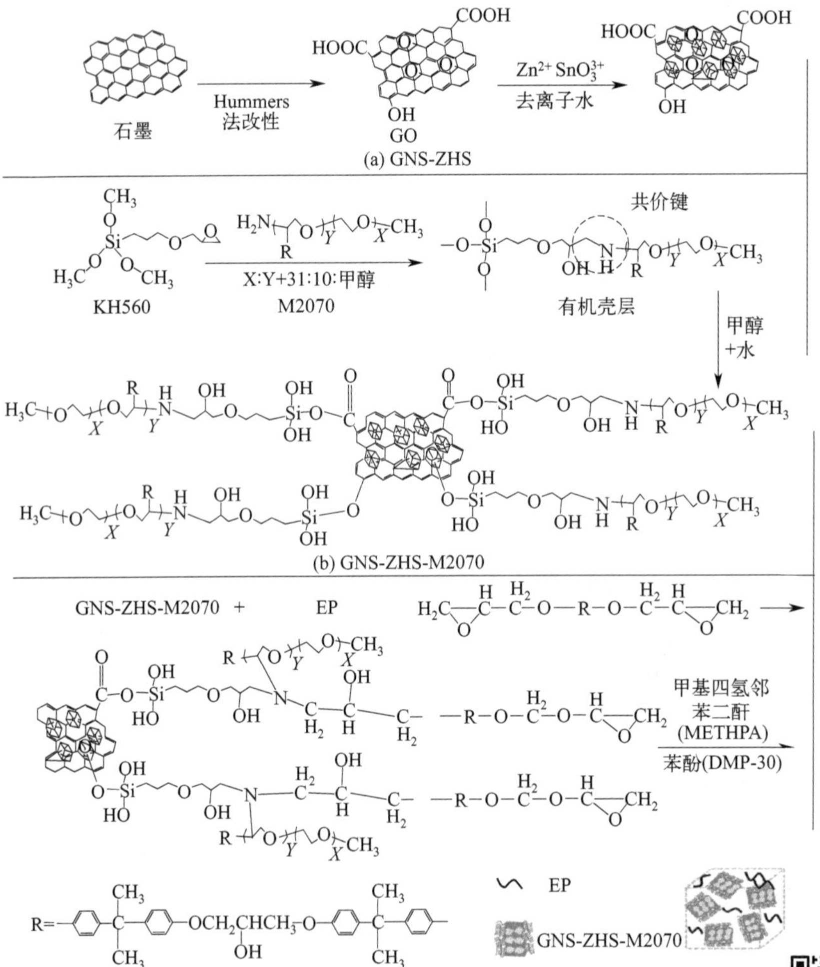

(c) GNS-ZHS-M2070/EP

图 6-31 几种复合材料的合成过程

上有助于提高GNS-ZHS-M2070的热稳定性及其环氧复合材料的 T_g。③ZHS的催化作用和GNS的吸附作用之间的协同作用可以降低HRR、THR等。④独特的流动性和柔软的有机外壳带来的优异加工性和相容性可以使分散变得容易，进一步提升了阻燃成分在环氧复合材料中发挥作用的能力，从而使复合材料具有优异的阻燃性能。

Sun等人[63] 通过酰化氯化法将9,10-二氢-9-氧杂-磷杂菲-10-氧化物（DOPO）接枝在石墨烯上，防止组分发生聚集，同时获得阻燃的协同作用。燃烧过程中，对于未改性的碳纤维/环氧树脂（CF/ER）复合材料，释放的可燃气体和热量毫无障碍地穿过基体，因此热量容易到达复合材料内部，进而助长火焰燃烧。而在石墨烯添加后，复合材料中石墨烯的聚集影响了焦炭层的形成。虽然石墨烯的添加使得焦炭层更紧凑、更连续，但它仍然没有形成复合材料防火的有效屏障。在将DOPO接枝到石墨烯上后，不仅有助于其均匀分散在基质中，还能增强残余炭的形成。此外，热流的路径已被均匀的石墨烯-DOPO所阻断。因此，稳定的炭层和均匀的石墨烯-DOPO片状结构形成了保护层，可以有效防止复合材料受到辐射热和火焰的直接接触，从而提高复合材料的阻燃性能。

Fang等人[64] 通过层层自组装的方法将哌嗪（PiP）和植酸（PA）的超分子聚集体组装到氧化石墨烯（GO）表面（PPGO）上来功能化氧化石墨烯（GO）。植酸可以促进凝聚相中的炭化过程，起到炭化剂的作用，而哌嗪作为发泡剂与不可燃气体（水蒸气和 NH_3）对膨胀多孔炭化结构的形成起着非常重要的促进作用，它们共同作用形成一个有效的膨胀型阻燃体系。同时，GO可以起到物理屏障的作用，并提供“曲折路径”效应，以进一步减少热量释放，并防止燃烧区域和下面的聚合物块体之间的热量和质量传递。此外，在降解过程中PPGO的“血小板”形态也可以作为纳米黏土的替代品提供潜在的应用，从而提高EP的阻隔性能。

Xiao等人[65] 在无水二甲亚砜（DMSO）中，通过对苯二甲醛的醛基和三聚氰胺的氨基之间的高温缩聚反应，在没有催化剂的情况下制备了三维网络聚合物COF。随后，通过对苯二甲醛中的醛基与氨基化石墨烯中的氨基之间的一步反应制备了一种新型石墨烯共轭共价有机骨架（AGO@COF）纳米杂化材料。在燃烧过程中，AGO@COF纳米杂化材料可以促进环氧树脂（EP）的炭化，这不仅导致焦炭残留物的质量增加，而且使炭层更加致密和石墨化度高。石墨化度高的致密炭层在抑制质量、热量和氧气的交换以及消除热解气体和烟雾方面表现出优异的阻隔效果（图6-32）。焦炭残留物的增加和可燃挥发物的减少都有助于降低PHRR和THR以及增加LOI值。因此，添加AGO@COF纳米混合材料可降低EP的火灾隐患（包括热量、烟雾和有毒气体在内）。

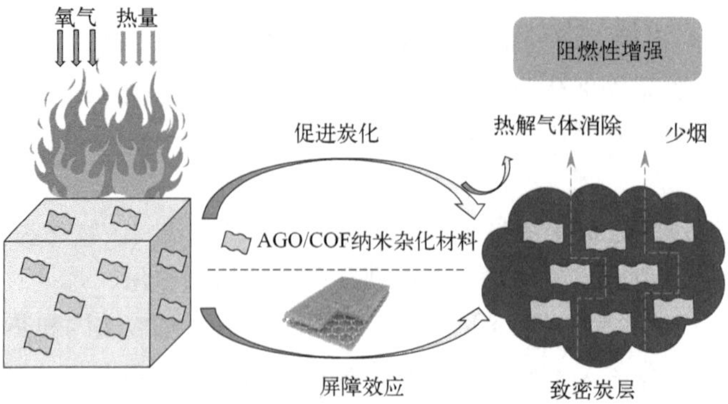

图 6-32 AGO@COF 纳米杂化材料在 EP 中的阻燃机制

Shi 等人[66] 以 DOPO、rGO 为原料，通过聚乙烯亚胺（PEI）对石墨烯进行了功能化，以实现稳定的分散和有效的应力转移。为了提高裸石墨烯的耐火性，他们将 DOPO 接枝到 PEI 还原的氧化石墨烯（PEI-rGO）的表面，形成石墨烯接枝 DOPO-膦酸酯结构。官能化的石墨烯与环氧树脂（EP）之间具有良好的界面相互作用，官能化的还原氧化石墨烯（f-rGO）可以有效地分散在主体聚合物中。与纯 EP 相比，f-rGO/EP 的峰值放热率和总放热量分别降低了 31%和 34.3%。一方面，rGO 表面的 DOPO-膦酰胺酸盐在保护 rGO 免受火灾的同时，还促进了气相中的火焰抑制。另一方面，rGO 的吸附和阻挡作用分别抑制了热量和气体的释放，从而促进了石墨化炭的形成。在 f-rGO 各组分的协同作用下，环氧树脂的阻燃性能得到大幅度提高。

Feng 等人[67] 以环氧树脂、银纳米线（AgNW）和少量阻燃功能化石墨烯（GP-DOPO）为原料，使用一种以聚合物为骨架并以阻燃剂分子为支链的简便的“分支状”策略来功能化还原氧化石墨烯（RGO），以提高阻燃剂的接枝率和 RGO 在基质中的相容性，然后将所得的 GP-DOPO 原位引入 EP/AgNW 复合材料中后，在非常低的 AgNW 负载量（4%体积分数）下，掺入 GP-DOPO [2%（质量分数）] 可以将导热率提高到 1.413W/(m·K)，与纯 EP 和 EP/AgNW 相比，分别增加 54%和 56%。通过添加 GP-DOPO 改善了 AgNW 的分散和桥接效应，复合材料的热导率显著提高。此外，GP-DOPO 的高阻燃接枝量和优异的相容性对 EP 基体产生了很强的催化炭化效果，通过结合 AgNW 和石墨烯网络进一步形成了坚固的保护炭层。因此，通过引入 GP-DOPO，显著提高了 EP/AgNW 的阻燃性（图 6-33）。

Qian 等人[68] 通过原位溶胶-凝胶工艺将还原氧化石墨烯（rGO）掺入阻燃剂基体中，形成含有剥离 rGO 的有机-无机杂化一体型复合阻燃剂，随后，将该阻燃剂（FR-rGO）掺入环氧树脂（EP）中。在 EP 中加入 5%（质量分数）的 FR-rGO，使得 EP 获得令人满意的阻燃等级（UL-94 V-0）和高达 29.5%的 LOI 值。

在空气和氮气气氛中，FRs-rGO/EP 纳米复合材料的残炭量显著增加。此外，与纯 EP 相比，FRs-rGO/EP 的峰值放热率值显著降低了 35%。由于 rGO 的分散以及聚合物基体与 rGO 之间的强烈相互作用，Rs-rGO/EP 纳米复合材料的玻璃化转变温度（T_g）向更高的温度移动。

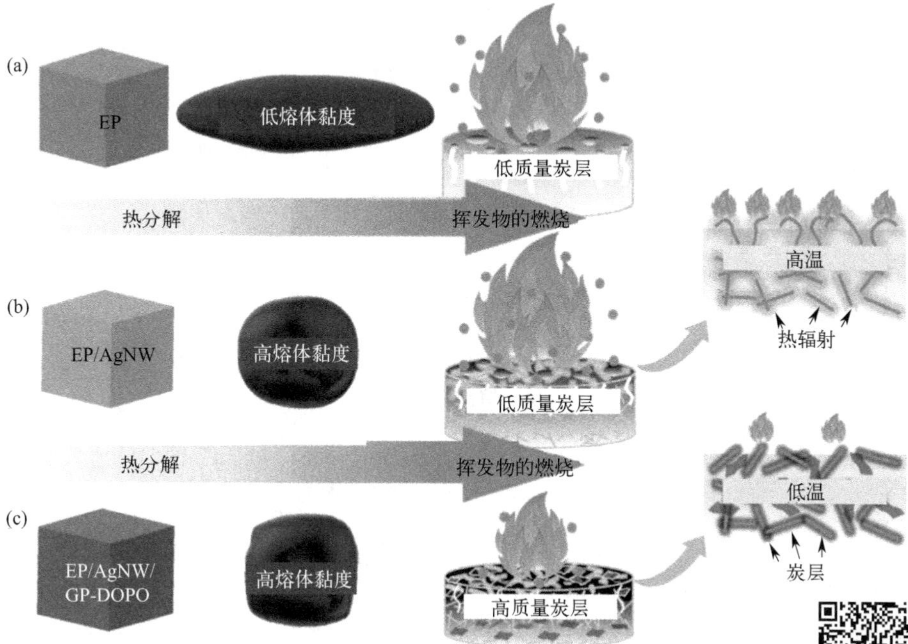

图 6-33　EP、EP/AgNW 和 EP/AgNW/GP-DOPO 的阻燃机理

Zhi 等人[69] 通过溶剂热合成和水解-缩合反应成功地将 DOPO 和乙烯基三乙氧基硅烷（VTES）接枝到氧化石墨烯（GO）的表面上，制备了 DOPO 和 VTES 接枝的功能化氧化石墨烯（DOPO-VTES-GO）（图 6-34）。随后，通过溶液共混法将 DOPO-VTES-GO 掺入环氧树脂中。与纯环氧树脂和 DOPO-GO/环氧树脂相比，DOPO-VTES-GO/环氧树脂的热稳定性和炭渣收率明显提高，且具有更好的阻燃性，放热率、总放热量和总烟雾量的峰值也更低。GO 的引入可以降低环氧分子降解过程中的易燃气体渗透性。在 DOPO-VTES-GO 中 DOPO 基团的分解过程中，形成富含磷的残基以促进炭层的形成。连续而致密的炭层可以作为防止热传递和气体传输的有效屏障。同时，含磷自由基在 DOPO 的降解过程中会释放出来，并捕获环氧分子链热分解产生的活泼自由基，从而中止燃烧的链式反应，减少气相中的可燃物质。此外，DOPO-VTES-GO 中的 VTES 基团倾向于形成 Si—O—Si 的热稳定桥结构，促进了石墨结构的形成并增强了凝聚相中炭层的热稳定性。因此，DOPO-VTES-GO/环氧树脂复合材料表现出更好的阻燃性。

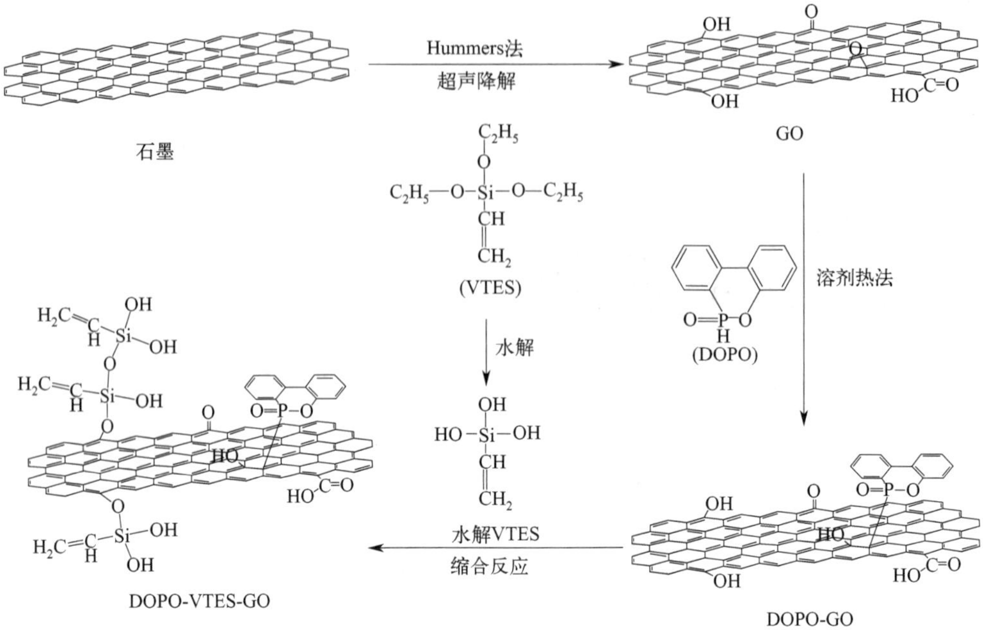

图 6-34 DOPO-VTES-GO 阻燃剂的制备过程

Li 等人[70] 将 2-（二苯基膦基）乙基三乙氧基硅烷（DPPES）通过缩合反应接枝到氧化石墨烯纳米片（GON）的表面，随后将 GON 作为环氧树脂复合材料的阻燃剂制备复合阻燃材料。具有磷、硅和石墨烯层结构的环氧树脂/DPPES-GON 纳米复合材料比纯环氧树脂表现出更高的阻燃性。含有 10%（质量分数）DPPES-GON 的复合材料可以通过 UL-94 测试中的 V-0 等级。在环氧树脂中添加 10%（质量分数）DPPES-GON 使焦炭产率和 LOI 分别提高了 42%和 80%。DPPES-GNO 的磷、硅和 GON 层结构可促使连续致密的绝缘炭层形成，以保护内部聚合物基体，使得复合材料的阻燃性能提升。

Wang 等人[71] 将聚磷酰胺（PPA）共价接枝到石墨烯纳米片（GNS）的表面上，以获得新型的阻燃剂 PPA-*g*-GNS。随后，他们将 PPA-*g*-GNS 掺入环氧树脂中，以增强阻燃性能。通过接枝 PPA 实现石墨烯的功能化，而不是利用两者简单混合的效用，可以改善 GNS 在 EP 中的分散状态。由于 PPA 分子链分布在 GNS 的表面，因此有效防止了 GNS 的重新堆叠，从而弥补了由于添加剂型阻燃剂与聚合物基体之间的相容性差而可能导致的环氧树脂力学性能下降。在燃烧时，聚磷酰胺降解的磷酸盐物质催化 PPA-*g*-GNS/EP 热固性材料的大分子网络分解，生成各种碎片离子。一些离子在高温环境下重新结合形成一些多环芳烃（PAH）。其次，这些活性 PAH 物质在石墨烯表面被吸附，并在石墨烯上不断传播，石墨烯作为微炭的模板。最后，许多焦炭一起形成一个连续而致密的焦炭层。这一炭层为保护底层聚合物提供了良好的屏障，并抑制了气体与材料之间的热量和质量交换，从而赋予了 PPA-g-GNS/EP 复合材料优异的阻燃性。

Jing 等人[72] 利用静电相互作用将聚乙烯亚胺（PEI）和生物基聚电解质（BPE）涂层沉积在水中的聚磷酸铵（APP）表面，从而形成带负电荷的核壳型阻燃剂。然后，将原始 GO 与 PEI 接枝获得带正电荷的氧化石墨烯（pGO），再利用 pGO 与核壳阻燃剂之间的水性自组装获得生物基阻燃剂/氧化石墨烯杂化物（GOH）（图 6-35）。随后，将 GOH 用作 PLA 的多功能阻燃剂，用于提高 PLA 复合材料的阻燃性和韧性。得益于 GOH 中的核壳型阻燃成分，复合材料在燃烧时生成了含磷的衍生物，其有效地促进了 PLA 基体的脱水成炭，促进了保护性炭层的形成。同时，GO 片材形成了“曲折回径”，有效延缓了燃烧时可燃气体的释放，减缓燃烧程度。APP 分解还产生了氨气等不可燃气体，稀释了燃烧过程的氧气，进一步延缓燃烧程度，因此，仅需在 PLA 中引入 10%或 15%（质量分数）的 GOH 即可使复合材料通过 UL-94 V-0 等级认证。此外，核壳阻燃成分可以通过脱黏和孔隙变形机制为 PLA 赋予适度的韧性，而 APP 接枝的 GO 富含的氨基又可以提升 GOH 与 PLA 基体之间的氢键作用，增强界面相互作用，使得 PLA 的韧性进一步增强。PLA/GOH 复合材料表现出更高的拉伸韧性和缺口冲击强度。含有 10%（质量分数）GOH 的 PLA 复合材料相对于纯 PLA，断裂伸长率增加了 6 倍以上，缺口冲击强度提高了 86.7%。

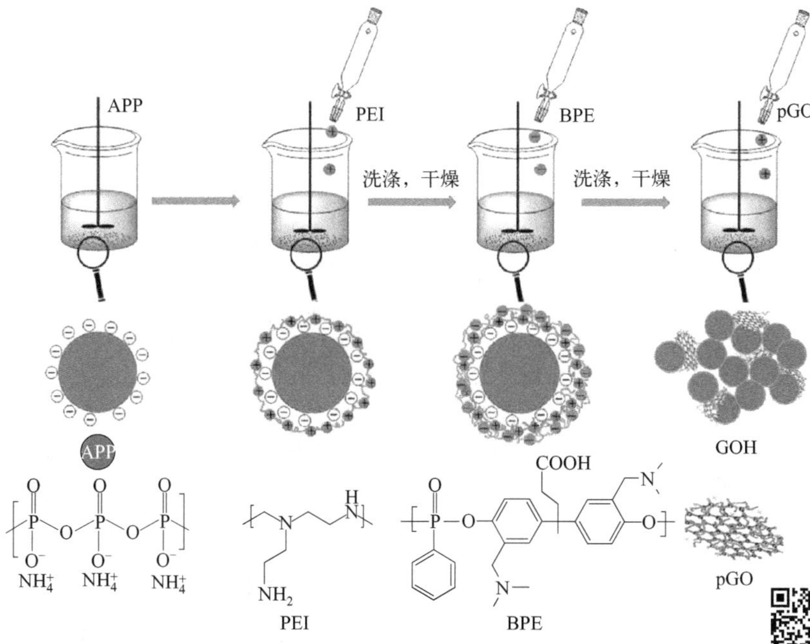

图 6-35　GOH 的制备

6.3.3.2 有机-金属杂化型阻燃剂

Li等人[73] 通过溶剂热和表面包裹方法合成了一种新型有机-无机杂化聚磷腈改性次磷酸锰穿梭物（PZS-MnHP）。这种设计精良的阻燃剂结合了微填料的物理增黏优势和PZS出色的阻燃性，可以有效解决PET的可燃性和熔体滴落的问题。含有5%（质量分数）PZS-MnHP的PET复合材料（PET/FR5.0）的LOI值为25.3%，并且，由于PZS-MnHP的添加大幅增加了复合材料的黏性，相应的熔体滴落受到极大限制，液滴很少。同时，PET的热释放率最大降低了57.0%，火灾风险显著降低。PZS-MnHP穿梭物在PET中均匀分布，没有明显的聚集，这归因于微填料和基体之间的强界面相互作用。这种出色的分散性和相容性提高了PET/FR5.0复合材料的力学性能。

Gong等人[74] 以 $(CeNO_3)_3 \cdot 6H_2O$ 和植酸为原料，采用生物基煅烧的方法合成了磷掺杂的氧化铈纳米片（P-CeO_2），通过溶剂辅助热固化方法将其掺入环氧树脂基体中，得到了高阻燃性能的环氧树脂复合材料。P-CeO_2 杂化物在环氧树脂中的良好分散状态提高了EP复合材料的热稳定性，减缓了可燃热解产物的转移。同时，热分解形成的磷酸基团通过脱水促进石墨化炭层的形成，这防止了热交换和热分解产物的释放，且 CeO_2 纳米片在炭层形成中也起着催化作用。P-CeO_2 杂化物在热熔化过程中可以积聚在表面上，这可以提供“曲折路径”效应，起到物理屏障作用，防止氧气和其他气态产物的扩散（图6-36）。因此，环氧复合材料的阻燃性能得到了提升，EP/P-CeO_2 的PHRR、PSPR、TSP和CO值的释放峰值与纯EP相比，分别减少了18%、32%、22%和35%。

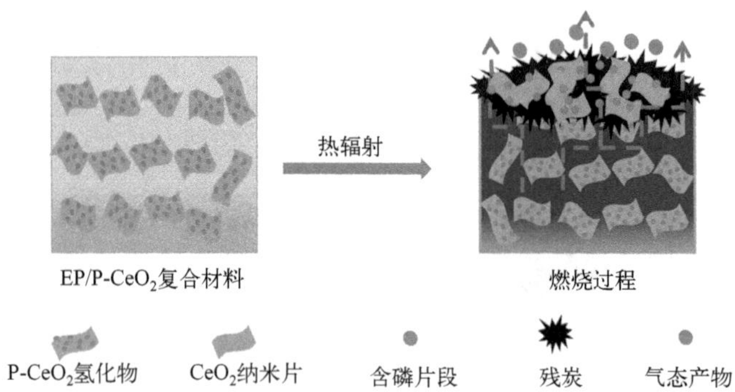

图6-36 环氧复合材料中P-CeO_2 杂化物的阻燃机理

Du等人[75] 在聚磷酸铵（APP）表面原位合成了金属有机框架（APP@UiO）（图6-37），通过将APP@UiO添加到不饱和聚酯树脂（UPR）中制备了阻燃UPR复合材料。在燃烧时，APP@UiO起骨架支撑的作用，不仅增强了炭层的强度，且炭层内部存在的“曲折路径”还延长了氧和热从外到内的距离，在一定程度上削弱了热和氧的传递。炭层的致密度也随着聚磷酸铵热分解产物对基体炭化作用的促进有所增加。在气相中，APP@UiO 催化 CO 氧化成 CO_2，有效抑制 UPR 气体产物的挥发，APP@UiO 热分解会释放出 NH_3 稀释 UPR 周围的可燃气体浓度，形成良好的气体保护层。APP@UiO 中的 APP 在热分解过程中还会释放自由基 PO·，有效去除火焰中的活泼自由基 H·和 HO·，从而提高 UPR 复合材料的阻燃性能。此外，APP@ UiO 的使用对 UPR 力学性能的影响小于单独使用的 APP，故 APP@UiO 的使用在一定程度上还能缓解 APP 引起的 UPR 力学性能下降。

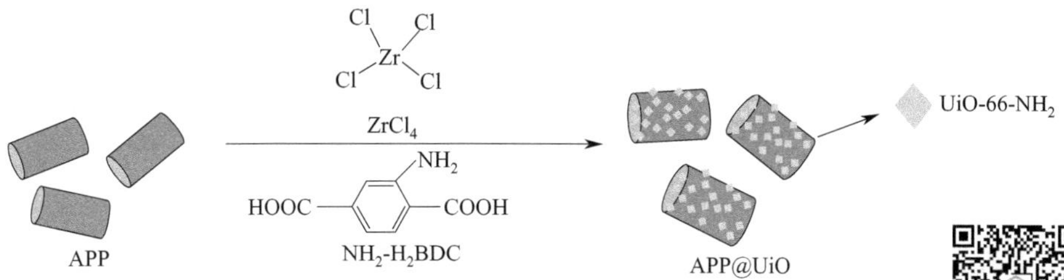

图 6-37　APP@UiO 的制备

Phanthuwongpakdee 等人[76] 采用 4-氨基肉桂酸（4ACA）的生物基聚酰亚胺衍生物（BPI）为基体，通过金属盐化技术制造了 Al^{3+} 和 Cu^{2+} 掺杂的 BPI 金属薄膜（BPI-COOAl 和 BPI-COOCu），复合薄膜表现出优异的阻燃性能、保持或增强热力学性能和光学透明度。BPI-COOAl 的总放热量和峰值放热速率分别为 4.5W/g 和 18.9kJ/g，低于其前体和 BPI-COOCu 的值。BPI-COOAl 在垂直燃烧标准测试中达到 UL-94 V-0 等级，并且在 450nm 波长下也保持了高透明度（透射率＞80%）。拉伸强度也保持在 63.7MPa。该研究为制备具有增强阻燃性的热机械和透明性生物聚酰亚胺薄膜的开发提供了新的思路。

Xiao 等人[77] 设计了一种由多层纳米片组装而成的分级二硒化钼（$MoSe_2$）纳米棒，然后将其与线性聚磷腈（LPP）融合以构建 LPP-$MoSe_2$ 纳米棒（图 6-38）。并基于 LPP-$MoSe_2$ 典型的纳米管结构和过渡金属、磷和含氮化合物的组合效应，将 LPP-$MoSe_2$ 用于改善 EP 的阻燃性能，制备了 EP/LPP-$MoSe_2$ 复合材料。EP/LPP-$MoSe_2$ 复合材料的阻燃性能明显增强，LOI 值高达 29%，在 UL-94 测试中达到 V-0 等级。与纯 EP 相比，峰值热释放速率下降了 39.0%，总放热量下降了 24.8%，总烟雾产生量下降了 31.3%，CO 和 CO_2 的产量也相对降低。复合材料阻燃性能的提升得益于典型的两相协同作用机理。在气相中，LPP 的分解会产生不可燃气体（NH_3 或 N_2），这有助于形成膨胀炭层并稀释可燃气体和氧气。同时，在 LPP 燃烧过程中产生的 PO·和 PO_2·可以有效地猝灭燃烧区中的活性自由基（如 H·和 HO·），从而终止燃烧的链式反应。在凝聚相中，LPP 热分解产生的磷酸或偏磷酸等小分子物质不仅可以促进 EP 基质的脱水和炭化，还可以在 EP 表面形成非挥发性保护膜以隔离空气。此外，作为过渡金属化合物的 $MoSe_2$ 能够催化炭化，这有助于形成高质量的炭层。LPP 和 $MoSe_2$ 的优点相结合，提供了优异的保护炭层，阻止了氧气和易燃气体的渗透以及有毒烟雾和气体的逸出，同时还可以抑制传质和传热，阻碍下层聚合物的热解，从而提高 EP 的防火安全性。

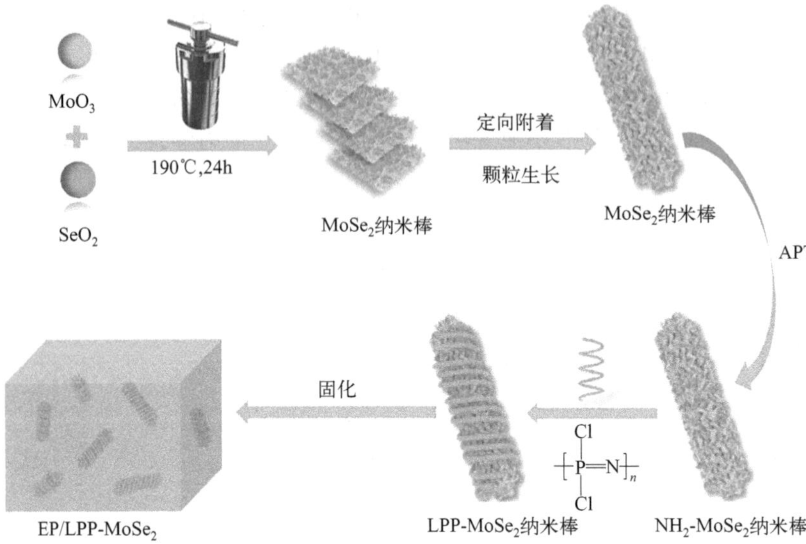

图 6-38　LPP-$MoSe_2$ 纳米棒及其 EP 复合材料的制备流程

Tang 等人[78] 以磷酸二氢铝（AlDHP）、磷酸哌嗪（PAP）为原料，通过铝离子基磷酸盐和哌嗪基磷酸盐的脱水反应，以 1∶9 的质量比构建了一种新型有机-无机杂化大分子（Al-PAP）（图 6-39），随后将 Al-PAP 与聚磷酸三聚氰胺（MPP）复合，制备了应用于聚丙烯（PP）的膨胀阻燃体系（Al-IFR）。仅包含 14%（质量分数）的 Al-IFR 体系即可将 PP 的极限氧指数提高到 28.3%，相当于含有 20%（质量分数）传统阻燃体系的 PP，表明 Al-PAP 具有优越的阻燃功效。此外，含有 20%（质量分数）Al-IFR 的 PP 的 LOI 为 32.2%，灼热丝点火温度为 850℃，灼热丝可燃指数>960℃，达到了 UL-94 V-0 等级（3.2mm 和 1.6mm 燃烧长度），表明其高阻燃性。

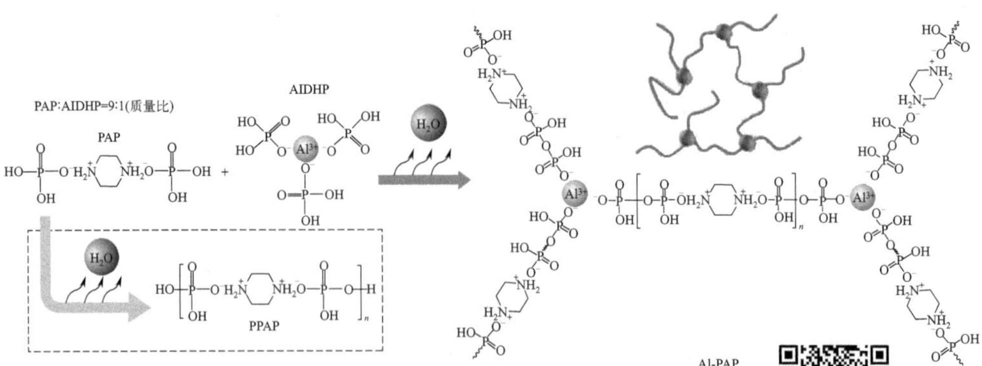

图 6-39　Al-PAP 的合成过程

Wei 等人[79] 以原硅酸四乙酯、钛酸四丁酯和二苯基次磷酸为原料，通过水热反应合成了一种新型的含有机磷-钛-硅（P-Ti-Si）的杂化纳米棒 OPTS，并将其用于制备高性能阻燃聚碳酸酯（PC）。仅需 0.10%（质量分数）的 OPTS 即可赋予 PC 高达 UL-94 V-0 的阻燃等级和 29.7%的极限氧指数。高阻燃性能得益于 OPTS 典型的凝聚相阻隔作用。同时，在燃烧过程中也发生了协同气相阻燃作用。在燃烧发生时，首先，OPTS 开始随着温度的升高而分解，产生的物质包括二苯基次磷酸、SiO_2 和 TiO_2 等。随着温度的进一步升高，二苯基次磷酸分解产生了一些含磷和苯的气态产物（包括聚磷酸在内的固体产物和水等不可燃气体）。这些产物有助于 PC 的酯化、脱水和炭化反应，从而形成连续致密的炭层。并且，炭渣中残留的 TiO_2 和 SiO_2 还能进一步提高残炭的连续性和致密性，使残炭成为更有效的物理屏障。在气相中，产生的 H_2O 和 CO_2 等不可燃气体也会稀释可燃气体，从而协同降低 PC 的可燃性（图 6-40）。因此，OPTS 纳米棒赋予了 PC 优异的阻燃性。此外，得益于 OPTS 在 PC 中的高度分散性以及其与 PC 之间的良好界面相互作用，含有 0.10%（质量分数）OPTS 的阻燃 PC 比纯 PC 具有更高的拉伸强度和更高的断裂伸长率，分别提高了 8.0%和 8.3%。

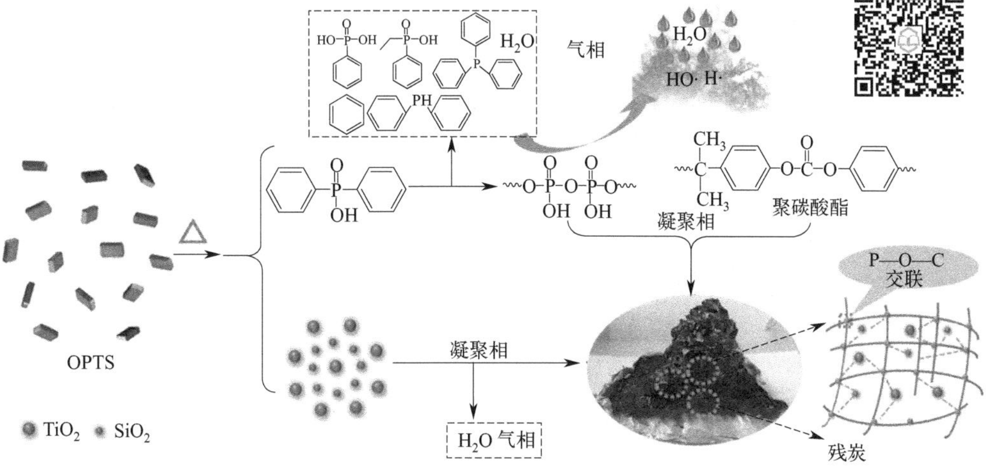

图 6-40 OPTS 在 PC 中的阻燃机理

Sai 等人[80] 以 DOPO 为原料合成了定制配体 DPA，随后通过 DPA 与硝酸铈之间的配位反应制备了一种具有层状聚集结构的稀土基含磷氮配合物[$Ce(DPA)_3$]。在将 $Ce(DPA)_3$ 应用到聚碳酸酯（PC）复合材料后，PC 的阻燃性能得到了提升。一方面，在气相中，对于由 DPA 有机配体的热降解产生的含磷和含氨的自由基（例如 PO·、R—NH·等），它们具有猝灭或捕获 HO·/H·的能力，这是断链反应的基本要素，稀释了易燃气体并中断了燃烧反应。另一方面，在凝聚相中，$Ce(DPA)_3$ 促进了 PC 的炭化，使得形成的炭层起到隔热作用。此外，Sai 等人还提供了一种创新方法来说明热解过程中蒸汽和残留产物（气相和凝聚相）的化学结构演变过程（图 6-41）。

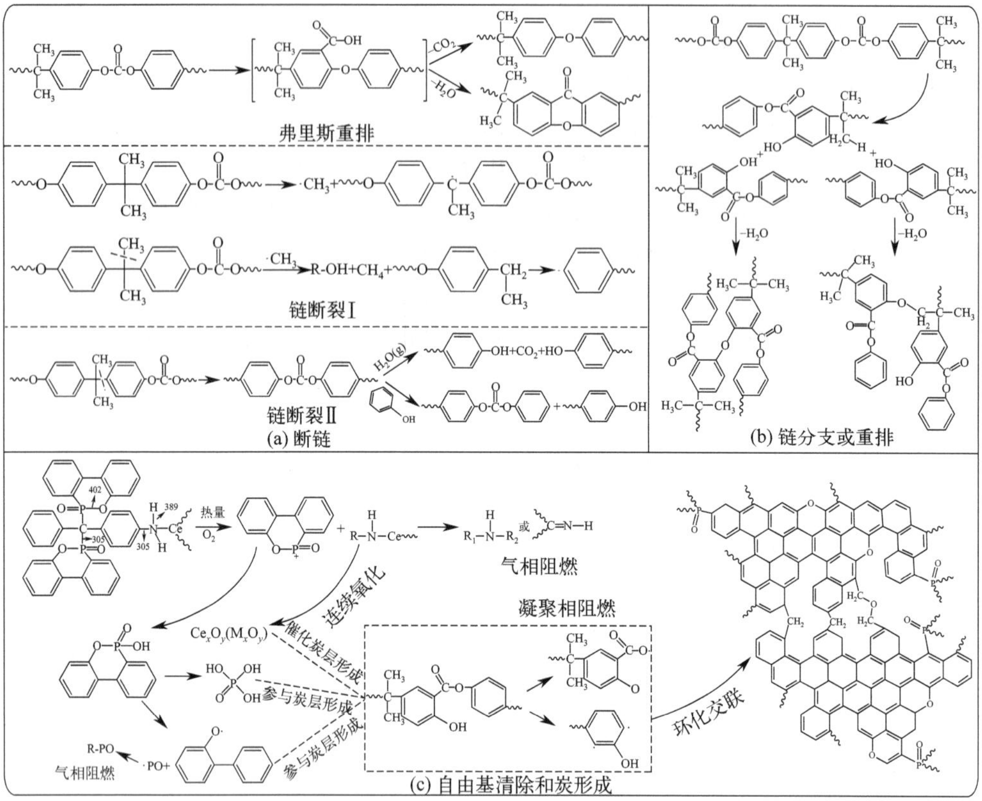

图 6-41 PC 大分子链的断链（a）和支链反应（b）以及 Ce(DPA)$_3$ 在 PC 中的耐热性和阻燃机理（c）

Jiang 等人[81] 以植酸（PA）、茶多酚（TP）和水合硫酸铁[$Fe_2(SO_4)_3 \cdot xH_2O$]为原料，以适当的比例一步配位制备了一种生物质阻燃剂（TP-Fe-3PA），并对其形态、防火安全性和力学性能进行了表征。此外，还进一步探讨了 TP-Fe-3PA 在软质聚氨酯泡沫（FPUF）中的阻燃机理。TP—Fe 涂层在 FPUF 表面存在严重的团聚现象，当 PA 添加到 TP—Fe 中时，团聚现象得到了有效缓解，这主要是因为 PA 丰富的—OH 基团与 FPUF 的 N—H 基团形成氢键，从而减少了团聚现象，使得 TP—Fe—3PA 均匀分布在 FPUF 表面上。TP—Fe—3PA 显著提高了 FPUF 在高温下的残炭量，同时并未改变 FPUF 的热降解行为。TP—Fe—3PA 达到了 UL-94 V-0 等级，LOI 为 26.2%，当 PA 的添加量进一步增加时，阻燃性能反而下降，未通过 UL-94 等级测试，且 LOI 有所下降，故 PA 的添加量不能过多。此外，尽管加入 TP-Fe-3PA 使得 FPUF 的韧性降低，但对 FPUF 的回弹性影响不大。

Xu 等人[82] 受酚胺化学和节肢动物表皮有机-无机杂化增强机制的启发，使用大豆分离蛋白（SPI）代替含胺聚合物基体，使用多巴胺官能化废纸纤维（WPF-PDA）代替多巴胺衍生物，使用无机氢氧化铜[$Cu(OH)_2$]代替碳酸钙，构建了有机-无机杂化多键结构。通过模拟节肢动物表皮中的成分，构建了 SPI 与 WPF-PDA 之间的酚胺化学以及 $Cu(OH)_2$ 与 WPF-PDA/SPI 之间的有机-无机杂化结构，以提高大豆蛋白黏合剂的强度和韧性（图 6-42）。具体步骤为：采用共沉积策略将多巴胺基团接枝到 WPF 上，形成 WPF-PDA；然后，引入 SPI、交联剂三缩水甘油胺（TGA）和 $Cu(OH)_2$，在大豆蛋白黏合剂中构建有机-无机杂化多重黏合结构。TGA 的环氧基团和 WPF-PDA 的醌结构（由儿茶酚氧化而来）与 SPI 的活性基团交联，形成交联骨架结构，提高了黏合剂的强度和耐水性，从而提供了一种强韧的聚合物基质。WPF-PDA 上的儿茶酚基团与 SPI 的活性基团和 Cu^{2+} 相互作用，形成牺牲性氢键和离子键以耗散能量，从而提高了黏合剂的韧性。$Cu(OH)_2$ 与 WPF-PDA 的儿茶酚基团和 SPI 的活性基团螯合，形成有机-无机杂化结构，进一步提高了黏合剂的强度和韧性。与普通 SPI 胶黏剂相比，改性胶黏剂制备的胶合板的干/湿剪切强度分别提高了 46%和 144%，达到 2.0MPa 和 1.22MPa。断裂韧性提高了 145%，黏合剂的残留率提高了 18.6%，表明黏合剂的黏合强度、韧性和耐水性显著提高。此外，黏合剂的防霉时间从 1 天增加到 40 天以上，峰值放热速率和总放热量分别下降了 32.5%和 5.8%。

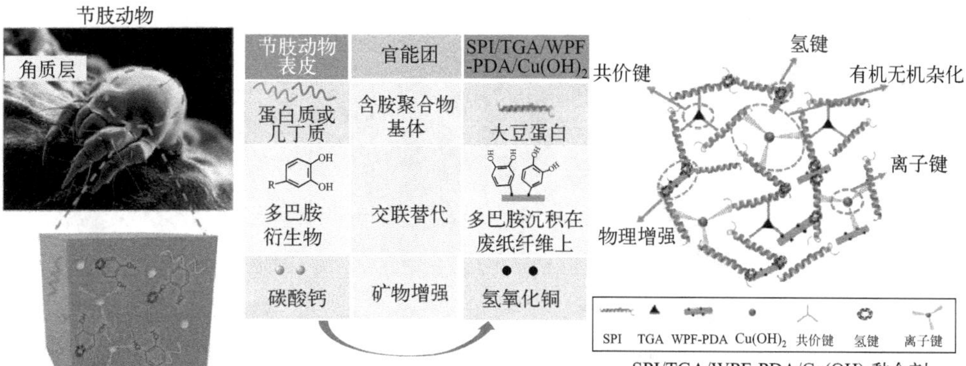

图 6-42 SPI、WPF-PDA、$Cu(OH)_2$、TGA 构成的仿生节肢动物角质层结构黏合剂

Li 等人[83] 首先通过离子交换反应制备了一种磷氮基阻燃剂，并将其命名为 P-N。随后，通过配位反应在 P-N 表面用 Cu^{2+} 进行改性，得到 P-N@Cu。最后，通过水杨醛（SA）与 Cu^{2+} 的螯合作用，将 SACu 锚定在 Cu^{2+} 预处理的 P-N 表面（图 6-43），制得铜水杨醛改性磷氮基有机-无机杂化阻燃剂（P-N@CuSA），并将 P-N@CuSA 应用于 TPU 复合材料，以提高 TPU 的阻燃性、抑烟性和抗滴落性。对于 P-N@Cu，在燃烧的早期，P-N@Cu 中的金属元素会加速磷酸、偏磷酸、多

磷酸和焦磷酸等强酸的产生。这些酸催化 TPU 的脱水，导致 TPU 基质内逐渐形成 P—O—Cu 和 P-O-C 结构，从而促进高质量的炭化物残留层的形成。随着燃烧的进行，产生的额外的磷酸基交联结构（P—O—C）和铜氧化物（CuO_x）进一步加强了残炭层的连续性和密度。在此基础上，与 SA 螯合后，P-N@CuSA 中的苯环随着温度的升高而断裂，随着—C ═N—键的断裂而从分子链上分离，释放出间苯二酚和邻位醌（*o*-QM）类物质。这些释放的分子凝结和重排，形成具有醚键的新芳香族分子。TPU 在高温下热分解，生成多元醇和异氰酸酯。该过程产生的羟基化合物与多磷酸酯化，有助于形成芳香环交联网络。交联网络结构在高温下重排后，形成了更稳定的残炭层。此外，P-N@CuSA 通过加速形成高质量的残炭层，降低了 TPU 复合材料的表面温度，从而防止了黏度损失引起的滴落。此外，CO_2、H_2O 和 NH_3 等不易燃气体的释放会稀释周围的氧气和易燃气体，从而抑制燃烧过程。因此，P-N@CuSA 通过多种机制增强了 TPU 的阻燃性，包括充当物理屏障、催化炭化、抑制链式反应以及释放抑制燃烧进行的不易燃气体。这些协同作用通过减少燃烧过程中的热量释放、烟雾产生和滴落，显著提高了 TPU 复合材料的防火安全性（图 6-44）。含有 4%（质量分数）P-N@CuSA 的 TPU 复合材料不仅达到了 UL-94 V-0 等级，而且与纯 TPU 相比，PHRR 和 TSP 还分别降低了 65.1%和 31.9%。

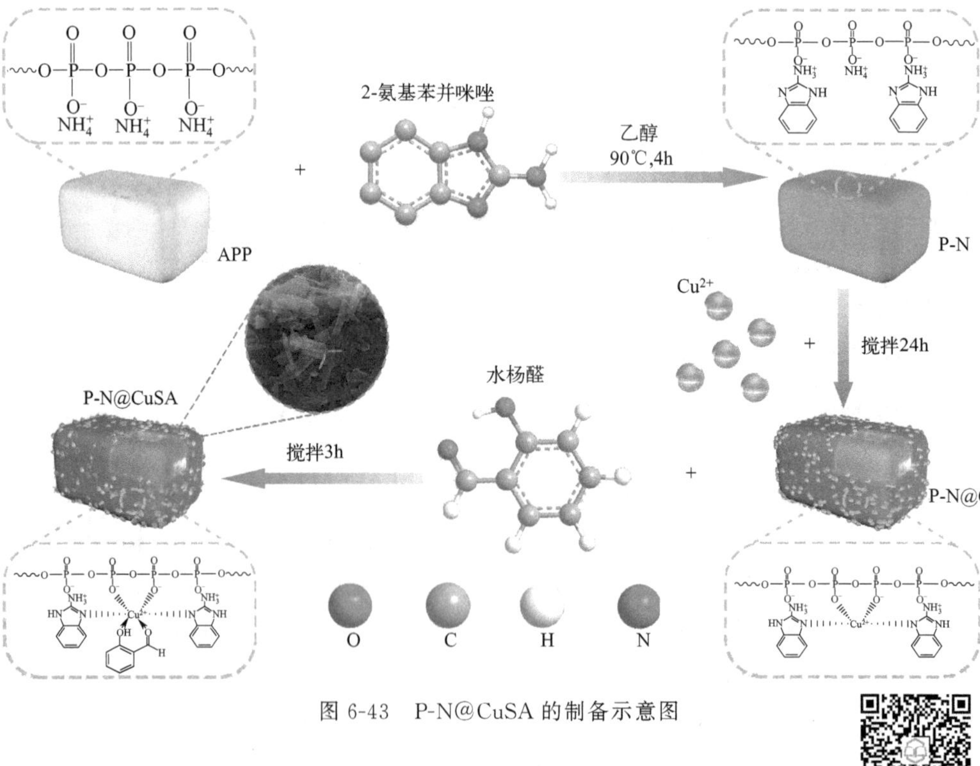

图 6-43 P-N@CuSA 的制备示意图

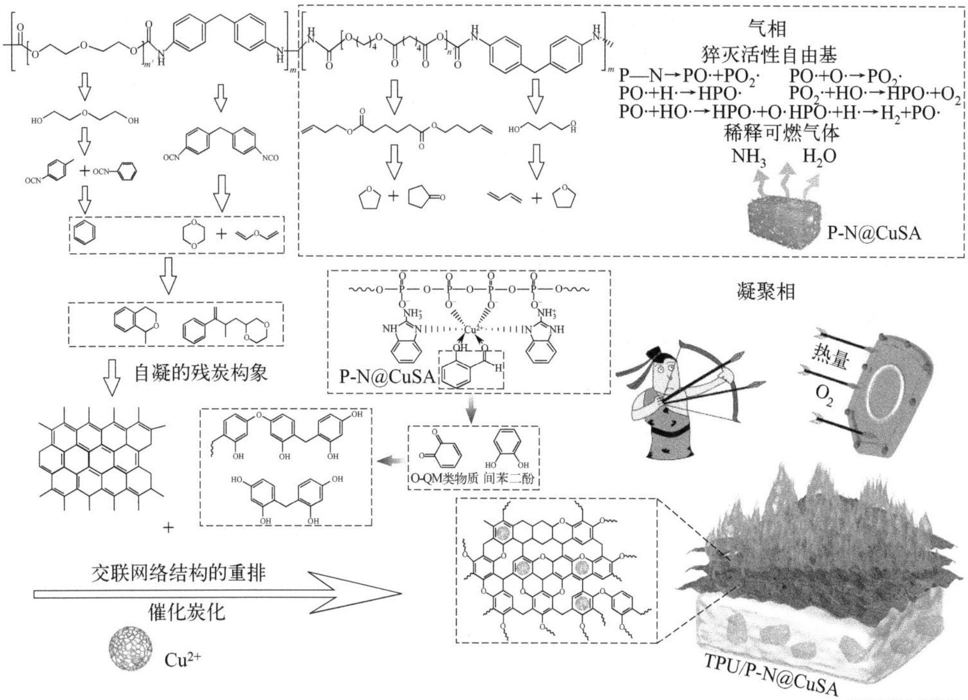

图 6-44 TPU/P-N@CuSA 复合材料的阻燃机制

Wang 等人[84] 采用水浴法在聚合物基体中掺入了 Zn^{2+} 和 Fe^{2+}，合成了基于双金属掺杂的 PA-植酸三聚氰胺阻燃剂（BPM）（如图 6-45 所示），并将其应用环氧树脂涂料中，形成双金属掺杂的植酸三聚氰胺阻燃涂料（BPME），以提高木材的阻燃性能。在热重测试、LOI 测试和锥形量热实验中，BPME 的残炭量和 LOI 值分别比 EP 提高了约 24.2%和 45.4%。同时，它还大大降低了木材燃烧过程中的 PHRR 和 THR，与未改性的纯 EP 涂覆木材（EP-W）相比，PHRR 降低了 50.0%，THR 值降低了 31.7%。此外，与 EP-W 相比，BPME 涂覆木材（BPME-W）表现出优异的烟雾抑制性能，CO 产生量降低了 41.7%，TSP 降低了 29.2%，FGI 降低了 60%，这表明它在最大限度地降低火灾风险方面具有显著优势。当材料燃烧时，在气相中，主要涉及自由基猝灭效应和稀释效应。PA 在分解过程中产生的含磷自由基（PO·、HPO_2·）会捕获燃烧过程中生成的 H·和 HO·，从而中断燃烧的链式反应。三聚氰胺中的含氮化合物在高温下分解，释放出大量不可燃气体（如氮气和二氧化碳）。这些气体稀释了空气中可燃气体和氧气的浓度，从而降低了燃烧的速度和强度。一些亚稳态金属离子可以用作自由基陷阱或氧化催化剂，以抑制烟雾和有害气体的产生。凝聚相机理主要涉及物理屏障效应、催化碳化和催化交联。首先，PA 的分解产生含磷酸盐的酸，如磷酸和焦磷酸，促进环氧树脂链的脱水和炭化，形成致密的炭层。然后，BPM 中的双金属 Zn-Fe 离子分解成金属氧化物，促进内部膨胀碳的形成，并在高温下协同催化炭化，导致更高的碳残留。同时，层状结构在聚合物基质中形成曲折的“多孔路径”，可以作为物理屏障，延长挥发物和传热的路径，降低燃烧速率。最后，金属氧化物再还原为金属，这有助于 CO 的氧化。总之，EP 中的 BPM 在气相和凝聚相中协同发挥阻燃作用，显著提高了材料的热稳定性和阻燃性，从而增强了木材基体保护（图 6-46）。

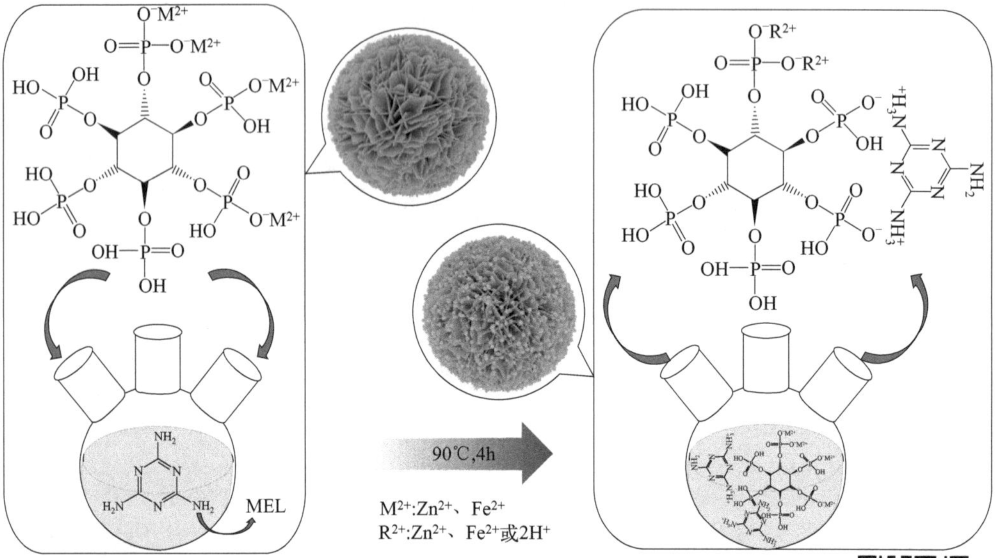

图 6-45 BPM 的制备过程

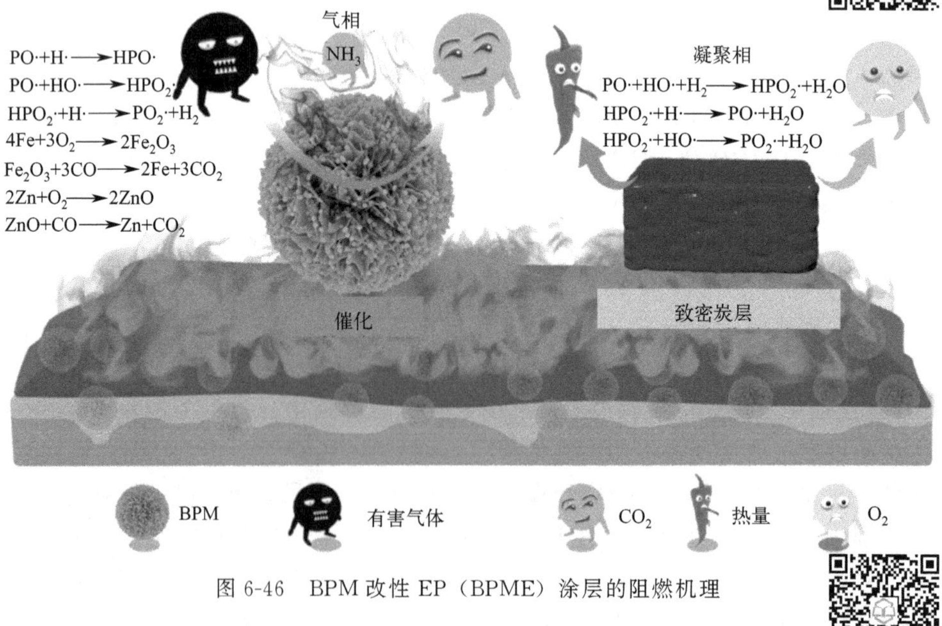

图 6-46 BPM 改性 EP（BPME）涂层的阻燃机理

6.3.3.3　有机-碳无机物型阻燃剂

Chen等人[85] 通过三氯氧磷（$POCl_3$）、4,4′-二氨基二苯甲烷（DDM）和羧基化碳纳米管（CNT-COOH）之间的原位缩聚反应合成了超支化聚磷酰胺官能化碳纳米管（HBPPA@CNT），随后，将HBPPA@CNT应用于环氧树脂（EP）复合材料，以改善其阻燃和力学性能。当材料暴露在加热源中时，热稳定性低的EP链容易分解成各种挥发物，如碳氢化合物、芳香族化合物等，这些挥发物充当“燃料”来支持燃烧。燃烧反应释放的热量反馈给基体，进一步加速了基质的分解过程。因此，纯EP表现出较差的阻燃性，几乎完全被烧毁。由于比表面积大、π-π堆积作用和范德瓦耳斯力强，原始CNT-COOH难以均匀分散在EP基体中。原始CNT-COOH的团聚，加上填料和EP基体之间的弱界面相互作用，导致焦炭残留物易碎开裂，并带有许多裂纹，为传热和传质提供了途径。因此，单独使用原始CNT-COOH只能提高热稳定性并减缓传热，但不能有效地使EP复合材料具有自熄性。然而，当使用分层混合的HBPPA@CNT时，其不仅向气相中释放了大量NH_3和H_2O等不可燃气体以稀释自由基浓度，而且在凝聚相中产生了覆盖在CNT表面的富磷膨胀炭残留物，作为黏合剂将CNT网络更紧密地黏合在一起。热解生成的含磷酸的强脱水性能也促进了EP基体的炭化。然后，碳纳米管网络和富磷结构促进了更多的残炭，形成了更完整、更致密的形态，抑制了热解产物的逸出和燃烧热的渗透（图6-47）。基于惰性气体稀释和炭层阻隔效应的结合，改性EP复合材料在低混杂负载量下显示出改善的阻燃性能，仅在2%（质量分数）的HBPPA@CNT负载下即可使复合材料LOI为28.5%，达到UL94 V-1等级，阻燃指数为1.26，峰值放热速率和总放热量相对于纯EP分别下降了17.0%和15.6%。此外，得益于良好的分散状态和改进的界面结合，复合材料的拉伸强度和冲击强度分别提高了67.9%和71.8%。该研究为碳材料的功能化提供一种新颖而简单的方法，提高了其在聚合物基复合材料中的应用价值。

Zhang等人[86] 通过在碳源纤维素纳米晶（CNC）上依次修饰气源三聚氰胺（MEL）和酸源植酸PA，制备出一种新型绿色三元纳米复合膨胀型阻燃剂（CNC@MEL-PA）（图6-48）。CNC@MEL-PA因其特有的二维（2D）花瓣结构和膨胀炭层而表现出更好的热稳定性、炭层形成能力和抑烟效率。一方面，在高温下，MEL热解产生不可燃气体，使基体炭化生成的致密炭层膨胀，从而保护基材免受燃烧并减少烟雾排放。同时，不可燃气体的形成稀释了可燃性气体的浓度。另一方面，CNC@MEL-PA的炭层和二维花瓣结构使烟雾释放路径更加曲折，抑制了烟雾的进一步挥发。基于CNC@MEL-PA优异的性能表现，其可以用作建筑、运输和电子设备等产品的潜在阻燃材料。

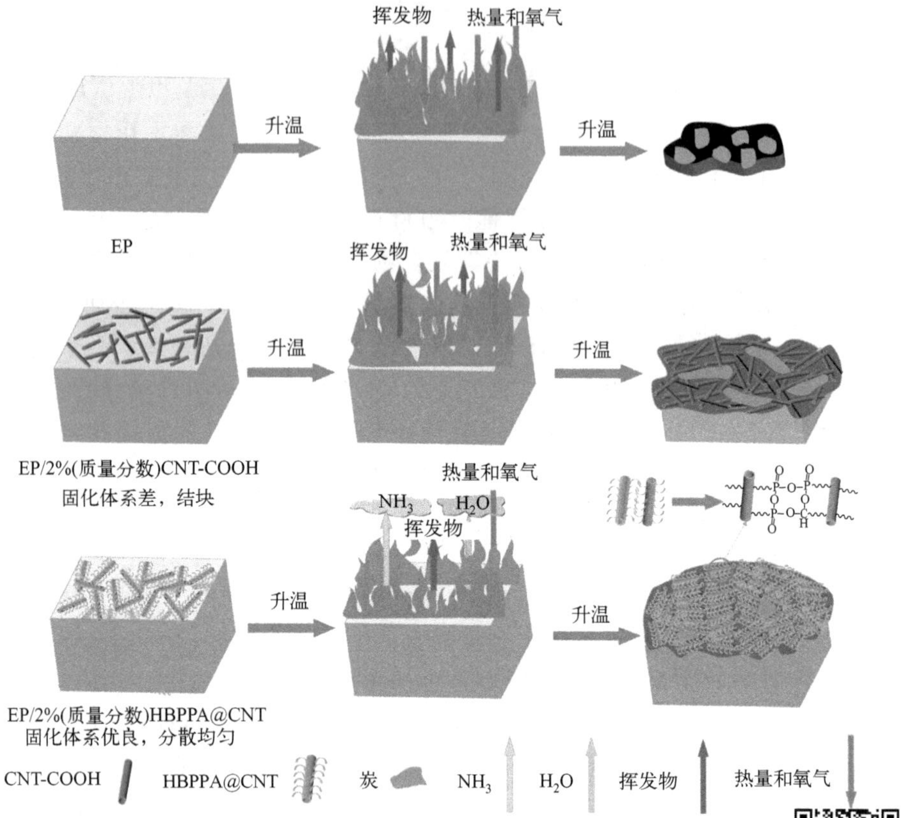

图 6-47 EP、EP/2%（质量分数）CNT-COOH 和 EP/2%（质量分数）HBPPA@CNT 复合材料的阻燃机理

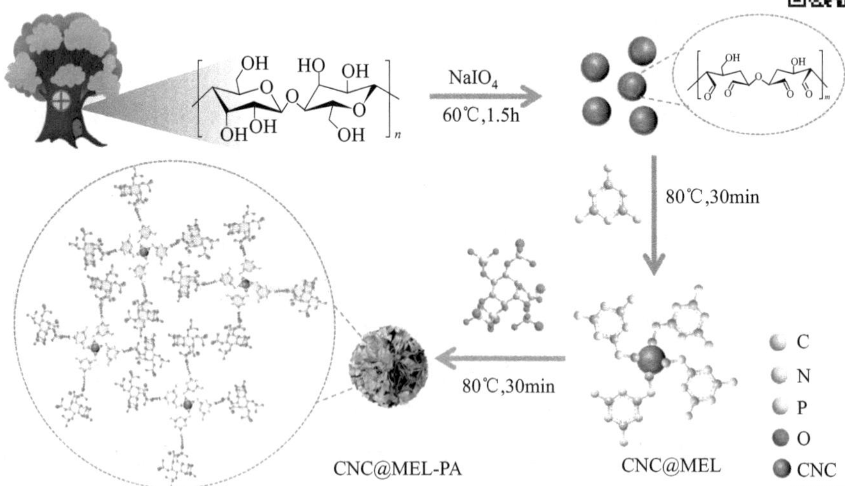

图 6-48 CNC@MEIL-PA 的合成路线

6.3.3.4　有机-蒙脱石类阻燃剂

Ding 等人[87] 制备了一系列含聚己内酯（PCL）和端羟基聚丁二烯（HTPB）的低光泽有机蒙脱石/水性聚氨酯纳米复合材料（OWPU）涂料，并对其进行表征，进一步将其应用于聚氯乙烯皮革。研究发现，纳米片有效提高了 PCL 硬链段和软链段的热稳定性，但对 HTPB 软链段的热稳定性影响较小。纳米片在高温下促进了 HTPB 的交联和环化，从而赋予了 OWPU 涂层抗滴落性能。与原始水性聚氨酯（WPU）薄膜相比，有机蒙脱石（OMMT）纳米片的引入通过形成覆盖残留物表面的片状簇显著降低了复合材料的 PHRR 值。

He 等人[88] 以 DOPO 和蒙脱石（MMT）为原料，通过将 DOPO 溶于乙醇后，再将 MMT 浸泡在该溶液中，并利用高速搅拌和超声波促进 DOPO 嵌入 MMT 的方法，从而制备了 DOPO-MMT 纳米化合物。在制备的 EP/DOPO-MMT 复合材料中，MMT 层的分散性优于直接添加 DOPO 和 MMT 的复合材料 EP/DOPO+MMT，赋予 EP 复合材料更高的玻璃化转变温度（T_g）。由此可见，DOPO-MMT 纳米化合物可以赋予 EP 更好的实用性和加工性能。此外，EP/DOPO-MMT 复合材料中，EP 基体中插层和剥离的 MMT 层与 DOPO 的接触面积增大，增强了燃烧过程中硅和磷之间的协同延迟作用。在复合材料燃烧过程中，分散良好的 MMT 层还可以比团聚的 MMT 颗粒更有效地隔离和保护 EP。因此，DOPO-MMT 纳米化合物表现出比 DOPO＋MMT 共混物更好的阻燃性能，EP/DOPO-MMT 复合材料通过了 UL-94 V-0 等级测试，且 LOI 值高达 33.4%。而 EP/DOPO+MMT 复合材料仅达到 UL-94 V-1 等级。

6.3.3.5　有机-MXene 类阻燃剂

Wan 等人[89] 利用 MXene 末端基团与 MOF 不饱和位点的相互作用（化学键合和物理吸附），通过进一步溶剂热策略将 Ni-MOF 纳米粒子锚定在 MXene（$Ti_3C_2T_x$）纳米片上（图 6-49），随后将 Ni-MOF@MXene 纳米杂化物掺入热塑性聚氨酯（TPU）中，以获得高防火安全性的聚氨酯材料。在燃烧时，对于气相，TPU 复合材料中会释放大量的热量、易燃气体和烟雾。在 Ni-MOF 结构坍塌之前，其多孔结构的吸附效应会使气体和烟雾的传输路径复杂化，从而延迟或消除其排放。Ni-MOF 结构热分解后，2-甲基咪唑的有机配体可以降解并释放大量不可燃气体，如 NH_3、N_2 和 CO_2，从而降低可燃气体的浓度。对于凝聚相阻燃剂，具有层状结构的 $Ti_3C_2T_x$ 逐渐迁移到 TPU 表面/Ni-MOF@$Ti_3C_2T_x$ 复合材料，并在 TPU 燃烧时充当物理屏障。随着温度的逐渐升高，$Ti_3C_2T_x$ 被部分氧化形成 $Ti_3C_2T_x$-TiO_2 杂化物。具有路易斯酸作用的 TiO_2 可以加速 TPU 的热降解和 Ni-MOF@$Ti_3C_2T_x$ 复合材料的炭化。另一方面，Ni-MOF 也被热氧化成多孔金属氧化物，这可以催化 TPU 的热降解，并促进炭层的快速形成。此外，炭层作为物理屏障，可以有效抑制烟雾和有毒气体的释放。正是由于其具有改善的热抑制、抑烟和炭化能力的综合作用，TPU/Ni-MOF@$Ti_3C_2T_x$ 复合材料具有优异的阻燃性能。

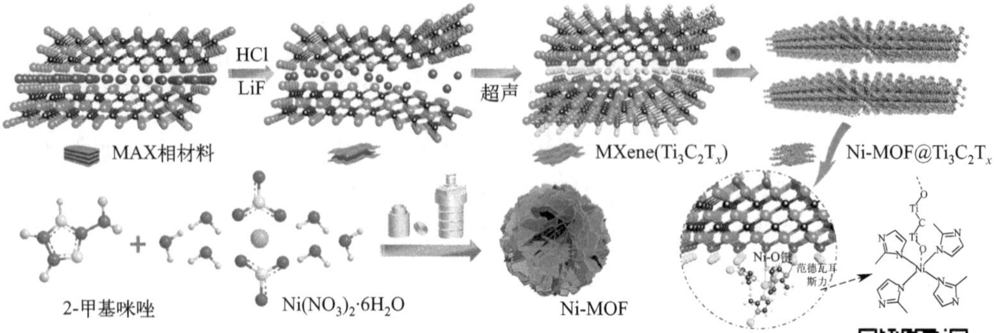

图 6-49 Ni-MOF@MXene 纳米杂化物的制备过程

Luo 等人[90] 通过简单的化学修饰成功制备了磷酸化壳聚糖（PCS）修饰 MXene（PCS-MXene）的新型纳米杂化物。然后，通过溶剂混合和热压缩工艺将纳米杂化物引入 TPU 基体中，制备了 TPU/PCS-MXene 纳米复合材料。由于 PCS 改性，MXene 在 TPU 基体中表现出优异的分散性，PCS-MXene 含量最高的 TPM-3 的力学性能仍然优于原始 TPU 和 TM-3。此外，PCS-MXene 分子与聚合物基体之间的强氢键相互作用可以阻止 TPU 链的断裂，因此 TPU/PCS-MXene 纳米复合材料的力学性能提高。在燃烧过程中，PCS 分子分解产生磷酸酯和多元醇，同时释放气态 H_2O 和 NH_3。此外，多元醇和异氰酸酯是由 TPU 链在燃烧过程中分解形成的。随后，生成的羟基化合物通过酯化反应与磷酸酯反应，形成具有芳香环的交联网络结构。在较高的温度下，这种交联网络结构会重新排列，形成更稳定的炭层。此外，MXene 纳米片在燃烧过程中会发生热氧化，从而产生 TiO_2。由于其存在路易斯酸位点，MXene/TiO_2 可以作为固体酸催化剂促进聚合物的降解。TPU 基质会分解产生长链分子，这些分子被吸附在 MXene/TiO_2 的酸性位点上，然后进一步分解成更小的碳链。随后，这些较小的碳链通过持续加热进一步催化成残余炭，从而增强连续致密炭层的形成。同时，当聚合物基质热解时，MXene 的存在通过提供“迷宫效应”来促进残留物的物理屏障效应，即通过残留物在基质内的随机但非团聚分布来增强残留物的致密性和强度。基于以上协同作用，与原始 TPU 相比，仅引入了 3%（质量分数）的 PCS-MXene 与原始 TPU 相比，复合材料的峰值放热速率、总放热量和总发烟量分别降低了 66.7%、21.0% 和 27.7%。

Gong 等人[91] 采用有机-无机杂化策略，通过在 MXene 表面原位生长双金属-有机骨架（Bi-MOF）（图 6-50），并将制备的双金属-有机框架/MXene 杂化物（MXene@Bi-MOF）加入环氧树脂中，以探索杂化物对环氧树脂的阻燃性和抑烟效果。引入的 MXene@Bi-MOF 杂化材料不仅在 EP 基体中实现了均匀分散，而且改善了 EP 复合材料的热性能，最大质量损失率（R_{max}）比纯 EP 低 27.7%。此外，得益于 MXene 层状结构的阻断作用、催化炭化作用以及过渡金属氧化物的催化衰减和 Bi-MOF 的气相稀释作用，含有 2%（质量分数）MXene@Bi-MOF 的 EP 复合材料与原始 EP 相比，峰值放热速率、峰值发烟量、总放热量、峰值 CO 生成率和烟雾系数值分别下降了 28.8%、45.3%、36.5%、30.7%和 55.3%，残炭量增加，火灾增长指数（FGI）值降低，表现出良好的阻燃抑烟性能。

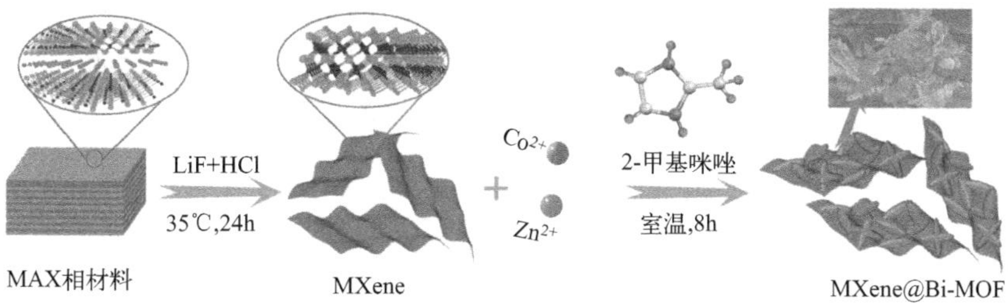

图 6-50　MXene@Bi-MOF 的制备

Ma 等人[92] 利用硅烷偶联剂（APTES）将 DOPO 附着在 MXene 上，成功制备了含有磷、氮和硅的界面功能化 MXene（MXene-DA），并将 MXene-DA 掺入环氧树脂中以改善环氧树脂的阻燃性能（图 6-51）。仅添加 2%（质量分数）MXene-DA 的 EP 极限氧指数从 21%提高到 29.3%，热释放量峰值降低 48.4%，玻璃化转变温度比 EP 提高 5℃。在气相中，MXene-DA 热解产生了一些含磷化合物和不可燃气体，这可能会稀释气相燃烧区中可燃气体的浓度。在凝聚相中，DA 热解产生的磷酸等含磷化合物引发炭化，与 MXene 热降解产生的 TiO_2 催化炭化相结合，能够在 EP 表面形成稳定致密的炭层。同时，MXene 可以在高温下保持二维结构，并在炭渣中形成物理屏障。因此，这种双重机制有效地减少了烟雾释放和热传递，从而防止了内部基质的进一步分解。此外，DA 的引入增强了 MXene-DA 和 EP 基体之间的界面结合力。当复合材料受到负载应力时，这种增强的界面能够更有效地传递应力和能耗。因此，与添加等量 MXene 的 EP 相比，添加 MXene-DA 的 EP 复合材料表现出更高的冲击强度。

6.3.3.6　有机-埃洛石纳米管类阻燃剂

Li 等人[93] 通过在埃洛石纳米管（HNT）表面接枝硅烷偶联剂（KH560）和含磷氮结构（DOPA-A，由 9,10-二氢-9-氧杂-10-磷杂菲-10-氧化物和腺嘌呤制备）制备了一种有机-无机杂化阻燃剂（DA-Si-HNT）（图 6-52），随后，将 DA-Si-HNT 掺入不饱和树脂（UPR）中制备了 UPR/DA-Si-HNT 复合材料。由于 UPR/DA-Si-HNT_{15}［DA-Si-HNT 含量为 15%（质量分数）］复合材料横截面粗糙，颗粒分散均匀，证明表面改性增加了相容性和界面力。因此，UPR/DA-Si-HNT 复合材料的拉伸强度、拉伸模量和弯曲强度得到了改善，与纯 UPR 相比分别提高了

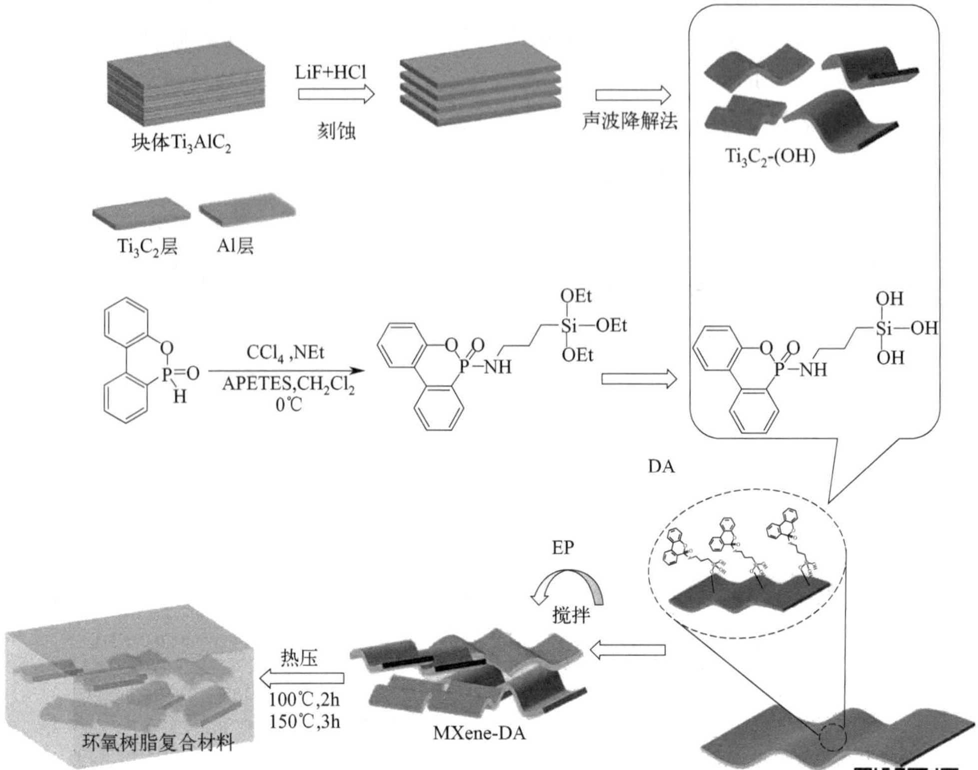

图 6-51 MXene-DA 及其 EP 复合材料的制备过程

65.6%、140.6%和 80.2%。对于 UPR/DA-Si-HNT_{15} 复合材料的阻燃性能，一方面，燃烧时，DOPA-A 分解为反应性自由基，捕获 UPR 燃烧过程中产生的自由基，抑制气相中的链式反应。同时，DOPA-A 还会分解生成 H_2O、CO_2 和不可燃气体（N_2、NH_3 等），稀释 O_2 和可燃气体的浓度。另一方面，DOPA 分解为磷酸、焦磷酸和多磷酸，促进基体的炭化，形成致密的炭保护层，抑制复合材料的燃烧。同时，由于燃烧过程中磷、氮和硅元素的存在，复合材料表现出协同阻燃效果，形成了致密膨胀的炭层，从而大大提高了复合材料的阻燃性能。因此，复合材料不仅通过了 UL-94 V-0 等级测试，LOI 还高达 34.5%，与 UPR 相比，峰值热释放速率和总放热量分别下降了 49.5%和 43.5%，表现出优异的阻燃性能。

Chen 等人[94] 通过两步法在 CF 上涂覆了一种具有疏水性的耐用阻燃抗菌涂层。首先，通过蒸发诱导法将聚乙烯亚胺和聚磷酸铵（PEI/APP）聚电解质复合物用作阻燃剂组分处理 CF。其次，将 *N*-卤胺改性的 HNT（HNT EA-Cl）与聚二甲基硅氧烷（PDMS）结合涂覆在 CF 上，以提高 CF 的抗菌、抑烟和疏水性能。经过埃洛石基无机-有机杂化涂料处理后的样品（PAHP-CF）极限氧指数超过

28%，热量和烟雾的释放得到显著抑制。在超过 10 次洗涤后，PAHP-CF 仍然表现出大于 110°的水接触角，并且 LOI 为 24.6%，表现出了高疏水性与耐循环使用性。此外，得益于 PAHP-CF 中氧化氯的存在，PAHP-CF 在 2 小时内即可达到 100%杀菌效果，表现出优异的抗菌性能。

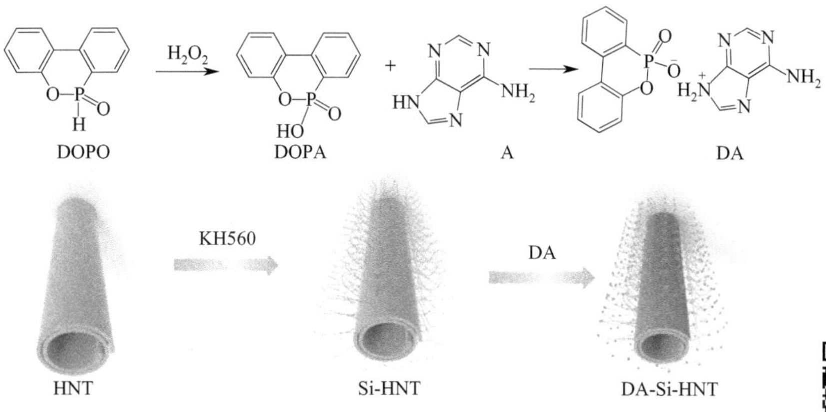

图 6-52　DA-Si-HNT 的制备过程

6.3.3.7　有机-二氧化硅杂化类阻燃剂

Wei 等人[95] 通过 SiO_2 和苄基磷酸之间的化学反应，经由溶胶-凝胶工艺和随后的水热反应制备了一种新型有机磷硅杂化阻燃剂 SiO_2@DPP。与 SiO_2@DPP 复合的聚碳酸酯（PC）复合材料表现出优异的阻燃性能，仅包含 0.8%（质量分数）SiO_2 的 PC@DPP 在垂直燃烧测试中通过了 UL-94 V-0 评级，极限氧指数为 29.3%。而且，PC 的滴落行为也受到限制。在锥形量热测试中，在仅存在 0.8%（质量分数）SiO_2@DPP 的情况下，PC 的峰值放热速率和峰值烟雾产生率分别显著降低了 41.6%和 15.4%。在复合材料中加入少量的磷和硅后，形成了一个含有磷和硅物质的致密炭层，在抑制燃烧区域和下方材料之间的热量、氧气和可燃性气体的传递方面发挥着重要作用。此外，在热分解过程中，气相中会生成一些气体产物，如 H_2O 和含磷结构，这些产物稀释了可燃气体和氧气的浓度。在 SiO_2@DPP 凝聚相和气相的共同作用下，PC 的阻燃性得到了显著提高。

Jiang 等人[96] 针对因使用寿命延长导致水泥基材料出现微裂纹和局部损坏这一问题，利用超声乳化溶剂挥发制备了具有自愈和阻燃特性的多功能缓释微胶囊（SFRM）（图 6-53）。在硅烷偶联剂的偶联作用下，使用纳米 SiO_2 颗粒对乙基纤维素（EC）进行改性，形成有机-无机杂化墙体材料。随后，环氧树脂与六苯氧基环三磷腈（HPCTP）共混形成复合芯材乳液，利用乳化剂两端的疏水性和亲水性，可以促进核壁乳液的自组装，形成微胶囊结构。纳米 SiO_2 颗粒的体积效应和量子隧道效应使其能够渗透到聚合物的 π 键附近，与其电子云重叠，形成空间网络结构，从而提高 EC 的复合性能。在燃烧过程中，HPCTP 通过两条路径发生热解。第一条路径是磷腈环的热解，产生 PO· 和 PO_2· 等小分子片段。在第二条路径中，苯氧基断裂、解离并发生歧化反应，产生苯自由基和对苯酚结构。HPCTP 中自由基和歧化产物的猝灭作用提供了气相隔热和阻氧层，并促进了凝聚相中的炭层形成。燃烧过程中释放的大量不可燃气体降低了燃烧强度，抑制了热量的释放，可以有效防止 SFRM 的燃烧。此外，SFRM 具有良好的自愈性能。当水泥基材料产生微裂纹时，由 SFRM 和 2-甲基咪唑（2-MI）组成的双组分环氧-咪唑体系固化并产生自愈产物来修复微裂纹，从而确保水泥基材料的使用寿命。

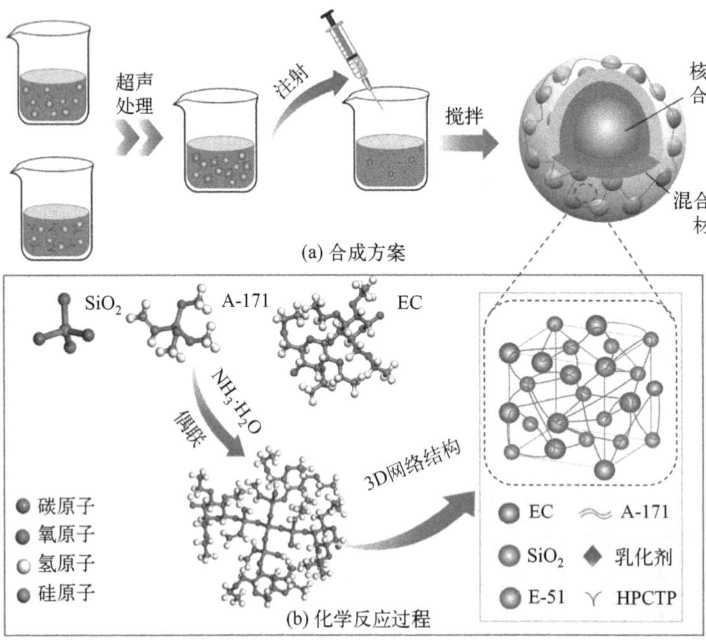

(a) 合成方案

(b) 化学反应过程

图 6-53 SFRM 的合成

Li 等人[97] 通过层层（LBL）组装将聚乙烯亚胺包裹的纳米二氧化硅和多聚磷酸（PPA）组成的混合有机-无机杂化膨胀型阻燃剂涂覆到棉织物上以改善棉织物的阻燃性，还通过浸渍固化工艺在 LBL 沉积的棉织物上进一步涂覆拒水剂 REPELLAN FF，制备阻燃疏水棉织物（SiO_2-PEI/PPA/REPELLAN FF）。SiO_2-PEI/PPA/REPELLAN FF 表现出优异的阻燃性能，达到了 UL-94 V-0 等级，LOI 达到 28.2%。此外，SiO_2-PEI/PPA/REPELLAN FF 涂层棉织物表现出优异的疏水性，水接触角高达（142±1)°。

Yu 等人[98] 设计了一种可以在超低填料负载下显著提高环氧树脂（EP）的阻燃性和机械强度的新型异质结构纳米杂化材料（SPGP）。先将介孔 SiO_2 与有机磷化合物结合，依靠聚多巴胺（PDA）的界面黏附接枝到氧化石墨烯（GO）表面

（图 6-54）。因此，EP 的分子链可以被引入介孔 SiO_2 的通道中，形成相互渗透的网络结构，从而导致 SPGP 在 EP 中的高度分散。结合刚性纳米颗粒的增韧作用后，仅引入 1%（质量分数）的 SPGP，复合材料的冲击强度就大大提高了约 100%。此外，复合材料的阻燃性显著提高。首先，SPGP 在 EP 中的高分散性有利于纳米杂化材料发挥阻燃作用。其次，由 GO 和介孔 SiO_2 组成的纳米杂化材料的物理屏障作用在减少火灾蔓延方面起着关键作用。更重要的是，在 GO、介孔 SiO_2 和有机磷的共同作用下，SPGP 可以促进燃烧过程中致密、稳定和高度石墨化炭层的形成，有效阻止热量、氧气和可燃气体的传递，从而使材料具有高阻燃性，极限氧指数高达 28%，热释放量降低，CO 生成率降低，表现出较好的阻燃抑烟效果。

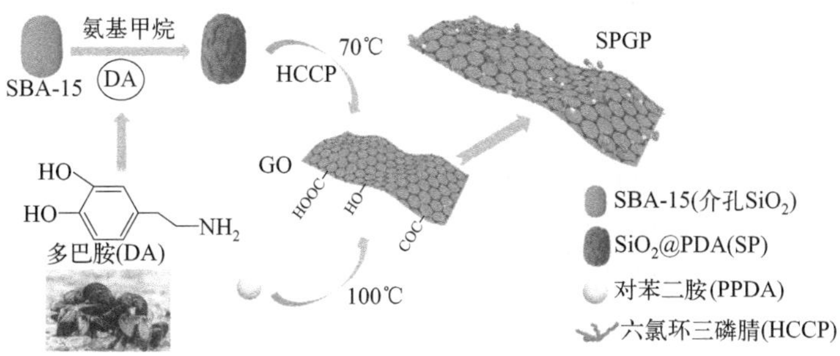

图 6-54　SPGP 的制备

6.3.3.8　其余有机-无机杂化型阻燃剂

Huo 等人[99] 通过 DOPO/含氮二醇（DHDP）与硼酸反应制备了一种新型含磷/氮/硼的超支化低聚物，并将其命名为 BDHDP。BDHDP 作为环氧树脂的多功能阻燃剂，不仅具有提高环氧树脂阻燃性能的效果，而且其含有的叔胺和羟基还能够有效固化环氧树脂，降低添加剂的成本。BDHDP 抑制了 EP 燃烧过程中的热量释放和烟雾产生。添加 1.5%（质量分数）的 BDHDP 可达到 UL-94 V-0 等级，并将总烟雾量减少 16.4%。BDHDP 降解生成的含氮和含磷自由基稀释燃料并捕获来自 EP 基体的高能自由基，从而延缓气相中的燃烧。此外，BDHDP 的磷基和硼基降解产物促进环氧树脂基体形成致密的膨胀屏蔽层，以抑制冷凝相中的热交换和烟雾释放。同时，由于存在刚性的磷杂菲基和分子内空穴，BDHDP 提高了 EP 的机械强度和韧性，降低了 EP 的介电常数和损耗。

Qiu 等人[100] 首先以六氯环三磷腈（HCCP）和三聚氰胺为单体，通过在聚磷酸铵表面上的缩聚反应合成了聚磷腈包覆聚磷酸铵的有机-无机杂化复合型阻燃剂（PZMA@APP）。随后将 PZMA@APP 应用于环氧树脂（EP），制备了 EP/PZMA@APP 复合材料（图 6-55）。添加了 10.0%（质量分数）PZMA@AP 的复合材料通过了 UL-94 V-0 等级，LOI 达到 29%，火灾危险性显著降低，峰值热释放速率最大降低了 75.6%，总放热量最大降低了 65.9%。PZMA@APP 的阻燃机制除了具有

APP部分的膨胀阻燃作用外，还可以归因于其能够促进燃烧过程中炭化芳香网络和交联氮氧化磷的形成，从而提高复合材料残炭的密度和稳定性，增强复合材料的热稳定性和阻燃性。此外，PZMA@APP与EP基体的界面相互作用较强，EP/PZMA@APP复合材料与EP/APP复合材料相比，不仅力学性能没有恶化，反而获得了改善，玻璃化转变温度高达184.5℃。

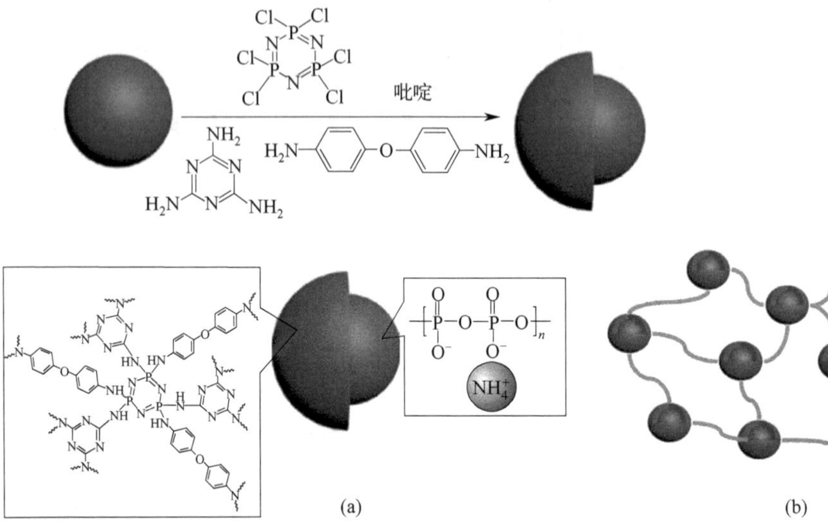

图6-55 PZMA@APP的结构（a）和EP/PZMA@APP的交联结构（b）

Zhang等人[101] 为了克服聚丙烯（PP）的易燃性和燃烧时严重滴落问题，以超支化聚酯（HBPE）、*N*,*N*′-二环己基碳二亚胺（DCC）、硅烷偶联剂（KH-550）和聚磷酸铵为原料，通过KH-550将HBPE包裹APP周围，获得了有机-无机杂化一体型复合膨胀阻燃剂（K-HBPE@APP）（图6-56）。K-HBPE@APP在燃烧时能够分解产生微量的NH_3和H_2O，同时形成—Si—O—Si—和—Si—C—结构，这些结构成为许多成分的交联点，与APP降解产生的多磷酸、焦磷酸或偏磷酸反应，形成富含P—O—C/Si—O—Si/—Si—O—C/Si—O—P/P—O—Φ的结构膨胀、致密和连续的炭层。并且，在整个过程中，阻燃体系分解产生的NH_3、H_2O和CO_2完全稀释了空气中的氧气浓度，并抑制氧气从外部进入体系（图6-57）。因此，K-HBPE@APP赋予了PP优异的阻燃性能，20%（质量分数）的K-HBPE@APP即可使PP达到V-0等级（UL-94测试），降低峰值放热速率至82.6%。

Li等人[102] 受牡蛎黏合剂的有机-无机杂化机质的启发，通过将酚醛树脂（PR）和超支化聚硅氧烷（HPSi）官能化的六方氮化硼纳米片（BNNS）得到了一个纳米杂化网络（HPSi@BNNSs），设计和构建了具有高韧性、高黏附性和机械强度以及良好阻燃性的高性能PR（图6-58）。HPSi对BNNS的功能化解决了BNNS易团聚和增韧效果不足的问题，同时无机BNNS的引入克服了柔性超支

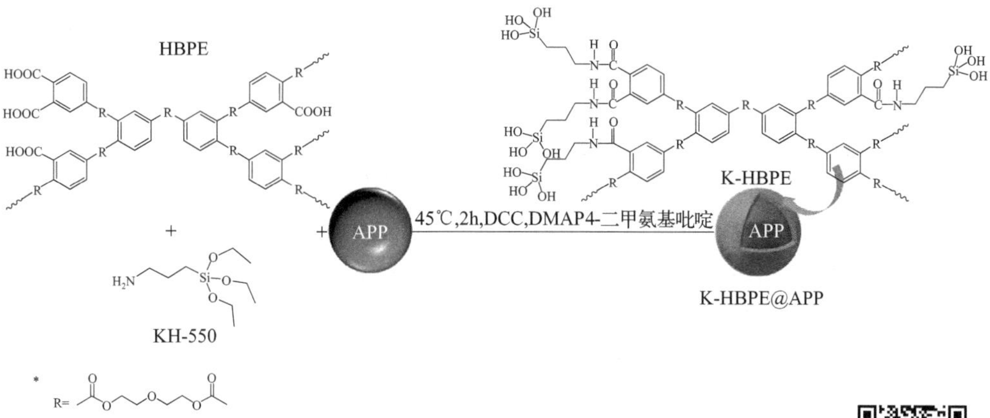

图 6-56 K-HBPE@APP 的合成路线

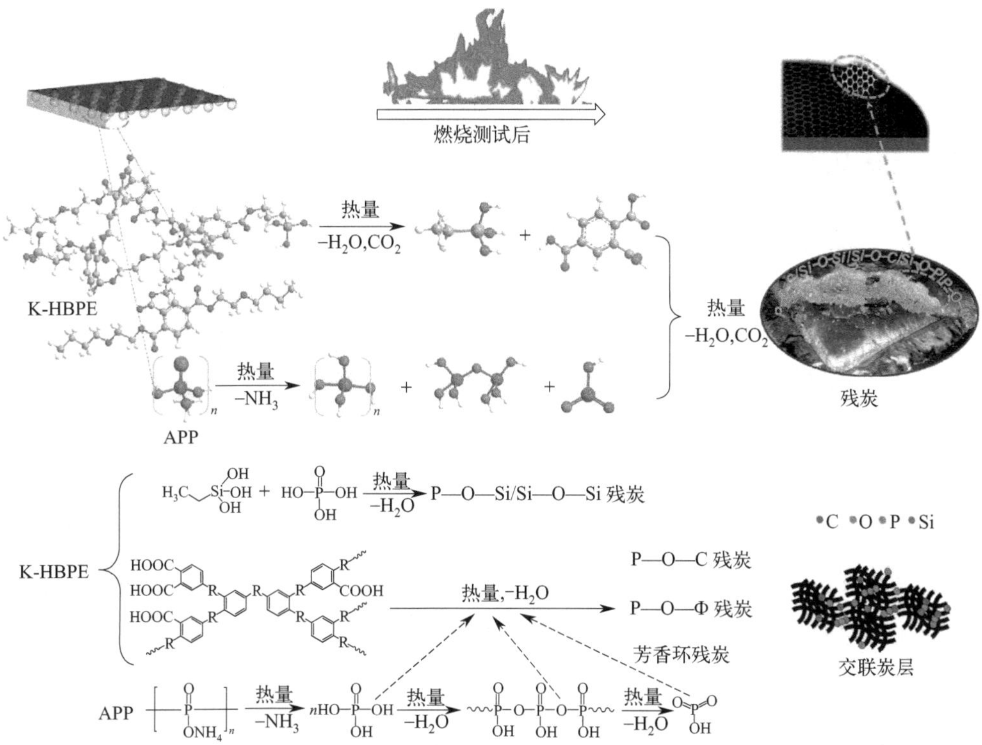

图 6-57 K-HBPE@APP 改性 PP 复合材料的阻燃机理

化聚合物在降低基体刚性方面的缺陷，HPSi 中的活性基团促进了 HPSi@BNNSs 以及 PR 链之间强分子间相互作用的形成；BNNS 的致密界面相互作用和均匀分散提高了 PR 的韧性和强度。因此，PR 复合材料具有良好的韧性与强度。此外，HPSi 中的 N、Si 和 P 元素与 BNNS 协同结合，提高了 PR 的阻燃性。在燃烧过程中，产生自由基 PO·和 PO_2·催化 PR 脱水，猝灭了活性自由基；随后，还生成了包含 N、Si、B 和 P 等元素的致密连续的炭层，从而有效地保护底层基体免受热和氧气的影响，并抑制易燃气体的释放。在协同作用下，PR 复合材料不仅达到了 UL-94 V-0 等级，LOI 还高达 52.9%，表现出极为优异的阻燃性能。

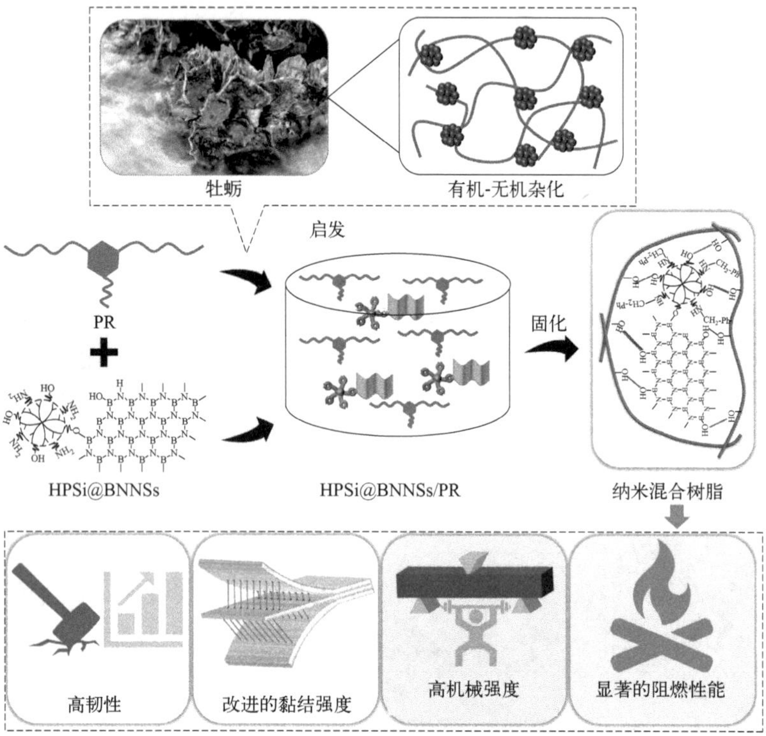

图 6-58　PR 复合材料的制备过程

Xie 等人[103] 为了提高聚甲基丙烯酸甲酯（PMMA）的阻燃性能，以甲基丙烯酸羟乙酯（HMA）和二苯基氯化磷（DPC）为原料，合成了一种新的反应性磷化合物（MDP），并将其与甲基丙烯酸甲酯（MMA）共聚，得到一种本征阻燃共聚物。随后，进一步与八乙烯基多面体低聚倍半硅氧烷（V-POSS）共聚，得到了 MDP、MMA 和 V-POSS 整体结合而成的有机-无机杂化三元共聚物（MMA-MDP-POSS）。与 PMMA 相比，含有 10%（摩尔分数）MDP 和 0.5%（摩尔分数）V-POSS 的有机-无机杂化共聚纳米复合材料显示出显著提高的极限氧指数（从 18.4%提升到 22%），并且 PHRR 也有所下降。此外，V-POSS 作为一种由无机核和活性有机侧基组成的纳米颗粒，一方面可以促进基质交联结构的形成，从而抑制分子链的运动，提高材料强度和模量。另一方面，还可以起到第二相颗粒增韧的作用。因此，引入 V-POSS 后，共聚物的力学性能得到了显著改善，并与 V-POSS 的含量呈正相关。此外，三元共聚物仍然保持了 PMMA 高透明性的优势，紫外-可见光透射率超过 90%。

Huang 等人[104] 为了实现热塑性聚氨酯（TPU）的高效阻燃和抑烟以及低机械损耗，通过层状双氢氧化物（LDH）和聚乙烯亚胺（PEI）的共价化学反应制备了新型有机-无机杂化纳米颗粒 PPEIA-LDH，并进一步制备了 TPU/PPEIA-LDH 复合材料。PPEIA-LDH 通过促进 TPU 在燃烧过程中的石墨化形成致密、可隔绝热量和气体的炭层，从而发挥其阻燃和抑烟作用。同时，聚乙烯亚胺分解还会释放出大量气体，气体的产生会使致密的炭层膨胀，进一步增强对 TPU 基体的保护能力，提高阻燃性能。此外，在 TPU 基体中，PPEIA-LDH 纳米颗粒的分散比单纯添加的 LDH 更均匀，这归因于两个方面。一方面，接枝的 PPEIA 改变了 LDH 的表面电性质，从而抑制了 LDH 的聚集；另一方面，层间 PPEIA 增加了 LDH 的层间距，使聚合物链更容易进入层间，从而促进了 LDH 的剥离。因此，PPEIA-LDH 在 TPU 中的分散均匀，并存在紧密的界面相互作用，使得 TPU/PPEIA-LDH 体系具有优异的力学性能。

Ren 等人[105] 以牡蛎壳层状结构为灵感，以典型的有机-无机杂化结构化合物牡蛎壳粉（OSP）为原料，以水为介质，通过机械化学策略构建了一种新的有机-无机杂化体系（TOSP）（图 6-59），并将该体系应用于环氧树脂中，制备了阻燃环氧复合材料。在垂直燃烧试验中，含有 TOSP 的 EP 复合材料表现出较短的燃烧时间，并且其极限氧指数值从 24.4%提高到 27.3%。此外，TOSP 的引入提高了 EP 的消防安全性，在其含量仅为 4%（质量分数）时，峰值热释放速率和总 CO 产量（TCOP）相比于未改性的 EP 分别下降了 41.8%和 55.0%。

Tan 等人[106] 基于（APP）与二亚乙基三胺（DETA）的阳离子交换，设计并制备了一种新型多功能有机-无机杂化材料（DETA-APP)（图 6-60），然后将 DETA-APP 用作环氧树脂的阻燃固化剂。在一定温度下，DETA-APP/EP 复合材料中的环氧基团被 DETA-APP 的—NH—或—NH_2 打开，导致羟基和叔氨基的产生。新形成的羟基可以进一步与另一个环氧基团反应。因此，可以从 DETA-APP 的表面获得具有叔氨基和醚键的交联网络，从而 DETA-APP 能够有效固化 EP。对于 DETA-APP/EP 复合材料，磷基团在相对较低的温度下会分解形成耐热炭层，以延缓聚合物在高温下的质量损失。含氮化合物降解时会产生一些不可燃气体，有利于形成膨胀的炭层。膨胀的炭层可以隔离材料与火焰之间的传质和传热，进而保护未燃烧的材料。凝聚相和气相效应在 DETA-APP/EP 复合材料的阻燃中都起着关键作用，使得复合材料具有优异的阻燃性，只需添加 15%（质量分数）的 DETA-APP，复合材料的 LOI 值就增加到 30.5%，并且只需 10%（质量分数）DETA-APP 的添加量复合材料即可轻松通过 V-0 等级认证。

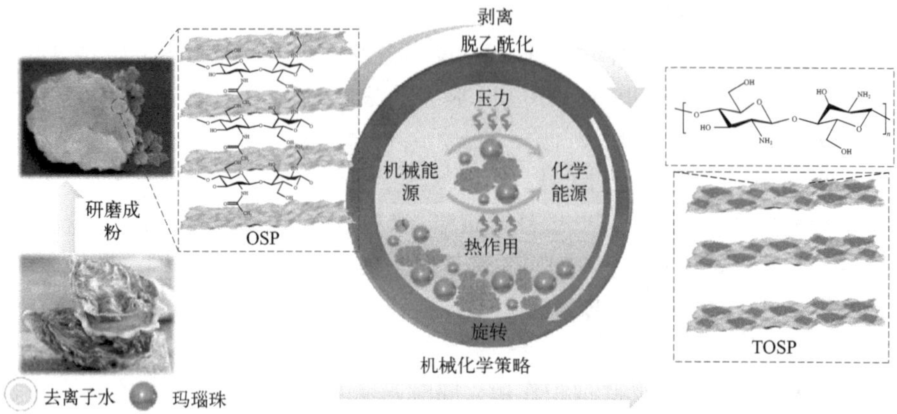

图 6-59 TOSP 的制备过程

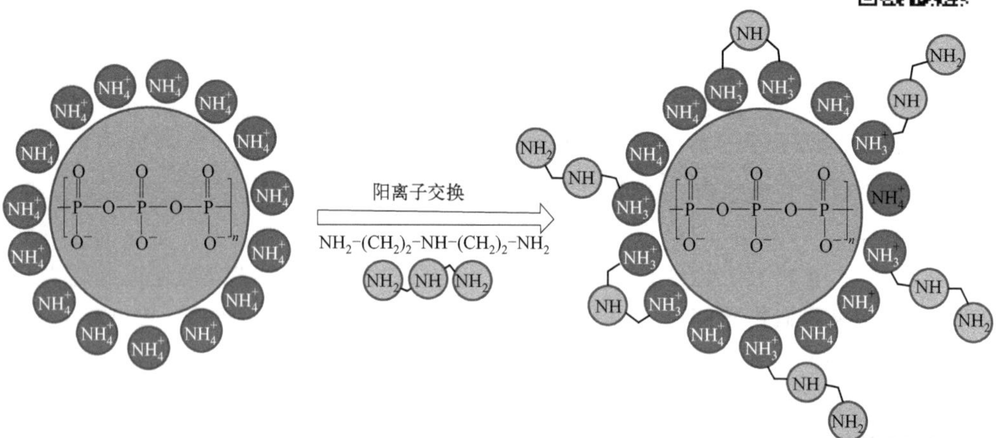

图 6-60 DETA-APP 的合成过程

6.4 总结与展望

在当今高精尖领域，对复合材料的应用需求越来越多，对复合阻燃剂的性能要求也日益提高，单一的无机或有机阻燃剂已经逐渐不能满足应用的需要。未来，具有多重功能的复合阻燃剂将成为发展的重要方向。其中，金属离子和有机化合物组合而成的金属有机杂化阻燃剂（MOFRs）直接表现出优于有机改性无机盐阻燃剂（OMIFRs）和有机阻燃剂的结构优势。制备工艺简单和高热稳定性促进了金属有机杂化阻燃剂作为高效阻燃剂的发展。在近期的研究工作中，金属有机盐（MOSs）如金属有机磷酸盐、生物质藻酸盐和生物基植酸盐占据了高分子阻燃剂领域的重点。此外，具有更规则晶体结构和更可行方案的金属有机框架（MOFs）

在阻燃领域中同样表现出良好的发展势头。不论结构如何，金属-有机杂化物都具有相似的阻燃机制。在这些机制的指导下，作为阻燃剂的金属有机杂化物的研发将持续并不断突破，以满足日益严格的环境和商业要求。

参考文献

[1] Bao X D, Li X F, Zhong Y P, et al. Enhancing flame-retardant and smoke-suppression properties of wooden materials with phytic acid-added composite flame retardants [J]. Industrial Crops and Products, 2024, 220: 119223.

[2] Sun Z Y, Zuo Y F, Li P, et al. Synergistic effects of Al/Si double oxide on flame-retardant and smoke-suppressant wooden materials [J]. Journal of Building Engineering, 2022, 59: 105037.

[3] Nine M J, Tran D N H, Tung T T, et al. Graphene-borate as an efficient fire retardant for cellulosic materials with multiple and synergetic modes of action [J]. ACS Applied Materials & Interfaces, 2017, 9 (11): 10160-10168.

[4] Ren Y, Yuan D D, Li W M, et al. Flame retardant efficiency of KH-550 modified urea-formaldehyde resin cooperating with ammonium polyphosphate on polypropylene [J]. Polymer Degradation and Stability, 2018, 151: 160-171.

[5] Cheng Z, Liao D J, Hu X P, et al. Synergistic fire retardant effect between expandable graphite and ferrocene-based non-phosphorus polymer on polypropylene [J]. Polymer Degradation and Stability, 2020, 178: 109201.

[6] Liu S, Fang Z P, Yan H Q, et al. Synergistic flame retardancy effect of graphene nanosheets and traditional retardants on epoxy resin [J]. Composites Part A: Applied Science and Manufacturing, 2016, 89: 26-32.

[7] Song J B, Wang J, Zhang Y X, et al. Effect of AlTaO4/APP synergistic action on fire-retardancy and smoke-release of epoxy resin composite coatings [J]. Progress in Organic Coatings, 2024, 186: 107999.

[8] Bifulco A, Bartoli M, Climaco I, et al. Coffee waste-derived biochar as a flame retardant for epoxy nanocomposites [J]. Sustainable Materials and Technologies, 2024, 41: e01079.

[9] Ji X Y, Chen D Y, Wang Q W, et al. Synergistic effect of flame retardants and carbon nanotubes on flame retarding and electromagnetic shielding properties of thermoplastic polyurethane [J]. Composites Science and Technology, 2018, 163: 49-55.

[10] Acuña P, Lin X B, Calvo M S, et al. Synergistic effect of expandable graphite and phenylphosphonic-aniline salt on flame retardancy of rigid polyurethane foam [J]. Polymer Degradation and Stability, 2020, 179: 109274.

[11] Wang H W, Qiao H, Guo J, et al. Preparation of cobalt-based metal organic framework and its application as synergistic flame retardant in thermoplastic polyurethane (TPU) [J]. Composites Part B: Engineering, 2020, 182: 107498.

[12] Zhan Y Y, Wu X J, Wang S S, et al. Synthesis of a bio-based flame retardant *via* a facile strategy and its synergistic effect with ammonium polyphosphate on the flame retardancy of polylactic acid [J]. Polymer Degradation and Stability, 2021, 191: 109684.

[13] Li C X, Wang B T, Yang Y, et al. Synergistic effect of poly (ionic liquid) and phosphoramide on flame retardancy and crystallization of poly (lactic acid) [J]. International Journal of Biological Macromolecules, 2022, 223: 1344-1355.

[14] Khanal S, Lu Y H, Ahmed S, et al. Synergistic effect of zeolite 4A on thermal, mechanical and flame retardant properties of intumescent flame retardant HDPE composites [J]. Polymer Testing, 2020, 81: 106177.

[15] Chen J L, Wang J H, Chen H D, et al. Synergistic effect of intumescent flame retardant and attapulgite on mechanical properties and flame retardancy of glass fibre reinforced polyethylene composites [J]. Composite Structures, 2020, 246: 112404.

[16] Dong M, Xia W J, Xu T. Flame retardance and fume inhibition of bio-based composite flame retardant on bituminous combustion and its numerical models [J]. Construction and Building Materials, 2024, 422: 135869.

[17] Holdsworth A F, Horrocks A R, Kandola B K. Novel metal complexes as potential synergists with phosphorus based flame retardants in polyamide 6.6 [J]. Polymer Degradation and Stability, 2020, 179: 109220.

[18] Yan B R, Hu X M, Cheng W M, et al. A novel intumescent flame-retardant to inhibit the spontaneous combustion of coal [J]. Fuel, 2021, 297: 120768.

[19] Xia W J, Dong M, Xu T. Synergistic suppressions of porous warm mix agent and composite flame retardant on combustion and fume release of asphalt pavement [J]. Journal of Cleaner Production, 2024, 443: 141003.

[20] Zhou X, Qiu S L, Mu X W, et al. Polyphosphazenes-based flame retardants: A review [J]. Composites Part B: Engineering, 2020, 202: 108397.

[21] Ling C, Guo L M. Recent developments and applications of hyperbranched polymers as flame retardants [J]. Journal of Analytical and Applied Pyrolysis, 2023, 169: 105842.

[22] Xu Y, Liu L B, Yan C T, et al. Eco-friendly phosphonic acid piperazine salt toward high-efficiency smoke suppression and flame retardancy for epoxy resins [J]. Journal of Materials Science, 2021, 56 (30): 16999-17010.

[23] Chen H, Deng C, Zhao Z Y, et al. Novel piperazine-containing oligomer as flame retardant and crystallization induction additive for thermoplastics polyurethane [J]. Chemical Engineering Journal, 2020, 400: 125941.

[24] Zhu C J, He M S, Liu Y, et al. Synthesis and application of a mono-component intumescent flame retardant for polypropylene [J]. Polymer Degradation and Stability, 2018, 151: 144-151.

[25] Liu L B, Xu Y, Di Y F, et al. Simultaneously enhancing the fire retardancy and crystallization rate of biodegradable polylactic acid with piperazine-1, 4-diylbis (diphenylphosphine oxide) [J]. Composites Part B: Engineering, 2020, 202: 108407.

[26] He S, Deng C, Zhao Z Y, et al. Hyperbranched polyamide-amine based phosphorous-containing flame retardant for simultaneous flame retardancy and high performance of polypropylene [J]. Composites Part B: Engineering, 2023, 250: 110431.

[27] Meng D, Gu W W, Zhu G Y, et al. Interfacial architecting of long-acting hyperbranched flame retardant with high efficiency towards smoke-suppressed flexible polyurethane foam [J]. Composites Part B: Engineering, 2023, 262: 110816.

[28] Wang S H, Liu W, Hu W Z, et al. A facile strategy for synthesizing hyperbranched phosphorus-containing polyol: Toward enhancing intrinsic flame retardancy and smoke suppression of rigid polyurethane foams [J]. Polymer Degradation and Stability, 2024, 225: 110786.

[29] Zhang Y B, Yan H X, Feng G P, et al. Non-aromatic Si, P, N-containing hyperbranched flame retardant on reducing fire hazards of epoxy resin with desirable mechanical properties and lower curing tempera-

ture [J]. Composites Part B: Engineering, 2021, 222: 109043.

[30] Chen Y N, Chu F K, Zhou Y F, et al. Bismaleimide with high thermal stability, toughness and flame retardancy modified by synergistic hyperbranched flame retardant [J]. Chemical Engineering Journal, 2024, 483: 149396.

[31] Wang H N, Huo S Q, Wang C, et al. A P/N/Si-containing hyperbranched flame retardant for improving mechanical performances, fire safety, and UV resistance of epoxy resins [J]. Progress in Organic Coatings, 2024, 193: 108562.

[32] Wu X, Qian L J, Xi W, et al. Aromatization of residue caused by group aggregation of hyperbranched ester macromolecule capped with benzene rings improved flame retardancy of epoxy resin [J]. European Polymer Journal, 2023, 196: 112289.

[33] Peng W, Nie S B, Xu Y X, et al. A tetra-DOPO derivative as highly efficient flame retardant for epoxy resins [J]. Polymer Degradation and Stability, 2021, 193: 109715.

[34] Wang P, Chen L, Xiao H, et al. Nitrogen/sulfur-containing DOPO based oligomer for highly efficient flame-retardant epoxy resin [J]. Polymer Degradation and Stability, 2020, 171: 109023.

[35] Jin S L, Qian L J, Qiu Y, et al. High-efficiency flame retardant behavior of bi-DOPO compound with hydroxyl group on epoxy resin [J]. Polymer Degradation and Stability, 2019, 166: 344-352.

[36] Guo Z H, Wang Z L, Fang Z P. Fabrication of 9, 10-dihydro-9-oxa-10-phosphaphenanthrene-10-oxide-decorated fullerene to improve the anti-oxidative and flame-retardant properties of polypropylene [J]. Composites Part B: Engineering, 2020, 183: 107672.

[37] Liang B H, Liu K, Dai J M, et al. Polymer-type flame retardants based on a DOPO derivative for improving the flame retardancy of polyamide 6: Preparation, properties and flame retardancy mode of action [J]. Polymer Degradation and Stability, 2024, 225: 110807.

[38] Hu G L, Zhang X Q, Bu M L, et al. Toughening and strengthening epoxy resins with a new bi-DOPO biphenyl reactive flame retardant [J]. European Polymer Journal, 2022, 178: 111488.

[39] Feng J B, Lu Y X, Xie H Y, et al. Atom-economic synthesis of an oligomeric P/N-containing fire retardant towards fire-retarding and mechanically robust polylactide biocomposites [J]. Journal of Materials Science & Technology, 2023, 160: 86-95.

[40] Wang Y D, Zhang Y G, Ma L, et al. Facile synthesis of phosphorus-containing benzotriazole flame retardant for enhancement of mechanical and fire properties of epoxy resins [J]. European Polymer Journal, 2024, 202: 112610.

[41] Xu T, Zhou L L, Long L J, et al. Highly efficiency flame-retardant and anti-dripping performance with dual effect of phosphaphenanthrene-benzimidazole for poly (lactic acid) film [J]. Composites Communications, 2023, 37: 101414.

[42] Liu Q Y, Zhao Y L, Gao S S, et al. Recent advances in the flame retardancy role of graphene and its derivatives in epoxy resin materials [J]. Composites Part A: Applied Science and Manufacturing, 2021, 149: 106539.

[43] Chen W H, Liu P J, Liu Y, et al. Recent advances in Two-dimensional $Ti_3C_2T_x$ MXene for flame retardant polymer materials [J]. Chemical Engineering Journal, 2022, 446: 137239.

[44] Araby S, Philips B, Meng Q S, et al. Recent advances in carbon-based nanomaterials for flame retardant polymers and composites [J]. Composites Part B: Engineering, 2021, 212: 108675.

[45] Wang C H, Gong K L, Yu B, et al. Rare earth-based flame retardants for polymer composites: Status and challenges [J]. Composites Part B: Engineering, 2023, 265: 110935.

[46] Murtaza H, Zhao J M, Tabish M, et al. Protective and flame-retardant bifunctional epoxy-based nano-

composite coating by intercomponent synergy between modified CaAl-LDH and rGO [J] . ACS Applied Materials & Interfaces, 2024, 16 (10): 13114-13131.

[47] Huang Z Q, Jiang S D, Hong N N, et al. Synthesis of highly active HM-SiO_2@CeO_2/NiO hybrids for fire safety applications of epoxy resins [J] . Composites Part A: Applied Science and Manufacturing, 2017, 95: 337-345.

[48] Shao Z B, Cui J, Li X L, et al. Chemically inorganic modified ammonium polyphosphate as eco-friendly flame retardant and its high fire safety for epoxy resin [J] . Composites Communications, 2021, 28: 100959.

[49] Liu X W, Wu W H, Qi Y X, et al. Synthesis of a hybrid zinc hydroxystannate/reduction graphene oxide as a flame retardant and smoke suppressant of epoxy resin [J] . Journal of Thermal Analysis and Calorimetry, 2016, 126 (2): 553-559..

[50] Xu W Z, Wang X L, Wu Y, et al. Functionalized graphene with Co-ZIF adsorbed borate ions as an effective flame retardant and smoke suppression agent for epoxy resin [J] . Journal of Hazardous Materials, 2019, 363: 138-151.

[51] Yu B, Shi Y Q, Yuan B H, et al. Enhanced thermal and flame retardant properties of flame-retardant-wrapped graphene/epoxy resin nanocomposites [J] . Journal of Materials Chemistry A, 2015, 3 (15): 8034-8044.

[52] Yang C Z, Li Z W, Yu L G, et al. Mesoporous zinc ferrite microsphere-decorated graphene oxide as a flame retardant additive: Preparation, characterization, and flame retardance evaluation [J] . Industrial & Engineering Chemistry Research, 2017, 56 (27): 7720-7729.

[53] Yin S H, Ren X L, Zheng R Z, et al. Improving fire safety and mechanical properties of waterborne polyurethane by montmorillonite-passivated black phosphorus [J] . Chemical Engineering Journal, 2023, 464: 142683.

[54] Yin Z T, Lu J Y, Yu X L, et al. Construction of a core-shell structure compound: Ammonium polyphosphate wrapped by rare earth compound to achieve superior smoke and toxic gases suppression for flame retardant flexible polyurethane foam composites [J] . Composites Communications, 2021, 28: 100939.

[55] Wang S G, Gao R, Zhou K Q. The influence of cerium dioxide functionalized reduced graphene oxide on reducing fire hazards of thermoplastic polyurethane nanocomposites [J] . Journal of Colloid and Interface Science, 2019, 536: 127-134.

[56] Liu Y, Cao Z H, Zhang Y, et al. Synthesis of cerium *N*-morpholinomethylphosphonic acid and its flame retardant application in high density polyethylene [J] . Industrial & Engineering Chemistry Research, 2013, 52 (15): 5334-5340.

[57] Ning H Z, Ma Z Y, Zhang Z H, et al. Core-shell expandable graphite @ layered double hydroxide as a flame retardant for polyvinyl alcohol [J] . Journal of Thermal Analysis and Calorimetry, 2022, 147 (11): 6249-6258..

[58] Zhuo D X, Wang R, Wu L X, et al. Flame retardancy effects of graphene nanoplatelet/carbon nanotube hybrid membranes on carbon fiber reinforced epoxy composites [J] . Journal of Nanomaterials, 2013, 2013: 820901.

[59] Zhang Z X, Chen Y Y, Wang D F, et al. Hierarchical nano/micro-array structured CuMgAl-LDH/rGO hybrids for remarkably improved flame retardancy and smoke suppression performance of flexible polyvinyl chloride [J] . ACS Applied Materials & Interfaces, 2024, 16 (44): 61224-61238.

[60] Hou Y B, Xu Z M, Chu F K, et al. A review on metal-organic hybrids as flame retardants for enhancing fire safety of polymer composites [J] . Composites Part B: Engineering, 2021, 221: 109014.

[61] Rahimi-Aghdam T, Shariatinia Z, Hakkarainen M, et al. Nitrogen and phosphorous doped graphene quantum dots: Excellent flame retardants and smoke suppressants for polyacrylonitrile nanocomposites [J]. Journal of Hazardous Materials, 2020, 381: 121013.

[62] Li P P, Zheng Y P, Li M Z, et al. Enhanced flame-retardant property of epoxy composites filled with solvent-free and liquid-like graphene organic hybrid material decorated by zinc hydroxystannate boxes [J]. Composites Part A: Applied Science and Manufacturing, 2016, 81: 172-181.

[63] Sun F, Yu T, Hu C Q, et al. Influence of functionalized graphene by grafted phosphorus containing flame retardant on the flammability of carbon fiber/epoxy resin (CF/ER) composite [J]. Composites Science and Technology, 2016, 136: 76-84.

[64] Fang F, Song P G, Ran S Y, et al. A facile way to prepare phosphorus-nitrogen-functionalized graphene oxide for enhancing the flame retardancy of epoxy resin [J]. Composites Communications, 2018, 10: 97-102.

[65] Xiao Y L, Jin Z Y, He L X, et al. Synthesis of a novel graphene conjugated covalent organic framework nanohybrid for enhancing the flame retardancy and mechanical properties of epoxy resins through synergistic effect [J]. Composites Part B: Engineering, 2020, 182: 107616.

[66] Shi Y Q, Yu B, Zheng Y Y, et al. Design of reduced graphene oxide decorated with DOPO-phosphanomidate for enhanced fire safety of epoxy resin [J]. Journal of Colloid and Interface Science, 2018, 521: 160-171.

[67] Feng Y Z, Li X W, Zhao X Y, et al. Synergetic improvement in thermal conductivity and flame retardancy of epoxy/silver nanowires composites by incorporating "branch-like" flame-retardant functionalized graphene [J]. ACS Applied Materials & Interfaces, 2018, 10 (25): 21628-21641.

[68] Qian X D, Song L, Yu B, et al. Novel organic - inorganic flame retardants containing exfoliated graphene: Preparation and their performance on the flame retardancy of epoxy resins [J]. Journal of Materials Chemistry A, 2013, 1 (23): 6822-6830.

[69] Zhi M Y, Liu Q Y, Chen H, et al. Thermal stability and flame retardancy properties of epoxy resin modified with functionalized graphene oxide containing phosphorus and silicon elements [J]. ACS Omega, 2019, 4 (6): 10975-10984.

[70] Li K Y, Kuan C F, Kuan H C, et al. Preparation and properties of novel epoxy/graphene oxide nanosheets (GON) composites functionalized with flame retardant containing phosphorus and silicon [J]. Materials Chemistry and Physics, 2014, 146 (3): 354-362.

[71] Wang X, Xing W Y, Feng X M, et al. Functionalization of graphene with grafted polyphosphamide for flame retardant epoxy composites: Synthesis, flammability and mechanism [J]. Polymer Chemistry, 2014, 5 (4): 1145-1154.

[72] Jing J, Zhang Y, Fang Z P, et al. Core-shell flame retardant/graphene oxide hybrid: A self-assembly strategy towards reducing fire hazard and improving toughness of polylactic acid [J]. Composites Science and Technology, 2018, 165: 161-167.

[73] Li T, Li S, Ma T J, et al. Novel organic-inorganic hybrid polyphosphazene modified manganese hypophosphite shuttles towards the fire retardance and anti-dripping of PET [J]. European Polymer Journal, 2019, 120: 109270.

[74] Gong K L, Zhou K Q, Yu B. Superior thermal and fire safety performances of epoxy-based composites with phosphorus-doped cerium oxide nanosheets [J]. Applied Surface Science, 2020, 504: 144314.

[75] Du J Y, Fan X L, Xin F, et al. Novel coating flame retardant APP@UiO for preparation of flame retardant unsaturated polyester resin composites [J]. European Polymer Journal, 2024, 207: 112820.

[76] Phanthuwongpakdee J, Harimoto T, Babel S, et al. Flame retardant transparent films of thermostable biopolyimide metal hybrids [J]. Polymer Degradation and Stability, 2021, 188: 109571.

[77] Xiao Y L, Jiang G Y, Ma C, et al. Construction of multifunctional linear polyphosphazene and molybdenum diselenide hybrids for efficient fire retardant and toughening epoxy resins [J]. Chemical Engineering Journal, 2021, 426: 131839.

[78] Tang W, Qian L J, Prolongo S G, et al. Macromolecular piperazine/aluminum phosphate hybrid and its efficient intumescent flame retardant/thermal conductive polypropylene [J]. Chemical Engineering Journal, 2024, 495: 153162.

[79] Wei Y X, Deng C, Wei W C, et al. Hybrid nanorods composed of titanium, silicon, and organophosphorus as additives for flame-retardant polycarbonate [J]. ACS Applied Nano Materials, 2019, 2 (8): 4859-4868.

[80] Sai T, Su Y K, Shen H F, et al. Fabrication and mechanism study of cerium-based P, N-containing complexes for reducing fire hazards of polycarbonate with superior thermostability and toughness [J]. ACS Applied Materials & Interfaces, 2021, 13 (25): 30061-30075.

[81] Jiang Q, Li P, Liu Y, et al. Green flame-retardant flexible polyurethane foam based on polyphenol-iron-phytic acid network to improve the fire safety [J]. Composites Part B: Engineering, 2022, 239: 109958.

[82] Xu Y T, Han Y F, Li Y, et al. Preparation of a strong, mildew-resistant, and flame-retardant biomimetic multifunctional soy protein adhesive *via* the construction of an organic-inorganic hybrid multiple-bonding structure [J]. Chemical Engineering Journal, 2022, 437: 135437.

[83] Li G Y, Zhang H P, Qu J R, et al. Multiple synergistic effects of copper salicylaldehyde-modified P-N inorganic-organic hybrid in enhancing flame retardancy, smoke suppression, and anti-dripping properties of TPU [J]. Polymer Degradation and Stability, 2025, 232: 111136.

[84] Wang S X, Huang J F, Wei A, et al. Synthesis of a bimetallic-doped phytate-melamine composite as an efficient additive for epoxy resins with high fire safety [J]. Polymers, 2024, 16 (24): 3586.

[85] Chen X S, Peng F C, Wang C, et al. Improving the flame retardancy and mechanical properties of epoxy composites significantly with a low-loading CNT-based hierarchical hybrid decorated with reactive hyperbranched polyphosphoramide [J]. Applied Surface Science, 2022, 576: 151765.

[86] Zhang Y Y, Yu H Y, Dong Y J, et al. Facile strategy to design a cellulose nanocrystal-based nanocomposite fire retardant with strong smoke suppression efficiency [J]. ACS Sustainable Chemistry & Engineering, 2023, 11 (35): 12983-12991.

[87] Ding Z M, Li J, Xin W, et al. Low gloss waterborne polyurethane coatings with anti-dripping and flame retardancy *via* montmorillonite nanosheets [J]. Progress in Organic Coatings, 2019, 136: 105273.

[88] He X D, Zhang W C, Yang R J. The characterization of DOPO/MMT nanocompound and its effect on flame retardancy of epoxy resin [J]. Composites Part A: Applied Science and Manufacturing, 2017, 98: 124-135.

[89] Wan M, Shi C L, Qian X D, et al. Interface assembly of flower-like Ni-MOF functional MXene towards the fire safety of thermoplastic polyurethanes [J]. Composites Part A: Applied Science and Manufacturing, 2022, 163: 107187.

[90] Luo Y, Xie Y H, Geng W, et al. Fabrication of thermoplastic polyurethane with functionalized MXene towards high mechanical strength, flame-retardant, and smoke suppression properties [J]. Journal of Colloid and Interface Science, 2022, 606: 223-235.

[91] Gong K L, Cai L, Shi C L, et al. Organic-inorganic hybrid engineering MXene derivatives for fire resist-

ant epoxy resins with superior smoke suppression [J]. Composites Part A: Applied Science and Manufacturing, 2022, 161: 107109.

[92] Ma L, Wang Y D, Zhu Z M. Interface engineering of MXene containing phosphorus towards for enhancing the flame retardance and toughness of epoxy resins [J]. Progress in Organic Coatings, 2024, 191: 108414.

[93] Li Y M, Zhu D P, Hu S L, et al. The fabrication of organic-inorganic hybrid structure towards high mechanical property and improved flame retardancy [J]. Polymer Degradation and Stability, 2024, 225: 110818.

[94] Chen X Y, Ding F, Hou X L, et al. Halloysite-based inorganic-organic hybrid coatings for durable flame retardant, hydrophobic and antibacterial properties of cotton fabrics [J]. International Journal of Biological Macromolecules, 2024, 277: 134357.

[95] Wei Y X, Deng C, Zhao Z Y, et al. A novel organic-inorganic hybrid SiO_2@DPP for the fire retardance of polycarbonate [J]. Polymer Degradation and Stability, 2018, 154: 177-185.

[96] Jiang W J, Zhou G, Duan J J, et al. Synthesis and characterization of a multifunctional sustained-release organic-inorganic hybrid microcapsule with self-healing and flame-retardancy properties [J]. ACS Applied Materials & Interfaces, 2021, 13 (13): 15668-15679.

[97] Li S S, Lin X H, Li Z G, et al. Hybrid organic-inorganic hydrophobic and intumescent flame-retardant coating for cotton fabrics [J]. Composites Communications, 2019, 14: 15-20.

[98] Yu C B, Wu T, Yang F H, et al. Construction of hetero-structured nanohybrid relying on reactive phosphazene towards flame retardation and mechanical enhancement of epoxy resins [J]. European Polymer Journal, 2022, 167: 111075.

[99] Huo S Q, Sai T, Ran S Y, et al. A hyperbranched P/N/B-containing oligomer as multifunctional flame retardant for epoxy resins [J]. Composites Part B: Engineering, 2022, 234: 109701.

[100] Qiu S L, Ma C, Wang X, et al. Melamine-containing polyphosphazene wrapped ammonium polyphosphate: A novel multifunctional organic-inorganic hybrid flame retardant [J]. Journal of Hazardous Materials, 2018, 344: 839-848.

[101] Zhang N E, Zhang J, Yan H, et al. A novel organic-inorganic hybrid K-HBPE@APP performing excellent flame retardancy and smoke suppression for polypropylene [J]. Journal of Hazardous Materials, 2019, 373: 856-865.

[102] Li J J, Zhu Y, Bian R H, et al. Construction of a boron nitride nanosheet hybrid for tough, strong, and flame-retardant phenolic resins [J]. Chemical Engineering Journal, 2023, 471: 144463.

[103] Xie W, Guo S W, Liu Y, et al. Organic-inorganic hybrid strategy based on ternary copolymerization to prepare flame retardant poly (methyl methacrylate) with high performance [J]. Composites Part B: Engineering, 2020, 203: 108437.

[104] Huang S C, Deng C, Zhao Z Y, et al. Phosphorus-containing organic-inorganic hybrid nanoparticles for the smoke suppression and flame retardancy of thermoplastic polyurethane [J]. Polymer Degradation and Stability, 2020, 178: 109179.

[105] Ren J Y, Wang Y X, Piao J X, et al. Facile construction of phosphorus-free and green organic-inorganic hybrid flame-retardant system: For improving fire safety of EP [J]. Progress in Organic Coatings, 2023, 179: 107489.

[106] Tan Y, Shao Z B, Chen X F, et al. Novel multifunctional organic-inorganic hybrid curing agent with high flame-retardant efficiency for epoxy resin [J]. ACS Applied Materials & Interfaces, 2015, 7 (32): 17919-17928.

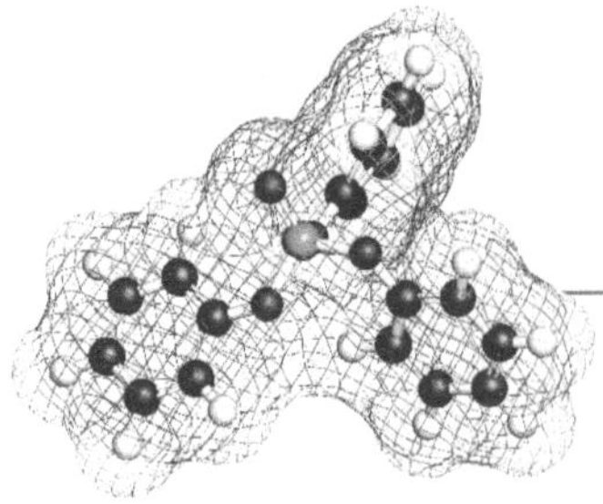

第7章 生物基阻燃剂

7.1 引言

随着可持续发展战略的提出，人们越来越注重环境保护，而传统阻燃剂多数来源于不可再生的石油基化合物，为此，人们将目光转向了来源丰富、环境友好、可再生的生物基材料。目前，生物基阻燃剂已经成为人们研究绿色阻燃剂的一个热点[1-3]。多数生物基材料中含有易燃的羟基，这限制了生物基阻燃剂对高分子材料阻燃性能的提升。为了解决这一问题，人们常常在生物基材料中引入阻燃元素以提高生物基阻燃剂的阻燃性能。目前，生物基阻燃剂已成为未来阻燃剂发展的趋势。

7.2 植酸基阻燃剂

植酸（PA）是一种能够从米糠、谷壳中提取出来的生物质酸，具有可再生、低毒和可降解的优点。其分子结构中具有 6 个磷酸基团，超高的磷含量不仅能够在复合材料燃烧时有效促进复合材料基体的脱水炭化，保持较高的残炭率，还能捕获燃烧时产生的自由基，削弱燃烧的链式反应，从而表现出优异的阻燃效果。此外，由于多磷酸基团的存在，其呈现出负电性，具有较高的反应活性，能够轻易与金属离子和阳离子聚合物发生反应，形成植酸金属盐或植酸基聚电解质。因此，植酸常被用来制备复合型生物基阻燃剂。

7.2.1 在木材中的应用

Wei 等人[4] 以植酸和三聚氰胺为原料，合成了植酸-三聚氰胺离子交联配合物（PM），随后将 PM 作为木质素磺酸钠改性的脲醛树脂的阻燃固化剂，制备了一系列生物基膨胀型阻燃涂料，并涂覆在木材上测试了其阻燃性能，研究结果表明在 UL-94 测试中达到了 V-0 等级，极限氧指数（LOI）高达 32.1%。与未改性的纯木材相比，总放热量（THR）和总放烟量（TSP）分别下降了 91.51% 和

57.80%，火灾增长指数（FGI）下降高达97.32%，表现出较低的火灾危险性。阻燃性能的提升得益于气相和凝聚相的协同作用，在凝聚相上，磷酸基团在燃烧时对脱水成炭具有促进作用，有助于形成致密的炭层，隔绝燃烧过程中的热量与氧气，从而避免基材的进一步燃烧。另一方面，由于本身含有丰富的碳氮元素，涂层在燃烧过程中会产生大量的不可燃气体（如CO_2、NH_3）。这些不可燃气体能在气相上稀释氧气，同时使炭层膨胀，更好地保护了木质基材（如图7-1所示）。

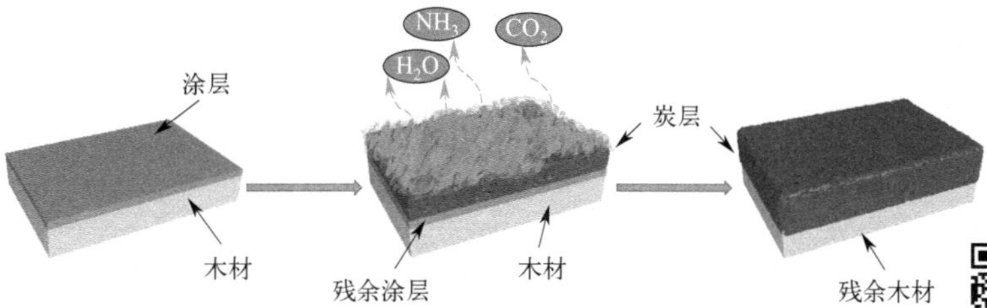

图7-1 基于植酸-三聚氰胺的阻燃涂层的阻燃机理[4]

Ma等人[5]通过植酸和三聚氰胺（MA）的水热反应合成了阻燃剂（PM），随后通过真空浸渍在木材表面原位生成铁离子掺杂的植酸基纳米片（PM-Fe^{3+}），并用十八胺（OA）对阻燃木材进行疏水改性，成功地在木材表面形成了透明的阻燃和超疏水涂层。当在高温下燃烧时，沉积在木材表面的PM会热分解，产生不可燃气体（如H_2O和NH_3），以及各种磷酸衍生物。不可燃气体既可充当发泡剂，也可稀释燃烧区域的氧气浓度。而磷酸衍生物催化木材主要成分的炭化，形成致密连续的炭层，这种炭层抑制了热量和氧气的传递，使木材更耐火。OA还可以作为助催化剂，在热解过程中促进冷凝相炭层的形成。PM-Fe^{3+}复合物在燃烧过程中形成的稳定物理屏障可以抑制火焰和基材之间的热和质量传递，从而保护基材免受持续的热分解（图7-2）。此外，OA相对较低的表面张力和表面能赋予了基材良好的疏水性，而良好的疏水性降低黑曲霉与木材之间的黏附性，进一步增强了木材的抗霉菌性能。

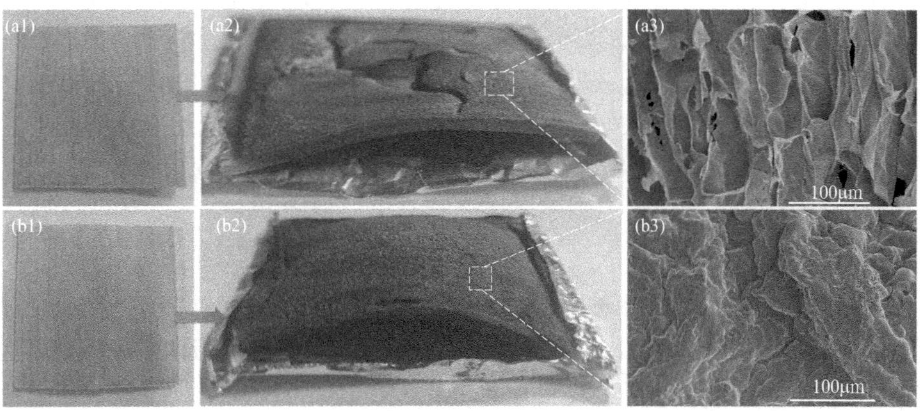

图7-2

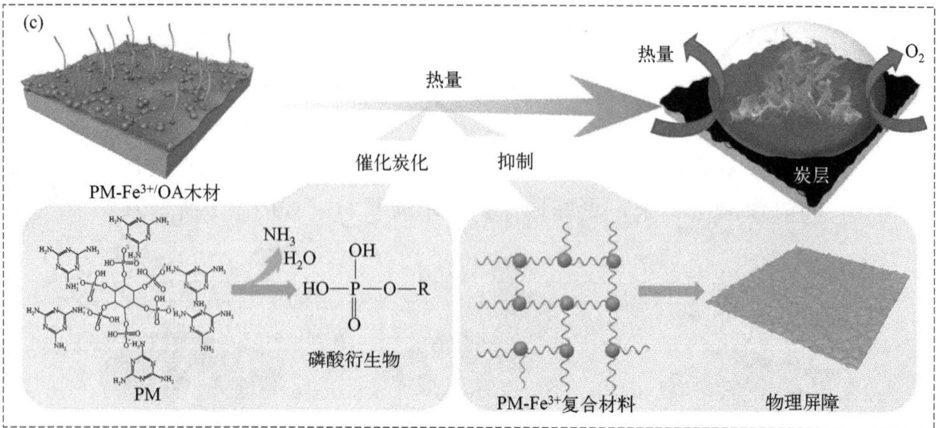

图 7-2 木材样品锥形量热测试前后的照片和阻燃木材的阻燃机理

7.2.2 在环氧树脂中的应用

Ruan 等人[6] 以 PA、聚乙烯亚胺（PEI）和天然埃洛石纳米管（HNTs）为原料，成功制备了一种新型环保生物基纳米阻燃剂（GPP@HNTs），并将其应用到环氧树脂（EP）中制备阻燃复合材料（图 7-3）。在复合材料燃烧的初始阶段，GPP@HNTs 均匀分布在 EP 基体中并形成强大的物理屏障以阻挡外部热量和氧气的进入。随着温度的升高，覆盖着 PA 和 PEI 化合物的外层开始分解，其中 PEI 分解生成的一些惰性气体，以稀释材料表面可燃气体的浓度，并带走体系中的热量。同时，PA 分解生成的大量磷氧自由基捕获了链式反应产生的反应性自由基，抑制了气相燃烧。PA 分解的磷酸衍生物促进了 EP 的脱水和炭化，PEI 的分解产物也参与了 P—N—C 结构碳的形成。它们附着在 HNTs 形成的物理框架上，获得致密、稳定、高强度的炭保护层，从而防止有毒气体的释放，保护材料的内部结构免受外部热量和可燃气体的影响。在上述协同作用下，GPP@HNTs/EP 复合材料的阻燃性得到有效增强，达到 UL-94 V-0 等级，LOI 值增加 42.55%，峰值热释放速率降低 32.76%，总放热量降低 25.92%。此外，GPP@HNTs 与 EP 有很强的界面相互作用，可以均匀分散在 EP 基体中。当 GPP@HNTs/EP 复合材料受到外力冲击时，它可以向纳米填料传递更多的应力，从而表现出优异的力学性能。

7.2.3 在棉织物中的应用

Song 等人[7] 以 PA 和木糖醇为原料，按照一系列摩尔比进行简单的酯化反应获得了植酸基阻燃剂（PAXY），然后通过浸轧-干燥-固化工艺在黏胶织物表面完成阻燃改性（图 7-4）。木糖醇与 PA 磷酸基团的化学反应降低了 PA 的酸度，减弱了酸度对织物纤维表面腐蚀造成的性能影响。同时，阻燃剂的添加起到了黏合作用，防止了黏胶织物分子链滑动引起的断裂，从而保留了处理后的黏胶织物的断裂强度。在织物燃烧时，PA 产生的磷酸和多磷酸衍生物与织物交联，形成了致密稳定的焦炭层，避免了织物的进一步燃烧。此外，致密炭层的形成还抑制了燃烧产生的气体的冲出，与未改性的织物相比，阻燃黏胶织物燃烧产生的 CO 和 CO_2 大幅下降，火灾危险性更低。

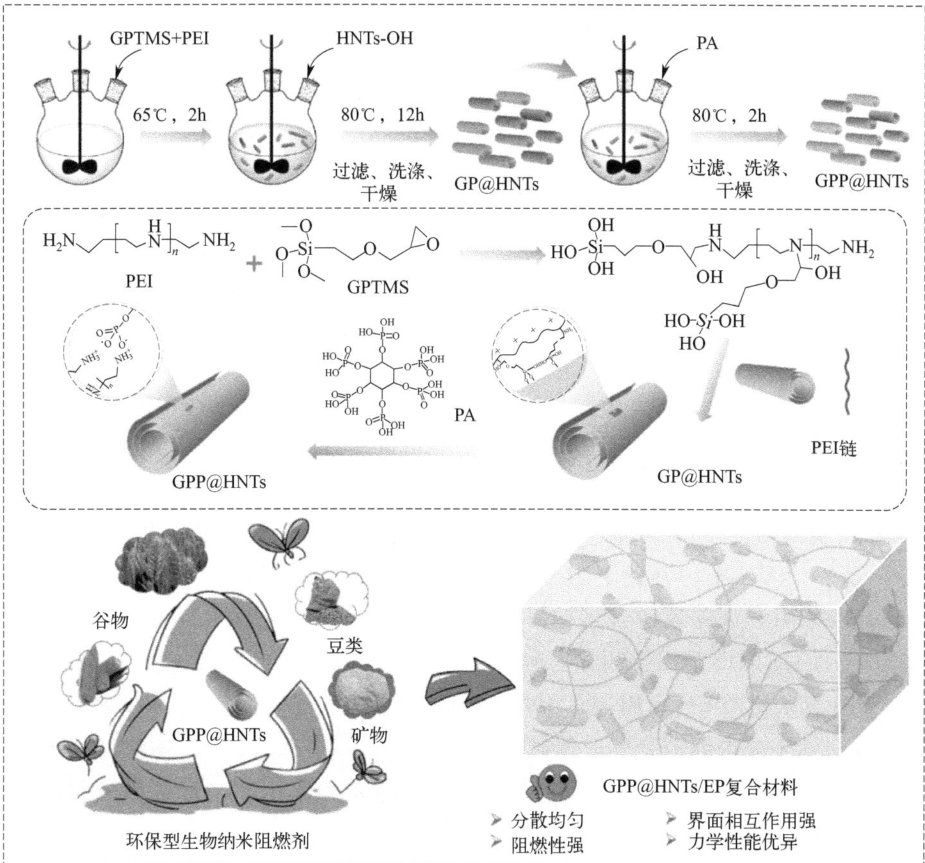

图 7-3　GPP@HNTs 及其环氧复合材料的制备过程

Cheng 等人[8] 利用植酸和 1,3,5-三缩水甘油基异氰尿酸酯通过开环加成反应合成了一种新型反应性膨胀型阻燃剂植酸缩水甘油酯异氰尿酸酯（GPIC）。然后通过表面涂层路线，用 GPIC 开发了耐用的阻燃涂层丝织物。涂覆 GPIC 后，质量增加 13.6%的涂层丝织物表现出可以在垂直燃烧实验中自熄的性质，并具有 32.5%的高极限氧指数值。由于 GPIC 涂层通过共价交联的方式交联到真丝织物上，GPIC 和织物涂层之间的相互作用力较强，真丝织物可以承受 30 次洗涤循环，显示出很高的洗涤耐久性。此外，GPIC 涂层还能显著抑制丝织物在燃烧过程中产生的烟雾和热量。

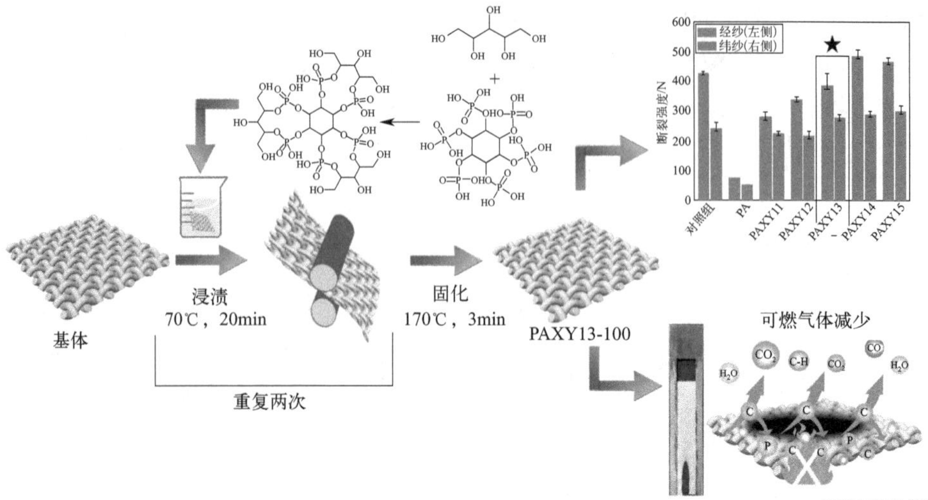

图 7-4 阻燃黏胶织物的制备工艺[7]

Liu 等人[9] 为了降低含磷阻燃剂在环境中的潜在生物累积性。以植酸、苯硼酸和 3-氨基-1,2-丙二醇为原料，*N*,*N*-二甲基甲酰胺（DMF）为溶剂，在植酸中引入硼和氮，合成了一种高效的生物基阻燃剂（PBN），以削弱植酸的酸性，降低了阻燃剂中的磷含量。然后使用简便的浸渍-轧压法将其应用于尼龙/棉混纺织物（CO/NY）中，制备了阻燃织物（PBN-CO/NY）（图 7-5）。在 PBN 的存在下，织物的阻燃性随着磷含量的降低而显著提高。PBN 处理的混纺织物的 LOI 为 30.1%，与对照混纺织物相比，峰值放热速率和总发烟量分别降低了 46.0%和 71.8%。在燃烧过程中，PBN-CO/NY 释放出不易燃气体（NH_3、H_2O 和 CO_2），稀释了易燃气体。植酸被分解成磷酸，参与了炭层的形成。BN 在燃烧过程中分解成 B—O—B 的交联结构，并在温度进一步升高时留在炭层中。这些燃烧时形成的稳定炭层隔离了氧气和热量的交换，从而产生了良好的阻燃性。在燃烧过程中，BN 中的含氮结构也会产生 NH_3，稀释易燃气体。此外，尼龙/棉混纺织物中的纤维素和聚酰胺 6 在降解过程中同样参与了成炭。

Li 等人[10] 为满足不同场景对多功能织物日益增长的阻燃需求，以聚乙烯亚胺（PEI）、植酸、铁离子（Fe^{3+}）和二甲基十八烷基［3-(三甲氧基甲硅烷基)丙基]氯化铵（QAS）为原料，开发了兼具超疏水性和抗菌性的阻燃涂层。通过简单的浸涂法，即可将阻燃涂层应用在织物表面上。QAS 的疏水基团赋予了织物优异的疏水性能，水接触角高于 155°，并表现出优异的自清洁性能。对于织物的阻燃性能，阻燃涂料可以通过磷-氮膨胀阻燃体系的协同作用防止棉织物燃烧。燃烧时，PA 在燃烧过程中热降解成磷酸和多磷酸，可以催化纤维素炭化。燃烧形成的含磷、氮、铁和二氧化硅的膨胀型炭层可以充当物理屏障，抑制氧气和热量的传递。同时，高氮含量的 PEI 分解成不易燃的挥发物以稀释可燃气体，减缓气相中的燃烧，并通过膨胀炭层减少易燃挥发物，使得织物的燃烧得到进一步抑制。此外，涂层织物还表现出优异的抑菌性能，对革兰氏阳性金黄色葡萄球菌和革兰氏阴性大肠杆菌的抗菌率可达100%。

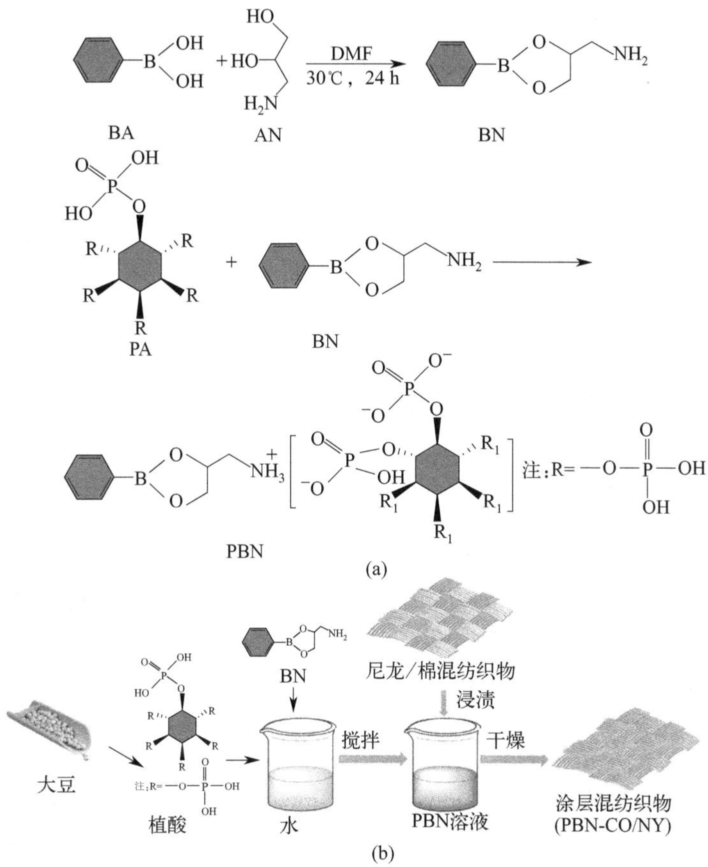

图7-5　PBN及其阻燃混纺织物的制备过程

Yan等人[11] 以植酸（PA）、L-谷氨酸（L-Glu）和均苯三甲酰氯（TMC）为原料，通过简单的浸泡策略构建了新型多功能涂层，并使用该涂层赋予棉织物优异的阻燃性、耐洗性和耐腐蚀性（图7-6）。棉织物的阻燃性能得益于PA对棉织物燃烧后脱水成炭的促进作用，棉织物表面生成了一个致密的交联炭层以保护棉织物内部。同时，表面的阻燃涂层还释放出了NH_3、CO_2等不可燃气体，在气相中起到了稀释可燃气体的作用，避免了棉织物的进一步燃烧。经处理的棉织物（C_2和C_2-TMC）的极限氧指数值高达40%。在垂直可燃性测试中，C_2和C_2-TMC棉均表现出自熄行为，受损长度≤50 mm。即使在300次洗涤循环后，C_2-TMC的LOI仍保持30%的较高值，并在垂直燃烧试验中保持了其自熄行为。此外，PA可以通过破坏蛋白质功能并损害细菌细胞器和核糖核酸（RNA）来表现出抗菌活性。这最终会导致细菌死亡。而氨基酸则可以通过靶向参与肽聚糖生物合成的酶，起到有效的抗菌剂的作用。因此，PA 和 L-Glu 的组合实现了协同抗菌效果。

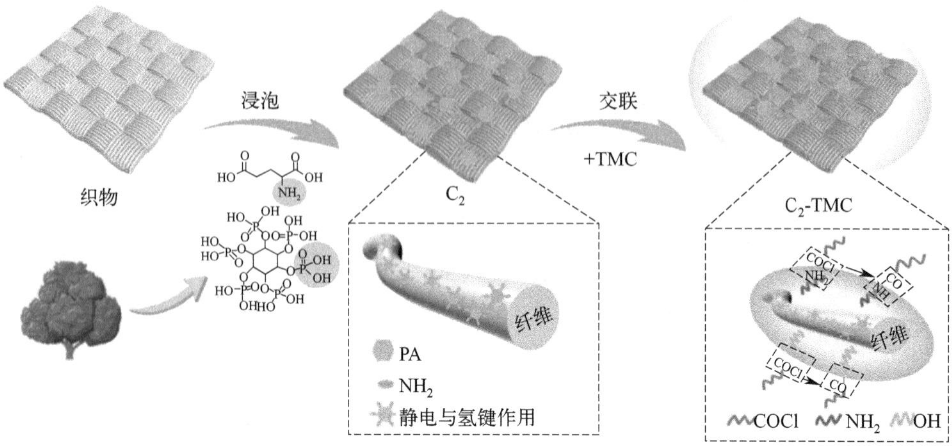

图 7-6 新型多功能涂层及其阻燃棉织物的制备过程

Jin 等人[12] 通过应用 MXene 纳米片、植酸@糠胺（PA@FA）和聚磷酸铵（APP）涂层的层层自组装方法，制备了一种新型的多功能智能防火聚乳酸基织物（MFR-PBF）(图 7-7)。MFR-PBF 显示出优异的阻燃性，PA@FA 以及 APP 的协同作用不仅显著提高了织物的阻燃性能，而且有效地解决了 MXene 氧化的问题。阻燃剂的自由基清除能力和 MXene 的纳米阻隔效应协同提高了 MFR-PBF 的阻燃性，保证了稳定连续的火灾预警。并且，MFR-PBF 表现出精确的传感行为和出色的火灾预警能力。由于 MXene 的热诱导导体-绝缘体行为，其电阻能够可逆且灵敏地变化，从而实现了可重复的火灾报警。此外，MFR-PBF 可以很容易地缝在消防员制服上，以制造智能无线火灾报警系统。该系统在火焰袭击期间显示出类似的信号切换和预警行为，并且报警信号可以立即传输到云端。同时，获得的 MFR-PBF 可以检测到各种人体运动，这意味着它可以用于监测消防员或其他特殊工作人员的生理信号。此外，基于光热效应和焦耳效应的可控加热性能，使 MFR-PBF 成为一种潜在的便携式加热器。

Dong 等人[13] 使用将棉织物依次浸入聚乙烯亚胺、植酸、二氧化钛和漆酚的溶液中的简便浸涂方法开发了植酸@聚漆酚-钛复合涂层棉织物（PPTU-C）。一方面，由于在凝聚相中形成致密的炭质层，包含植酸的底层涂层有助于棉织物表现出优异阻燃性和低热释放量，这归因于植酸分解产生的磷酸的催化作用。另一方面，由聚漆酚-钛复合物构成的表面疏水涂层赋予棉织物高疏水性，使棉织物能够通过水洗实现自清洁。同时，疏水涂层还保护棉织物免受磨损和溶剂的损坏。除此之外，PPTU-C 还被用作油水分离织物，具有出色的油水分离效率，使用的 PPTU-C

样品不会被点燃，具有很高的阻燃性。该生物基涂料在构建具有持久阻燃性和疏水性的多功能棉织物方面显示出良好的应用潜力。

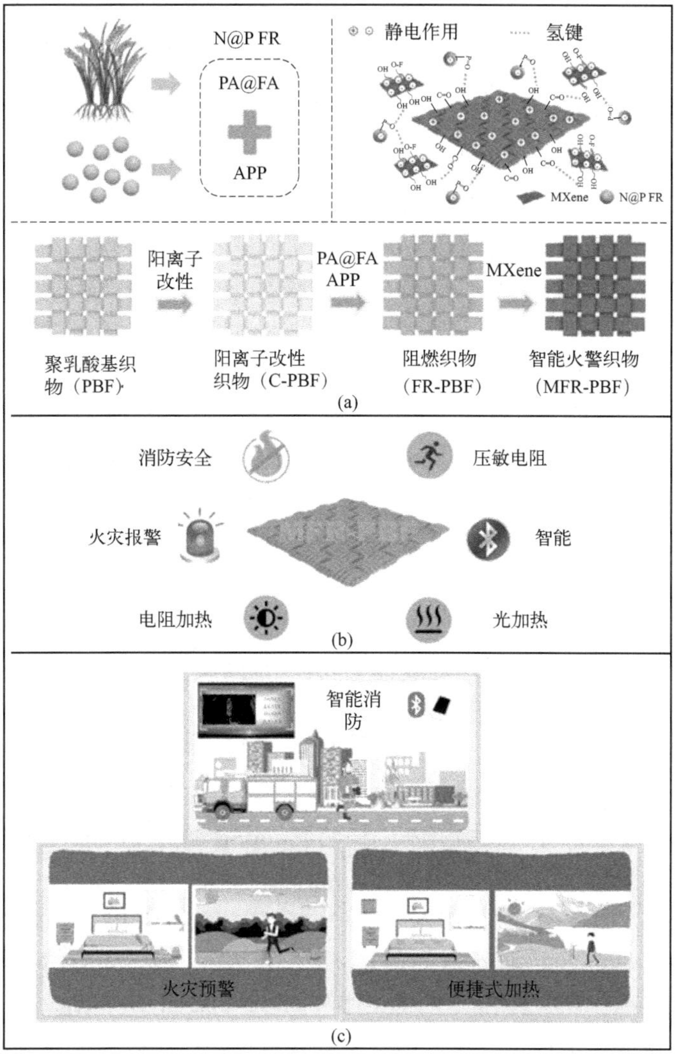

图 7-7　MFR-PBF 的设计步骤（a）和思路（b）以及预设应用场景（c）

7.2.4　在纤维素中的应用

Wang 等人[14] 受到珍珠层分层结构“砖和砂浆”的启发，首先通过将纸浆纸浸入含有植酸和尿素的溶液中以启动复合材料的制备过程。随后，通过在高温条件下进一步固化反应，然后进行机械剪切，制备了植酸改性纤维素纳米纤维（PA-CNF），并使用 PA-CNF 和氧化石墨烯（GO）作为复合材料的基本构建块。将

PA-CNF 充分混合并均匀分散在 GO 溶液中，之后利用氯化钙（$CaCl_2$）用作交联剂以促进组装。采用层层自组装技术结合热压，制造了一种珍珠层模拟复合材料。PA-CNF 和 GO 是不易燃物质，可确保在暴露于火焰时保持其整体微观结构的完整性。同时，PA 具有促进 CNF 主要元素脱水和炭化过程的能力，而 CNF 的分解副产物与 PA 基团分解产生的多磷酸之间的协同反应可以产生更坚固的炭渣。这种保护性炭残留物起着屏障的作用，防止氧气、易燃气体和热量的传递，并抑制基材的进一步燃烧。此外，珍珠母风格的涂层有效地缓解了内部材料表面温度的升高。结合固有的不可燃性、内部 PA-CNF 相对较低的温度以及由于延长的氧气传递路径而使直接暴露于氧气的程度最小化，珍珠层模拟复合材料表现出优异的阻燃性能。

Wu 等人[15] 以植酸和间二甲苯二胺为原料，合成了植酸-间二甲苯甲胺植酸铵（MPAP）反应性阻燃剂。通过表面喷涂技术和浸渍工艺，利用阻燃剂和聚甲基氢硅氧烷（PMHS）与纤维素纤维的反应，成功制备了具有优异阻燃和疏水性能的纤维素（HMPAP）纸。改性后的纸张表现出优异的阻燃性能，极限氧指数值达到41%。在垂直燃烧测试中出现显著的自熄性能；在锥形量热测试中，总放热率由12.8 kJ/g 降低至 0.6 kJ/g。MPAP 在燃烧过程中分解产生的酸促进纤维素的脱水和炭化，形成完整的炭骨架，阻碍热量和物质的传递。此外，MPAP 热解产生的 PO·自由基可以捕获纤维素分解产生的反应性自由基（H·或 HO·自由基），从而减缓或防止燃烧链反应，抑制可燃气体的释放。MPAP 中的 N 元素还会产生不可燃气体（如 NH_3），以稀释燃烧过程中气相中可燃气体的浓度。此外，PMHS 涂层会吸收热量并分解形成纳米二氧化硅和 Si-C 化合物，保护纤维素纸免受进一步燃烧，并增强炭层结构。因此，HMPAP 纸显示出有效的阻燃性。

Liu 等人[16] 由 PA 和丝氨酸（SE）制备了在 IFR 体系中充当酸源和气源的阻燃剂 PA@SE。随后，将具有多羟基结构的 PA@SE 和纤维素 B_2（VB_2）混合加到聚丙烯腈（PAN）纺丝溶液中，通过湿法纺丝工艺制备阻燃 PAN 复合材料和纤维。由 PA@SE 和 VB_2 组成的 IFR 体系与 PAN 分子链可以形成较强的界面相互作用，增强改性样品的拉伸性能。在复合材料燃烧时，PA@SE 和 VB_2 在气相和凝聚相中都起阻燃作用。PA@SE 和 VB_2 热分解生成的小分子酸自交联，形成致密的炭层。炭层的保护作用阻止了内部聚合物基体的热分解，从而抑制了复合材料的进一步燃烧和凝聚相有毒烟雾的产生。此外，PA@SE 的引入可以降低 PAN 的环化和脱氢温度，促进 PAN 交联成炭。并且，PA@SE 和 VB_2 热分解产生的不可燃气体可以稀释燃烧区可燃气体和有毒气体的浓度，在气相中发挥阻燃作用。因此，改性 PAN 的阻燃性和抑烟性得到显著提高（图 7-8）。

Wu 等人[17] 通过连续接枝和静电吸附过程用三聚氰胺（MEL）和植酸改性的纤维素纳米晶体（CNC）组成一种生物基阻燃复合材料（CNC/MEL/PA）(图 7-9)。在复合材料燃烧过程中，气相和凝聚相在阻燃分析中发挥协同阻燃作用。在气相中，NH_3 从 MEL 中迅速释放，稀释可燃气体的浓度并有助于形成气体保护层。此外，

CNC/MEL/PA 的热分解会产生不可燃气体（例如 H_2O、NH_3 和 CO_2），进一步稀释可燃气体和氧气，同时在燃烧过程中吸收热量。此外，PA 分解产生含磷的自由基捕获游离的活泼自由基，起到气相阻燃作用。在凝聚相中，PA 热氧化降解产生的磷酸和多磷酸通过磷酸化与 CNC 的羟基反应，引发脱水反应并催化炭化，形成含有元素 P 和 N 的高度石墨化炭层。这种保护性炭层起到屏障的作用，防止氧气、易燃气体和热量的传递，并抑制基材进一步燃烧。

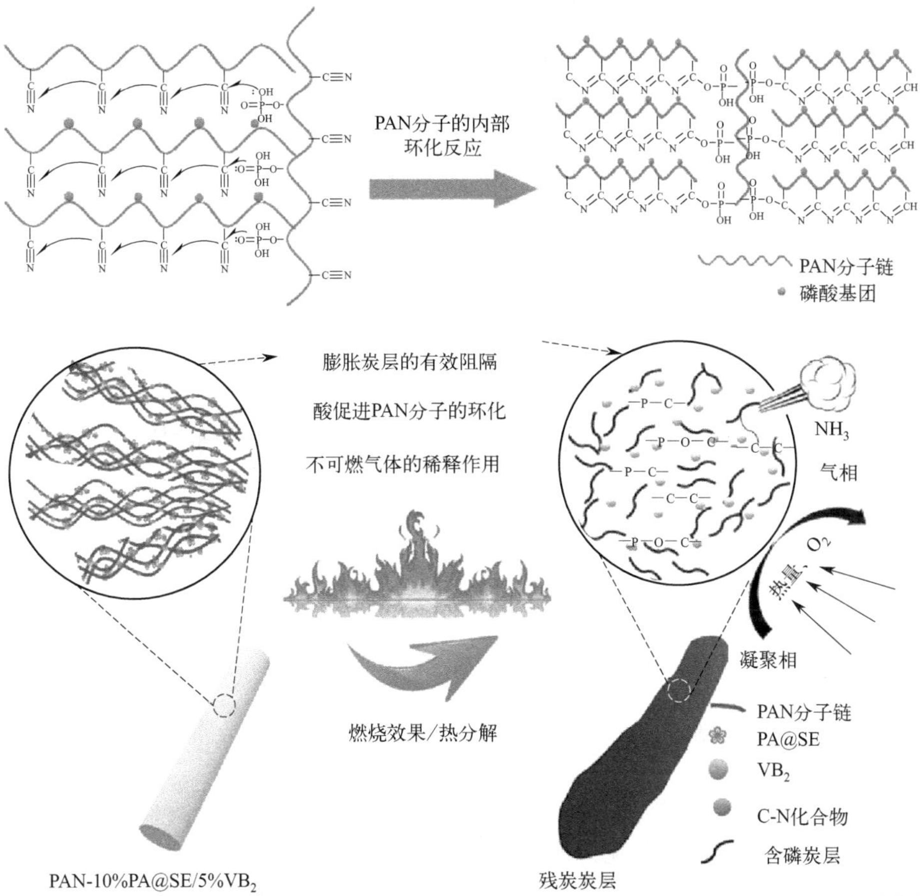

图 7-8 阻燃 PAN 材料的阻燃机理

7.2.5 在聚氨酯中的应用

Yu 等人[18] 以植酸为酸源、D-山梨醇为碳源、甘氨酸为气源，合成了一种绿色生物基阻燃涂料，并采用简单的紫外线固化技术来提高聚氨酯泡沫（RPUF）的阻燃性。当遇火时，涂层的热解产物与焦炭和氧气交联，形成保护性木炭层。氧气和热量的传递受到抑制。同时，涂层的热解释放出不可燃气体以稀释可燃气体的浓度。阻燃涂料通过提供致密的炭层和释放不可燃气体的双重保护，有效降低了火灾风险并改善了硬质聚氨酯泡沫的阻燃性能。因此，涂层 RPUF 的极限氧指数高达 39.7%，并成功满足 UL-94 测试标准的 V-0 等级。与对照 RPUF 相比，涂层 RPUF 的点燃时间延长了 3 秒，峰值放热速率显著降低了约 60%，并且抑烟性能获得了明显提升。

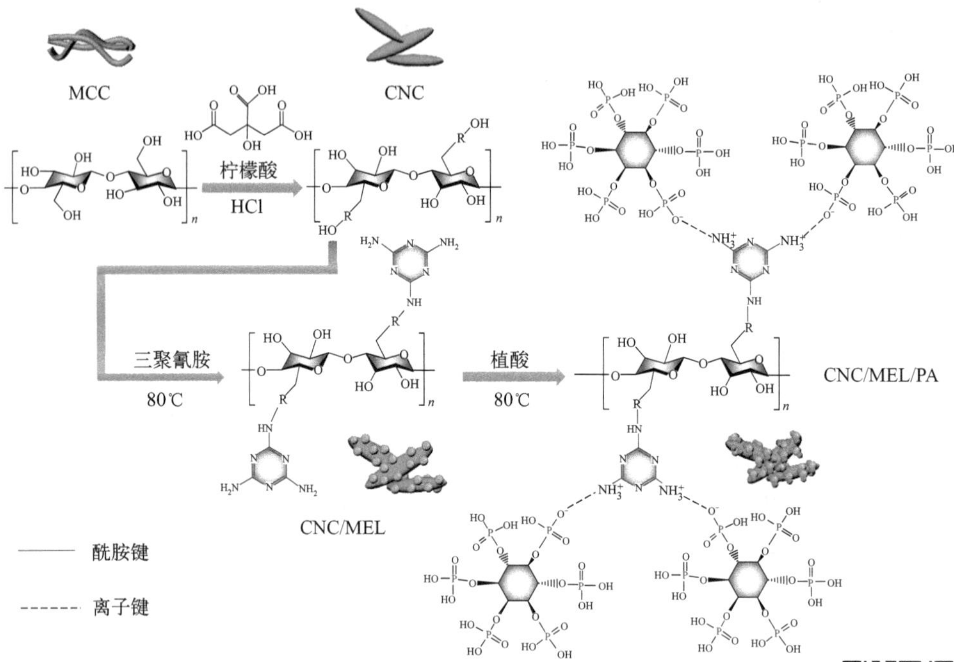

图 7-9　CNC/MEL/PA 纳米复合材料的制备路线

7.2.6　在聚氯乙烯中的应用

Zhang 等人[19] 通过阳离子交换和配位作用，用植酸钠和氯化镧对蒙脱石进行改性而合成了一种新型的生物基阻燃剂——植酸镧蒙脱石（Pa-La-Mt）。经 Pa-La-Mt 改性的聚氯乙烯（PVC）树脂表现出优异的阻燃性能，LOI 达到 29.7%，且通过了 UL-94 V-0 等级测试。并且，随着 Pa-La-Mt 含量的增加，PVC 的阻燃性能进一步增强。此外，Pa-La-Mt 在 PVC 中具有良好的分散性，有效增强成分之间的应力传递，从而保持了其力学性能。

Cheng 等人[20] 利用界面组装技术，首先通过在氯氧化铋（BiOCl）界面上组装植酸锡（PASn），随后通过原位聚集合成了一种新型阻燃剂 BiOCl@PASn，并将该阻燃剂应用到聚氯乙烯涂料中，显著改善了聚氯乙烯的阻燃性能。PVC 涂层的极限氧指数从 23.4%提高到 29.2%，UL-94 垂直燃烧测试等级从 NR（无等级）提高到 V-0，峰值热释放速率和峰值发烟速率分别降低了 70.7%和 60.7%。在燃烧的早期阶段，BiOCl@PASn 降低了 PVC 涂层的分解温度，并产生路易斯酸，如焦磷酸、偏磷酸和 $SnCl_4$。这些物质促进了 PVC 涂层的交联和炭化，导致形成更稳定的炭层。随着燃烧加剧，BiOCl@PASn 开始分解，产生大量覆盖炭表面的黄色氧化铋，进一步增强其物理阻隔效果，减小 PVC 基质分解的程度，从而实现优异的抑烟效果（图 7-10）。

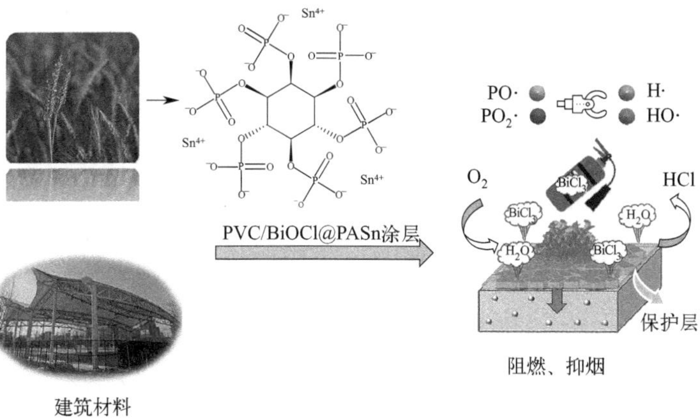

图 7-10 BiOCl@PASn 的阻燃机理

7.2.7 在聚乳酸中的应用

Wang 等人[21] 使用植酸、壳聚糖（CS）和白藜芦醇（RA）为原料，通过自由基接枝和静电吸附合成了一种全生物基有机膨胀型阻燃剂（PCR）。PCR 的制备在水溶液中进行，不涉及任何有机或有毒溶剂，反应条件温和且产量高，是聚乳酸（PLA）复合材料阻燃改性的高效阻燃剂。在燃烧过程中，PA 能够自身产生焦炭，它还将 CS 和 RA 进一步脱水成焦炭。同时，在释放大量水蒸气和氨的吹气作用下，形成致密的膨胀炭层，起到重要的阻燃作用。添加 4%（质量分数）的 PCR 后，PLA-PCR 复合材料达到 UL-94 V-0 级，LOI 值从 19.7%（纯 PLA）增加到 26.0%，峰值放热速率从 433 kW/m^2 降低到 344 kW/m^2。此外，由于 PCR 具有出色的相容性，PLA-PCR 复合材料的机械强度和韧性得到了提高，拉伸强度提高了约 16%，冲击强度提高了约 73%，韧性提高了约 57%。

Qiu 等人[22] 通过植酸和 L-瓜氨酸（LC）之间的曼尼希反应制备了一种新型生物基阻燃剂 LC-PA。随后将 LC-PA 与单宁酸（TA）复合并引入 PLA 中，以提高复合材料的阻燃性能并加速其生物降解（图 7-11）。与对照 PLA 相比，含有 10% LC-PA/TA 的 PLA 复合材料的 LOI 值提高到 26.9%，在 UL-94 测试中达到 V-0 等级，并将峰值放热速率和总放热量分别降低了 24.5% 和 21.1%。阻燃性能的提升得益于燃烧时 TA 作为碳源往往会在早期脱水生成稳定的炭层，这在一定程度上隔绝了后续热解的热量和氧气。当遇到热量时，LC-PA 中的 PA 会迅速分解为磷酸或多磷酸，这进一步增强了 TA 的脱水和炭化能力。同时，LC 中的胺结构和 PA 中的磷酸盐可以捕获一些小分子自由基并将其转化为不可燃气体，阻碍可燃气体在气相中的流动。因此，LC-PA 在燃烧过程中既充当气体源又充当酸源，促进碳源的快速脱水，并在 PLA 表面形成厚厚的屏障，从而提高了复合材料的阻燃性能。此外，添加 LC-PA/TA 可以吸收水，为微生物增殖提供合适的能源，加速 PLA 的水解和微生物降解，从而加速 PLA 在土壤中的降解速率，这对可生物降解材料具有重要意义。

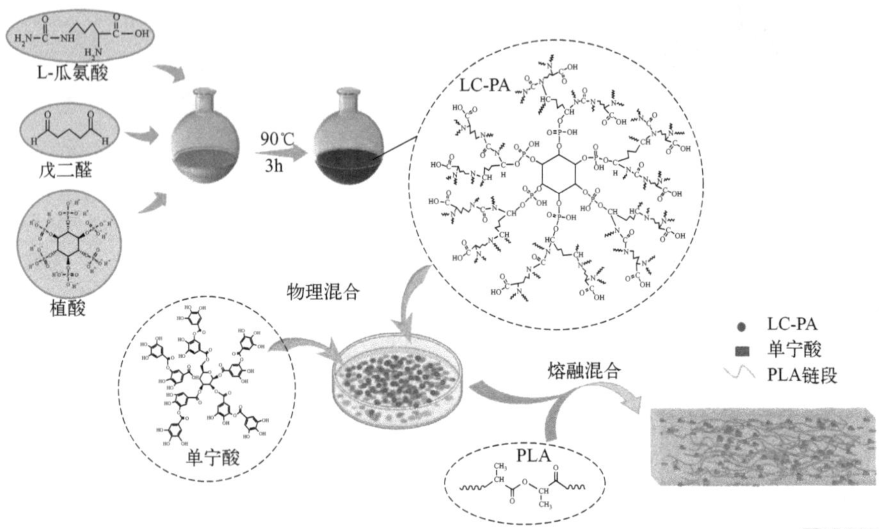

图 7-11　LC-PA 及其 PLA 复合材料（LC-PA/TA）的制备过程

Feng 等人[23] 先后通过硅烷接枝、与三聚氰胺的开环反应以及与植酸的静电相互作用，将生物源植酸修饰在埃洛石纳米管上，得到了磷氮硅装饰埃洛石纳米管（PNSiHNT）（图 7-12），随后将所得 PNSiHNT 掺入 PLA 中制备 PLA 复合材料。表面改性显著改善了 PNSiHNT 与 PLA 的相容性，增强了复合材料的阻燃、紫外屏蔽和力学性能。修饰 HNT 中的 N—H 或 O—H 可通过氢键或范德瓦耳斯力与 PLA 聚合物链相互作用，从而改善相容性和分散性，保证了有效的载荷传递，促进了外力作用时断裂能量的耗散，并诱导 PLA 基体发生更多变形，从而赋予 PLA 更高的韧性。当 PLA/PNSiHNT 复合材料被加热到一定温度时，包裹在 HNT 上的 P-N 修饰物提前开始分解生成不易燃气体，如 NH_3 和 H_2O，稀释氧气浓度并降低燃烧强度。PA 分子也会分解并释放含磷自由基，如 HPO・和 PO・，这些自由基可以与易燃自由基 H・和 HO・反应，具有猝灭作用。在凝聚相中，P-N 协同作用催化燃烧 PLA 的脱水并参与炭化过程，促进更多交联炭残留物的形成。同时，未降解的 HNT 均匀分散在炭渣中，有效地提高了炭层的强度，形成了紧凑和连续的阻挡层，有效地隔离传质和传热来保护基质免受热降解。

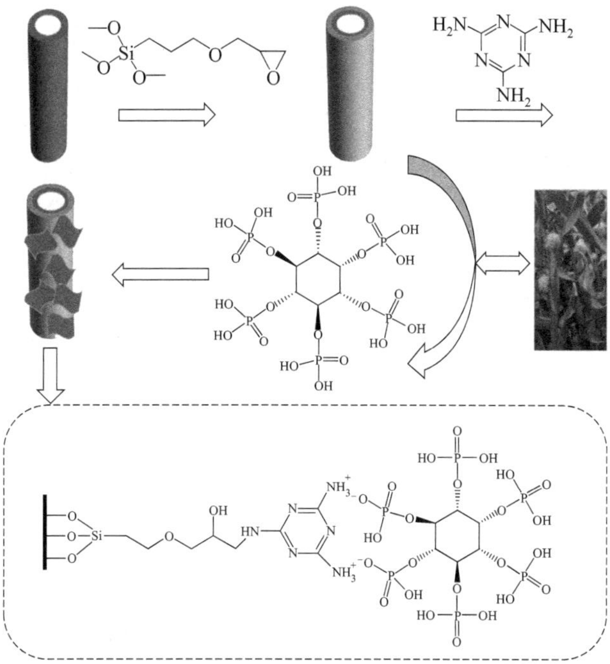

图 7-12　PNSiHNT 的制备过程

7.2.8　在其他材料中的应用

Kong 等人[24] 以植酸、精氨酸为原料合成了植酸-精氨酸盐（PaArg），随后将 PaArg 与羟基化纳米蒙脱石（DK2）复合使用，以改善聚丁二酸丁二醇酯复合材料（PBS）的阻燃性能。PaArg 在燃烧过程中会分解为磷酸盐化合物，促进 PBS 脱水成炭，形成致密的膨胀炭层。同时分解和释放含磷自由基，如 HPO·和 PO·在气相中产生猝灭作用。此外，添加 DK2 可以增加材料的黏度，从而降低燃烧过程中的气体释放率，形成致密的气泡结构。DK2 的层状结构也为发泡炭层提供了骨架支撑，提高了其强度。因此，含有 DK2 的复合材料的炭层具有较高的膨胀高度，并呈现出致密的蜂窝状网络结构。同时，DK2 向材料表面的迁移可以形成硅酸盐屏蔽层。这种结构不仅抑制了热量的传递和释放，而且隔离了氧气，从而降低了热量释放率并减缓了物质的燃烧。因此，DK2 和 PaArg 在阻燃体系中表现出优异的协同阻燃性，使得复合材料的极限氧指数提高至 31.4%，通过了 UL-94 V-0 等级认证。此外，由于 DK2 特殊的无机层状结构，因此其具有很强的刚性，有效提高了复合材料的弯曲和冲击强度。

Liu 等人[25] 通过 PA 磷酸化热塑性淀粉（TPS）并与埃洛石纳米管（HNT）共混，制备了机械强度高、阻燃性优异、阻隔性能好的 PA 磷酸化的 HNT/TPS 复合薄膜（HNTPSF）。在高温下，PA 处理的淀粉薄膜中的磷酸基团可能会分解成磷酸或多磷酸，促进淀粉的脱水和炭层的形成，阻止热量和氧气的传递。磷酸基团分解产生的自由基在随后的燃烧过程中可以与活泼自由基相互作用，减少易燃挥发性气体的产生，并阻止淀粉的进一步燃烧。同时，在 HNTPSF 燃烧过程中，通过不可燃气体（如 H_2O 或 CO_2）可以降低可燃气体的浓度，进一步抑制燃烧。此外，由于埃洛石纳米管和淀粉之间的强大界面黏附以及淀粉基体中均匀的埃洛石纳米管分散，实现了从基体到增强体的高效应力传递，改性淀粉膜表现出出色的韧性，可以有效地承受弯曲和拉伸。

Tuble 等人[26] 以植酸、季戊四醇和正丁酯为原料，合成了植酸酯阻燃剂（PFR）。随后，以鸡蛋壳粉（CES）作为碳酸钙（$CaCO_3$）生物填料，并将 CES 和 PFR 加入三聚氰胺甲醛树脂中以生产透明的膨胀型阻燃（IFR）涂层。该阻燃涂层在 UL-94 V-5 等级测试中达到了最高等级，在火焰持续时间超过 60s 后，涂层材料无孔形成、无燃烧试样滴落、无燃烧和余辉。植酸中天然存在的含磷基团在 IFR 涂料体系的凝聚相和气相协同阻燃作用中起着重要作用。在气相中，IFR 涂层中的含磷基团释放出含 P 的自由基（PO·和 HPO·），从而有效终止自由基链式反应。在凝聚相中，添加的 PRF 和 CES 生物填料分别通过产生（聚）磷酸物种和碳质骨架来促进炭的形成。此外，当这些生物填料暴露在高温下时，会在基材上形成富含磷和碳的炭层，在热分解产生的气体的作用下，炭层逐渐膨胀。这种膨胀炭层可阻隔热量传递以避免基材达到点火温度，并限制氧气为燃烧过程提供燃料，从而保护基材免受热分解。因此，他们认为使用植酸和鸡蛋壳粉填料配制的 IFR 涂层作为传统商业 IFR 涂层的可行替代品，显示出巨大的前景。

Szadkowski 等人[27] 为了开发能够应用于天然橡胶（NR）的可持续生物阻燃剂，通过在矿物填料［水滑石(LDH) 和海泡石(SEP)］上涂覆氨基硅烷（APTS），然后用 PA 进行改性获得了可持续生物基阻燃剂。当 NR 橡胶复合材料暴露在火焰中时，PA 会发生热解，转化为磷酸或多磷酸。这不仅加速了基础聚合物的分解，还促进了炭渣的形成。因此，热量和氧气流入下层材料的过程受到极大阻碍，使材料免受燃烧。此外，PA 和矿物填料都会释放出包括水蒸气在内的不易燃气体，有助于降低挥发性易燃化合物的浓度，进一步提高阻燃性。

Li 等人[28] 为了开发一种有效的方法来克服建筑中广泛使用的隔热材料发泡聚苯乙烯（EPS）泡沫中阻燃、抑烟和隔热之间的矛盾，设计了一种由植酸（PA）改性的淀粉制成，同时具有阻燃和黏合剂作用的新型“绿色”多孔生物基阻燃淀粉（FRS）涂层。这种多孔 FRS 涂层具有开孔，能与 EPS 珠形成的闭孔相结合形成复合材料（FRS-EPS），在 FRS-EPS 中形成一种分层多孔结构（图 7-13），具有优异的隔热性能，热导率低至 27.0 mW/(m·K)。当 FRS-EPS 燃烧时，涂层中的淀粉在 PA 催化下迅速脱水形成碳骨架。然后，FRS 分解过程中产生的不易燃气体（如 CO_2、H_2O）和含磷化合物会使碳支架变形，形成膨胀、致密、稳定的富磷混合炭层。这种混合炭层起着保护屏障的作用，可以抑制可燃气体和烟雾的排放，并抑制热量、氧气和其他热降解产物向表面的传输。此外，不可燃气体稀释了氧气浓度，防止可燃挥发性气体进入燃烧区域。在 FRS 的凝聚相和气相协同作用下，FRS-EPS 表现出优异的阻燃、耐火和抑烟性能，在垂直燃烧试验中表现出自熄行为，其极限氧指数值高达 35.5%。在用酒精灯燃烧 30 分钟后，FRS-EPS 的顶侧温度仅为 140℃（点火状态），从而表现出优异的耐火性。并且，FRS-EPS 泡沫显示出极低的热释放率和烟雾生成量，表明其具有优异的阻燃性和抑烟性。

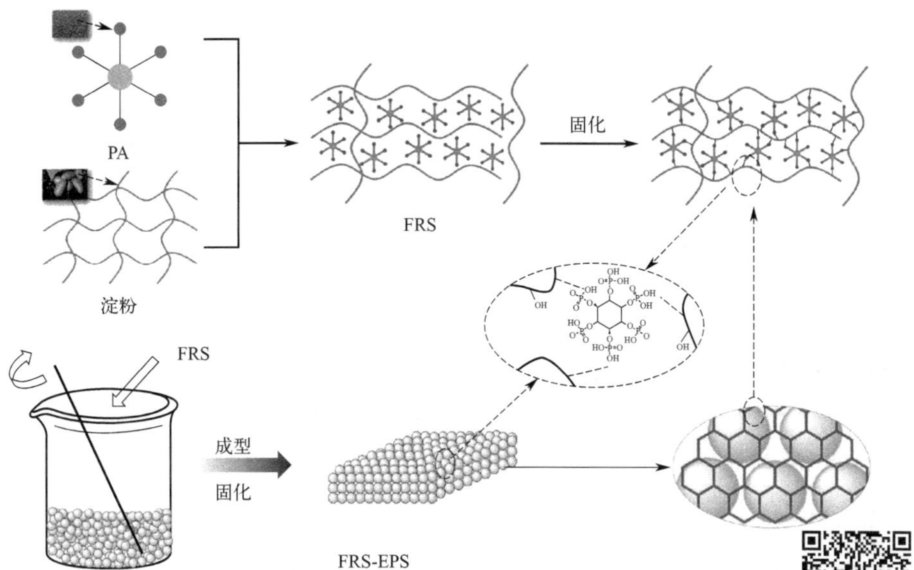

图 7-13　FRS 和 FRS-EPS 的制备过程

Yin 等人[29] 采用物理共混法将不同含量的植酸用作聚轮烷（PLR）基相变材料的阻燃剂，以获得具有增强拉伸性能和阻燃性能的相变材料（PCM），并相应地促进其实际应用。与原始 PLR 相比，PLR-PA 的杨氏模量、拉伸强度和屈服强度均随 PA 含量的增加而先增加后降低。在添加 10 %（质量分数）的 PA 后，PLR 的杨氏模量、屈服强度和拉伸强度分别由 826.7 MPa、14.2 MPa 和 14.2 MPa 显著增加到 1527.4 MPa、22.1 MPa 和 24.0 MPa。所有改性 PCM 的伸长率（>783%）随着 PA 含量的增加而逐渐增加。对于阻燃性能最佳的样品 PLR-PA30 相对于纯 PLR PHRR 可以降低 54.2%，THR 降低 34.0%，残炭留量从 1.1%增加到 13.6%，LOI 从 20.8%增加到 28.2%，表现出优异的阻燃性能。此外，在燃烧过程中复合材料会形成稳定的保护性炭层，复合材料的阻燃性能得益于此。

7.3 壳聚糖基阻燃剂

壳聚糖（CS）由自然界中广泛存在的生物质聚合物甲壳素经脱乙酰后得到，

具有价格低廉、来源广泛、可生物降解的特点。其分子结构中存在较多的羟基与氨基，容易与其他物质发生反应，从而制备多功能复合材料的改性剂。此外，其燃烧时会释放出大量的 CO_2、NH_3 等不可燃的气体，这些气体能够稀释空气中的氧气，在复合材料燃烧时起到较好的气相阻燃效果。

7.3.1 在聚乳酸中的应用

Liu 等人[30] 采用二苯基膦酰氯（DPC）和 CS 作为原料，通过简单的一步法合成磷改性 CS（PCS），随后将 PCS 与连二磷酸铝（AP）应用到 PLA 中制备了阻燃 PLA 复合材料。得益于 PCS 中 CS 的氨基被修饰，PCS 的亲水性发生了变化，水接触角超过 90°，表现出疏水的性质。PCS 在 PLA 中起着异质成核剂的作用，降低了成核所需的表面自由能，促进了 PLA 晶核在冷却阶段的快速生长，从而加速了 PLA 的结晶过程。对于该复合材料的阻燃机理，首先，AP 在燃烧过程中自分解形成的磷酸铝和焦磷酸铝可以附着在基材表面，产生屏障效应。其次，与未改性的壳聚糖相比，PCS 的主要降解阶段向低温转变，使其燃烧初期就能够快速炭化。通过将 PCS 与 AP 结合，在燃烧初期建立了高质量的炭层，从而更好地抑制了热量并减少了熔融液滴。此外，AP/PCS 分解过程中产生的不可燃气体（如 H_2O、NH_3）和含磷基团气态产物也表现出一定的气相阻燃效果。因此，含有 3%（质量分数）PCS 和 9%（质量分数）AP 的 PLA 达到了 UL-94 V-0 等级和 28%的极限氧指数。

Ma 等人[31] 通过壳聚糖与苯基磷酰二氯（BPOD）和四亚乙基五胺（TEPA）的磷酸化和磷酰化反应，制备了一系列新型改性 CS 生物基阻燃剂——苯基磷酸化 CS（PhPCS）和苯基磷酰胺化 CS（PhPNCS）。其制备过程如图 7-14 所示。将以上阻燃剂应用于 PLA 后发现，PLA 表现出优异的阻燃性能。PLA/3 %（质量分数）PhPCS 和 PLA/3 %（质量分数）PhPNCS 生物基复合材料的 LOI 值分别增加到 29%和 27%，并且它们在 UL-94 垂直燃烧实验中都达到 V-0 等级。由于添加的阻燃剂含量不高，在阻燃过程中凝聚相起到的是辅助作用，主要起作用的是气相。随着阻燃剂含量的增加，PLA 的力学性能呈现出下降的趋势，但由于 PhPNCS 纳米颗粒和 PLA 基质的氨基和羧基端基之间界面的反应相容性，PLA/PhPNCS 生物基复合材料的机械强度优于 PLA/PhPCS 生物基复合材料。

7.3.2 在聚氨酯中的应用

Mohammad Alizadeh 等人[32] 首先以壳聚糖和辛醛为原料合成了辛醛接枝壳聚糖（壳聚糖-*g*-辛醛），随后通过将 PU 泡沫浸泡在聚多巴胺（PDA）和壳聚糖-*g*-辛醛溶液中制备聚氨酯（PU）/聚多巴胺（PDA）/壳聚糖-*g*-辛醛泡沫。PDA/壳聚糖-*g*-辛醛涂覆泡沫显著增强了泡沫的阻燃性，将原始 PU 泡沫从高度易燃材料（LOI 值：17%±0.5%）转变为阻燃材料（LOI 值：29.5%±0.5%）。此外，制备的泡沫不仅选择性地分离了静态的油/水混合物，而且还表现出了对湍流分层油/水混合物的有效分离，最大吸附量高达 41.48 g/g。

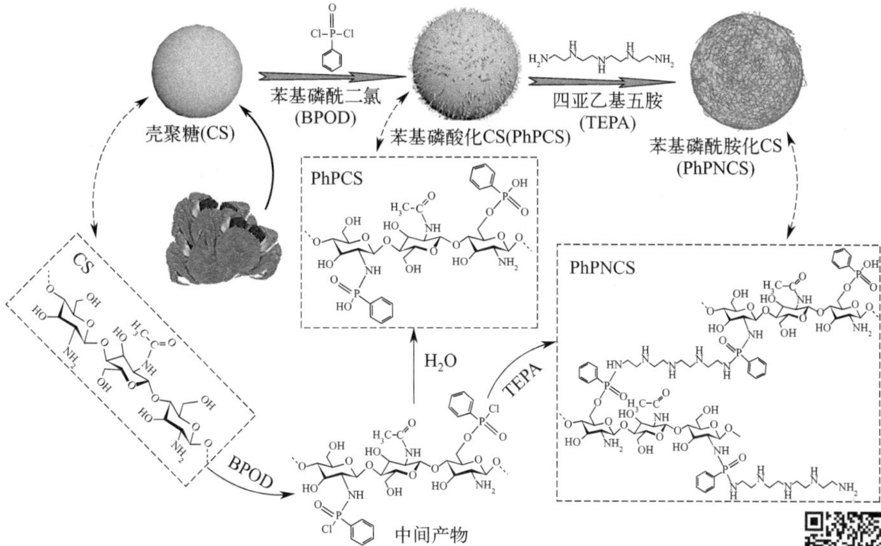

图 7-14 PhPCS 和 PhPNCS 的合成

Jian 等人[33] 为了解决水性聚氨酯（WPU）涂层的可燃性强、吸湿性强和耐磨性差等缺点，以壳聚糖和植酸盐（PA-Al）为基础制备了核壳型聚磷酸铵（APP）。然后将其与层状双氢氧化物（LDH）结合应用于橡木木材的 WPU 涂层中。为了提高 WPU 涂层的防水性能，采用聚二甲基硅氧烷构筑分级结构。涂覆改性 WPU 的橡木单板的 LOI 增加到 32%，PHRR 和 THR 分别降低了 55.6%和 58.6%。同时，LDH 的添加由于增加了交联炭层的隔绝能力，大大降低了烟雾释放量，TSP 降低了 66.0%。此外，添加硬质单位（APP@CS@PA-Al 和 LDH）不仅不会影响 WPU 涂层的透明度，而且还增加了 WPU 涂层的硬度和耐磨性，其透射率≥92%，铅笔硬度高达 4H，磨损率降低了 37.33%。并且，由于聚二甲基硅氧烷的存在，WPU 涂层具有更高的疏水性，水接触角为 114°。

Shi 等人[34]以聚磷酸铵、壳聚糖和蒙脱石（MMT）为原料，合成了基于壳聚糖@MMT 包覆聚磷酸铵（APP@CS@MMT）的核壳阻燃剂，然后将其掺入 TPU 基质中，获得了阻燃聚氨酯复合材料（TPU/APP@CS@MMT）。归因于 APP 的催化炭化和稀释作用、壳聚糖的促进分散作用和碳源特性、MMT 壳的协同和催化作用，TPU/APP@CS@MMT 复合材料的阻燃和抑烟性能获得了同步提高。TPU/APP@CS@MMT 复合材料的 PHRR、THR、PSPR 和 TSP 相比于纯 TPU 显著降低，分别降低了 62.58%、71.56%、90.43%和 83.22%。此外，残炭量从纯 TPU 的 0.85%显著增加到 TPU/APP@CS@MMT 复合材料的 21.95%。

Sun 等人[35]采用由羧甲基壳聚糖（CMC）和聚磷酸铵构建的有机-无机聚合物胶体，分别采用浸轧-干燥-固化法和 UV 固化技术来提高亚麻织物（FF）和硬质聚氨酯泡沫（RPUF）的阻燃性，改性后的 FF 和 RPUF 分别命名为 CMC/APP-FF 和 RFR-RPUF（图 7-15）。在气相中，CMC/APP-FF 和 RFR-RPUF 具有相似的阻燃机理，燃烧后都会释放出各种不易燃气体，包括 CO_2、H_2O 和 NH_3，这在稀释氧气和易燃气体方面发挥了作用。同时，APP 经过热解生成 PO・自由基，通过猝灭 H・和 HO・等高能自由基来抑制燃烧反应。在凝聚相中，CMC/APP-FF 和 RFR-RPUF 表现出两种不同的阻燃机理。对于 CMC/APP-FF，APP 和 CMC 的添加改变了纤维素着火后的燃烧途径。特别是，APP 分解产生的磷酸衍生物加速了纤维素的脱水和炭化，导致高温下左旋葡聚糖的产量降低。自熄后，由于 APP、CMC 和纤维素的热降解物质发生化学交联，CMC/APP-FF 变成了一个完整的炭层结构。对于 RFR-RPUF，当它与火接触时，位于 RPUF 表面的 RFR 首先热解成富含 P 和 N 元素的隔热和隔焰的炭层的。在移除点火源后，RFR-RPUF 表现出自熄能力，未被火焰损坏的外部炭层和内部泡沫组装成“三明治”炭结构。因此，得益于 APP 和 CMC 的协同作用，CMC/APP-FF 和 RFR-RPUF 均表现出良好的阻燃性。

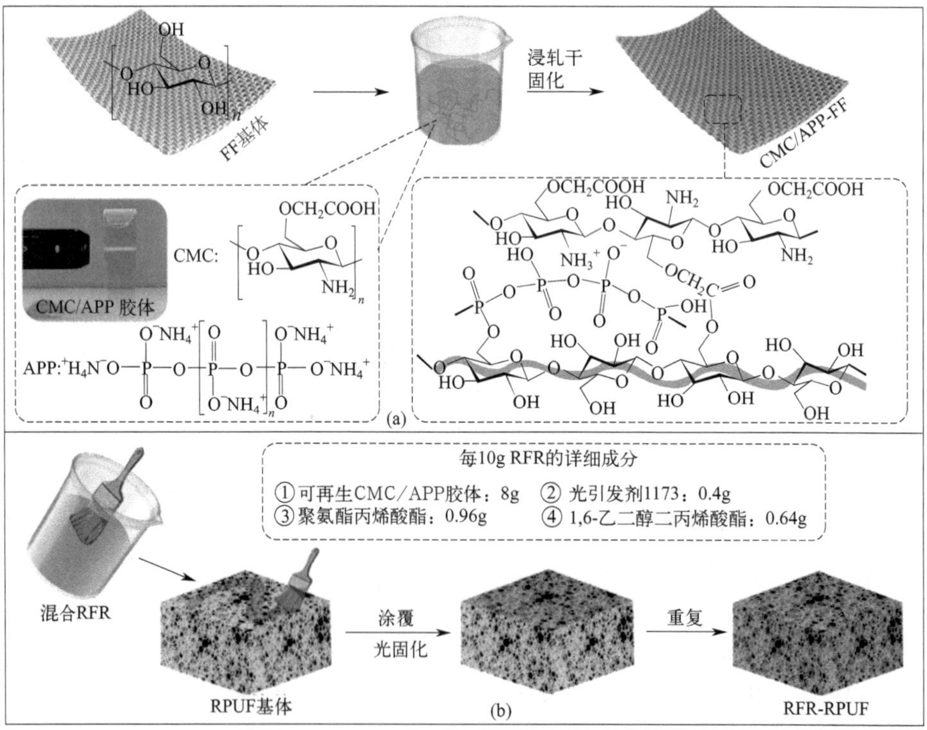

图 7-15　CMC/APP-FF（a）和 RFR-RPUF（b）的制备过程

7.3.3 在纤维素中的应用

Wang 等人[36]通过氨基功能化黑磷烯（NH_2-BP）与 CMC 之间的酰胺化反应制备了生物基羧甲基壳聚糖修饰黑磷烯（BP-CMC），并将所得 BP-CMC 通过真空过滤进一步应用于增强蜂窝状纤维素纳米纤维（CNF）薄膜的机械、阻燃和导热性能（图 7-16）。30%（质量分数）BP-CMC 的引入显著提高了 CNF 的阻燃性，与纯 CNF 相比，复合薄膜（PCF）的烟雾产生率降低了 98.41%，CO 释放量降低了 92%，热释放速率降低了 61.31%。由于羧甲基壳聚糖的表面富含亲水性基团，如羧基和羟基，而 CNF 的表面也含有大量的羟基，因此 NH_2-BP 在经过 CMC 改性后更易通过氢键与 CNF 相互作用，从而改善 NH_2-BP 在 CNF 中的分散性。因此，复合薄膜的韧性和拉伸强度得到了提升。对于复合薄膜的阻燃机理，在凝聚相中，CNF 纳米复合材料中的 BP-CMC 阻燃过程主要分为两个阶段。首先，未分解的 BP-CMC 和残留的尿素、CMC 起到了物理屏障的作用，可以延缓 CNF 的热解，并抑制燃烧过程中易燃挥发物的释放。其次，BP-CMC 在温度逐渐升高的阶段进行热降解，以捕获 CNF 基质中的氧自由基，从而转化为交联炭层，其中包括磷、氧、碳和氮化合物。同时，BP-CMC 产生的 PO· 自由基将在气相中混合，与活性 H· 和 HO· 自由基相互作用，分别形成 HPO· 和 HPO_2。HPO· 和 HPO_2 立即与 H· 和 HO· 自由基结合，转化为 H_2O。至此，最活跃的自由基（H· 和 HO·）被消除。此外，炭层的存在可以防止热量和氧气的转移，从而保护 CNF 基质。同时，炭层和 BP-CMC 的阻隔功能导致可燃挥发物的释放量下降。因此，BP-CMC 的阻燃作用可以归因于凝聚相和气相的协同作用。

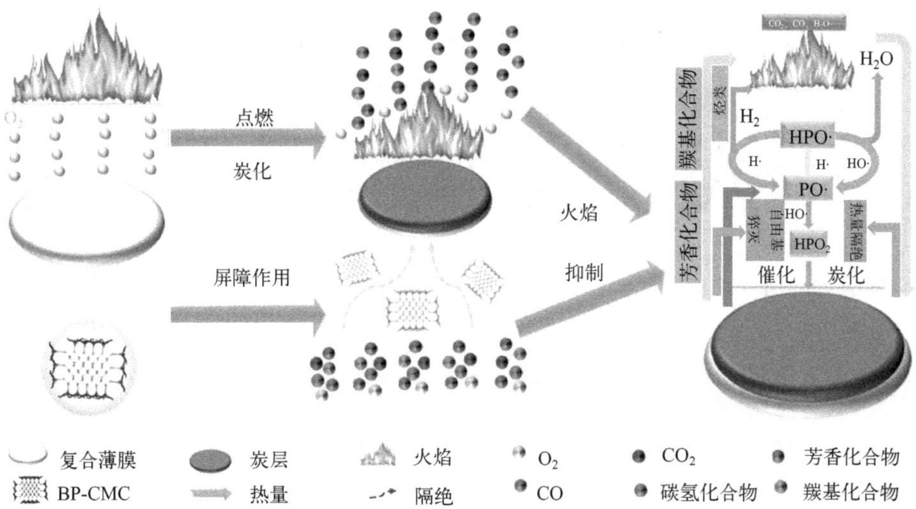

图 7-16　PCF 的制备过程

Lou 等人[37]通过使用壳聚糖和植酸钠（PA-Na）对微晶纤维素（MCC）进行表面功能化，在水中逐层组装，合成了全生物基阻燃剂（P-MCC@CS@PA-Na）（图 7-17）。结果表明，P-MCC@CS@PA-Na 能够在材料燃烧时促进基体生成致密的保护性炭层，隔绝燃烧时产生的热量和氧气，从而保护复合材料基体，提高复合材料阻燃性能。加入 15%（质量分数）P-MCC@CS@PA-Na 可以使 EP 复合材料能够通过 UL-94 V-1 等级认证，极限氧指数达到 26.2%。同时，EP/15%P-MCC@CS@PA-Na 的峰值放热速率、总放热量、峰值产烟速率、总产烟量、火灾增长速度和阻燃指数均大大降低。

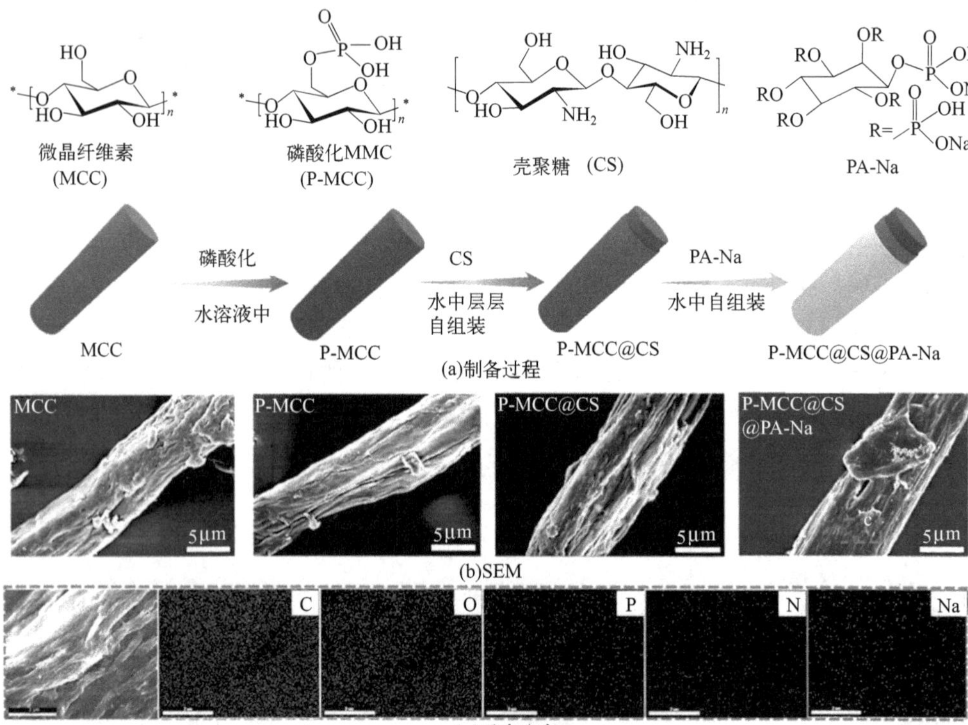

图 7-17 P-MCC@CS@PA-Na 的制备过程及其 SEM 与元素分布

7.3.4 在织物中的应用

Wang 等人[38]通过三磷酸腺苷（ATP）、壳聚糖和聚乙烯亚胺层层自组装构建了生物基涂层，并应用于织物，获得了优异的阻燃和抗菌莱赛尔织物（LBL/Lyocell）。LBL/Lyocell 的阻燃机理是将气相与固相相结合，涂层产生含磷酸来催化纤维素以改变降解途径，阻碍热量、氧气和可燃气体的交换，同时产生不可燃气体，例如 H_2O 和 CN 衍生物等，稀释易燃气体的浓度，从而获得较好的阻燃性能。此外，归因于 CS、ATP、PEI 和纤维素的极性部分之间的良好相互作用，织物的力学性能保持较好。

Rahman 等人[39]首先将木质素磺酸钠（LS）应用于 PA6.6 织物的表面，从而增强其亲水性和阻燃性。随后，采用层层自组装（LBL）纳米涂层处理，利用可再生聚电解质——壳聚糖（CS）、LS 和聚磷酸钠（PSP）——制造 8-双层（BL）和 4-方形层（QL）结构，进一步提高 PA6.6 织物的亲水性和持久阻燃性（图 7-18）。LS 改性和 LBL 涂层的组合显著地将极限氧指数值从 19.5%提高到 22.5%，消除了织物熔体滴落现象，并在垂直燃烧（UL-94）测试中获得了 V-1 等级，峰值热释放速率降低了 43%，火灾增长率（FGR）降低了 0.84W/(g・s)。在空气和氮气气氛中，残炭量显著提高。此外，交联网络结构赋予了织物优异的亲水性、增强的拉伸强度和织物软化性能。改性织物可承受多达 30 次家庭洗涤循环，显示出卓越的洗涤耐久性。

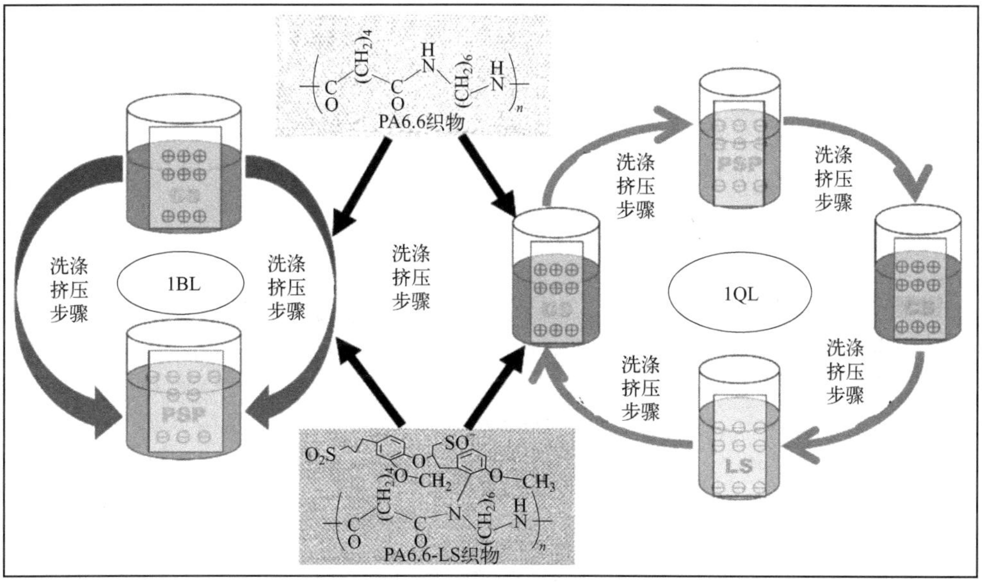

图 7-18　PA6.6 的层层自组装

Wang 等人[40]以 CS、MMT 和磷酸为原料，将 CS 溶解在磷酸溶液中，随后利用 CS 和 MMT 之间的强静电相互作用结合形成不溶性配合物（PCM），并将 PCM 用刀片涂覆在聚酯-棉织物的两侧，形成阻燃涂层。PCM 涂层能够在织物燃烧过程中形成一层致密的保护性炭层来保护织物基体，同时生成不可燃气体起到气相阻燃作用，避免织物的进一步燃烧。因此，织物具有高达 64.3%的超高极限氧指数，在垂直燃烧实验中表现出自熄的性质。此外，PCM 涂层由于较低的涂层负载量和相对温和的处理条件，表现出优异的力学性能。虽然涂层的使用降低了织物的灵活性，但其也提高了织物的光滑度与硬度。

Wang 等人[41]通过环保的层层自组装方法包覆 MXene 纳米片和羧甲基壳聚糖（CCS）制备了一种具有温度感应、火灾预警、压阻特性和焦耳加热性能的新型多功能智能防火棉织物（MXene/CCS@CF）（图 7-19）。得益于 MXene 纳米片的热电特性和高电导率，MXene/CCS@CF 具有精确的宽范围温度感测性能。燃烧时，它可在不到 10 秒的时间内反复触发火灾预警系统。在棉织物燃烧时，MXene 纳米片表现出阻隔效应，能够隔绝燃烧过程中的热量和氧气。而 CCS 则释放出了氨气等不可燃气体稀释了燃烧过程中的氧气，从而减缓了燃烧的程度。并且，MXene/CCS@CF 的炭层中具有 TiO_2。TiO_2 既可以催化 CCS 的炭化，又可以填充炭层中的裂缝，有助于形成更致密的保护层，进一步抑制气体和热量的传递，保护材料基体。因此，在协同作用下，MXene/CCS@CF 具有出色的阻燃性，极限氧指数高达 45.5%，垂直燃烧试验后的焦炭长度仅为33mm。同时，其峰值放热速率降低了 66%以上。

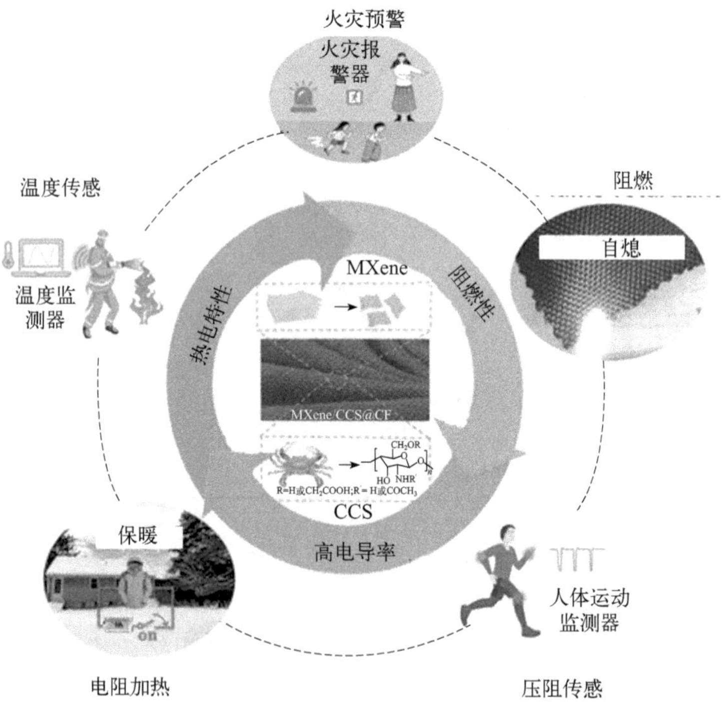

图 7-19　MXene/CCS@CF 的设计理念及应用场景

Kundu 等人[42]以壳聚糖、植酸和海藻酸钠为原料，通过 LBL 自组装技术将壳聚糖、植酸和海藻酸钠沉积在微晶纤维素（MCC）处理的聚酰胺 66（PA66）

纺织品上，随后，通过将制备的纺织物浸入钡（Ba）盐溶液中来进一步进行交联改性，增强了 PA66 织物的亲水性和阻燃性能。亲水性的增强得益于沉积后的纺织物表面上羟基、羧基和氨基等亲水性基团的大量增加。而阻燃性能的提升则得益于以下两方面。在燃烧时，一方面，受 PA 的脱水催化作用，织物表面形成了一层致密炭层，并且，钡离子的存在有助于进一步提升炭层的致密度，更好地保护织物基体。另一方面，壳聚糖受热分解产生了氨气等气体，这些气体冲出使得炭层膨胀，膨胀的炭层隔绝了热量和氧气，进一步保护了织物基体。因此，织物达到了 UL-94 V-1 等级认证。此外，金属离子诱导的交联可通过增强载荷传递能力和最小化分子间滑动阻力，来提升所制备涂层的拉伸性能，进而使织物表现出更高的拉伸强度。

7.3.5　在木材中的应用

Shen 等人[43]通过壳聚糖和聚二甲基硅氧烷（PDMS）沉积与疏水性硅溶胶的协同作用，制备出具有超疏水性、阻燃性和染色性能的多功能杨木（DS-wood）。利用壳聚糖致密填充物和 PDMS 对木材表面进行改性，实现了低表面能改性，从而形成致密、粗糙的疏水结构。此外，疏水性二氧化硅溶胶在干燥后通过颗粒之间的羟基脱水并缩合成刚性的微米和纳米级骨架结构。多层界面相互作用形成稳定的隔离层，有效防止了水与染料和阻燃剂的相互作用，在染色阻燃木材中实现了固色、抗浸出性和超疏水性。超疏水性赋予了材料自清洁和防污功能，能够很容易地将竹粉从木材表面冲走。此外，与未改性木材相比，阻燃木材的峰值烟雾释放速率（SPR）和总烟雾产生量（TSP）分别下降了 70.0% 和 61.5%。

Geng 等人[44]利用木材的多孔性和生物基阻燃剂对金属的螯合能力，通过真空加压浸渍，将由植酸和壳聚糖组成的生物基阻燃剂引入木材的细胞壁中，在木材的微纳米结构内形成生物基网状大分子金属螯合物（DCMC），提供木材阻燃和抑烟功能。经处理后的杨木板极限氧指数提升到 31.9%，与纯木板相比，其峰值放热速率降低了 43.4%。在燃烧过程中，一方面壳聚糖分解产生不可燃气体稀释氧气和可燃气体；另一方面，PA 促进了木材的脱水成炭，形成了保护性炭层。而金属离子的交联则进一步提高了交联炭层的致密度，从而增强了对木材的保护能力。由于生物基阻燃剂与金属离子之间的螯合作用，阻燃剂在木材中表现为稳定的网状结构，避免了长期使用中的脱落，延长了阻燃剂的使用期限。

Yang 等人[45]使用富磷生物质植酸官能化金属有机骨架（MOF）——PA-UiO66-NH_2 作为阻燃剂，并与改性壳聚糖（CS）混合，制备了一种新型的功能性黏合剂和涂料（ACS-MACS/PA-UiO66-NH_2），随后，利用 ACS-MACS/PA-UiO66-NH_2 和三层木板，通过热压脱水和缩合反应形成紧密的交联网络，制备多功能木质复合材料（图 7-20）。PA-UiO66-NH_2 的加入有助于聚合物交联，同时又降低了黏合剂的分子链流动性，导致黏合剂的黏度升高，有助于提高木质复合材料的力学性能。在木质复合材料燃烧时，黏合剂中的壳聚糖作为氮源，燃烧时会产生不可燃气体（N_2、NH_3）。而 PA-UiO66-NH_2 的炭化效应导致木材表面形成高密度石墨化的炭层，从而防止材料进一步燃烧。

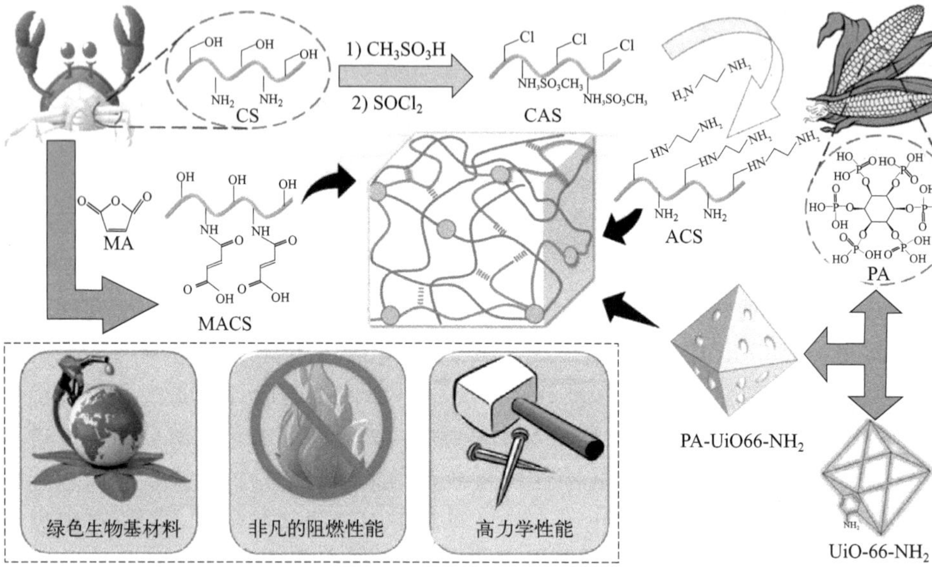

图 7-20 ACS-MACS/PA-UiO66-NH_2 的制备

7.3.6 在环氧树脂中的应用

Guo 等人[46]以 CS 与 10-羟基-9,10-二氢-9-氧杂-10-磷杂菲-10-氧化物（DOPO）为原料，通过酸碱中和反应制备了一种新型生物基阻燃剂 CS-DOPA。4%（质量分数）的 CS-DOPA 改性 EP 在气相和凝聚相中均表现出良好的阻燃性。CS-DOPA 在相对较低的温度下分解并释放出含磷自由基。由于含磷自由基可以捕获 EP 衬底开裂产生的气态自由基，因此这些自由基扩散到气相中可以抑制和中断燃烧。此外，不可燃气体（NH_3、H_2O 和 CO_2 等）能稀释火焰周围可燃气体的浓度，达到气相阻燃效果。同时，CS-DOPA 在凝聚相中生成的磷酸盐可以在燃烧过程中催化 EP 基体的炭化，逐渐生成具有高度热氧化稳定性的连续且致密的炭层。它有利于减少可燃挥发物的运输，并最终减缓燃烧速度直至停止燃烧（图 7-21）。因此，含有 4%（质量分数）CS-DOPA 的 EP 复合材料的峰值热释放速率、总烟雾产生量、CO 产生量和烟雾产生率分别降低了 55%、34%、45%和 46%，极限氧指数为 34.1%，达到了 UL-94 V-1 等级，表现出优异的阻燃性能。

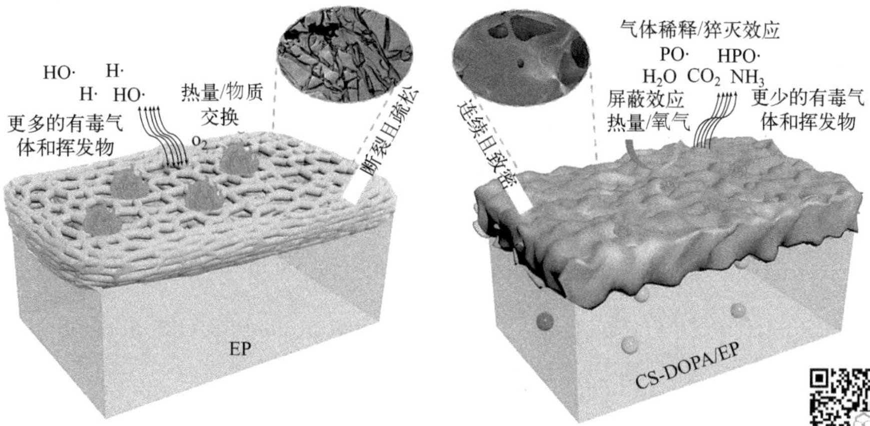

图 7-21　CS-DOPA/EP 复合材料的阻燃机理

7.3.7　在聚乙烯醇中的应用

Tan 等人[47]针对聚乙烯醇易燃、产烟量大、易滋生细菌等问题，采用牛磺酸（TA）改性六氯环三磷腈（HCCP）衍生物（SHCP）与壳聚糖构建多重交联结构并与铜离子螯合对聚乙烯醇进行改性，制备了 PVA 复合材料（PVA/SHCP@CS-Cu）（图 7-22）。燃烧过程中，PVA/SHCP@CS-Cu 会产生 CO_2 和 NH_3 等不可燃气体，这些气体一方面在气相上稀释了氧气和可燃气体的量，起到气相阻燃作用。另一方面，产生的气体冲出造成了基质热解产生的炭层膨胀，膨胀的炭层由于磷酸基团和铜的存在，形成了致密的交联结构，从而能够很好地保护基体材料，使得材料的阻燃性能提升。此外，CS 中质子化并带正电的 NH_3^+ 吸附到细胞表面可以破坏细胞壁；通过渗透，CS 进入细胞内，可以吸附细胞中的阴离子物质，干扰正常的生理代谢，破坏细菌的生长。因此，复合材料具有优异的抗菌性能。而铜离子通过在细菌细胞表面的吸附作用，进一步破坏了细胞膜并使蛋白质结构固化，增强了 PVA 基质的抗菌活性。因此，多交联结构和铜离子的结合不仅增强了阻燃性和抑烟能力，而且赋予了 PVA 基质对大肠杆菌和金黄色葡萄球菌的良好抗菌性能。

此外，Tan 等人[48]还以生物 CS 大分子为骨架，通过席夫碱反应和加成反应将 4-甲酰基苯基硼酸（4-FPB）和 DOPO 依次引入 CS 分子链之后获得了具有潜在阻燃性的 P-B-N 三元协同 CS 基大分子（PBCS）。随后，利用共价硼酸酯和多个氢键构建了双螺旋构象的阻燃、抑烟和自愈聚乙烯醇（PVA）复合材料（PVA@PBCS）（图 7-23）。在 PVA@PBCS 复合材料中，以 CS 作为碳源和气源、DOPO 作为酸源、含硼组分作为阻燃增效剂。这些成分的有效组合赋予了 PVA 基质令人满意的阻燃和抑烟性能。在凝聚相阻燃作用上，多溴联苯醚在热降解过程中会产生富磷化合物，如多磷酸。

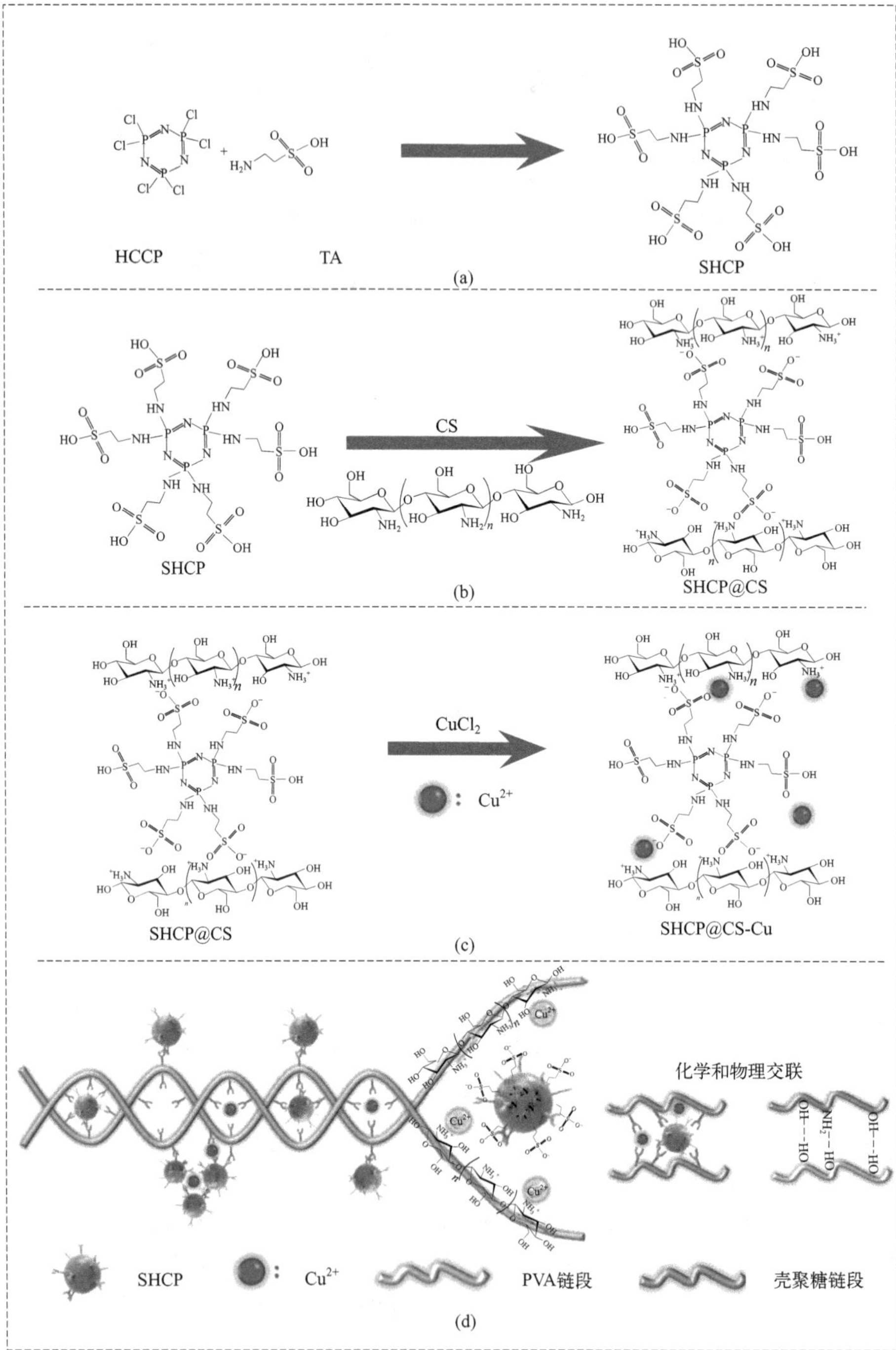

图 7-22 复合材料的制备流程

它在 PVA 基质脱水成炭的过程中起到了催化作用，从而中断了可燃燃料、氧气和热量的传递，抑制了 PVA 基质在凝聚相中的热氧化。此外，引入的含硼成分可能会增强炭渣的屏蔽效果，减少有毒烟雾的产生。在气相阻燃作用上，CS 中的氨基释放出不可燃气体（如 NH_3），以稀释燃烧区中可燃燃料和 O_2 的浓度。此外，DOPO 还可以在燃烧过程中释放含磷自由基（PO・和 HPO・）以捕获 HO・和 H・自由基，从而猝灭燃烧链式反应。因此，双螺旋阻燃体系减少了热量释放和燃烧对 PVA 基质的影响，并抑制了易燃化合物和有毒烟雾的产生。此外，得益于硼酸酯基团的动态键，当受损区域暴露在潮湿环境中时，新的硼酸酯基团在水的驱动下重新形成 PVA@PBCS，从而修复受损的界面。并且，受损 PVA 复合材料的逐渐升温会增加氢键阵列的动态解离程度以及 PVA 和 PBCS 分子链的迁移率。当两个断裂表面接触时，分子链相互扩散，重新建立氢键交联网络，因此，PVA 复合材料还表现出优异的自愈性能。此外，由于双螺旋结构的弹性，PVA 复合材料还表现出力学性能提升。

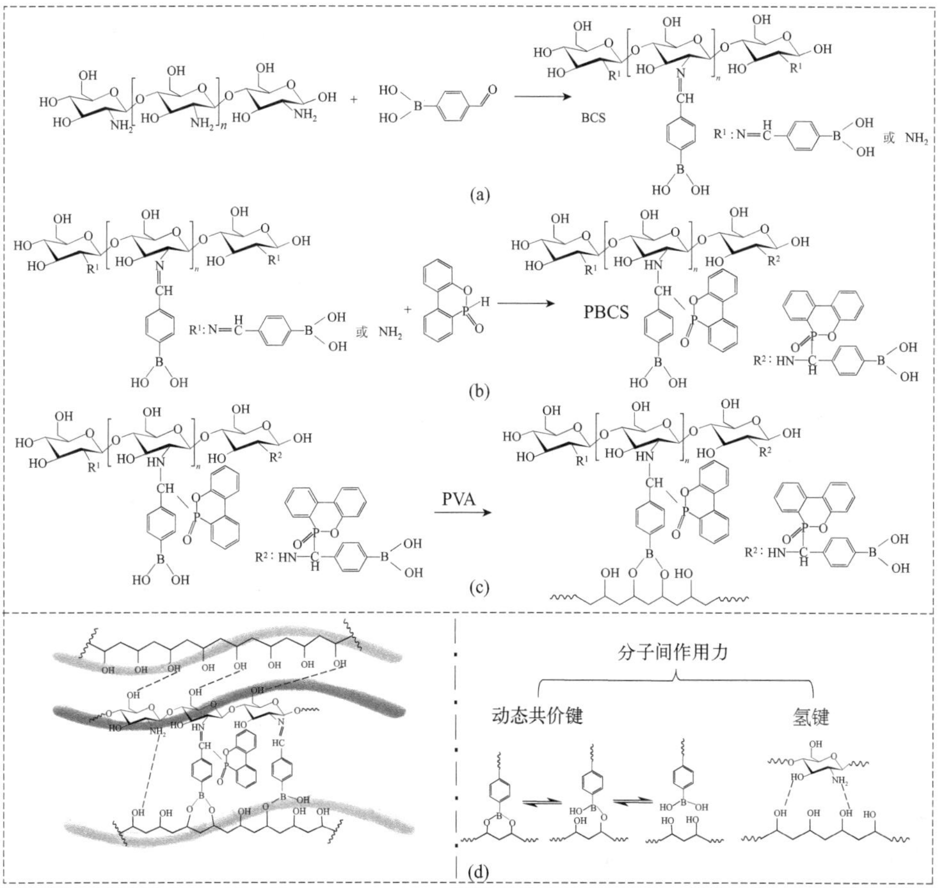

图 7-23　PVA@PBCS 复合材料的制备过程

7.3.8 在其他材料中的应用

Jia 等人[49]通过共价键将磷酸化壳聚糖（PCS）和 SiO_2 纳米粒子与甲基三甲氧基硅烷（MTMS）连接，构建粗糙的微/纳米交联网络结构，提高了 PCS 生物基多孔复合材料作为可持续隔热材料的疏水性、力学性能和火灾危险安全性。归因于 PCS 基体上疏水性聚甲基硅氧烷网络的接枝和交联，复合材料的疏水性大幅度提升，水接触角超过 150°。归因于互穿交联复合网络（IPCN）的形成，复合材料的物理力学性能提升。多孔复合材料燃烧时，在气相中分解产生含磷自由基，与 PCS 大分子断裂产生的自由基相结合，从而延缓了多孔材料的链断裂和进一步的燃烧分解。同时，一些惰性气体被释放以稀释燃烧气体的浓度，这降低了气相中材料的分解和燃烧速率。更重要的是，复合材料的致密无机-有机复合残留物有效地隔绝了氧气和传热，防止了内部多孔复合材料在凝聚相中进一步燃烧。因此，复合材料获得了超过 80％的超高极限氧指数值，并且峰值放热速率和总放热量值均低于未改性的多孔材料。

Zhang 等人[50]以 3,4-二羟基氢化肉桂酸（HCA）和壳聚糖为原料，制备了儿茶酚修饰的壳聚糖颗粒（C-CS），并将 C-CS 作为聚己二酸-对苯二甲酸丁二醇酯（PBAT）的全生物基阻燃剂，制备了 PBAT 阻燃复合材料。在气相中，由于 C-CS 的热不稳定性，降解的气态产物（特别是不可燃气体，如 NH_3、H_2O 和含 N/O 的化合物）稀释了 O_2 和易燃气体的浓度，从而减缓了燃烧过程。其次，释放的不可燃气体也在一定程度上稀释了产生的 H· 和 HO· 自由基的含量，抑制了燃烧反应。在凝聚相中，在 PBAT 基质表面形成的致密连续炭层充当了具有低导热性和抑烟性能的物理屏障，以阻断热传递（热交换/辐射/对流）和 O_2 进入，显著抑制燃烧过程，提高其热稳定性。因此，复合材料表现出优异的抗滴落和自熄性能，并取得了最高的防火安全等级（V-0）。峰值放热速率和总放热量分别降低了 39.8％和 14.9％。与纯 PBAT 相比，复合材料中的残炭产率增加了 211.6％。此外，复合材料还呈现出较高的结晶性和抗菌效果，并降低了紫外线透过率。

Gao 等人[51]为了同时赋予聚丙烯腈（PAN）阻燃和抗菌性能，使用六氯环三磷腈（HCCP）和磺胺酸（SA）合成了一种六臂星形阻燃剂 SCCP，然后将其与 CS 共混并与 Cu^{2+} 螯合，获得了具有优异的阻燃性和固有抗菌性能（双重功能）的 PAN 复合材料（PAN/SCCP@CS-Cu）。在复合材料燃烧时，CS 在燃烧过程中充当碳源，促进了膨胀炭层的形成，并进一步充当隔热层。同时，CS 在气相中热解生成不易燃气体（NH_3），进而稀释了可燃气态产物的浓度，在气相中起到阻燃作用。此外，SCCP 可以释放含磷自由基（PO·、PO_2·等）猝灭燃烧过程中产生的高反应性自由基（H·和 HO·），进而终止燃烧的链式反应，导致气相中的火焰熄灭。同时，释放的水蒸气能够稀释易燃挥发物。此外，含磷、氮、硫体系在高温下产生磷酸和磺酸衍生物，加速了 PAN 的催化炭化，促进了连续、致密、完整的炭层的形成，在缩合相中起到阻燃作用。在气相和凝聚相的协同作用下，PAN/SCCP@CS-Cu 的 LOI 值提高至 33.0%，峰值放热速率和总放热量均大幅降低。此外，得益于 CS 与 Cu^{2+} 的抗菌作用，复合材料的抗菌性能大幅提高。

此外，Wei 等人[52]将壳聚糖与植酸通过离子交联的方式制备了磷酸化壳聚糖（PCS），并将 PCS 作为 PVA 和三聚氰胺改性脲醛树脂的生物基阻燃剂，随后以 APP 和氯化铵作为复合固化剂，制备了一系列高阻燃性能的阻燃脲醛树脂（FRUF）。与纯脲醛树脂相比，FRUF 显示出优异的阻燃性，不仅达到了 UL-94 V-0 水平，而且极限氧指数也高达 36%。与纯脲醛树脂相比，总放热量和峰值放热速率分别降低了 86.44%和 81.13%。FRUF 的高阻燃性来自燃烧形成的致密炭层对氧气和热量的隔绝作用、气相上产生的磷自由基对活泼自由基捕获的猝灭作用和不易燃气体对氧气的稀释作用（图 7-24）。此外，聚乙烯醇赋予了脲醛树脂柔韧性，多种添加剂添加后的脲醛树脂的冲击强度仍然能够保持 90%以上，改性后的脲醛树脂表现出其在胶黏剂领域的优异应用前景。

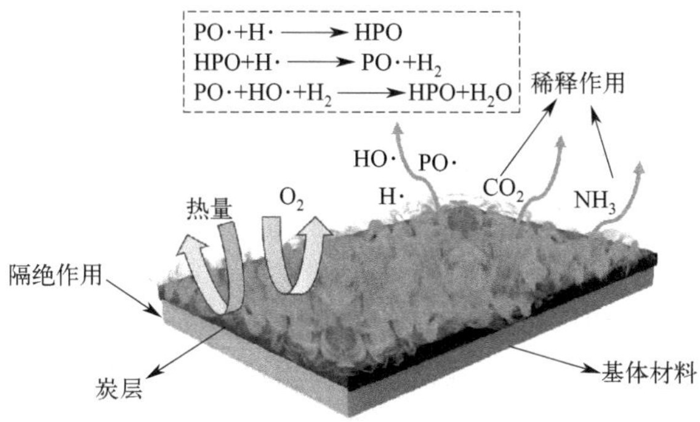

图 7-24　阻燃脲醛树脂的阻燃机理

7.4 木质素基阻燃剂

作为仅次于纤维素的第二大可再生天然高分子材料，木质素广泛应用于人们的日常生活中。其碳含量非常丰富，在燃烧后能够具有非常高的残炭量，以木质素为阻燃剂制备的复合材料，在材料燃烧时能够有效形成致密的炭层，从而保护基体材料。然而，通常情况下，单独使用木质素作为阻燃剂的效果较差，因此通常需要在木质素中引入其他阻燃成分来制备木质素基阻燃剂。

7.4.1 在聚氨酯中的应用

Tian 等人[53]以碱木质素（AL）和 4,4′-二苯基甲烷二异氰酸酯（MDI）为原料，在聚磷酸铵（APP）表面构建生物基交联聚氨酯结构，得到 APP@AL 阻燃剂。随后将 APP@AL 与不同比例的可膨胀石墨（EG）结合，并应用于硬质聚氨酯（RPU）泡沫，以改变其阻燃性和物理力学性能。APP@AL 和 EG 之间存在协同阻燃作用，添加 EG 会使泡沫在燃烧时膨胀得更多，并且更好地保持泡沫的原始形状。当 EG 暴露在火焰中时，EG 的受热膨胀赋予炭层多孔结构，更有效地阻隔热量和氧气的传递，进而抑制基体材料的降解。APP@AL 与基质进行酯化反应，形成由化学键连接的致密含 P 炭层，如 P ═O、C ═O、C ═C。该炭层与 EG 结合，有效地阻隔了内部和外部的传热传质过程，从而降低了热释放率（HRR）。此外，EG 的多孔结构吸收了大量的热解挥发物，导致复合材料的烟雾产生率（SPR）显著降低。

Gómez-Fernández 等人[54]使用碳酸盐插层 Mg/Al 层状双氢氧化物（LDH）、硫酸盐木质素和含磷多元醇制备了恒定密度的柔性聚氨酯泡沫。对于聚氨酯泡沫的阻燃性能，酸源（如磷多元醇的含磷分解产物），与木质素的芳香结构接触，导致燃烧时形成大量的残炭渣，残炭渣之间相互交联逐渐形成了稳定的隔热炭层。此外，LDH 的分层结构有助于增强炭层，从而更有效地保护炭层下面的泡沫。由于木质素和 LDH 的结合，聚氨酯泡沫还提高了能量耗散的能力，从而表现出更好的力学性能。

Yang 等人[55]以黑液木质素（CBL）中的木质素和无机盐分别作为结构改性剂与阻燃添加剂，采用一步发泡法制备了黑液木质素基硬质聚氨酯泡沫塑料（LRPUF）。与 RPUF 相比，添加 40%（质量分数）CBL 的 LRPUF 的 LOI 从 18.9% 提高到 21.3%，并且峰值热释放速率、总放热量和总烟度产量分别下降了 19.5%、25.3%和 20.5%，表明 CBL 的添加提高了 LRPUF 的阻燃性能。这归因于燃烧时 LRPUF 表面由焦渣和焦渣表面上的大量倍半碳酸钠条状组成的致密保护层。这个致密的保护层阻止了氧气和热量扩散到 LRPUF 内部以及抑制了可燃产物、燃烧产生的烟雾和分解的 LRPUF 的逸出，因此有效降低了 PHRR、THR 和 TSP。

7.4.2 在织物中的应用

Petkovska 等人[56]通过将带正电的蛋清蛋白（EWP）和带负电的木质素磺酸镁（LS）-磷酸二铵（DAP）溶液混合物配对，开发了一种环保型阻燃棉纳米涂层。涂层均匀地覆盖在织物表面，并在织物燃烧时形成一层覆盖的保护性焦炭层保护棉织物基体，同时，当 DAP 开始分解时，它释放出的氨气起到发泡剂的作用，使炭层膨胀，从而阻隔从燃烧区到基体的热传递以及从基体到气相的物质传递，提高棉织物的阻燃性能。

Li 等人[57]利用从稻壳（RH）中提取的木质素-二氧化硅基液体（LSL）和 9,10-二氢-9-氧杂环己烷-10-磷杂菲-10-氧化物（DOPO）混合，制备了液体生物基阻燃剂（LBF）。随后，采用一锅浸涂技术将 LBF 涂覆在棉织物上（图 7-25），测试改性处理后的棉织物的可燃性和力学性能。结果表明，经过改性处理的棉织物（CLD）在垂直燃烧测试中表现出自熄行为，热解燃烧流动量热法期间释放的峰值热量减少了 78%，释放的总热量减少了 65%。棉织物阻燃性能的提升得益于 LBF 的含磷基团在纤维素和 LSL 造成任何影响之前就产生了磷酸。同时，LSL 和纤维素的加速降解有助于形成磷酸酯，磷酸酯催化纤维素和 LSL 的炭化，从而减少易燃气体的形成。并且，释放的不可燃水蒸气和二氧化碳使磷酸酯膨胀，使炭层膨胀，大大减少了传热和传质。此外，含硅和钠的化合物可以生成陶瓷金属屏障，大大提高炭层的强度，并通过减少传热来防止底层材料的进一步氧化，从而保护基体材料。此外，在棉织物上覆盖一层薄薄的 LSL 或 LBF，可以通过在主方向上均匀分布载荷并将其从主方向转移到横向，从而提高棉织物的承载能力。因此，改性棉织物具有更高的拉伸强度和断裂伸长率。

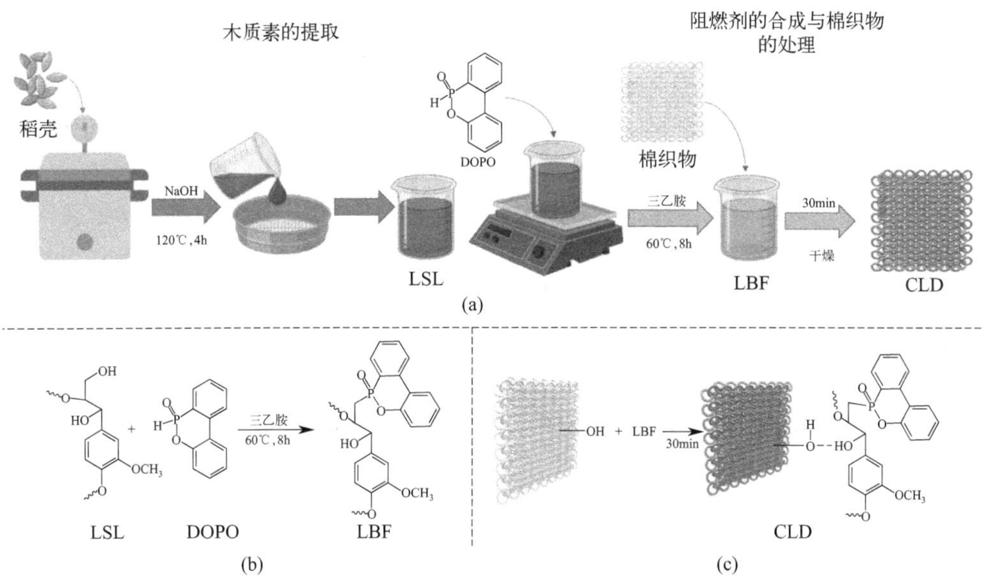

图 7-25　研究示意图（a）、LBF 的合成路线（b）和棉织物与 LBF 之间可能存在的相互作用（c）

7.4.3　在环氧树脂中的应用

Yue 等人[58]通过调节环氧木质素（HL）作为硬链段和环氧癸二酸（HSA）作为软链段的比例，采用简单的无溶剂方法制备了木质素基双氧树脂（EP）交联网络。通过 Kabachnik-Fields 反应将 DOPO 接枝到 3,5-二氨基-1,2,4-三唑上，与 Zn^{2+} 配位后，设计了一种反应性配位阻燃剂 DTZ，并将其作为共固化剂添加到交联网络中，制备了多功能非双酚 A 木质素基环氧复合材料。归因于仲胺基团和 DTZ 的刚性结构，它们可以分别参与固化反应并增强 EP 基体，从而复合材料的拉伸强度得到了提高。而由于金属配位键的存在，在断裂过程中可以吸收部分能量，使复合材料的韧性提高，断裂伸长率处于较高水平。对于复合材料的阻燃性能，DTZ 可以通过在气相和凝聚相中协同作用来增强 EP 复合材料的阻燃性。它在气相中生成惰性气体，包括 N_2 和 NH_3，从而降低可燃气体浓度水平。同时，热诱导的磷酸捕获自由基，中断燃烧的链式反应。在凝聚相中，DOPO 在 Zn^{2+} 的催化作用下发生热分解，从而产生含磷的含氧酸，该酸可以与底物反应形成具有 P—O—C 结构的致密炭层。致密的炭层具有隔绝氧气和热量的性能，显著提高了 EP 复合材料的阻燃性。因此，复合材料的极限氧指数达到 36.6%，垂直燃烧试验达到 UL-94 V-0 等级。此外，HL 和 DTZ 的协同作用可以使复合材料的抗菌性能大幅提高。归因于交联密度的增加，EP 形成高度不渗透和紧密堆积的结构，可以延缓腐蚀介质的渗透并提高其耐腐蚀性。同时，由于对碳钢表面的附着力增强，复合材料表现出了优异的耐电化学腐蚀性能。

Yu 等人[59]利用 APP、季戊四醇（PER）和木质素合成了一种新的生物基膨胀型阻燃剂——三位一体木质素基膨胀型阻燃剂（TLI）。随后，将 TLI 与环氧树脂（EP）混合，制备 EP/TLI 环氧膨胀涂料。环氧涂料的阻燃机制在于：在加热过程中，木质素中的游离水首先被去除，C—O 断裂并产生 CO_2。随着温度的升高，O—H、C—H 和 C—C 断裂并产生碳氢化合物和 CO_2，同时 CO 生成量也增加。随着热解反应的进行，炭层中的 C—C 和 C—H 进一步断裂，形成无定形碳并增加 CO 排放量。最终形成的多孔炭层不仅可以吸附 CO_2，还可以限制 O_2 的进入，导致火焰强度和传播速度降低。PER 可以通过聚合物链之间的氢键形成吸附，改变聚合物的热解路径，促进稳定炭层的形成。APP 在高温下分解，释放的 PO_2· 和 PO· 可以猝灭气相中的自由基。APP 加热后产生的聚偏磷酸盐是一种不挥发的连续黏膜，可以附着在炭层表面，起到隔热和隔氧的作用。样品产生的不可燃气体有助于形成膨胀炭层，以隔离空气和火源。同时，APP 与 PER 和木质素发生反应。APP 的长链断裂会产生磷酸酯键。脱水脱氨后，APP 可以生成环状磷酸盐。该体系在酯化前和酯化过程中熔化。反应产生的水蒸气、NH_3 和 CO_2 等不可燃气体导致熔融体系膨胀。同时，多元醇磷酸酯被脱水和炭化，形成无机物质和炭渣，体系进一步膨胀形成多孔炭层，从而提升保护基体的能力，得到高阻燃性能（图 7-26）。

Liu 等人[60]通过静电相互作用将木质素与三聚氰胺和氨基三亚甲基膦酸（ATMP）组装在一起，构建了一种新型阻燃剂（LMA），并将 LMA 应用于环氧树脂中，制备环氧复合材料（EP-LMA）。由于 LMA 中的丰富羟基与环氧树脂发生开环反应，LMA 与环氧树脂表现出优异的界面强度，从而提高了拉伸强度、冲击强度和杨氏模量，分别增加了 17.9%、53.7% 和 25.7%。EP-LMA7 通过了 UL-94 的 V-0 等级认证，极限氧指数值达到了 30.2%。并且与 EP 相比，EP-LMA7 的峰值放热速率和峰值产烟率分别下降了 72.3% 和 77.5%。其阻燃性能的提升得益于气相和凝聚相的协同作用。在气相中，一方面，LMA 中的膦酸基团分解并释放 HPO·和 PO·自由基到气相中，以捕获和去除环氧树脂基质燃烧降解产生的活性 O·、H·、HO·和其他自由基，从而切断气相的链式燃烧反应。另一方面，阻燃剂中三聚氰胺和 EP 的热升华会产生大量不可燃气体成分，可以稀释气相中的可燃和助燃气体。在凝聚相中，三聚氰胺、磷衍生物和木质素之间优异的协同作用可以促进膨胀且致密的富磷炭层的形成，抑制氧气和热量传递以及有毒气体的释放，从而有效减少热量的释放，提高抑烟性能。因此，木质素、ATMP 和三聚氰胺在 LMA 中的结合显著提高了 EP 的阻燃性（图 7-27）。

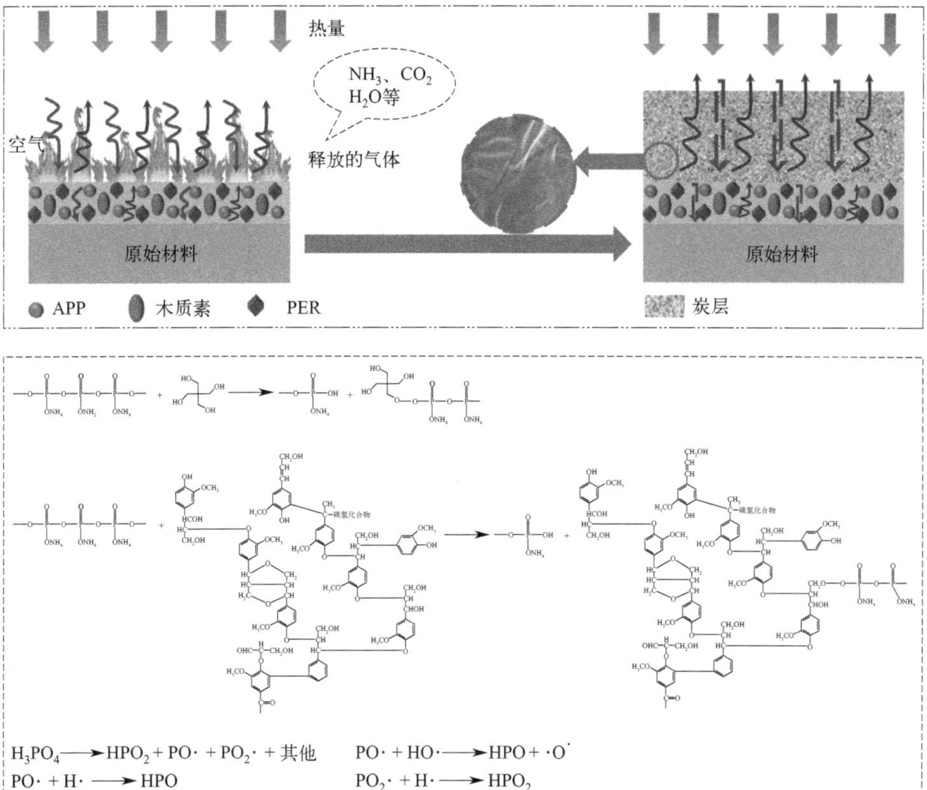

图 7-26　EP/TLI 环氧膨胀涂料的阻燃机理

Lu 等人[61] 以磺酸胍、DOPO 和 4,4′-联苯二甲醛为原料合成了一种结合 S 和 N 官能团的 DOPO 基阻燃剂（SBD），并用于制备交联木质素-酚-乙二醛环氧树脂（LPG-NER）。木质素是一种三维大分子网络生物聚合物，添加木质素会扩大结构空间并降低交联密度，从而赋予环氧复合材料较低的 T_g。添加 SBD 会进一步增加交联密度并降低 T_g。SBD 阻燃性能与气相和凝聚相有关。由于酚羟基和乙二醛成分之间的强交联网络，SBD 改性的 LPG-NER 炭化时会产生致密、坚硬的碳骨架，从而抑制热量和气体的释放，同时逸出不可燃气体（例如 SO_2、

NH_3 和 N_2）和含磷的自由基分别起到稀释和猝灭效应，协同抑制气相燃烧。因此，环氧复合材料达到了 64.5%的 LOI 和 UL-94 V-0 等级认证。

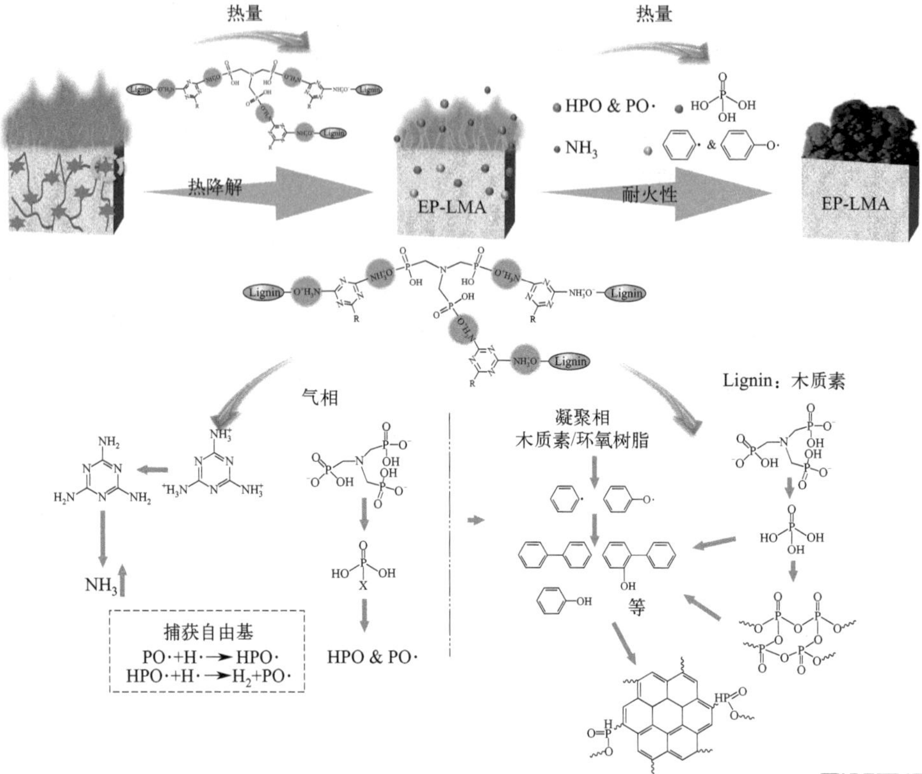

图 7-27 LMA 在 EP 中的阻燃机理

Liang 等人[62]通过聚磷酸铵（APP）、三聚氰胺（MEL）和铝木质素的绿色便捷一步法反应，制备了一种可再生环保的木质素基阻燃剂（F-lignin@APP）（图 7-28），以提高环氧树脂（EP）的阻燃性能。结果表明，添加 20%的阻燃剂后，环氧树脂的阻燃性能显著提高。其残炭增加 15.3%（质量分数），极限氧指数值从 26.7%增加到 36.1%，并且显示出优异的抑烟效果和较低的热释放量，总产烟量为 $9.9m^2$，总放热量为 $53.1MJ/m^2$，远低于纯 EP 的 $42m^2$ 和 $108.9MJ/m^2$。对复合材料的阻燃机理研究发现，在复合材料的燃烧过程中，在第一阶段，F-lignin@APP 会破裂并产生一些气体，同时，伴随着 APP 的分解，产生 NH_3 和多元酸。可燃气体被分解产生的气体稀释，从而减缓燃烧速度。在第二阶段，木质素（lignin）的芳香环骨架结构开始断裂并与多元酸相互作用。然后，随着多元酸不断促进分解产物的酯化和脱水，新的炭渣逐渐形成。在第三阶段，新形成的炭渣在多元酸的作用下变成了致密而坚固的炭层。产生的气体产物导致炭层膨胀，使得 EP 和热源之间的炭层形成了一道有效的物理屏障，防止可燃气体进入 EP，从而实现了复合材料的高阻燃性能。

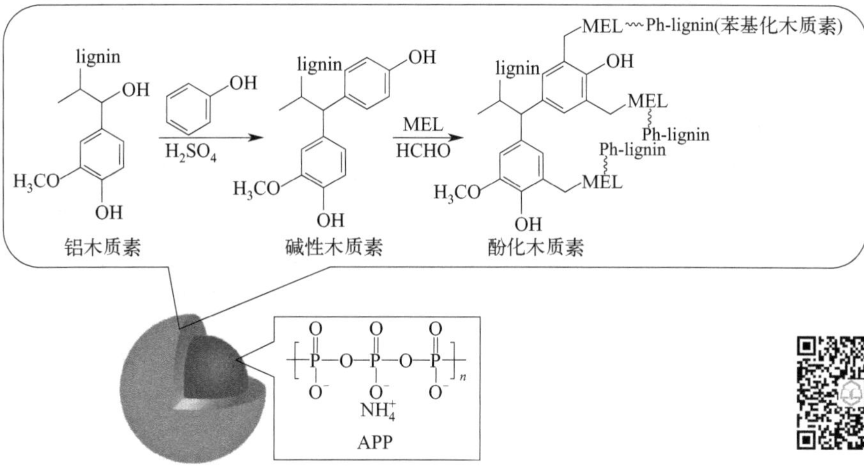

图 7-28 F-lignin@APP 的合成路线

7.4.4 在聚乳酸中的应用

Ridard 等人[63]以负载脱氧核糖核酸（DNA）的木质素纳米载体（LNC）作为聚乳酸（PLA）中潜在的生物基阻燃剂，制备了可用于轻质包装或建筑隔热的生物基阻燃 PLA 泡沫（图 7-29）。该 PLA 泡沫燃烧时，在气相中，木质素和 DNA 的热降解会在早期阶段释放出二氧化碳和水蒸气等气体。这些气体稀释易燃气体，减少热量释放，并降低泡沫在气相中的可燃性。在凝聚相中，PLA 和木质素分解形成的一层致密炭层保护了 PLA 泡沫基体。在气相和凝聚相的协同作用下，PLA 泡沫获得了较高的阻燃性能，LOI 达到 30.2%。

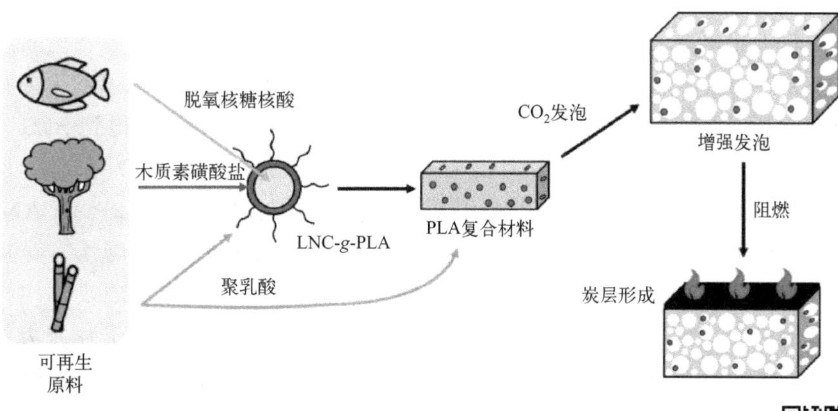

图 7-29 使用封装在木质素基纳米载体中的鱼 DNA 的生物基阻燃 PLA 泡沫的制备

Niu 等人[64]合成了环氧官能化的六环三磷腈（HCCP-HEP）和二苯基氧膦酰氯改性的木质素［Lignin（P）］，并将其掺入 PLA 中制备 PLA/H/L 复合材料，以同时产生阻燃和紫外线屏蔽作用。对于 PLA 复合材料的阻燃机理，在气相中，木质素中的含磷自由基和酚基通过猝灭 H·和 HO·等活性自由基有效地终止了燃烧过程。同时，PLA/H/L 复合材料燃烧释放的 NH_3 等惰性气体稀释了氧气浓度，形成额外的燃烧障碍。在凝聚相中，HCCP 和 Lignin（P）分解产生的含 P/N 化合物促进了炭保护层的形成，改善了石墨化结构，从而更好地抑制了传热和可燃挥发物的释放。其中，气相阻燃为复合材料的主要阻燃机理，对于复合材料，阻燃剂的使用并未解决 PLA 燃烧时产生的滴落问题，因此，该复合材料仍需要得到进一步的改善。

7.4.5 在聚丙烯腈中的应用

Guo 等人[65]将木质素（LIG）和聚丙烯腈（PAN）溶解在二甲基亚砜（DMSO）中，形成 LIG 和 PAN 的均匀混合溶液，然后将溶液倒入模具中刮涂成 LIG/PAN 复合膜。随后，通过磷酸化制备了阻燃 LIG/PAN 复合材料（FR-LIG/PAN）（图 7-30）。与纯 PAN 相比，LIG/PAN 和 FR-LIG/PAN 复合材料在 800℃左右的残炭量分别从 0.9%（质量分数）增加到 3.6%（质量分数）和 15.9%（质量分数）。同时，FR-LIG/PAN 复合材料的 HRR、THR、SPR 和 TSP 大大降低。阻燃性能的提升归因于含磷材料的有效催化脱水和炭化以及木质素的高成炭性，这有效地促进了复合材料表面形成致密且热稳定的炭层。炭层作为凝聚相上的物理屏障，提高了 FR-LIG/PAN 的阻燃性。此外，在热解过程中，复合材料热解还释放出了无毒、阻燃的气体，如 H_2O 和 CO_2，并产生由含磷化合物释放的 PO·自由基。这些气态产物和自由基充当气相阻燃剂，以抑制烟雾的释放并提高阻燃效果。因此，复合材料在降解过程中表面形成了更多的石墨化炭层，从而抑制热解挥发物的渗出，延缓火焰的蔓延，有效提高阻燃性能。

此外，Guo 等人[66]还通过乙二胺处理制备胺化聚丙烯腈（A-PAN）。并将木质素磺酸钠（SLS）通过强离子键吸附在 A-PAN 的表面和内部，得到 SLS 改性的 A-PAN（SLS/A-PAN）。然后，将铜离子（Cu^{2+}）与 SLS/A-PAN 螯合，构建了木质素磺酸钠和铜离子改性的阻燃聚丙烯腈纤维复合材料（Cu/SLS/A-PAN）。对于阻燃复合材料，一方面，SLS 的成炭效应易于形成膨胀的连续网络，导致燃烧过程中纤维表面产生交联有序的石墨化炭层。此外，Cu^{2+} 的催化成炭作用提高了所得炭渣的收率、致密度和热稳定性。膨胀炭层为 PAN 基体提供了强有力的保护罩，大大抑制了烟雾的产生和热解挥发物的排放。另一方面，Cu^{2+} 在燃烧过程中被氧化形成氧化铜（CuO），氧化铜掺杂在膨胀炭层中，作为物理屏障，抑制热量、物质量易燃气体的传输，并延缓 PAN 的热解（图 7-31）。因此，该复合材料在空气和氮气气氛中均具有更高的残炭量，在锥形量热测试中 PHRR、THR 都有所下降，在垂直燃烧实验中表现出自熄的性质。

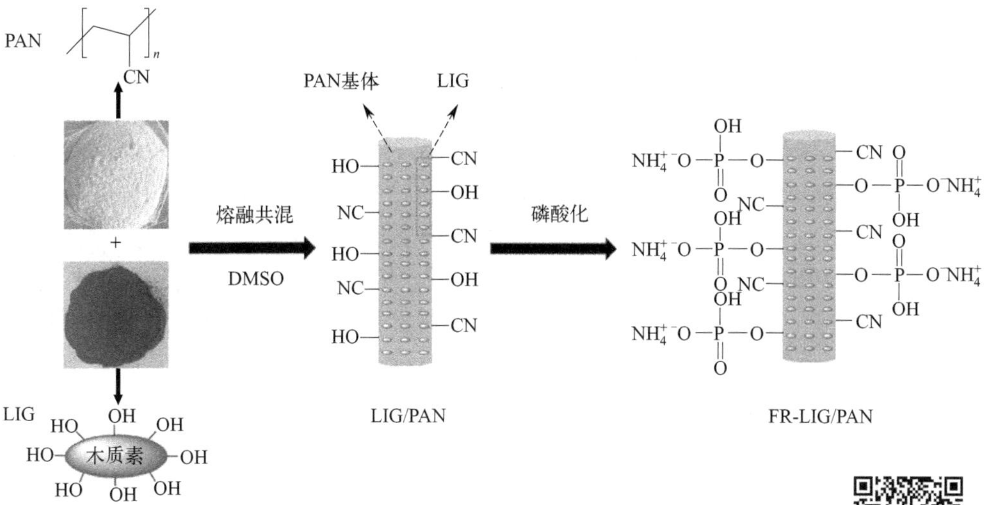

图 7-30　FR-LIG/PAN 复合材料的制备过程

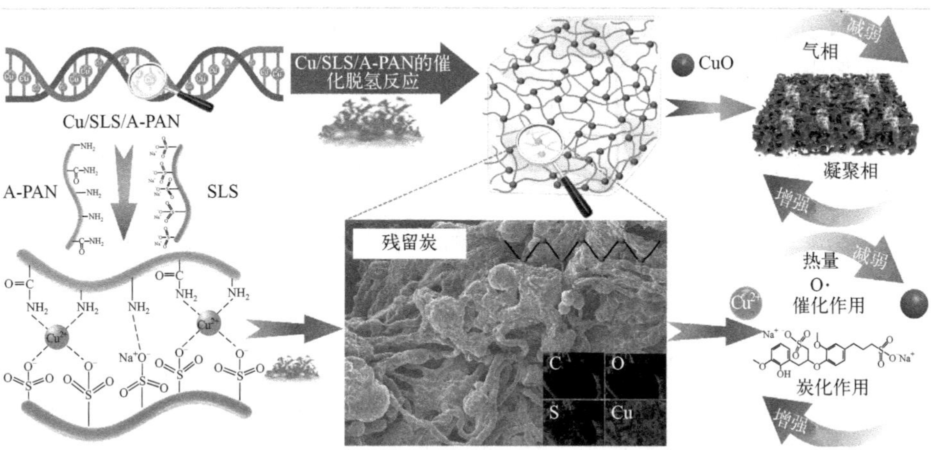

图 7-31　Cu/SLS/A-PAN 的阻燃机制

7.4.6　在其他材料中的应用

Xie 等人[67]将含木质素的纳米纤维素（LCN）、海藻酸钠（SA）和聚磷酸铵直接添加到聚乙烯醇（PVA）基质中，制备了具有优异紫外线屏蔽性能的阻燃混合物。改性的 PVA 混合物对 UVC、UVB 和 UVA 光表现出几乎 100％的紫外线屏蔽能力。极限氧指数值从 18.19％增加到 38.48％，燃烧强度明显低于 PVA。表现出自熄的特性。紫外线遮蔽性能的提升归因于 LCN 中酚羟基、羰基和共轭双键的强紫外线吸收能力。而阻燃性能的提升主要是因为阻燃剂能够在较低的温度下快速分解形成一层炭层，对 PVA 基体起到保护作用。

Liu 等人[68]基于珍珠层结构的性质，通过真空辅助过滤和热压制成含有 2,2,6,6-四甲基-1-哌啶氧基自由基（TEMPO）氧化纤维素纳米原纤维（TOCNF）、聚多巴胺修饰的氮化硼纳米片（BNNS@PDA）和磷木质素（PL）纳米颗粒的柔性导热和阻燃复合膜（TOCNF/BNNS@PDA/PL）（图 7-32）。对于复合薄膜的导热性，一方面是 BNNS@PDA 在复合平面中排列更有序，可形成良好的导热路径。BNNS 表面的 PDA 涂层显著增加了填料与填料之间的接触面积，增强了填料与基体之间的界面相互作用，为构建导热填料和声子传导路径的定向布置提供了结构基础，削弱了声子散射，可以有效降低界面热阻；另一方面是少量的 PL 有效地填充了复合材料中的间隙，加强了结构的密封性，增加了导热填料的接触面积，因此大大降低了界面热阻并提高了复合膜的导热性。对于复合薄膜的阻燃性能，TOCNF/BNNS@PDA/PL 复合膜由于氢键相互作用而形成紧凑的分层结构。在燃烧过程中，复合膜表面的 PL 和 TOCNF 迅速炭化形成炭化物膜，磷基团可以有效促进这一过程。形成的炭层可以有效地防止复合膜整体结构的损坏。该炭层含有 P_xO_y 化合物、炭化物和 BNNS@PDA，这减缓了内部基质的进一步燃烧并提高了复合材料的阻燃性。此外，在氮化硼纳米片（BNNS）表面引入聚多巴胺（PDA）和少量 PL 显著增强了组分之间的氢键相互作用，从而使复合材料的力学性能更好。并且，BNNS@PDA 在 TOCNF/BNNS@PDA/PL 复合膜中具有良好的平面取向结构，该结构在拉伸过程中可以产生有效的应力传递，从而增强复合材料的强度。因此，复合薄膜具有优异的力学性能，为复合膜在复杂机械变化下的热管理应用提供条件。此外，复合薄膜还表现出了优异的耐久性、柔韧性、电绝缘性和良好的介电性能，可以在柔性电子领域表现出应用潜力。

Zou 等人[69]以还原氧化石墨烯（rGO）、埃洛石纳米管（HNTs）和阻燃改性木质素（F-木质素）为原料，复合制备了 rGO-HNTs-(F-木质素）薄膜，以改善具有高强度的类珍珠层石墨烯复合薄膜（GCFs）相对较差的韧性和较差的阻燃性。在 rGO-HNT-(F-木质素）薄膜中，F-木质素会结合 rGO 片材和 HNTs，增强 HNTs 的缠结以及 HNTs 和 rGO 片材之间的相互作用，大分子 F-木质素也会提高 rGO-HNTs-(F-木质素）薄膜的延展性，而缠结的 HNTs 反过来会增强 F-木质素。HNTs 和 F-木质素相互促进，增强了 rGO-HNTs-(F-木质素）薄膜的强化和增韧效果，使 rGO-HNTs-(F-木质素）-薄膜具有优异的力学性能，拉伸强度为 634MPa±38MPa，拉伸断裂应变为 8.17%±0.59%，韧性为 25.35MJ/m^3±2.95MJ/m^3。当复合膜在空气中用火焰燃烧时，在第一阶段，rGO 片材中的含氧基团（如—OH、—COOH 和—O—）以及 F-木质素中的修饰 NH_2 基团分解，产生 CO、CO_2、O_2 和 NH_3 等气体，这将进一步引发 rGO 片材 C 骨架的分解。与此同时，吸附在 HNT 表面的 H_2O 分子解吸，稀释可燃气体并降低温度，从而减缓燃烧速度。随着持续的灼烧和温度的不断升高，F-木质素的结构开始断裂，F-木质素结构中的—OH 和 CH_3O—等基团断裂并转化为 CO、H_2O 和 CO_2，而 F-木质素的三聚氰胺（MEL）结构分解并转化为 N_2、CO、CO_2 和少量 NH_3。产生的 N_2 可以抑制燃烧。此外，随着 F-木质素的断裂，F-木质素残留的芳香环骨架结构在堆叠的 rGO 片材之间转化为石墨和 N-石墨结构，起到了阻止可燃气体进入 rGO 片材并保护 rGO 片材免于燃烧的屏障作用。因此，该复合薄膜表现出良好的阻燃性能。

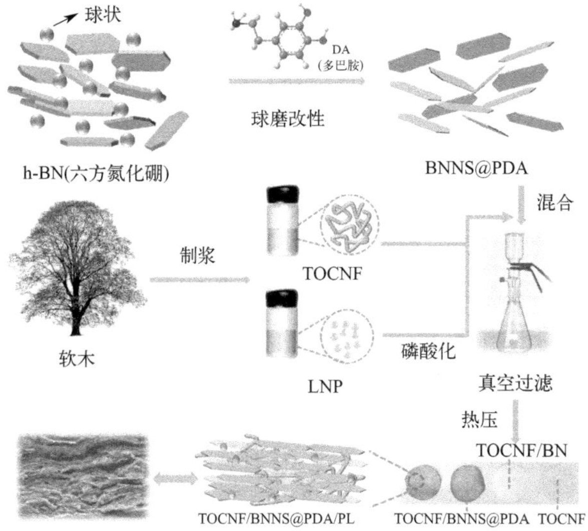

图 7-32 TOCNF/BNNS@PDA/PL 复合膜的制备

Wu 等人[70]通过将 N 和 P 元素引入木质素及其纳米粒子中，制备具有良好分散性和抑制放热作用的功能性木质素纳米填料。其制备过程为，通过曼尼希反应用二乙基三胺改性工业碱木质素（Lignin-N），然后用红磷自组装得到含 N/P 的木质素纳米粒子（Lignin-N-PNPs）。丙烯腈-丁二烯-苯乙烯共聚物（ABS）被用作与 Lignin-N-PNPs 熔融共混的基质，制备了 ABS 复合材料（ABS-L-N-P）。ABS-L-N-P 的物理、化学和阻燃性能测试结果表明，其具有可接受的加工性能、力学性能，并显著提高了热稳定性和防火性能，峰值放热速率和单位面积总放热量分别显著下降了 67.8%和 77.5%。复合材料阻燃性能的提高得益于燃烧时形成的高致密与高厚度的炭层，可以高效隔绝燃烧热，从而保护材料基体。

Weng 等人[71]通过用 9,10-二氢-9-氧杂-10-磷杂菲-10-氧化物（DOPO）和三乙烯四胺（TETA）改性活性木质素制备了氮磷掺杂木质素基阻燃剂（NP-LM-DL），并替代苯酚制备阻燃酚醛泡沫（NP-LMDLPFx）。结果表明，氮磷掺杂木质素提高了泡沫的阻燃性能和压缩强度。与纯酚醛泡沫（PF）相比，NP-LM-

DLPF15 的极限氧指数和压缩强度分别提高了 33.3%和 43.7%。峰值热释放率和峰值烟气释放率分别下降了 48.0%和 53.2%。磷和氮可以同时在气相和凝聚相中起到阻燃作用。NP-LMDLPFx 的热解会产生 H_2O 和 NH_3，从而稀释空气中的氧气浓度。同时，热分解也会产生氮/磷化合物以及各种含磷降解产物。磷降解产物逐渐释放 PO·，捕获复合材料燃烧产生的 H·和 HO·，降低空气中 H·和 HO·的含量，导致从外部到复合基体的传热减少。最终，复合材料的燃烧受到抑制。此外，当 DOPO 被加热以产生含磷含氧酸时，它可以催化含羟基化合物的吸热脱水，从而产生富含多磷酸盐的炭层。同时，氮的存在会增加多磷酸盐的生成，促进含氮和磷的石墨化炭层的形成，从而隔绝氧气，起到阻燃作用。

Wei 等人[72]以富含碳的木质素为基体，在木质素（Lignin）上引入富含磷的植酸以及富含氮的胍唑（GZ），制备了一种含磷氮的膨胀型木质素基阻燃剂（PGL）（如图 7-33 所示）。随后，将 PGL 掺入脲醛（UF）树脂中，制备了一系列基于 PGL 改性的 UF 树脂（PGLUF），并将 PGL 改性的 UF 树脂与商业阻燃剂磷酸三苯酯（TPP）改性的 UF 树脂（TPPUF）的性能进行了比较。结果表明，涂有 PGLUF 的木材表现出高阻燃性，并通过了 UL-94 V-0 级测试，氧指数值为 36.5%。与纯木材相比，总放热率和峰值热释放速率分别降低了 92.73%和 93.58%。当 PGL 含量为 3%（质量分数）时，PGLUF 可以达到与含有 5%（质量分数）的 TPP 的涂层 TPPUF 相当的阻燃性。此外，PGL 还对涂料表现出塑化作用。PGLUF 涂层木材的冲击强度随着 PGL 含量的增加而提高。

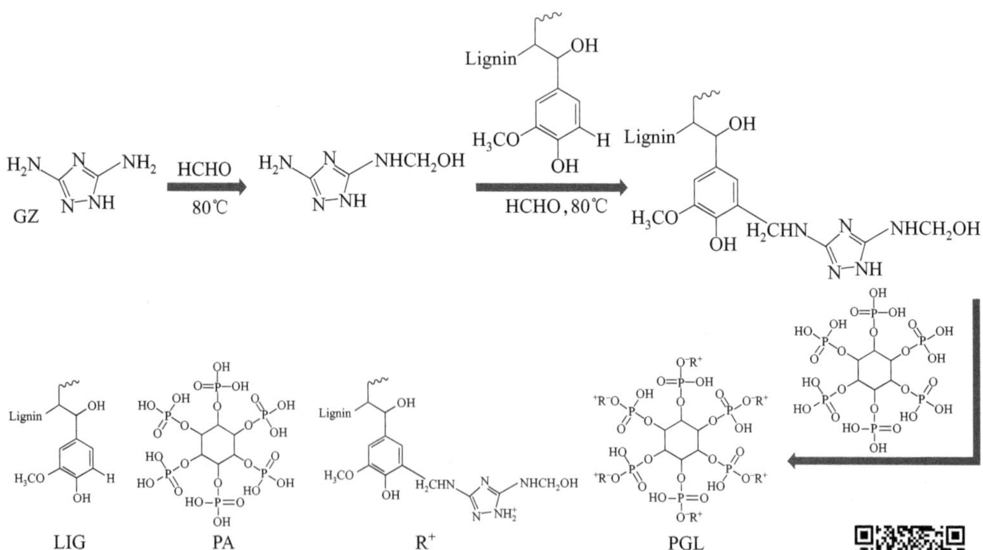

图 7-33 PGL 的制备

7.5 腰果酚基阻燃剂

腰果酚（cardanol）是一种含有苯环、酚羟基以及含不饱和双键的碳十五直链的天然酚。苯环赋予了腰果酚刚性，而碳十五直链则赋予了腰果酚柔韧性，兼具刚性与柔韧性的腰果酚是如今生物基材料的研究热点，可以用来改善复合材料的力学性能。此外，腰果酚碳含量高，以其为阻燃成分有助于提升复合材料的残炭量。同时，其反应活性较强，很容易与含磷基团发生反应，制得含磷的腰果酚基阻燃剂。在磷元素的作用下，该阻燃剂能使复合材料生成更致密的保护性炭层，从而获得更好的阻燃效果。

7.5.1 在环氧树脂中的应用

Wang等人[73]为了克服腰果酚基环氧树脂材料的低强度、低玻璃化转变温度和高可燃性，以腰果酚、三乙胺（TEA）、4,4′-二氨基-二苯基甲烷（DDM）、甲醛水溶液（37%～41%）、环氧氯丙烷（ECH）、二苯基磷酸氯（DPPC）、苄基三乙基氯化铵（TEBA）和3-氯过氧苯甲酸（*m*-CPBA）为原料，合成了三种以腰果酚-甲醛缩水甘油醚（CFGE）、环氧腰果酚-甲醛树脂（ECF）和环氧化腰果酚-甲醛缩水甘油醚（ECFGE）命名的腰果酚衍生环氧单体（图7-34），并因为ECFGE具有优异的热稳定性和机械强度，选择ECFGE进行阻燃处理。随后，将ECFGE与腰果酚衍生磷酸盐（DPP-CFR）结合，获得阻燃生物基环氧材料，作为二缩水甘油醚双酚A（DGEBA）型环氧树脂替代品。含有15%（质量分数）组成DPP-CFR的固化ECFGE/DDM体系达到了UL-94 V-0等级和31.0%的LOI值，与固化的ECFGE/DMD和DGEBA/DDM相比，其峰值放热速率分别下降了48%和72%。此外，含有15%（质量分数）DPP-CFR组分的固化ECFGE/DDM复合材料体系也显示出比固化DGEBA/DDM复合材料体系更好的拉伸强度和韧性。阻燃效果的提升得益于形成了具有良好热氧化稳定性的完整冲击的炭层来切断燃烧过程中的燃料和能源供应，从而实现了显著增强的阻燃效果。拉伸强度和韧性的提升则得益于结构中柔性的脂肪族长侧链的增韧作用。

Guo等人[74]通过腰果酚与DOPO基二胺的反应成功地合成了生物基的含磷苯并噁嗪单体（CBz）（图7-35）。为了同时提高环氧树脂的韧性和阻燃性，将不同含量的CBz与掺硼的石墨烯（BG）纳米片结合使用，以获得掺硼的石墨烯/腰果酚衍生的苯并噁嗪-环氧复合材料（EP/CBz/BG）。CBz的掺入可以同时提高环氧树脂的阻燃性和冲击强度。CBz含量为15%（质量分数）的环氧树脂复合材料在UL-94垂直燃烧测试中还显示出32%的高LOI值并达到V-0等级。BG的存在可以提高炭层的抗热氧化降解能力，从而提高阻燃效率。将CBz与BG结合后，与纯EP相比，CBz 含量为 13%（质量分数）和 BG 含量为 2%（质量分数）的 EP 复合材料的 PHRR 和 THR 分别降低了 48%和 12%。同时，源自腰果酚部分的柔性脂肪链为 EP 复合材料贡献了更高的韧性，因此，冲击强度提高了 22%。

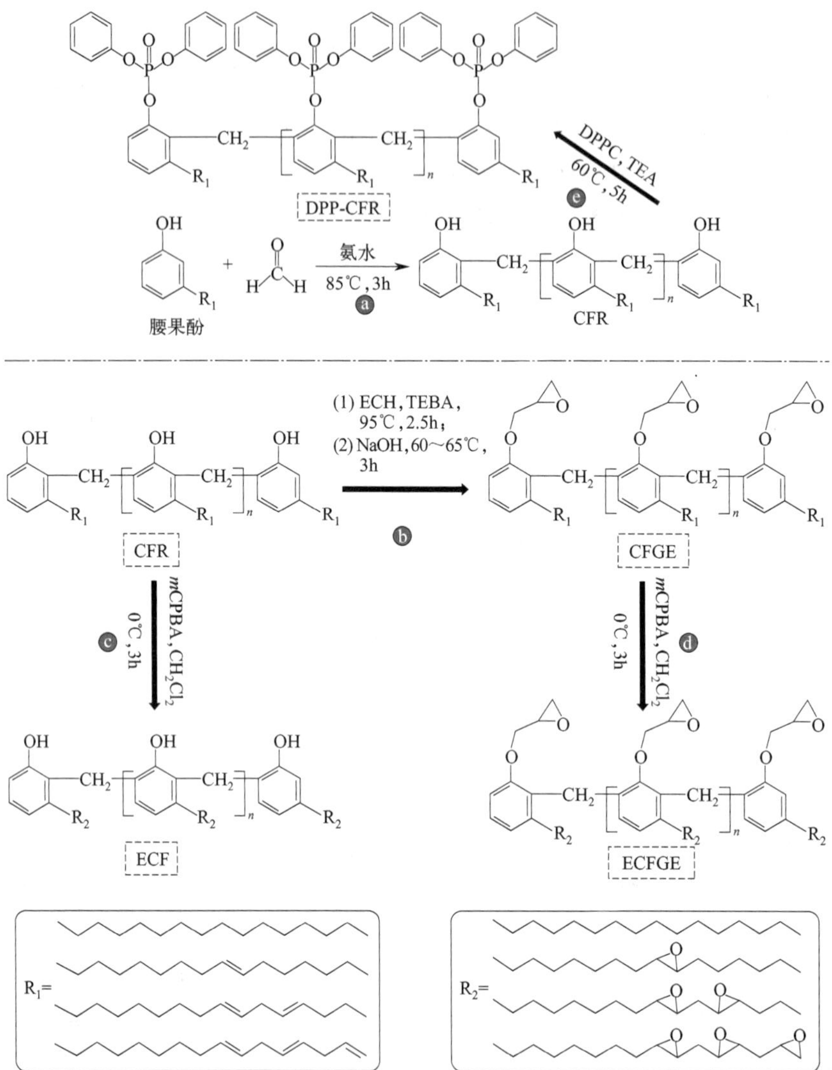

图 7-34　CFGE、ECF 和 ECFGE 以及 DPP-CFR 的合成

Lee 等人[75]通过腰果酚与二苯基磷酰氯的缩合反应，成功合成了一种生物基阻燃剂二苯基磷酸腰果酚（CDPP）。在含有 CDPP 的 EP 复合材料系列中，测量的残炭值明显高于计算的残炭值。随着 CDPP 用量的增加，PHRR、THR 值和失重率降低。这是由于自交联的 CDPP 促进了 EP 的炭化和炭层的形成，从而抑制了火焰。由于气相和凝聚相协同阻燃作用的结合，磷基阻燃剂赋予材料增

强的阻燃性。在气相机理中，阻燃剂分解生成的自由基会捕获燃烧所需的自由基（如羟基和氢自由基）。在凝聚相阻燃机理中，磷基阻燃剂促进磷酸的产生和炭层的形成，从而抑制热量传递到聚合物基体。

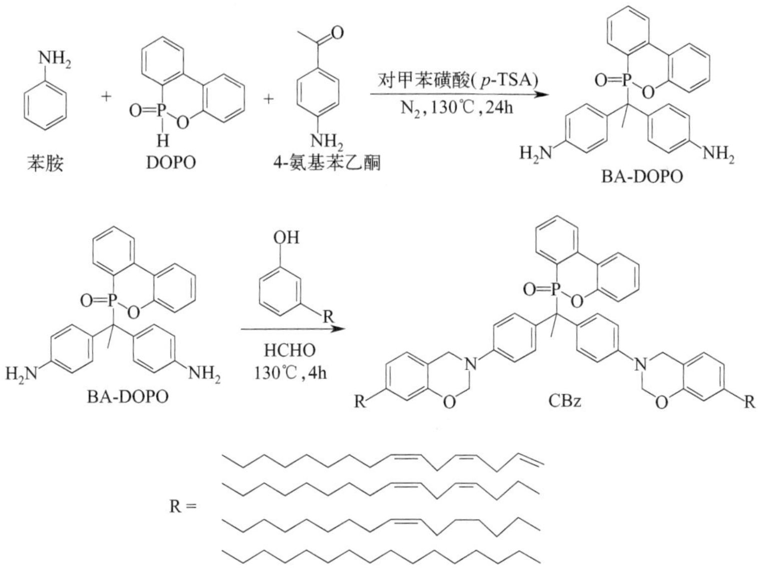

图 7-35　CBz 的制备反应

Kavitha 等人[76]首先以腰果酚和甲醛为原料，合成了腰果酚基酚醛树脂。随后，通过熔融共混对酚醛树脂进行环氧化反应得到腰果酚基环氧化酚醛清漆树脂（ENR），并以市售双酚 A 二缩水甘油醚（DGEBA）为增韧剂，将树脂与稻壳粉（RH）按照一定比例混合得到了生物衍生环氧树脂热固性塑料和稻壳复合材料（ENR/DGEBA/RH）。复合材料的阻燃机理取决于材料表面形成的碳质硅酸盐炭层的导热性。稻壳复合材料中存在表面游离的 Si—OH 以及构成热稳定二氧化硅组分的 Si—O—Si 段。由于其低表面能，复合材料中存在的二氧化硅可能会迁移到复合材料的炭层。这两种表面的二氧化硅成分都可能参与保护层的形成，该保护层限制了炭层在高温下的进一步降解。形成的炭渣通过充当屏障来限制气相和凝聚相之间的传热传质，从而延缓了分解过程。随着 RH 负载的增加，复合材料的热稳定性也会提高。其不仅延缓了挥发性产物的逸出，还中断了氧气进入未燃烧物质。因此，含 11%（质量分数）RH 的生物复合材料在燃烧时显示出增强的热稳定性、高炭收率、34%的极限氧指数值，并在测试中达到 UL-94 的 V-0 等级。

7.5.2 在聚氨酯中的应用

Mestry 等人[77]通过二氯苯基膦（PPDC）和二氯二甲基硅烷（DCDMS）获得的两种中间体以不同比例用于聚氨酯骨架的开发，并以衣康酸（IA）基多元醇作为扩链剂进行固化，得到了以腰果酚为原料开发的阻燃聚氨酯涂料。由于 PU 中的磷原子连接的亚苯基环的存在，薄膜的刚性和热稳定性得以增加，从而表现出更高的 T_g。通过掺入磷和硅，涂层的 LOI 值从 20%显著增加到 29%。这可能是由于形成炭的磷和促进炭的硅的共同作用。在高温燃烧过程中，磷化合物转化为磷酸和水。磷酸经历进一步的反应，形成无机聚合物层，抑制基材涂层的燃烧，并且，水蒸气的挥发有助于降低涂层的温度。

7.5.3 在双马来酰亚胺树脂中的应用

Jiang 等人[78]为解决双马来酰亚胺（BMI）的易燃易碎问题，减少石油基材料的使用，以腰果酚为平台，通过引入三种不同的阻燃结构，获得了磷酸菲结构腰果酚（CDPO）、磷酸盐结构腰果酚（CDPC）和有机膦结构腰果酚（CDCP），提高了 BMI 的力学性能和阻燃性能。获得的 BMI 表现出增强的热稳定性、防火安全性和冲击强度。由于 P—O—C_{Ar}（C_{Ar} 代表芳基碳）键的数量不同，CDPO、CDPC 和 CDCP 中的磷元素表现出不同的价态，主导了不同的阻燃效果。当 BMI/CDCP 暴露于连续的热辐射下时，氧化态较高的 CDCP 会分解并产生更多的磷酸物种，如多磷酸盐和焦磷酸盐，这有助于 BMI 网络的降解，形成完整坚固的含磷炭层。覆盖在基体表面的炭层能够延缓周围热量和氧气向材料内部的传递，避免可燃物的排放。由于 BMI/CDCP-10 的大部分磷都保留在炭层中，只有少量含磷自由基释放到气相中，气相阻燃效果不佳，因此，BMI/CDCP-10 的平均有效燃烧热（EHC）高于 BMI/CDPO-10 和 BMI/CDPC-10。在 BMI/CDCP-10 中，催化炭化能力在自由基清除作用中起着主导作用。尽管 BMI/CDPO-10 和 BMI/CDPC-10 都主要在气相阻燃机制中起作用，但在相同的质量分数下，BMI/CDPC-10 的磷含量更高，因此其阻燃性优于 BMI/CDPO-10（图 7-36）。此外，从腰果酚骨架衍生的脂肪族长链可以发挥增塑剂的作用，润滑聚合物链并改善其流动性，从而提高材料的韧性。因此，在加入 4.5%（质量分数）的 CDPO、CDPC 和 CDCP 时，BMI 的冲击强度分别提高了 95%、133.8%和 127.5%。

7.5.4 在其他材料中的应用

Ma 等人[79]首先采用一锅法制备了一种具有硬磷腈核的新型星形腰果酚衍生物（HCPP）（图 7-37），其可以在没有任何催化剂的情况下在空气中通过简单的加热固化，以获得性能得到改善的交联聚合物，随后将环烷酸钴作为催化剂加速其固化，制备了一系列阻燃涂料。HCPP 中的磷腈成分可以在燃烧时促进基体的成炭，形成保护性炭层，同时其还会产生不可燃气体稀释可燃气体，而气体的冲出则进一步促使形成的炭层膨胀，形成防护能力更强的保护性物理屏障，使得阻燃涂料的阻燃性能大幅度提升，所有阻燃涂料的 LOI 都达到 29%以上。

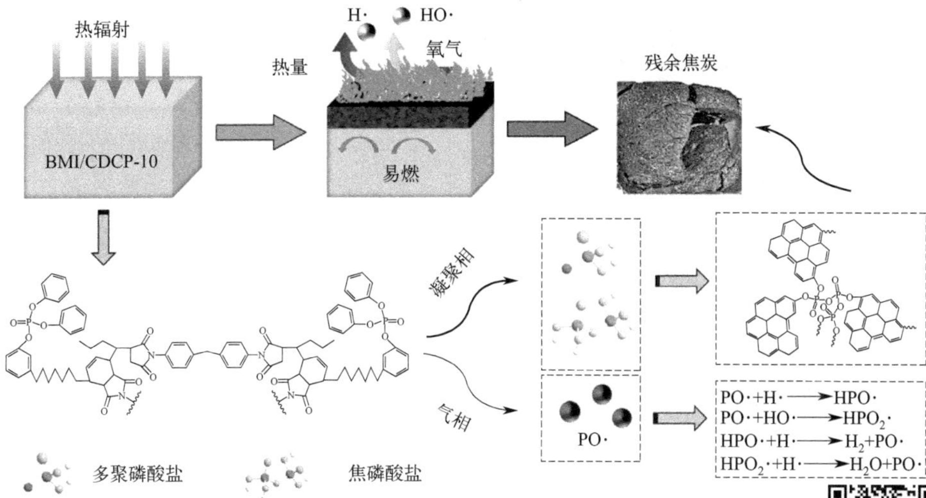

图 7-36　BMI/CDCP-10 的阻燃机制

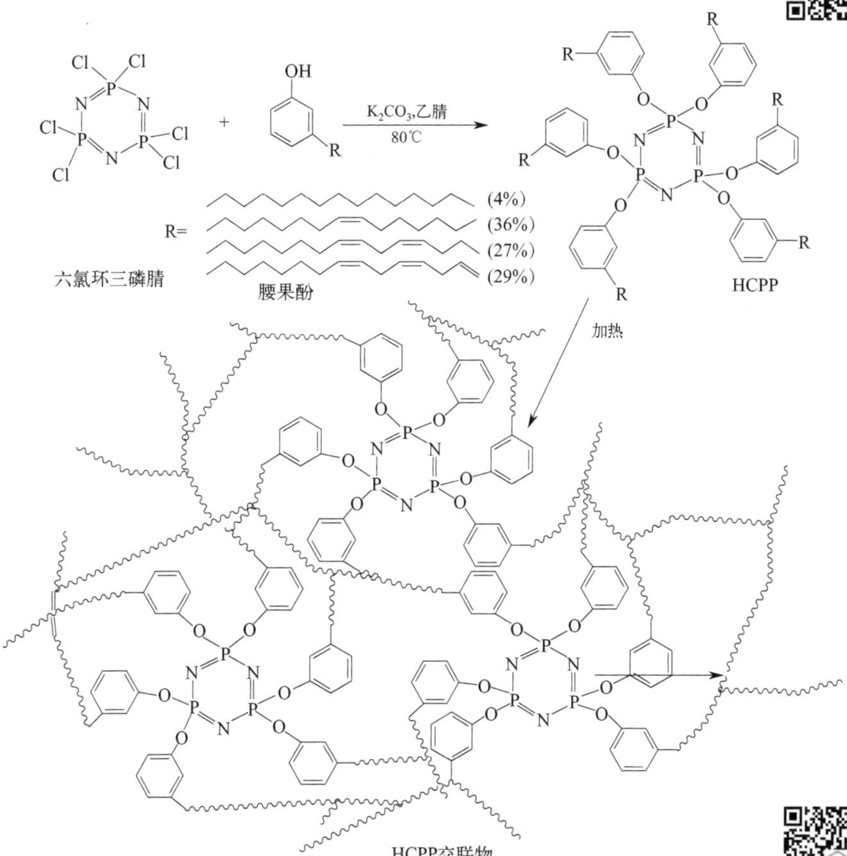

图 7-37　HCPP 及其交联物的制备过程

7.6 丁香酚基阻燃剂

丁香酚（EG）是一种可以从丁香油、肉豆蔻油以及肉桂等植物提取物中获取的天然成分，有强大的健康促进功能。并且，其含有烯丙基和活性的酚羟基，易与其他物质发生反应，从而制备多功能的丁香酚基阻燃剂。

7.6.1 在环氧树脂中的应用

Xue 等人[80] 基于 Diels-Alder（D-A）加成反应和环氧胺开环交联原理，合成了丁香酚环氧单体（EUEP），并与双马来酰亚胺（BDM）和高温固化剂 4,4′- 二氨基二苯砜（DDS）进行了三元共固化，以制备高性能丁香酚环氧树脂体系（EUEP-BDM-DDS）。所得体系的玻璃化转变温度（T_g）为 306℃，超过了其他丁香酚基环氧树脂和商业双酚 A 环氧树脂。EUEP-BDM-DDS 展现出卓越的力学性能和高模量（拉伸模量可达 4.14GPa，弯曲模量可达 4.10GPa）。其加工特性也很好，具有适用期长、黏度低的特点，适用于传统 DGEBA-DDS 体系的所有操作过程。此外，固化过程中形成的刚性六元环和较高的交联密度使树脂体系具有优异的阻燃性能，极限氧指数为 33.5%，并通过了 UL-94 的 V-0 级测试。与 DGEBA-DDS 相比，该体系的峰值热释放速率和烟雾释放速率显著降低，表明阻燃性得到了提升。

Yu 等人[81] 通过威廉姆森醚化和随后的氢化硅烷化反应合成了一种含有磷和硅基团的丁香酚基阻燃剂（EGN-Si/P）。随后，将所得 EGN-Si/P 用于双酚 A 环氧树脂中制备了阻燃环氧复合材料。改性后的阻燃环氧复合材料达到了 UL-94 V-0 等级；在混合体系中仅引入 0.5%（质量分数）Si/P 含量时即可达到 28%的高极限氧指数值。与未改性树脂相比，当负载量为 2%（质量分数）Si/P 时，EGN-Si/P 的峰值放热速率和总放热量分别降低了 49.6%和 46.8%。在复合材料燃烧的早期阶段，阻燃剂 EGN-Si/P 的快速分解和丰富的苯环结构为炭层的形成提供了足够的碳源。同时，产生的含磷自由基释放到气相中，这些含磷自由基充当活泼自由基陷阱和清除剂，阻止聚合物的持续燃烧。凝聚相中含磷组分的热解可以产生磷酸及其衍生物，从而促进炭层的形成。此外，EGN-Si/P 产生的二氧化硅有利于进一步提高炭层的稳定性，由此形成的出色物理保护层有效地将基材与燃烧过程中的空气和热流隔离开来，因此，复合材料获得了优异的阻燃性能（图 7-38）。

Pourchet 等人[82] 为了开发含有植物纤维的全生物基复合材料，首先根据威廉姆森反应将苯基二氯磷酸酯与生物基异丁香酚反应。随后用过硫酸氢钾（Oxone）氧化烯烃官能团，形成了二环氧基异丁香酚苯基磷酸酯（DEpiEPP）。然后与传统的双酚 A 二缩水甘油醚树脂（DGEBA）或使用生物基樟脑酸酐（CA）作为硬化剂的全生物基缩水甘油醚环氧异丁香酚（GEEpiE）树脂共聚，得到了不同的阻燃树脂复合材料。DEpiEPP 有效促进了两种环氧树脂在燃烧时的炭化，形成焦炭炭层。焦炭炭层可以有效隔绝热量与氧气，并抑制可燃气体的冲出，从而起到

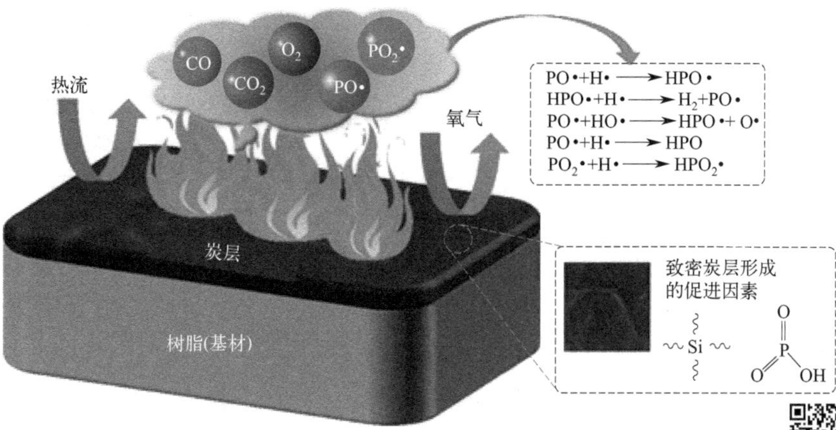

图 7-38　EGN-Si/P 在环氧复合材料中的阻燃机理

保护树脂基体的作用。此外，DEpiEPP 还释放出了含磷的自由基以在气相中捕获活泼的自由基，抑制了燃烧的链式反应，起到了气相阻燃作用。因此，复合材料均表现出优异的阻燃性能提升。

Gan 等人[83] 设计并合成了一种基于线性短链硅氧烷与丁香酚反应，再用 DOPO 封端的新型生物基阻燃改性剂（EGDS-DOPO），再将其用作添加剂，以探索其对环氧树脂网络的网络结构、固化反应性、加工性、力学性能以及阻燃性的影响。EGDS-DOPO 的使用显著提高了复合材料的阻燃性，只需要 5%(质量分数）的 EGDS-DOPO 即可达到 34.9%的 LOI 值和 UL-94 V-0 等级。与未改性的环氧树脂网络相比，当 EGDS-DOPO 添加量为 20%（质量分数）时，峰值放热速率、总放热量和总发烟量分别降低了 62.2%、34.0%和 47.5%。此外，改性的 EGDS-DOPO 环氧树脂网络显示出 174.1～218.5℃的玻璃化转变温度，并表现出水接触角为 97.5°～106.6°的疏水表面和 2.35%～2.91%的较低湿气浸入率，改善了弯曲性能（弯曲强度最大增加 39.8%，弯曲模量最大增加 27.0%)、压缩性能（压缩强度和模量分别最大增加 24.5%和 35.0%）和断裂韧性（最大增加 28.0%）的综合力学性能。

Li 等人[84] 为了开发一种用于环氧树脂的多功能阻燃剂，合成了一种新型的含硅和磷的生物基丁香酚衍生物{[(1,1,3,3-四甲基二硅氧烷-1,3-二基)双(丙烷-3,1-二烷基)]双(2-甲氧基-4,1-亚苯基)双(苯基膦酰氯),SIEPDP}，并进一步用于改性镁铝层状双氢氧化物(SIEPDP-LDH)。随后，将 SIEPDP-LDH 用作双酚环氧树脂的新型纳米阻燃剂，制备了阻燃环氧树脂（图 7-39)。在阻燃环氧树脂燃烧过程中，一方面，SIEPDP-LDH 本身迅速在环氧树脂表面形成了一层炭层；另一方面，含磷基团促进了环氧树脂的脱水炭化，炭化形成的焦炭与 SIEPDP-LDH 形成的炭层交联，提高了炭层的交联密度，而 SIEPDP-LDH 中的含硅成分与其他成分进一步交联，进一步增强了炭层的强度，使其对环氧树脂的防护能力增强。并且，SIEPDP-LDH 受热分解时，层间结合水挥发成水蒸气还带走了大量热量，降低了燃烧时的温度，抑制了燃烧反应。同时，该阻燃剂受热分解生成的含磷自由基挥发到气相中，还能捕获活泼的自由基，起到猝灭作用，进一步降低燃烧反应速率。在协同作用下，环氧树脂表现出了优异的阻燃性能，LOI 超过 27%，并达到了 UL-94 V-0 等级。

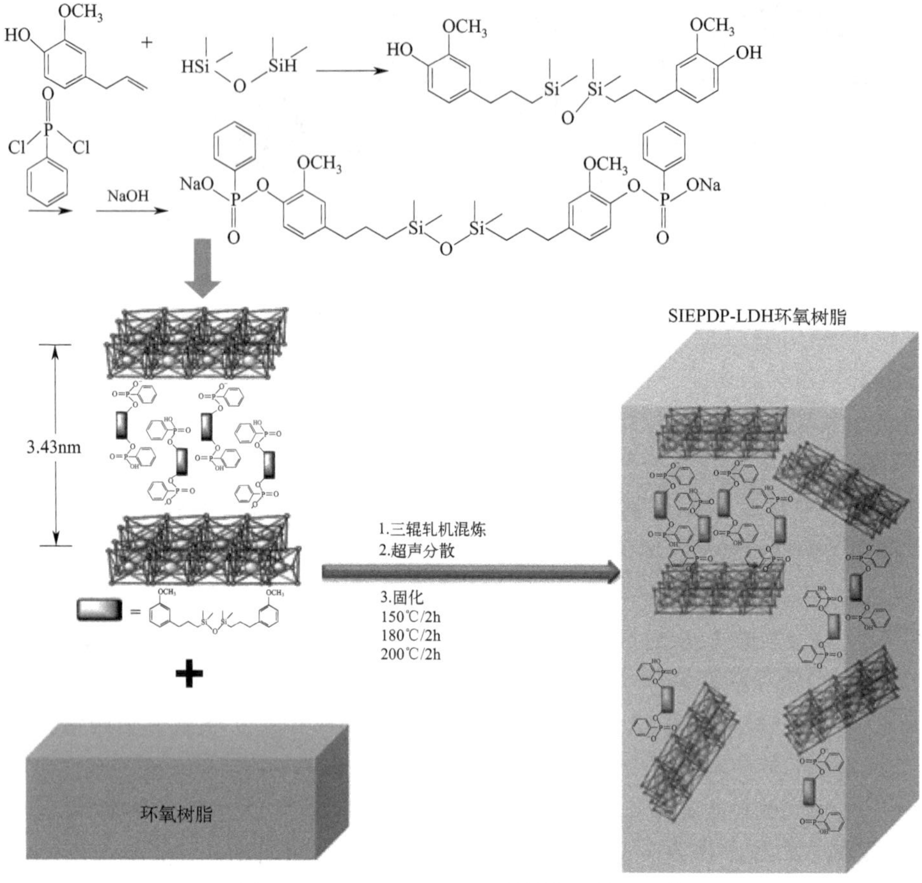

图 7-39 SIEPDP-LDH 环氧树脂的制备工艺

7.6.2 在双马来酰亚胺树脂中的应用

Zhang 等人[85] 以钠、丁香酚和六氯环三磷腈(HCCP) 为原料，制备了六(丁香酚)环三磷腈(HECTP) 阻燃剂，并将 HECTP 掺入双马来酰亚胺(BMI) 树脂中，制备了一系列阻燃复合材料。这些复合材料中，极限氧指数最高可达到 50.1%，并在垂直燃烧实验中未被点燃，达到 UL-94 V-0 等级。具有磷腈环结构的磷腈掺入 BMI 树脂中会刺激固化的热固性树脂提前分解，因为磷腈环的降解会促进不可燃气体的释放和含磷保护层的形成。同时，这些不可燃气体和保护层阻碍了 BMI 基质的分解和燃烧，使得 BMI 在高温下具有高热稳定性。此外，HECTP 的星形结构提高了芳香环的浓度，这有利于形成连贯的炭层，并抑制可燃含碳挥发物的产生。同时，释放的不可燃气体会稀释可燃气体，降低材料周围的氧气浓度。因此，BMI的热稳定性和阻燃性都得到了改善。

Zhang等人[86] 以八甲基环四硅氧烷（D4）、2，4，6，8-四甲基环四硅氧烷（D4H）、丁香酚（EG）、三氟甲磺酸（TfOH）、1，1，3，3-四甲基二硅氧烷（TMDS）和Karstedt催化剂为原料，将丁香酚结构和烯丙基官能团引入聚硅氧烷链中，以合成丁香酚烯丙基醚接枝聚硅氧烷（PMES-Allyl）（图7-40），然后采用PMES-Allyl对双马来酰亚胺/二烯丙基双酚A（BD）树脂进行改性，制备得到新型复合材料BDPA树脂。丁香酚结构有助于提高聚硅氧烷与BD树脂的相容性，当加入适量的PMES-Allyl时，其能在基质树脂中获得分散均匀、界面黏附性良好的小尺寸微相。这种小尺寸微相可以有效地传递应力，防止微裂纹的扩展，使材料具有优异的综合力学性能。含有15%PMES-Allyl BDPA的固化树脂比BD树脂具有更好的韧性，冲击强度和弯曲强度分别达到17.9kJ/m^2和177.1MPa。在复合材料燃烧过程中，复合材料表面能够形成致密稳定的炭层，其可以作为基质树脂的保护层。一方面，它可以隔离外部热量和火焰的传播；另一方面，它可以防止内部可燃挥发物和烟雾的释放，使得复合材料的阻燃性能提升。因此，与BD树脂相比，含有15% PMES-Allyl的BDPA树脂的峰值放热速率、总放热量和总发烟量分别降低了58.6%、33.1%和41.9%，气化热解产物的释放量也显著减少。

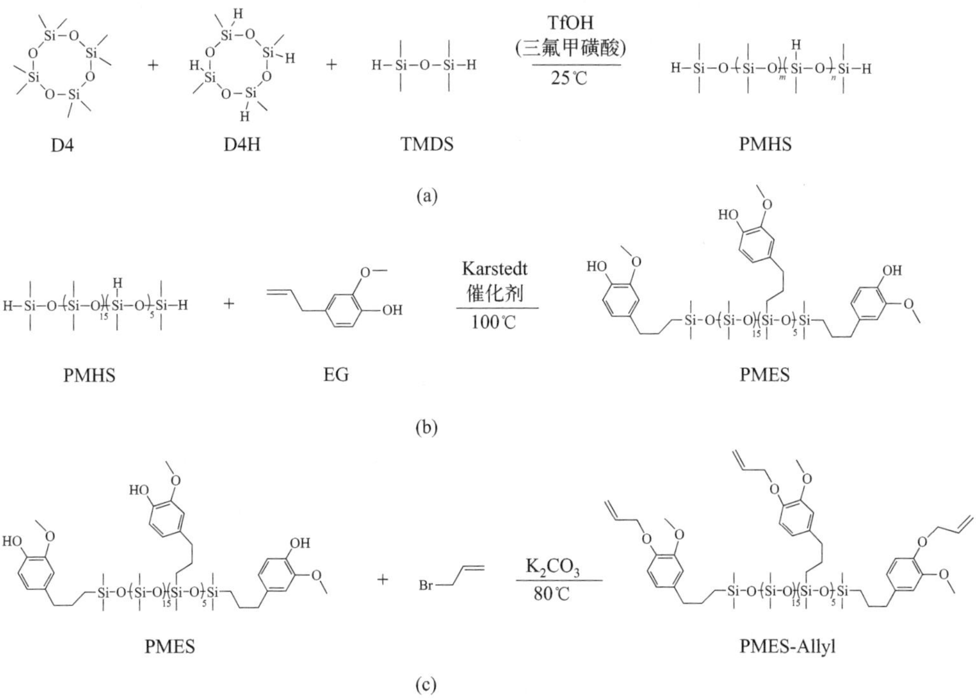

图7-40 含氢聚硅氧烷（PMHS）、丁香酚接枝聚硅氧烷（PMES）和丁香酚烯丙基醚接枝聚硅氧烷（PMES-Allyl）的合成过程

7.7 其他生物基阻燃剂

对环境保护的需求使得生物基阻燃剂的研究领域越来越深、越来越广，除了植酸、壳聚糖、木质素等来源较为广泛的生物质外，还有一些其他生物质也受到了人们的关注。

7.7.1 在环氧树脂中的应用

Tang 等人[87] 通过将香兰素和植酸（PA）结合成一体化生物基膨胀型阻燃剂（IFR）——V-Cc-PP，该阻燃剂具有出色抗菌和相容性能。随后，将 V-Cc-PP 和高岭石（Kaol）加入环氧树脂（EP）复合材料中，提高了环氧树脂复合材料的阻燃性能。在 400℃以下，V-Cc-PP/Kaol 可以通过由硅酸盐层形成的阻挡层来防止 EP 基质的降解和 V-Cc-PP 的降解。在 400～500℃时，EP 基质会随着填料的进一步分解而发生氧化和炭化。同时，气相中生成了能够稀释氧气的 NH_3 和 H_2O。此外，还生成了 EP 基质的部分裂解碎片，如芳香酮、CO_2、C—H 等。当温度继续提高到 500℃时，上述挥发性物质在气相中不断减少，因为 V-Cc-PP/Kaol 的降解产物与 EP 基质之间发生强烈反应，形成连续致密的炭渣，有效地保护 EP 免于进一步降解。因此，环氧树脂复合材料在垂直燃烧实验中表现出自熄的性质。添加 4.0%（质量分数）V-Cc-PP 的 EP 复合材料与纯 EP 相比，峰值热释放速率有效降低了 34.2%。而对于含有 0.8%（质量分数）Kaol 的 EP/3.2%（质量分数）V-Cc-PP 复合材料，PHRR 值进一步降低至 38.6%。

Ma 等人[88] 以香草醛、三聚氰胺和环氧氯丙烷为原料，合成了一种可降解的生物基环氧树脂复合材料(MVE)，经 4,4′-二氨基二苯基甲烷（DDM）固化后，复合材料表现出优异的力学性能和高达 41.77%的残炭率，其阻燃性（高于 34%的极限氧指数值）远优于常用双酚 A 环氧树脂(DGEBA)。MVE/DDM 的总热量释放和烟雾释放率分别比 DGEBA/DDM 降低了 67.44%和 64.69%。复合材料阻燃性能的提高主要得益于三个方面：①C═N 席夫碱结构通过热裂解吸收大量热量，从而降低聚合物的表面温度，抑制维持燃烧的热量供给；②三聚氰胺和席夫碱促进稳定炭层的形成，将聚合物分解的易燃气体和氧气隔离开来；③MVE/DDM 的燃烧会产生不可燃的氮气和氨气，稀释燃烧过程中产生的可燃气体，抑制燃烧（图 7-41）。此外，在温和条件下（四氢呋喃=6：4，50℃），得益于席夫碱的结构可持续的环氧交联可以在几个小时内完全降解。

Song 等人[89] 利用肉桂醛(CA)、4-氨基苯乙腈(AB) 和 DOPO 的固有特性，合成了具有 C═N 基团和丰富芳香链段的多功能生物基阻燃剂(PPABCA)（图 7-42），用于增强 EP 的阻燃性、力学性能和疏水性。对于复合材料的阻燃性

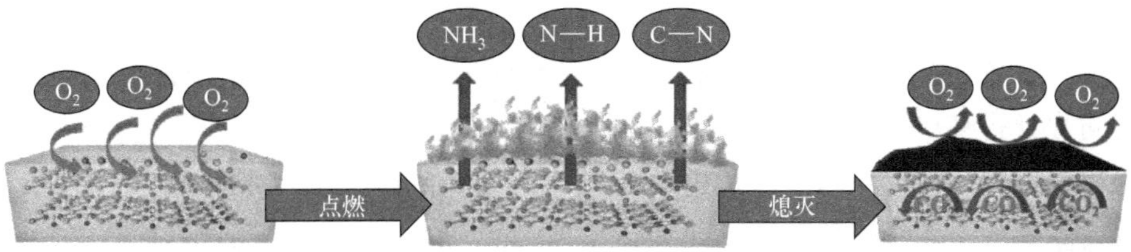

图 7-41 MVE/DDM 复合材料的阻燃机理

能，在燃烧初期，当达到临界温度时，PPABCA 中的磷杂菲基团分解，催化 EP 基质热解生成可燃挥发物。然后，外部热量引发 EP 燃烧，并通过链式反应维持燃烧。同时，PPABCA 分解产生的含磷自由基 PO_2· 和 PO· 等则有效地将 H· 和 HO· 等反应性自由基在气相中捕获，破坏了链式反应并延缓了整体燃烧。此外，PPABCA 分解形成了含磷酸的结构，这些结构起到了催化剂的作用，催化 EP 基质的脱水炭化，促进具有合适黏度的致密富磷炭层和 C═N 形成。另一方面，气相中的由 PPABCA 释放出的不可燃气体充当稀释剂，有效地降低了可燃成分的浓度，促进了膨胀炭层的形成。炭层内含磷自由基和不可燃气体的积聚导致炭层破裂时会释放大量不可燃气体和含磷自由基，导致物理上的“吹灭作用”现象。通过气相和凝聚相中的协同作用，EP 获得了优异的阻燃性能。尽管 PPABCA 与 EP 基体具有良好的相容性，但是由于 PPABCA 具有较多刚性的苯环，PPABCA 还是提高了 EP 的刚度。此外，由于 PPABCA 含有的苯环具有较强的疏水性，EP 复合材料也表现出疏水性，有助于提高其环境稳定性。

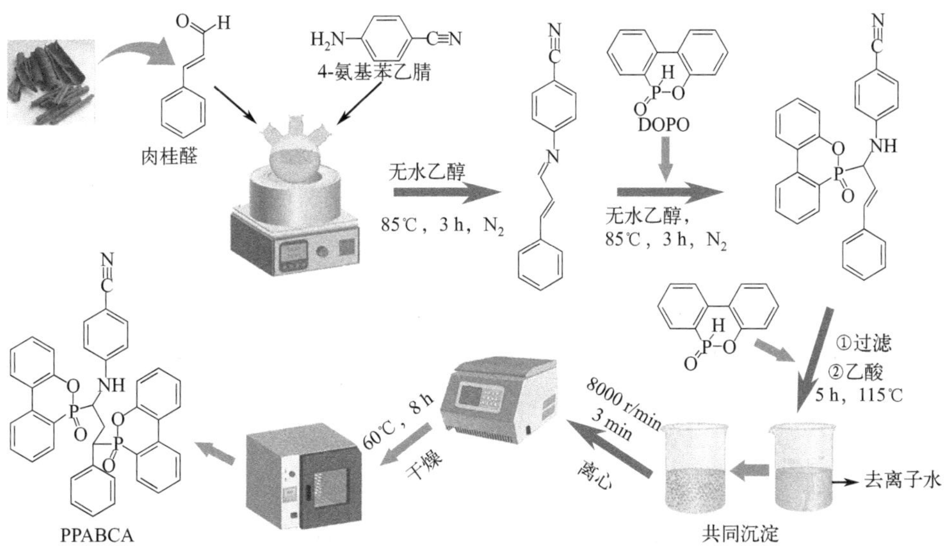

图 7-42 PPABCA 的合成流程

Cao 等人[90] 采用一锅法成功合成了一种以香兰素、糠胺和 DOPO 为原料的生物基反应型阻燃剂(VFD)，并将其作为 DDM 的共固化剂用于制备阻燃环氧树脂复合材料。VFD 中羟基和仲胺的反应性氢可以作为质子供体催化环氧开环反应。并且，这些反应性氢与环氧基的氧原子之间形成的氢键可以增加环氧环的极化，同样可以促进环境开环反应，因此 VFD 对环氧树脂表现出了较好的固化效果。对于复合材料的阻燃性能，燃烧时，在气相中，阻燃机理可以归因于猝灭效应。猝灭作用则归因于含磷自由基（如 PO_2·和 HPO_2·）的释放，这些自由基可以捕获空气中的活性自由基，从而抑制 EP 基质的燃烧。在凝聚相中，产生的含磷酸催化基质脱水炭化形成致密稳定的富磷炭层，有效抑制了可燃挥发物的释放。由于气相和凝聚相中的协同效应，复合材料表现出优异的阻燃性能。

Nabipour 等人[91] 使用木质素衍生的丁香醛化合物(SA)、四丁基溴化铵(TBTA)、三氨基胍(TAG) 为原料，合成了一种生物基半芳席希夫基环氧单体丁香醛三缩水甘油醚(SA-TAG-EP)（图 7-43)。在经过 DDM 固化后，获得了一种含有 C、H、N 和 O 元素的本征阻燃环氧树脂(SA-TAG-EP/DDM)。与石油基双酚 A 环氧热固性树脂相比，SA-TAG-EP/DDM 表现出更高的玻璃化转变温度（224.9℃）和更高的机械强度（包括 66.8MPa 的抗拉强度和 3.91%的断裂伸长率)。此外，该阻燃环氧树脂还通过了 UL-94 测试中的 V-0 等级认证，并表现出 38.5%的极限氧指数、48.9%的残炭率（N_2 气氛下)，并表现出比石油基双酚 A 环氧热固性树脂更低的峰值放热速率。

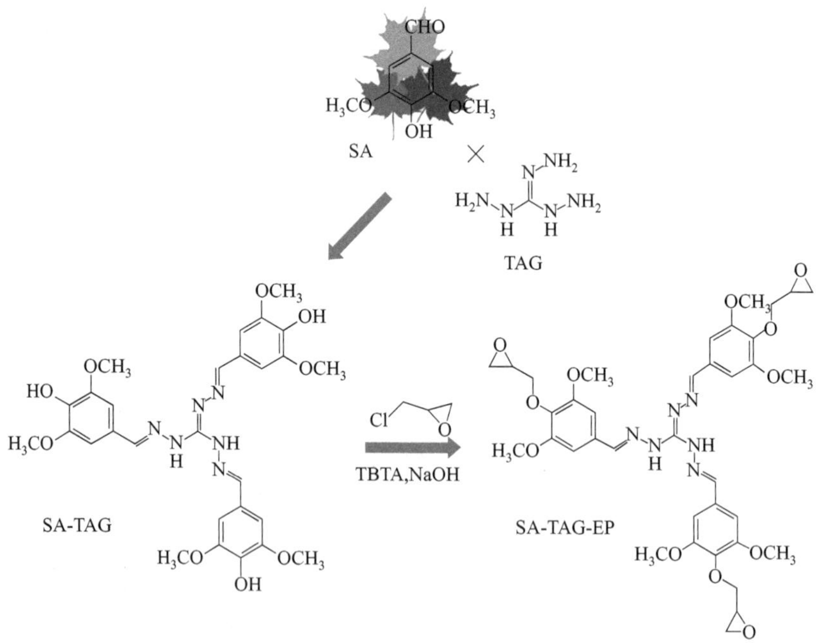

图 7-43　SA-TAG-EP 的合成过程

7.7.2 在聚酰胺中的应用

Zhao等人[92] 通过生物基衣康酸(ITA)与1,5-戊二胺(PTDA)的成盐反应将(ITA)引入末端氨基得到复合物ITDA。然后通过Michael加成反应将ITDA与DOPO的P—H键加成得到反应性阻燃剂(r-FRs,DOPOA)。随后,通过聚酰胺56(PA56)单体与制备的DOPOA共聚,获得了本征阻燃型聚酰胺56(FRPA56)(图7-44),其表现出良好的热稳定性、优异的力学性能和阻燃性。当FRPA56燃烧时,r-FRs分解生成含氧磷化合物,可促进PA56脱水成焦,形成覆盖在材料表面的黏性聚偏磷酸与炭层。同时,脱水成焦反应可以吸收热量以降低表面温度,以防止火焰蔓延;产生的水蒸气能稀释氧气和可燃气体;致密的炭层可以阻隔热量和氧气的向内传递从而抑制燃烧。因此,当r-FRs含量为6%(质量分数)时,FRPA56的极限氧指数高达28.4%,垂直燃烧达到UL-94 V-0级。此外,尽管r-FRs会降低聚酰胺分子链的规则性并影响氢键的形成,从而减小分子间相互作用,但当r-FRs含量为8%(质量分数)时,FAPA56仍表现出出色的耐温性和力学性能,其中熔融温度和拉伸强度分别为246.1℃和71.05MPa。

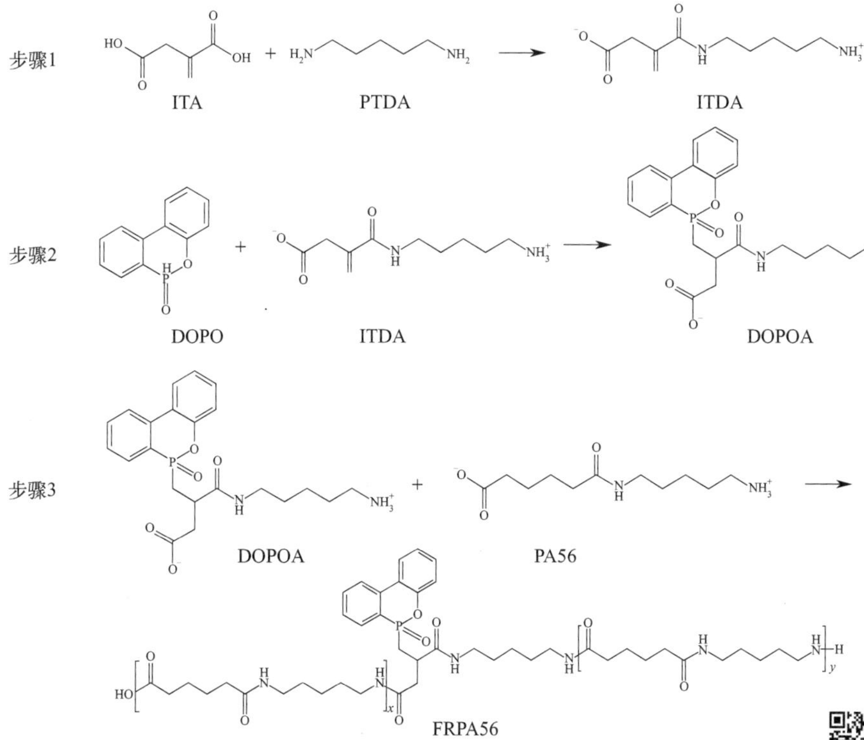

图7-44 FRPA56的合成过程

7.7.3 在聚乳酸中的应用

Yu 等人[93] 先利用糠胺与甲醛制备了一种呋喃衍生中间体 DFDA，随后将 DFDA 与苯基磷酰二氯(PPDC) 反应，得到了一种用于提高 PLA 阻燃性能的新型生物基呋喃衍生磷酰胺(DFDP)。DFDP 在燃烧过程中分解能产生含 P/N 物质，参与炭层的形成，提高了炭层的石墨化程度和热稳定性，从而抑制了凝聚相中的热量释放。同时，DFDP 在加热下可以释放含磷自由基，这些自由基捕获了 PLA 热解产生的活性自由基 H・和 HO・，从而降低了燃性气体浓度并抑制了气相中的燃烧反应。因此，DFDP 通过气相与凝聚相的共同作用有效地提高了 PLA 的阻燃性(图 7-45)。仅加入 2%（质量分数）的 DFDP 就能使 PLA 达到 UL-94 V-0 等级，而 DFDP 含量达到 4%（质量分数）时，PLA 的极限氧指数能提高到 30.8%。当 DFDP 含量小于 2%（质量分数）时，它可以在 PLA 基体上均匀分散并与 PLA 基体形成氢键，从而有效地保持 PLA 的力学性能。此外，DFDP 含有的芳香基团能吸收紫外线，使得 PLA 的紫外线屏蔽性能大幅提高。该工作为创造一种同时具有优异紫外遮蔽性能与良好力学性能的阻燃 PLA 复合材料提供了一种方法。

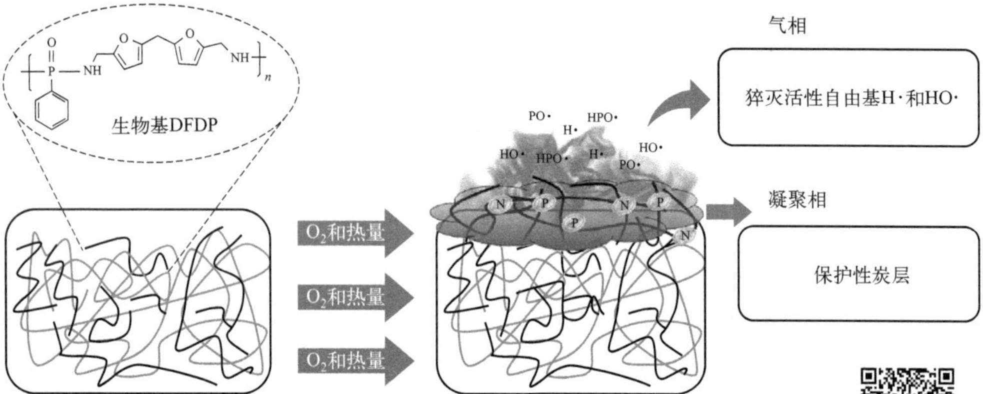

图 7-45 DFDP 的阻燃机制

Hou 等人[94] 由 l-乳酸(LA) 和巴豆酸整合制备了新型可生物降解低聚乳酸(PLA) 阻燃增塑剂——含磷杂菲基团的巴豆酸乳酸酯(PBCL)，用于克服聚乳酸的易燃性和脆性。PBCL 中含有脂肪族长链和丰富的乳酸，可以增强复合材料的韧性。同时，PBCL 中还存在具有刚性结构的磷杂菲基团，其可以增强复合材料的刚性，提高 T_g。因此，可以通过调节 PBCL 上磷杂菲基团的含量来调控复合材料的力学性能，以应对不同的需求。对于复合材料的阻燃性能，纯 PLA 的燃烧特性是快速和释放大量热量，其燃烧产物仅覆盖二氧化碳和水。而随着 PBCL 的加入，PLA 的阻燃性能得到了有效提高，PBCL 可以在复合材料中起到气相和凝聚相协同阻燃作用。在气相中，PBCL 链上的磷杂菲基团可以在 300～400℃的温度范围内解离出含磷的自由基（如 PO·和 PO_2·），这些自由基可以作为自由基清除剂在燃烧过程中捕获 H·和 HO·，并稀释可燃气体的浓度以抑制火焰。同时，含磷自由基还可以参与炭层的形成。在凝聚相中，PBCL 链上的乳酸基团、芳香环和长脂肪醚链可以在初期燃烧时为炭层的形成提供碳源。磷杂菲基团热降解产生的含磷酸盐可以作为强干燥剂，使阻燃体系中的物质脱水，形成完整的炭层，从而隔热和隔氧。因此，PBCL 通过气相和凝聚相的协同阻燃作用，作为一种有效的生物基阻燃剂，可以提高 PLA 的阻燃性能。此外，PBCL 增塑的 PLA 复合材料还具有与纯 PLA 相当的光学性能。

Hou 等人[95] 以 l-乳酸为原料合成了一种同时具有阻燃性能和增韧性能的新型生物基含磷杂菲阻燃增塑剂（APGOL），其合成过程如图 7-46 所示。在应用于 PLA 的阻燃增塑后，APGOL 中的磷杂菲结构使改性 PLA 在燃烧过程中能捕获气相中由 PLA 分解生成的活性自由基，同时在凝聚相中形成残炭层，提高 PLA 的阻燃性能。APGOL 的加入使得 PLA 的 LOI 值从 18.5%上升到 32.0%，而 PHRR 和 THR 则分别下降了 20.01%和 31.18%。值得注意的是，添加了 APGOL 的 PLA 样品全部达到了 UL-94 V-0 等级。此外，由于含有大量极性乳酸基团与磷杂菲结构，APGOL 改性 PLA 的弹性模量和拉伸强度远优于商业增塑剂 ATBC。

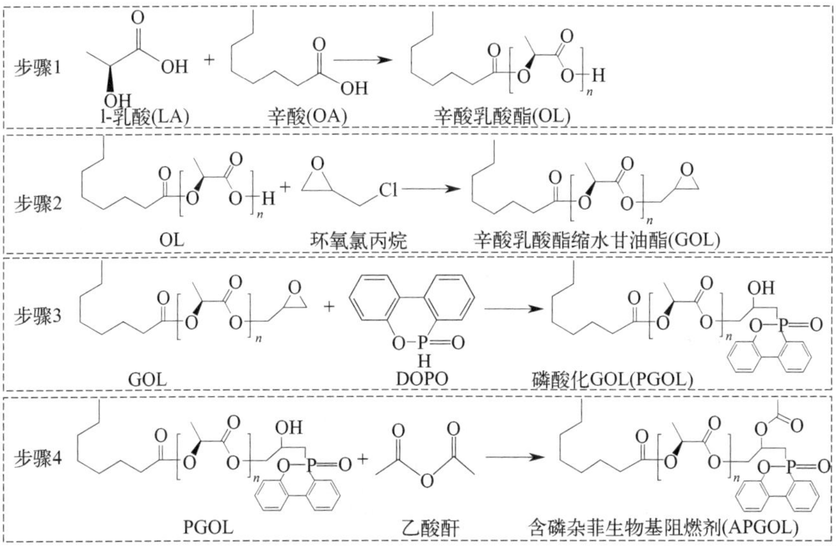

图 7-46　APGOL 的合成过程

Yang 等人[96] 采用简单的共混湿纺技术来制造含有海藻多肽和海藻酸钙的全海藻生物基阻燃复合纤维。在燃烧时，Ca^{2+} 的存在导致多肽分解时产生更稳定的含氮中间体。这些中间体促进了 $CaCO_3$ 在较低温度下的降解，一方面，有助于形成致密的炭层隔绝热量；另一方面，催化 $CaCO_3$ 分解可以吸收大量热量，抑制燃烧的进行。此外，$CaCO_3$ 的降解还生成了不可燃的氨气，在气相中起到稀释氧气的作用，进一步减缓燃烧速度。在金属离子和氮的协同作用下，复合纤维的阻燃性能得到提高。

7.7.4 在织物中的应用

Qu 等人[97] 以香菇多糖（LNT，从香菇中提取的一种多糖）、磷酸和尿素为原料，合成了一种新型阻燃香菇多糖磷酸铵(APLNT)，并将其接枝在棉织物表面，对棉织物进行阻燃改性。APLNT 具有许多磷酸铵基团，一方面，能促进纤维素的脱水炭化；另一方面，能与纤维素形成大量 P—O—C 键，在棉织物燃烧时形成完整而连续致密的炭层结构，以进一步保护棉织物基体。此外，虽然处理后的棉织物柔韧性下降，但仍然可以满足日常使用的需求。

Chen 等人[98] 以可再生呋喃衍生物糠醛和糠胺为原料，与亚磷酸结合制备完全生物基磷酸化呋喃基阻燃剂(FAP)。为了探究其对天然纤维和合成纤维性能影响的差异，选择棉织物和聚乳酸(PLA) 非织造布作为这两种纤维的代表，开展进一步的阻燃性能研究（图 7-47)。FAP 能够均匀地分散在棉织物和 PLA 非织造布的表面上，作为一种富含 P 和 N 元素的含呋喃环化合物，其能在材料燃烧时，在气相和冷凝相中都表现出良好的阻燃性。一方面，FAP 中的含磷组分分解为偏磷酸、焦磷酸等酸性物质，不仅对天然基质和合成基质（如棉织物和 PLA 非织造布）的降解和炭化具有催化作用，而且对 PLA 的酯交换反应也有催化作用，在基质表面产生致密稳定的炭层。另一方面，呋喃基化合物具有优异的炭化性能，可以在高温下进行交联和炭化过程，以提高聚合物的炭化率，生成的交联炭层作为凝聚相的一道物理屏蔽，保护下面的织物免受进一步的火焰损伤，进一步阻断热量的传递和一些易燃降解产物的挥发，最终还能抑制 PLA 非织造布的熔滴行为。因此，FAP 处理的棉和 PLA 织物均具有优异的阻燃性。

7.7.5 在聚氨酯中的应用

Zheng 等人[99] 以玉米淀粉、尿素和磷酸为原料，合成了一种改性生物质材料——氨基淀粉磷酸酯。然后与可膨胀石墨(EG) 结合形成膨胀阻燃体系并应用于硬质聚氨酯泡沫塑料(RPUF) 中，制备阻燃 RPUF。单独添加氨基淀粉磷酸酯和 EG 都无法使 RPUF 达到 UL-94 V-0 等级，而当两者同时添加时，复合材料成功达到了 UL-94 V-0 等级。这是由于 EG 与氨基淀粉磷酸酯的结合增强了炭层在高温下的致密性和热稳定性。EG 主要通过其“蠕虫”状残留炭提供物理屏障，而氨基淀粉磷酸酯与 EG 不同，具有化学阻燃作用（包括气相中含磷自由基的猝灭作用和对氧气的稀释作用、凝聚相上对基体脱水成炭的促进作用)，其气相稀释与凝聚相火焰抑制能够同时发挥作用。而 EG 和氨基淀粉磷酸酯的协同作用促使燃烧过程中形成高度完整、连续且致密的膨胀炭层。此炭层有效地抑制了下方

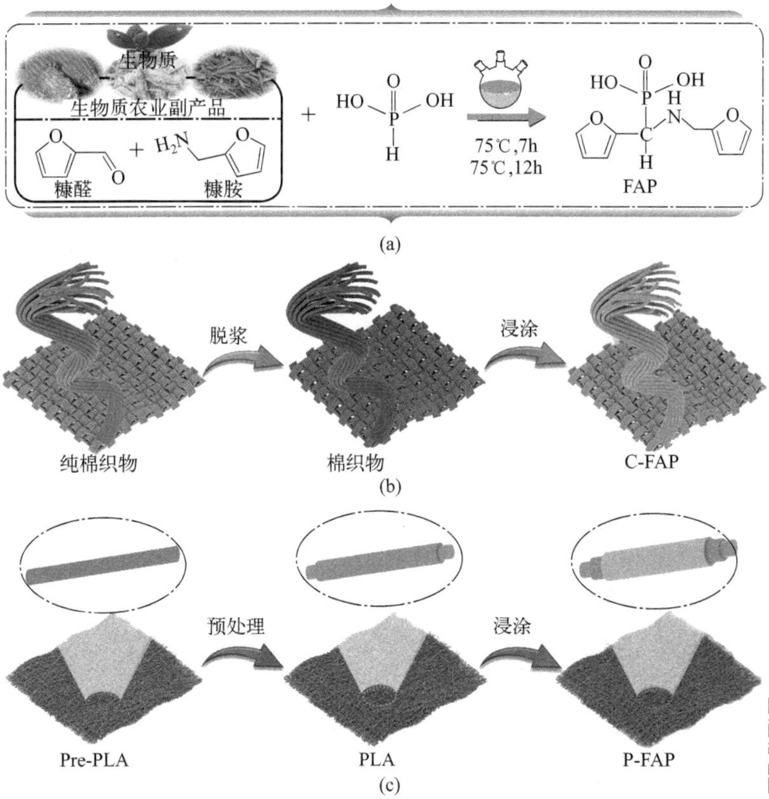

图 7-47　FAP、改性棉织物（C-FAP）和改性聚乳酸非织造布（P-FAP）的制备过程

RPUF 的热解与燃烧。

Dong 等人[100] 以莰烯和丙烯腈为原料，通过 Ritter 反应合成了含氮化合物——*N*-异冰片基丙烯酰胺(NIBAM)，然后通过 NIBAM 与 DOPOP-H 键加成反应，生成一种新型生物基含磷氮阻燃剂(DOPO-NIBAM)，并用其制备了新型阻燃聚氨酯泡沫(DNPUF)。在 DNPUF 的燃烧过程中，DOPO-NIBAM 生成了含磷自由基和不可燃性气体，并促进了富磷炭层的形成，进而提高了聚氨酯泡沫的阻燃性能。与纯聚氨酯泡沫相比，DNPUF 的 LOI 值提升了 41.7%，PHRR 降低了 40.3%。此外，由于阻燃剂含有刚性基团，DNPUF 的拉伸强度提升了 166%。该工作证明了 DNPUF 作为防火建筑材料的潜力。

7.8 总结与展望

随着高分子材料的应用越来越普遍，能够提高高分子材料阻燃性能的阻燃剂在消防安全系统中发挥出越来越重要的作用。为了解决传统石油基阻燃剂带来的一系列问题，人们越来越倾向于研究更加绿色环保的生物基阻燃剂。在生物基中引入阻燃元素后的生物基阻燃剂往往能表现出较好的阻燃效果。然而，对于一些特殊领域，提升后的阻燃性能仍不足以满足使用要求。基于这种情况，如果在生物基中同时引入其他阻燃元素如（P、N、Si）等，使这些元素产生协同作用，可以进一步提高材料的阻燃性能，从而满足要求。因此，含有更多阻燃元素的多元素生物基阻燃剂将是未来阻燃剂研究的热点之一。

此外，目前对生物基阻燃剂的研究还处于起步阶段，许多生物基阻燃剂还有制备流程复杂、制备成本较高、耐水性较差以及对材料力学性能影响大等缺点，这些缺点如何改善也将是未来研究人员需要关注的焦点。

参考文献

[1] Taib M N A M, Antov P, Savov V, et al. Current progress of biopolymer-based flame retardant [J]. Polymer Degradation and Stability, 2022, 205: 110153.

[2] Liang Y Q, Jian H, Deng C, et al. Research and application of biomass-based wood flame retardants: A review [J]. Polymers, 2023, 15 (4): 950.

[3] 赵依文，李冲，江慧，等．生物基阻燃剂的合成及应用研究进展 [J]. 环境化学，2023，42 (5)：1-16.

[4] Wei A, Wang S X, Zou Y J, et al. Preparation of a flame-retardant curing agent based on phytic acid-melamine ion crosslinking and its application in wood coatings [J]. Polymers, 2024, 16 (11): 1557.

[5] Ma L C, Zhang T, Zhao Y H, et al. Preparation of multifunctional flame-retardant and superhydrophobic composite wood by iron ions doped phytic acid-based nanosheets [J]. Construction and Building Materials, 2024, 422: 135854.

[6] Ruan L, Hu D C, Pan Z H, et al. Novel eco-friendly bio-nano flame retardant *via* the electrostatic-driven hybridization of natural halloysite nanotubes and phytic acid for superior fire safety of epoxy composites [J]. Composites Communications, 2024, 51: 102055.

[7] Song W M, Zhang L Y, Li P, et al. The fabrication of flame-retardant viscose fabrics with phytic acid-based flame retardants: Balancing efficient flame retardancy and tensile strength [J]. International Journal of Biological Macromolecules, 2024, 260: 129596.

[8] Cheng X W, Wu C, Dong S, et al. A sustainable and reactive intumescent flame-retardant containing phytate and triazine-trione for durable functional coating of silk fabric [J]. Progress in Organic Coatings, 2023, 182: 107630.

[9] Liu J, Qi P, Meng D, et al. Eco-friendly flame retardant and smoke suppression coating containing boron compounds and phytic acids for nylon/cotton blend fabrics [J]. Industrial Crops and Products, 2022, 186: 115239.

[10] Li C B, Wang F, Sun R Y, et al. A multifunctional coating towards superhydrophobicity, flame retardancy and antibacterial performances [J]. Chemical Engineering Journal, 2022, 450: 138031.

[11] Yan C S, Yang M N, Cao J T, et al. Bio-based phytic acid/amino acid complex coating for antimicrobial and flame-retardant cotton fabrics [J]. International Journal of Biological Macromolecules, 2024, 269: 132135.

[12] Jin X, Zhang J, Wang B, et al. Multifunctional polylactic acid sensing fabric based on biomass flame re-

tardants for intelligent fire early-warning [J]. International Journal of Biological Macromolecules, 2024, 259: 129158.

[13] Dong Y Q, Bai W B, Zhang W, et al. Bio-based phytic acid@polyurushiol-titanium complex coated cotton fabrics with durable flame retardancy for oil-water separation [J]. International Journal of Biological Macromolecules, 2023, 235: 123782.

[14] Wang Y, Zhang M F, Wang P P, et al. Bioinspired sustainable cellulose-based nanocomposites with remarkable flame-retardant performance [J]. Journal of Materials Chemistry A, 2024, 12 (36): 24477-24487.

[15] Wu T H, Gu Y Q, Zhao D, et al. A multifunctional cellulose paper with excellent flame retardancy, hydrophobicity and oil/water-separation performance *via* reaction with ammonium phytate and poly (methylhydrosiloxane) [J]. Polymer Degradation and Stability, 2024, 223: 110738.

[16] Liu Y S, Yu X, Guo Y B, et al. Preparation of flame retardant, smoke suppression and reinforced polyacrylonitrile composite fiber by using fully biomass intumescent flame retardant system and its sustainable recycle application [J]. Composites Part A: Applied Science and Manufacturing, 2023, 173: 107705.

[17] Wu M Q, Chen Y H, Yu H Y, et al. Cellulose nanocrystals/melamine/phytic acid nanocomposites as thermally insulating and flame-retardant structural materials [J]. ACS Applied Nano Materials, 2023, 6 (22): 20866-20877.

[18] Yu J K, Sun L, Ding L, et al. A UV-curable coating constructed from bio-based phytic acid, D-sorbitol and glycine for flame retardant modification of rigid polyurethane foam [J]. Polymer Degradation and Stability, 2024, 227: 110892.

[19] Zhang C, Yu E L, Liu S B, et al. Enhancing fire performance and thermal stability of flexible PVC with lanthanum phytate montmorillonite [J]. Applied Clay Science, 2024, 258: 107454.

[20] Cheng F Y, Zhu X F, Lin B K, et al. Bio-based tin phytate interface assembled bismuth oxychloride for enhanced flame retardancy and smoke suppression in polyvinyl chloride coatings [J]. Journal of Cleaner Production, 2024, 476: 143615.

[21] Wang Y D, Gao J J, Ma L, et al. Full bio-based flame retardant towards multifunctional polylactic acid: Crystallization, flame retardant, antibacterial and enhanced mechanical properties [J]. International Journal of Biological Macromolecules, 2024, 280: 135891.

[22] Qiu S, Li Y C, Qi P, et al. Improving the flame retardancy and accelerating the degradation of poly (lactic acid) in soil by introducing fully bio-based additives [J]. International Journal of Biological Macromolecules, 2021, 193: 44-52.

[23] Feng J, Luo W L, He W T, et al. Bio-derived phosphorous-nitrogen-silicon decorated halloysite nanotube towards enhancing flame retardant, UV-blocking and mechanical properties of poly (lactic acid) [J]. Polymer Degradation and Stability, 2023, 217: 110509.

[24] Kong Z M, Chen Y J, Qian L J. The synergistic flame retardant effect of biobased phytic acid arginine salt and hydroxylated montmorillonite in polybutylenes succinate [J]. International Journal of Biological Macromolecules, 2024, 254: 128033.

[25] Liu Y W, Wang J A, Yue H, et al. Flame-retardant phytic acid-decorated thermoplastic starch/halloysite nanotube composite films with enhanced mechanical strength and excellent barrier properties [J]. Carbohydrate Polymers, 2024, 323: 121465.

[26] Tuble K A Q, Omisol C J M, Abilay G Y, et al. Synergistic effect of phytic acid and eggshell bio-fillers on the dual-phase fire-retardancy of intumescent coatings applied on cellulosic substrates [J]. Chemo-

sphere, 2024, 358: 142226.

[27] Szadkowski B, Rybiński P, Sarlin E, et al. Bio-functionalization of fillers with natural phytic acid for sustainable flame-retardant agents for natural rubber composites [J]. Industrial Crops and Products, 2024, 222: 119504.

[28] Li M G, Zhao H B, Cheng J B, et al. An effective green porous structural adhesive for thermal insulating, flame-retardant, and smoke-suppressant expandable polystyrene foam [J]. Engineering, 2022, 17: 151-160.

[29] Yin G Z, Yang X M, Palencia J L D, et al. Phytic acid as a biomass flame retardant for polyrotaxane based phase change materials [J]. Journal of Energy Storage, 2022, 56: 105853.

[30] Liu L Y, Wang Y D, Cheng C Z, et al. Preparation of phosphorus-doped chitosan derivative and its applications in polylactic acid: Crystallization, flame retardancy, anti-dripping and mechanical properties [J]. International Journal of Biological Macromolecules, 2024, 265: 130648.

[31] Ma X B, Wu N J, Liu P B, et al. Fabrication of highly efficient phenylphosphorylated chitosan bio-based flame retardants for flammable PLA biomaterial [J]. Carbohydrate Polymers, 2022, 287: 119317.

[32] MohammadAlizadeh A, Elmi F. Flame retardant and superoleophilic polydopamine/chitosan-graft (g) -octanal coated polyurethane foam for separation oil/water mixtures [J]. International Journal of Biological Macromolecules, 2024, 259: 129237.

[33] Jian H, Wang H S, Wen M Y, et al. High-performance flame-retardant, waterproof, and abrasion-resistant waterborne polyurethane-based transparent coatings for wood protection [J]. Industrial Crops and Products, 2024, 222: 119804.

[34] Shi C L, Wan M, Duan J H, et al. Core-shell flame retardants based on Chitosan@MMT coated ammonia polyphosphate for enhancing flame retardancy of polyurethane [J]. Composites Part A: Applied Science and Manufacturing, 2024, 176: 107831.

[35] Sun L, Ding L, Guo X Y, et al. "One for two" strategy to construct an organic-inorganic polymer colloid for flame-retardant modification of flax fabric and rigid polyurethane foam [J]. International Journal of Biological Macromolecules, 2024, 275: 133562.

[36] Wang K X, Qu Z C, Yang H, et al. A honeycomb-inspired carboxymethyl chitosan-covalently link NH_2-black phosphorene biobased cellulose green nanocomposites with tremendously enhancement fire safety and thermal conductivity [J]. Composites Science and Technology, 2024, 250: 110535.

[37] Lou G B, Ma Z W, Dai J F, et al. Fully biobased surface-functionalized microcrystalline cellulose *via* green self-assembly toward fire-retardant, strong, and tough epoxy biocomposites [J]. ACS Sustainable Chemistry & Engineering, 2021, 9 (40): 13595-13605.

[38] Wang T C, Jia M H, Xu N T, et al. Facile fabrication of adenosine triphosphate/chitosan/polyethyleneimine coating for high flame-retardant lyocell fabrics with outstanding antibacteria [J]. International Journal of Biological Macromolecules, 2024, 260: 129599.

[39] Rahman M Z, Wang X, Cai W, et al. Sustainable lignosulfonate-modified PA6. 6 fabrics to improve durable flame retardancy, hydrophilicity and mechanical performance [J]. International Journal of Biological Macromolecules, 2024, 280: 135952.

[40] Wang B, Luo C Y, Zhu P, et al. Facile construction of H_3PO_3-modified chitosan/montmorillonite coatings for highly efficient flame retardation of polyester-cotton fabrics [J]. Progress in Organic Coatings, 2023, 184: 107864.

[41] Wang B L, Lai X J, Li H Q, et al. Multifunctional MXene/chitosan-coated cotton fabric for intelligent

fire protection [J]. ACS Applied Materials & Interfaces, 2021, 13 (19): 23020-23029.

[42] Kundu C K, Song L, Hu Y. Micro crystalline cellulose aided surface modification and deposition of green polyelectrolytes for the improved hydrophilicity and flame retardancy of polyamide 66 fabric [J]. International Journal of Biological Macromolecules, 2024, 254: 127610.

[43] Shen H, Liu Y G, Wang P R, et al. Study on construction multifunctional surface to improve the properties of flame retarded and dyeing wood [J]. Industrial Crops and Products, 2024, 218: 118914.

[44] Geng X J, Yang G C, Fan Z Q, et al. *In-situ* synthesis of double chelated transition metal macromolecules for flame retardant and smoke suppression properties [J]. Industrial Crops and Products, 2024, 220: 119257.

[45] Yang Y H, Huang Y F, Yang X J, et al. Preparation of multifunctional flame-retardant wood composites by crosslinking chitosan-based polymers with phytic acid functionalized UiO-66-NH_2 [J]. Industrial Crops and Products, 2024, 218: 118938.

[46] Guo S X, Wu K X, Pan Z Q, et al. Flame retardant, high mechanical strength, transparent and water-resistant epoxy composites modified with chitosan derivatives [J]. International Journal of Biological Macromolecules, 2024, 260: 129580.

[47] Tan W, Gao L X, Su J N, et al. Phosphonitrile-modified biomass multi-crosslinking strategy: Construction of flame retardant, smoke suppressive and antibacterial polyvinyl alcohol composites [J]. Composites Part A: Applied Science and Manufacturing, 2024, 177: 107897.

[48] Tan W, Zuo C L, Liu X Y, et al. Developing flame retardant, smoke suppression and self-healing polyvinyl alcohol composites by dynamic reversible cross-linked chitosan-based macromolecule [J]. International Journal of Biological Macromolecules, 2024, 280: 135734.

[49] Jia H Y, Cui H L, Wu N J, et al. Fabrication of superior flame-retardant phosphorylated chitosan biobased porous composites reinforced by superhydrophobic silicone interpenetrating crosslinking networks [J]. Carbohydrate Polymers, 2025, 347: 122540.

[50] Zhang Q Q, Wu J X, Guo L M, et al. Innovative multifunctional fire retardance of poly (butylene adipate-co-butylene terephthalate) -based bio-composite formulation [J]. Chemical Engineering Journal, 2024, 492: 152360.

[51] Gao L X, Tan W, Zuo C L, et al. Preparation of flame retardant and antibacterial polyacrylonitrile based on Cu^{2+} chelated six-armed star-type flame retardant SCCP and chitosan [J]. European Polymer Journal, 2024, 210: 112936.

[52] Wei A, Ou M F, Wang S X, et al. Preparation of a highly flame-retardant urea-formaldehyde resin and flame retardance mechanism [J]. Polymers, 2024, 16 (13): 1761.

[53] Tian F Y, Wu Y T, Xu H C, et al. Lignin-derived core-shell flame retardants for fire-safety rigid polyurethane (RPU) insulations [J]. Construction and Building Materials, 2024, 451: 138749.

[54] Gómez-Fernández S, Günther M, Schartel B, et al. Impact of the combined use of layered double hydroxides, lignin and phosphorous polyol on the fire behavior of flexible polyurethane foams [J]. Industrial Crops and Products, 2018, 125: 346-359.

[55] Yang Q Q, Zhang X, Li X B, et al. Flame-retardant performance of a novel lignin-based rigid polyurethane foam prepared from pulping black liquor [J]. Composites Communications, 2024, 50: 101996.

[56] Petkovska J, Mladenovic N, Leising W, et al. Egg white proteins/lignin-DAP intumescent multilayer nanocoating for flame retardant cotton fabric [J]. Progress in Organic Coatings, 2024, 186: 107983.

[57] Li M, Prabhakar M N, Song J I. Effect of synthesized lignin-based flame retardant liquid on the flame retardancy and mechanical properties of cotton textiles [J]. Industrial Crops and Products, 2024, 212:

118283.

[58] Yue X P, Mao Y J, Zhang S Q, et al. Flame retarded lignin-based epoxy resin with excellent antibacterial and anti-corrosion properties modified by coordinated phospho-nitrogen flame retardant [J]. Industrial Crops and Products, 2024, 221: 119331.

[59] Yu J, Guo C C, Wang J K, et al. Preparation of bio-based trinity lignin intumescent flame retardant and its effect on burning behavior and heat transfer process of epoxy resin composites [J]. Progress in Organic Coatings, 2024, 195: 108653.

[60] Liu Y H, Liu B J, Sun Z Y, et al. Bioinspired mono-component lignin endowing epoxy resin with simultaneously improving flame retardancy and mechanical properties [J]. Composites Communications, 2022, 35: 101306.

[61] Lu X, Yu M, Wang D, et al. Flame-retardant effect of a functional DOPO-based compound on lignin-based epoxy resins [J]. Materials Today Chemistry, 2021, 22: 100562.

[62] Liang D X, Zhu X J, Dai P, et al. Preparation of a novel lignin-based flame retardant for epoxy resin [J]. Materials Chemistry and Physics, 2021, 259: 124101.

[63] Ridard H, Duvigneau J, Mayer-Gall T, et al. Biobased flame-retardant polylactic acid foams through lignin-based nanocarriers encapsulating deoxyribonucleic acid [J]. ACS Sustainable Chemistry & Engineering, 2024, 12 (40): 14866-14878.

[64] Niu D Y, Yu W H, Yang W J, et al. Flame-retardant and UV-shielding poly (lactic acid) composites with preserved mechanical properties by incorporating cyclophosphazene derivative and phosphorus-modified lignin [J]. Chemical Engineering Journal, 2023, 474: 145753.

[65] Guo Y B, Cheng C Z, Huo T G, et al. Highly effective flame retardant lignin/polyacrylonitrile composite prepared *via* solution blending and phosphorylation [J]. Polymer Degradation and Stability, 2020, 181: 109362.

[66] Guo Y B, Zuo C L, Tan W, et al. Fabricating flame retardant polyacrylonitrile fibers modified by sodium lignosulfonate and copper ions [J]. Polymer Degradation and Stability, 2022, 206: 110176.

[67] Xie J L, Wang Y M, Qi J Q, et al. Lignin-containing nanocellulose/PVA blends with flame retardant and UV shielding properties [J]. Industrial Crops and Products, 2024, 222: 119847.

[68] Liu S H, Kuan C F, Ke C, et al. Preparation and properties of bio-based intumescent flame retardant containing chitosan functionalized ammonium polyphosphate for polyurethane [J]. Journal of Industrial and Engineering Chemistry, 2023, 127: 303-320.

[69] Zou R, Zhang L D, Tian Y H, et al. Nacre inspired supertough and flame-retardant reduced graphene oxide composite films [J]. Composites Communications, 2024, 51: 102043.

[70] Wu Q, Ran F L, Dai L, et al. A functional lignin-based nanofiller for flame-retardant blend [J]. International Journal of Biological Macromolecules, 2021, 190: 390-395.

[71] Weng S X, Li Z, Bo C Y, et al. Design lignin doped with nitrogen and phosphorus for flame retardant phenolic foam materials [J]. Reactive and Functional Polymers, 2023, 185: 105535.

[72] Wei A, Wang S X, Lu X L, et al. Construction of durable biomass-based flame retardant with high phosphorus and nitrogen contents for wood coatings [J]. Polymer Degradation and Stability, 2025, 232: 111160.

[73] Wang X, Niu H X, Guo W W, et al. Cardanol as a versatile platform for fabrication of bio-based flame-retardant epoxy thermosets as DGEBA substitutes [J]. Chemical Engineering Journal, 2021, 421: 129738.

[74] Guo W W, Wang X, Gangireddy C S R, et al. Cardanol derived benzoxazine in combination with boron-

doped graphene toward simultaneously improved toughening and flame retardant epoxy composites [J]. Composites Part A: Applied Science and Manufacturing, 2019, 116: 13-23.

[75] Lee W J, Cha S H, Kim D H. Preparation and characterization of cardanol-based flame retardant for enhancing the flame retardancy of epoxy adhesives [J]. Polymers, 2022, 14 (23): 5205.

[76] Kavitha D, Chandrasekaran Murugavel S, Thenmozhi S. Flame retarding cardanol based novolac-epoxy/rice husk composites [J]. Materials Chemistry and Physics, 2021, 263: 124225.

[77] Mestry S, Kakatkar R, Mhaske S T. Cardanol derived P and Si based precursors to develop flame retardant PU coating [J]. Progress in Organic Coatings, 2019, 129: 59-68.

[78] Jiang X, Chu F K, Luo X Y, et al. Exploring the effects of cardanol-based co-curing agents with different phosphorus structures on the mechanical and flame-retardant properties of bismaleimide resin [J]. Composites Part B: Engineering, 2022, 241: 110047.

[79] Ma H X, Li jun jie, Qiu J J, et al. Renewable cardanol-based star-shaped prepolymer containing a phosphazene core as a potential biobased green fire-retardant coating [J]. ACS Sustainable Chemistry & Engineering, 2017, 5 (1): 350-359.

[80] Xue K L, Zhang P B, Song Z D, et al. Preparation of eugenol-based flame retardant epoxy resin with an ultrahigh glass transition temperature *via* a dual-curing mechanism [J]. Polymer Degradation and Stability, 2025, 231: 111092.

[81] Yu M, Zhang T T, Li J, et al. Facile synthesis of eugenol-based phosphorus/silicon-containing flame retardant and its performance on fire retardancy of epoxy resin [J]. ACS Applied Polymer Materials, 2022, 4 (3): 1794-1804.

[82] Pourchet S, Sonnier R, Ben-Abdelkader M, et al. New reactive isoeugenol based phosphate flame retardant: Toward green epoxy resins [J]. ACS Sustainable Chemistry & Engineering, 2019, 7 (16): 14074-14088.

[83] Gan H L, Senanayake R B, Nunna S, et al. A DOPO-eugenol linear siloxane as a highly effective liquid flame retardant also imparting improved mechanical properties to an epoxy amine network [J]. Chemical Engineering Journal, 2024, 498: 155293.

[84] Li C, Wan J T, Kalali E N, et al. Synthesis and characterization of functional eugenol derivative based layered double hydroxide and its use as a nanoflame-retardant in epoxy resin [J]. Journal of Materials Chemistry A, 2015, 3 (7): 3471-3479.

[85] Zhang X F, Akram R, Zhang S K, et al. Hexa (eugenol) cyclotriphosphazene modified bismaleimide resins with unique thermal stability and flame retardancy [J]. Reactive and Functional Polymers, 2017, 113: 77-84.

[86] Zhang Z L, Zhang K, Xie K L, et al. Improvement in toughness and flame retardancy of bismaleimide/diallyl bisphenol A resin with a eugenol allyl ether-grafted polysiloxane [J]. European Polymer Journal, 2022, 180: 111594.

[87] Tang W F, Liao X, Qin Z D, et al. Improving the flame retardancy of epoxy resin by incorporating a bio-based flame retardant and kaolinite [J]. Polymer Degradation and Stability, 2024, 227: 110895.

[88] Ma J P, Li G X, Hua X N, et al. Biodegradable epoxy resin from vanillin with excellent flame-retardant and outstanding mechanical properties [J]. Polymer Degradation and Stability, 2022, 201: 109989.

[89] Song N N, Li J, Yang B R, et al. Advancing flame retardancy, mechanical properties, and hydrophobicity of epoxy resins through bio-based cinnamaldehyde derivative [J]. Journal of Industrial and Engineering Chemistry, 2024, 139: 185-198.

[90] Cao J F, Duan H J, Zou J H, et al. A bio-based phosphorus-containing co-curing agent towards excellent flame retardance and mechanical properties of epoxy resin [J]. Polymer Degradation and Stability, 2021, 187: 109548.

[91] Nabipour H, Rohani S, Hu Y. A bio-based epoxy resin derived from syringaldehyde with excellent mechanical properties, flame retardant and high glass transition temperature [J]. Polymer Degradation and Stability, 2023, 214: 110410.

[92] Zhao S K, Chen X Y, Zhou Y, et al. Molecular design of reactive flame retardant for preparing biobased flame retardant polyamide 56 [J]. Polymer Degradation and Stability, 2023, 207: 110212.

[93] Yu L F, Huo S Q, Wang C, et al. Flame-retardant poly (L-lactic acid) with enhanced UV protection and well-preserved mechanical properties by a furan-containing polyphosphoramide [J]. International Journal of Biological Macromolecules, 2023, 234: 123707.

[94] Hou B Y, Wang Y N, Gong T Y, et al. Fabrication of highly efficient biodegradable oligomeric lactate flame-retardant plasticizers for ultra-flexible flame-retardant poly (lactic acid) composites [J]. Chemical Engineering Journal, 2024, 485: 149932.

[95] Hou B Y, Wang Y N, Liu S, et al. An eco-sustainable, lactic acid-based phosphaphenanthren-containing flame-retardant plasticizer: Synthesis, properties, and mechanism [J]. Chemical Engineering Journal, 2023, 467: 143196.

[96] Yang J, Wang L F, Liu Y D, et al. Synergistic flame retardancy of metal-ion/nitrogen in composite fibers prepared from all-seaweed biomass [J]. Polymer Degradation and Stability, 2024, 227: 110884.

[97] Qu Y L, Qi P, Chen F, et al. A bio-based durable reactive flame retardant for cotton fabric based on lentinan [J]. International Journal of Biological Macromolecules, 2024, 274: 133222.

[98] Chen S, Liang F W, Jin L P, et al. A molecularly engineered fully bio-derived phosphorylated furan-based flame retardant for biomass-based fabrics [J]. International Journal of Biological Macromolecules, 2024, 263: 129836.

[99] Zheng L W, Zhan J, Wang J H, et al. Highly efficient flame retardancy and fire spread behavior of rigid polyurethane foams with extremely low content of flame retardant [J]. Polymer Degradation and Stability, 2024, 230: 111039.

[100] Dong F H, Wang Y Q, Wang S B, et al. Flame-retarded polyurethane foam conferred by a bio-based nitrogen-phosphorus-containing flame retardant [J]. Reactive and Functional Polymers, 2021, 168: 105057.